GONGPEIDIAN GONGCHENG JIANLI ZUOYE SHOUCE

供配电工程监理作业手册 上册

河南立新监理咨询有限公司 组 编

曹建忠 主 编

中国电力出版社
CHINA ELECTRIC POWER PRESS

内 容 提 要

为了加强现场监理管理工作，规范监理作业人员工作行为，提升监理人员业务技能，实现工程安全、质量方面的可控、能控、在控，河南立新监理咨询有限公司组织编写了本手册。

本手册共分为上、下册，上册包括公共部分、土建工程两章，下册包括变电工程、线路工程、配电工程三章。本手册涵盖供配电系统的各个施工项目和施工阶段，按照相关标准规范，列出对应的质量、安全控制重点和监理作业重点，用于指导实际工作。

本手册可作为广大电力建设工程监理、建设管理、施工管理人员的业务培训教材和工作指导用书，也可供相关专业师生学习参考。

图书在版编目（CIP）数据

供配电工程监理作业手册 / 曹建忠主编；河南立新监理咨询有限公司组编. —北京：中国电力出版社，2018.2

ISBN 978-7-5198-1691-9

Ⅰ. ①供… Ⅱ. ①曹… ②河… Ⅲ. ①供电系统–监理工作–手册 ②配电系统–监理工作–手册 Ⅳ. ①TM72–62

中国版本图书馆 CIP 数据核字（2018）第 013536 号

出版发行：中国电力出版社
地　　址：北京市东城区北京站西街 19 号
邮政编码：100005
网　　址：http://www.cepp.sgcc.com.cn
责任编辑：张　涛　罗　艳（965207745@qq.com，010-63412315）
责任校对：常燕昆
装帧设计：左　铭
责任印制：邹树群

印　　刷：三河市百盛印装有限公司印刷
版　　次：2018 年 2 月第一版
印　　次：2018 年 2 月北京第一次印刷
开　　本：787 毫米×1092 毫米　横 16 开本
印　　张：35.75
字　　数：800 千字
印　　数：0001—1500 册
定　　价：138.00 元

编 委 会

前　言

作业手册或作业指导书是推行企业标准化管理的一种有效形式，是企业贯彻实施国家标准、行业标准的细化和延伸，也是国家标准、行业标准在企业具体实施的关键环节。当前电力建设工程任务十分繁重，呈现活重、点多、线长、面广的显著特点。监理工作也处于任务重、人员少、标准高、业务杂、知识缺的特点。对实现全面安全优质地建设工程带来一定的困难，要遵循的各种规范、标准、制度很多，对于现场查询、阅读很不方便。本手册旨在通过标准规范的格式、可靠科学的依据、简练准确的描述，突出监理工作对工程实现的施工质量、安全保证方面的可靠管控，加强现场监理管理工作，规范监理人员工作行为，提升监理人员业务技能素质，并实现工程安全、质量等方面的可控、能控、在控。

本手册将安全、质量、监理作业与分部分项工程密切结合，统一布局。

河南立新监理咨询有限公司一线监理人员依据 GB/T 50319—2013《建设工程监理规范》和《国家电网公司监理项目部标准化管理手册》以及其他相关标准规范，紧密结合工程监理现场工作实际编制了《供配电工程监理作业手册》。

本手册具有涵盖全面、结构严谨、内容充实、依据充分等特点。

涵盖全面：涵盖供配电系统各个施工项目和施工阶段，方便现场使用。本手册中的配电部分，更是紧扣当前广泛开展的城农网改造工程，使得更加具有实用性和可操作性。

结构严谨：根据电力建设工程分部分项的原则，每一分项工程均对应于相应的质量、安全控制重点和监理作业重点，把质量控制重点、安全控制重点和监理作业重点紧密结合，易于现场实施管控。

内容充实：紧扣供配电建设施工项目，按照有关标准规范，质量控制重点准确精细。安全控制完备可靠。监理作业程序清晰，标准规范。

依据充分：依据现行规范、标准、规章等和参考的书籍。

本手册可作为广大电力建设工程监理人员的业务教材和工作指导。对工程建设管理人员、施工管理人员和电力工程在校生也有很大的帮助作用。为便于现场使用本手册，可下载输变电建设掌中宝 APP。

本手册编写过程中得到河南立新监理咨询有限公司各级领导、各专业工程部、各地市管理部有关专家的大力帮助与支持。

衷心希望这本手册能为提高输变电工程建设监理工作水平做出微薄的贡献。限于编者的水平不高、经验不足，书中难免存有疏漏之处，恳请读者批评指正。

编　者

2017 年 12 月

输变电建设掌中宝

注册码 L293S562

目 录

前 言

上 册

下　册

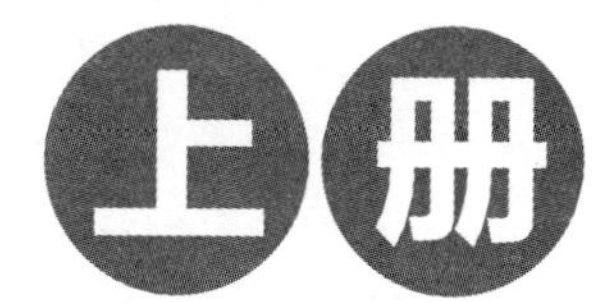

上册

第一章　公共部分

监理项目部建设

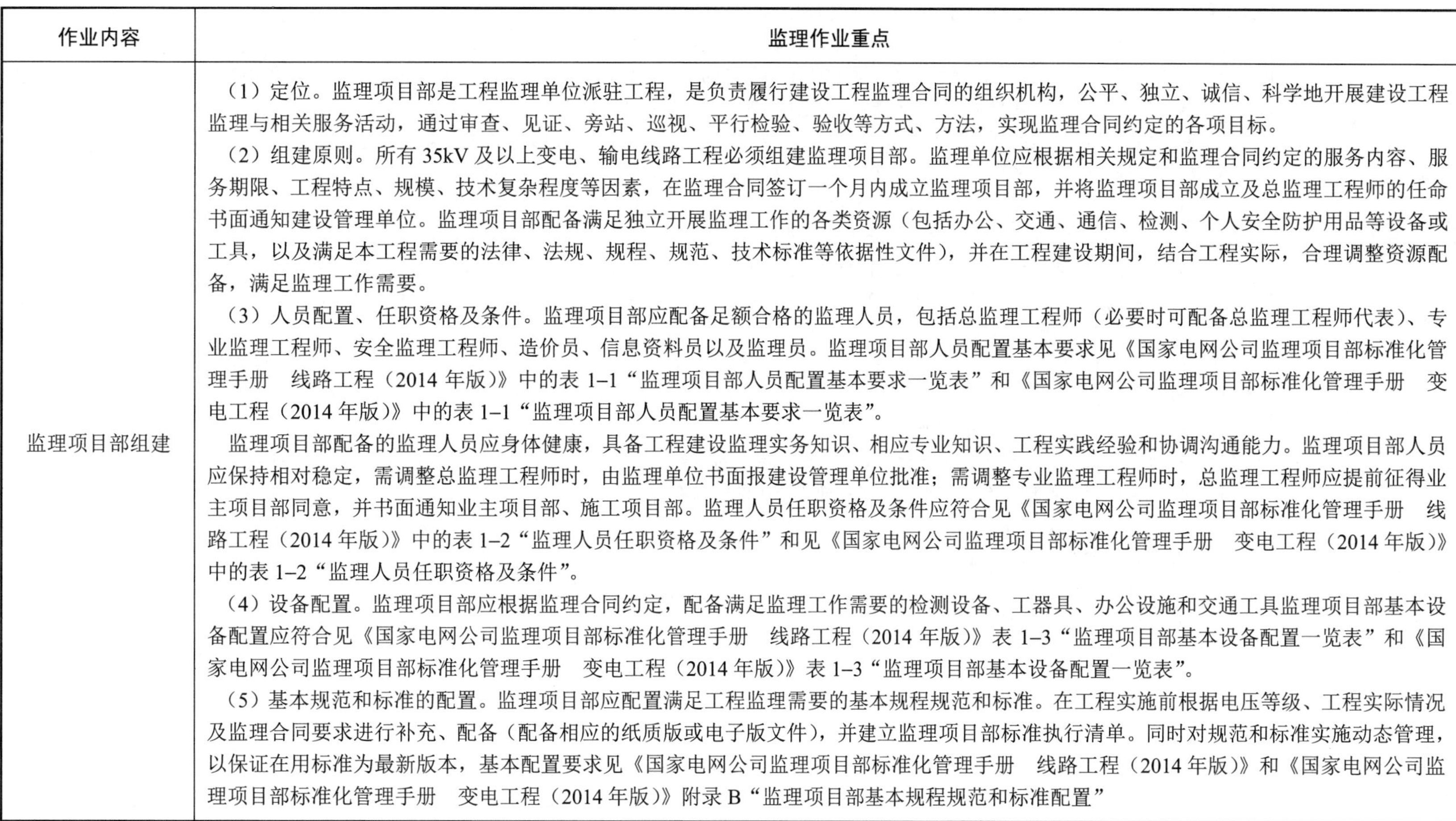

作业内容	监理作业重点
监理项目部组建	（1）定位。监理项目部是工程监理单位派驻工程，是负责履行建设工程监理合同的组织机构，公平、独立、诚信、科学地开展建设工程监理与相关服务活动，通过审查、见证、旁站、巡视、平行检验、验收等方式、方法，实现监理合同约定的各项目标。 （2）组建原则。所有 35kV 及以上变电、输电线路工程必须组建监理项目部。监理单位应根据相关规定和监理合同约定的服务内容、服务期限、工程特点、规模、技术复杂程度等因素，在监理合同签订一个月内成立监理项目部，并将监理项目部成立及总监理工程师的任命书面通知建设管理单位。监理项目部配备满足独立开展监理工作的各类资源（包括办公、交通、通信、检测、个人安全防护用品等设备或工具，以及满足本工程需要的法律、法规、规程、规范、技术标准等依据性文件），并在工程建设期间，结合工程实际，合理调整资源配备，满足监理工作需要。 （3）人员配置、任职资格及条件。监理项目部应配备足额合格的监理人员，包括总监理工程师（必要时可配备总监理工程师代表）、专业监理工程师、安全监理工程师、造价员、信息资料员以及监理员。监理项目部人员配置基本要求见《国家电网公司监理项目部标准化管理手册　线路工程（2014 年版）》中的表 1–1“监理项目部人员配置基本要求一览表”和《国家电网公司监理项目部标准化管理手册　变电工程（2014 年版）》中的表 1–1“监理项目部人员配置基本要求一览表”。 监理项目部配备的监理人员应身体健康，具备工程建设监理实务知识、相应专业知识、工程实践经验和协调沟通能力。监理项目部人员应保持相对稳定，需调整总监理工程师时，由监理单位书面报建设管理单位批准；需调整专业监理工程师时，总监理工程师应提前征得业主项目部同意，并书面通知业主项目部、施工项目部。监理人员任职资格及条件应符合见《国家电网公司监理项目部标准化管理手册　线路工程（2014 年版）》中的表 1–2“监理人员任职资格及条件”和见《国家电网公司监理项目部标准化管理手册　变电工程（2014 年版）》中的表 1–2“监理人员任职资格及条件”。 （4）设备配置。监理项目部应根据监理合同约定，配备满足监理工作需要的检测设备、工器具、办公设施和交通工具监理项目部基本设备配置应符合见《国家电网公司监理项目部标准化管理手册　线路工程（2014 年版）》表 1–3“监理项目部基本设备配置一览表”和《国家电网公司监理项目部标准化管理手册　变电工程（2014 年版）》表 1–3“监理项目部基本设备配置一览表”。 （5）基本规范和标准的配置。监理项目部应配置满足工程监理需要的基本规程规范和标准。在工程实施前根据电压等级、工程实际情况及监理合同要求进行补充、配备（配备相应的纸质版或电子版文件），并建立监理项目部标准执行清单。同时对规范和标准实施动态管理，以保证在用标准为最新版本，基本配置要求见《国家电网公司监理项目部标准化管理手册　线路工程（2014 年版）》和《国家电网公司监理项目部标准化管理手册　变电工程（2014 年版）》附录 B“监理项目部基本规程规范和标准配置”

续表

作业内容	监理作业重点
监理项目部工作职责	严格履行监理合同，对工程安全、质量、造价、进度进行控制，对合同、信息进行管理，对工程建设相关方的关系进行协调，并履行建设工程安全生产管理法定职责，努力促进工程各项目标的实现。 （1）建立健全监理项目部安全、质量组织机构，严格执行工程管理制度，落实岗位职责，确保监理项目部安全质量管理体系有效运作。 （2）对施工图进行预检，形成预检记录，汇总施工项目部的意见，参加设计交底及施工图会检，监督有关工作的落实。 （3）结合工程项目的实际情况，组织编制监理工作策划文件，报业主项目部批准后实施。 （4）审查项目管理实施规划（施工组织设计）、施工方案（措施）等施工策划文件，提出监理意见，报业主项目部审批。 （5）根据工程不同阶段和特点，对现场监理人员进行岗前教育培训和技术交底。 （6）审核开工报审表及相关资料，报业主批准后，签发工程开工令。 （7）审查施工分包商报审文件，对施工分包管理进行监督检查。 （8）审查施工项目部编制施工进度计划并督促实施；比较分析进度情况，采取措施督促施工项目部进行进度纠偏。 （9）定期检查施工现场，发现存在事故隐患的，应要求施工项目部整改；情况严重的，应要求施工项目部暂停施工，并及时报告业主项目部。施工项目部拒不整改或不停止施工的，应即时向有关主管部门汇报。 （10）组织进场材料、构配件的检查验收；通过见证、旁站、巡视、平行检验等手段，对全过程施工质量实施有效控制。监督、检查工程管理制度、建设标准强制性条文、标准工艺、质量通病防治措施的执行和落实。通过数码照片等管理手段强化施工过程质量和工艺控制。 （11）按规定进行工程设计变更和现场签证管理。 （12）审核工程进度款支付申请，按程序处理索赔，参加竣工结算。 （13）定期组织召开监理例会，参加与本工程建设有关的协调会。 （14）使用基建管理信息系统上报工程及监理工作信息，负责工程信息与档案监理资料的收集、整理、上报、移交工作。 （15）配合各级检查、质量监督、竞赛评比等工作，完成自身问题整改闭环，监督施工项目部完成问题整改闭环。 （16）组织开展监理初检工作，做好工程中间验收、竣工预验收、启动验收、试运期间的监理工作。 （17）项目投运后，及时对监理工作进行总结。 （18）负责质保期内监理服务工作，参加项目达标投产和创优工作。 监理项目部各专业主要管理内容见表 1–1，监理项目部岗位职责见表 1–2
监理项目部重点工作及关键管控节点	线路工程监理项目部按照过程管控、强化手段、重点突出的原则开展监理工作，变电工程监理项目部按照“全过程管控、突出重点”的原则开展监理过程管理，监理项目部的 6 项重点工作及 25 项关键管控节点详见表 1–3。监理管理资料应在监理过程同步形成

表 1-1　　监理项目部各专业主要管理内容

专业子体系	主要管理内容	专业子体系	主要管理内容
项目管理体系	监理工作策划	安全管理体系	安全策划管理
	进度计划管理		安全风险和应急管理
	合同履约管理		安全检查管理
	组织协调		安全文明施工管理
	信息与档案管理		分包安全管理
	总结评价		环境及水土保持管理
质量管理体系	质量策划阶段	造价管理体系	工程量管理
	施工准备阶段		施工工程款支付审查
	施工过程阶段		设计变更与现场签证
	工程验收阶段（含过程验收）		工程结算
	总结评价阶段		
技术管理体系	技术标准监督执行		
	设计监督管理		
	施工技术监督管理		
	基建新技术研究与应用		
	设计监理		

注　如监理合同包括设计监理内容时，应开展设计监理工作。

表 1-2　　监理项目部岗位职责

总监理工程师	总监理工程师是监理单位履行工程监理合同的全权代表，全面负责建设工程监理实施工作。 （1）确定项目监理机构人员及其岗位职责。 （2）组织编制监理规划，审批监理实施细则。 （3）对全体监理人员进行监理规划、安全监理工作方案的交底和相关管理制度、标准、规程规范的培训。 （4）根据工程进展及监理工作情况调配监理人员，检查监理人员工作。 （5）组织召开监理例会。 （6）组织审核分包单位资格。 （7）组织审查项目管理实施规划（施工组织设计）、（专项）施工方案。 （8）审查开复工报审表，签发工程开工令、暂停令和复工令。 （9）组织检查施工单位现场质量、安全生产管理体系的建立及运行情况。 （10）组织审核施工单位的付款申请，参与竣工结算。 （11）组织审查和处理设计变更。 （12）调解建设管理单位与施工单位的合同争议，处理工程索赔。 （13）组织工程监理初检，组织编写工程质量评估报告，参与工程竣工预验收和启动验收。 （14）参与或配合工程质量安全事故的调查和处理。 （15）组织编写监理月报、监理工作总结，组织整理监理文件资料
总监理工程师代表	经总监理工程师委托后可开展下列监理工作。 （1）确定项目监理机构人员及其岗位职责。 （2）对全体监理人员进行监理规划、安全监理工作方案的交底和相关管理制度、标准、规程规范的培训。 （3）检查监理人员工作。 （4）组织召开监理例会。 （5）组织审核分包单位资格。 （6）组织检查施工单位现场质量、安全生产管理体系的建立及运行情况。 （7）参与竣工结算。 （8）组织审查和处理设计变更。 （9）组织编写监理月报、监理工作总结，组织整理监理文件资料

续表

专业监理工程师	（1）参与编制监理规划，负责编制本专业监理实施细则。 （2）审查施工单位提交的涉及本专业的报审文件，并向总监理工程师报告。 （3）指导、检查监理员工作，定期向总监理工程师报告本专业监理工作实施情况。 （4）检查进场的工程材料、构配件、设备的质量。 （5）验收检验批、隐蔽工程、分项工程，参与验收分部工程。 （6）处置发现的质量问题。 （7）进行工程计量。 （8）参与设计变更的审查和处理。 （9）组织编写监理日志，参与编写监理月报。 （10）收集、汇总、参与整理本专业监理文件资料。 （11）参加监理初检，参与工程竣工预验收。 （12）配合安全监理工程师做好本专业的安全监理工作
安全监理工程师	（1）在总监理工程师的领导下负责工程建设项目安全监理的日常工作。 （2）协助总监理工程师做好安全监理策划工作，编写监理规划中的安全监理内容和安全监理工作方案。 （3）审查施工单位、分包单位的安全资质，审查项目经理、专职安全管理人员、特种作业人员的上岗资格，并在过程中检查其持证上岗情况。 （4）参加项目管理实施规划（施工组织设计）和专项安全技术方案的审查。 （5）审查施工项目部三级以上风险清册，督促做好施工安全风险预控。 （6）参与专项施工方案的安全技术交底，监督检查作业项目安全技术措施的落实。 （7）组织或参加安全例会和安全检查，督促并跟踪存在问题整改闭环，现重大安全事故隐患及时制止并向总监理工程师报告。 （8）审查安全文明施工费使用计划，检查费用使用落实情况，审查安全费用的使用。 （9）协调交叉作业和工序交接中安全文明施工措施的落实。 （10）负责安全监理工作资料的收集和整理，形成安全管理台账。 （11）参加编写监理日志和监理月报

续表

造价员	（1）负责项目建设过程中的投资控制工作；严格执行国家、行业和企业标准，贯彻落实建设管理单位有关投资控制的要求。 （2）协助总监理工程师处理设计变更。 （3）协助总监理工程师审核上报工程进度款支付申请和月度用款计划。 （4）参加建设管理单位组织的工程竣工结算审查工作会议。 （5）负责收集、整理投资控制的基础资料，并按要求归档
监理员	（1）检查施工单位投入工程的人力、主要设备的使用及运行状况。 （2）对原材料、试品、试件进行见证取样。 （3）复核工程计量有关数据。 （4）检查工序施工结果。 （5）实施旁站监理工作，核查特种作业人员的上岗证。 （6）检查、监督工程现场的施工质量、安全状况及相关措施的落实情况，发现施工作业中的问题，及时指出并向监理工程师报告。 （7）做好相关监理记录
信息资料员	（1）负责对工程各类文件资料进行收发登记，分类整理，建立资料台账，负责工程资料的储存保管工作。 （2）负责基建管理信息系统相关资料的录入。 （3）负责工程文件资料在监理项目部内的及时流转。 （4）负责对工程建设标准文本进行保管和借阅管理。 （5）协助总监理工程师对受控文件进行管理。 （6）负责工程监理资料的整理和归档工作

表 1–3　　监理项目部重点工作与关键管控节点

序号	重点工作	关键管控节点及工作要求	主要成果资料
1	策划管理	（1）监理策划。组织编写监理项目部策划文件，按流程完成内部审批，报业主项目部	监理规划、安全监理工作方案、专业监理实施细则、质量旁站方案、质量通病防治控制措施
		（2）审查施工项目策划文件。对施工项目部编制的项目管理实施规划（施工组织设计）、施工方案（措施）、施工安全管理及风险控制方案、质量通病防治措施、施工强制性条文执行计划等项目策划文件进行审查，并签署意见	文件审查记录
2	项目管理	（1）开工审核。审查工程开工条件，签发工程开工令	工程开工报审表、单位（分部）工程开工报审表、工程开工令
		（2）进度管理。对施工进度进行动态管理，及时采取纠偏措施	施工进度计划报审表，施工进度调整计划报审表，相关进度控制的文件记录
		（3）工程协调。组织有关单位召开监理例会或专题会议，研究解决相关问题	会议纪要
		（4）基建管理信息系统。应用基建管理信息系统，及时、准确、完整地录入相关数据	基建管理信息系统中保存的各类监理报表、记录、纪要等电子文档
		（5）合同履约管理。监督检查施工单位合同履约情况，协调解决合同执行过程中的争议	会议纪要，索赔审核记录
		（6）信息档案管理。及时组织宣贯上级文件，来往文件记录清晰。每月应编制监理月报，综合反映工程实施情况和监理工作情况，提出存在问题与监理建议，及时报送业主项目部。及时完成资料收集，组织档案移交	收发文记录，安全、质量活动记录表，监理月报，工程档案资料

续表

序号	重点工作	关键管控节点及工作要求	主要成果资料
3	安全管理	（1）安全检查。通过旁站、检查、签证等手段，对发现的各类安全事故隐患，督促施工项目部及时整改闭环	安全旁站、安全签证等记录，监理通知单、工程暂停令等监理指令文件
		（2）分包管理。审查分包计划、分包商资质、分包合同及分包安全协议，全过程监督项目分包管理工作	分包审查意见，分包管理检查及督促整改闭环记录
		（3）特殊工种管理。审查特殊工种、特种作业人员资格证明文件，进行不定期核查	特殊工种报审表，监理检查记录
		（4）风险管控。对工程关键部位、关键工序、危险作业项目进行现场安全旁站	安全旁站监理记录
		（5）安全文明施工管理。审查安全文明施工设施配置计划申报，检查现场安全文明施工设施使用情况	安全文明施工设施配置计划申报单、安全文明施工设施进场验收单、监理检查记录
4	质量管理	（1）在进场前对施工单位采购的原材料、构配件进行验收，审查质量证明文件、复试报告；组织塔材、导地线、绝缘子等主要设备材料开箱	工程材料、构配件、设备审查记录，见证取样统计记录，设备材料开箱检查记录表
		（2）强制性条文执行检查。分部工程验收时，组织对施工单位执行强制性条文情况进行阶段性检查；竣工预验收时，进行复查汇总	强制性条文执行检查及汇总记录，监理通知单、工程暂停令等监理指令文件
		（3）质量通病防治。开展质量通病防治情况检查，工程结束后进行总结	监理检查记录表，质量通病防治工作评估报告，监理通知单、工程暂停令等监理指令文件
		（4）标准工艺应用。参加标准工艺样板验收，对实施效果进行控制和验收，对标准工艺的实施效果进行控制和验收，及时纠偏	监理检查记录表，会议纪要，监理通知单、工程暂停令等监理指令文件

续表

序号	重点工作	关键管控节点及工作要求	主要成果资料
4	质量管理	（5）监理初检。收到监理初检申请表后，组织监理初检，提出监理初检报告，参加工程中间验收、竣工预验收、竣工验收工作。督促施工项目部完成问题整改	监理初检报告，监理初检问题整改闭环记录
5	造价管理	（1）施工工程款审核与结算。按施工合同约定，审核工程预付款支付申请，进行工程计量和进度款付款审核，参与工程结算	施工工程款监理审查意见，结算监理意见
		（2）设计变更管理。按设计变更管理制度，对设计变更进行审查并督促实施	设计变更审批单重大设计变更审批单设计变更执行报验单
		（3）现场签证管理。负责审核现场签证并督促实施	现场签证审批单重大现场签证审批单
6	技术管理	（1）施工图预检。对施工图进行预检，形成预检意见	施工图预检记录表
		（2）督促施工技术交底。参与专项施工方案安全技术交底	相关交底记录
		（3）监理培训与交底。完成监理人员交底、培训、学习	安全、质量活动记录表，试卷及成绩
		（4）专项施工方案审查。审查专项施工方案，提出审查意见并报业主项目部审批	专项施工方案及审查意见

施工单位开工资料审核

作业内容	监理作业重点
施工项目部管理人员资格报审表审核	（1）主要施工管理人员是否与投标文件一致。 （2）人员数量是否满足工程施工管理需要。 （3）更换项目经理是否经建设管理单位书面同意。 （4）应持证上岗的人员所持证件是否有效。 （5）总监理工程师签署审查意见
施工组织设计项目管理实施规划报审表审核	（1）由施工项目部组织编制，施工单位相关职能部门审核，施工企业技术负责人批准。文件封面的落款为施工单位名称，并加盖施工单位章。 （2）内容是否完整，施工进度、施工方案及工程质量保证措施是否符合施工合同要求。施工总进度计划是否能够保证施工的连续性、紧凑性、均衡性；总体施工方案在技术上是否可行，经济上是否合理，施工工艺是否先进，能否满足施工总进度计划要求；安全技术措施是否符合工程建设强制性标准，安全文明施工、环保措施是否得当；施工现场平面布置是否合理，是否符合工程安全文明施工总体策划，是否与施工总进度计划相适应，是否考虑了施工机具、材料、设备之间在空间和时间上的协调；资金、劳动力、材料、设备等资源供应计划是否与施工总进度计划和施工方案相一致等方面进行审查，提出监理意见。 （3）总监理工程师签署审查意见，报业主项目部审批
施工强制性条文实施计划报审表审核	（1）由施工项目部组织编制，施工单位管理部门审核，施工单位分管领导批准。文件的编审批程序应符合施工单位的体系文件规定，文件封面的落款为施工单位名称，并加盖施工单位章。 （2）监理项目部应从文件的内容是否完整等方面进行审查，提出意见
施工进度计划报审表审核	（1）施工进度计划作业项目有无遗漏。 （2）施工顺序安排是否符合施工工艺要求。 （3）作业项目的逻辑关系是否合理。 （4）计划工期是否符合合同里程碑计划（或一级工程进度网络计划）安排

续表

作业内容	监理作业重点
工程开工报审表审核	（1）工程各项开工准备是否充分。 （2）相关的报审是否已全部完成，未核准项目原则上不允许开工。 （3）是否具备开工条件。 （4）监理部审查确认后在框内打“√”
单位（分部）工程开工报审表审核	（1）专业监理工程师审查确认后在框内打“√”。 （2）专业监理工程师审查要点： （3）该分部工程各项开工准备是否充分。 （4）相关的报审是否已全部完成。 （5）是否具备开工条件。 （6）实际使用时，应根据分部（单位）工程的特点，对开工条件的内容进行增删
分包计划申请表审核	（1）分包范围（施工内容及工程量）： （2）分包范围是否符合国家法律法规、国家电网公司有关规定。 （3）分包范围是否符合施工承包合同约定。 （4）分包范围是否符合总承包单位在投标书中的承诺。 （5）分包性质（专业分包或劳务分包）、工程地点、计划工期、拟分包工程总价
施工分包申请表审核	（1）分包单位资质材料是否合格。 （2）分包单位业绩资料是否具备承担分包项目的能力。 （3）拟分包合同、拟签订的安全协议内容是否全面。 （4）分包单位专职管理人员及特种作业人员资格证和上岗证是否有效等内容
施工安全管理及风险控制方案报审表审核	（1）该方案由施工单位项目部总工组织编制，经施工企业相关职能部门（技术、安全等）审核，分管领导批准。文件封面的落款为施工单位名称，盖施工单位章。 （2）文件的内容是否完整，是否符合安全文明施工总体策划方案要求，制订的安全目标是否符合工程建设目标；是否建立了安全管理组织机构，责任制是否落实，安全管理措施、风险管理、文明施工管理、环保及水土保持措施是否有效；安全分包管理、隐患排查和安全检查、信息管理、安全评价内容是否完整。 （3）报监理项目部签署审查意见，报业主项目部审批

续表

作业内容	监理作业重点
主要施工机械/工器具/安全防护用品（用具）报审表审核	（1）施工项目部在进行开工准备时，或拟补充进场主要施工机械或工器具或安全用具时，应将机械、工器具、安全用具的清单及检验、试验报告、安全准用证等报监理项目部查验。 （2）施工项目部应对其报审的复印件进行确认，并注明原件存放处。 （3）主要施工机械设备/工器具/安全用具的数量、规格、型号是否满足项目管理实施规划（施工组织设计）及本阶段工程施工需要。 （4）机械设备定检报告是否合格，起重机械的安全准用证是否符合要求。 （5）安全防护用品（用具）的试验报告是否合格
大中型施工机械进场/出场申报表审核	（1）施工项目部在大、中型机械设备进场或出场前，应将此事件向监理项目部申报。 （2）监理项目部对进场申报的审查要点： 1）拟进场设备是否与投标承诺一致。 2）是否适合现阶段工程施工需要。 3）拟进场设备检验、试验报告/安全准用证等是否已经报审合格。 （3）监理项目部对出场申报的审查要点： 1）拟出场设备的工作是否已经完成。 2）后续施工是否不再需要使用该设备
质量通病防治措施报审表审核	（1）施工单位内部审批手续是否符合规定，内容是否完整；是否符合建设管理单位编制的工程质量通病防治任务书要求；防治项目是否完善，防治措施是否完善、合理。 （2）总监理工程师签署审查意见，报业主项目部审批
施工质量验收及评定范围划分报审表审核	（1）施工质量验收及评定项目划分是否准确、合理、全面，三级验收责任是否明确。 （2）总监理工程师签署审查意见，报业主项目部审批
工程控制网测量报审表审核	（1）工程控制网测量是否正确。 （2）数据记录是否准确
主要测量计量器具/试验设备检验报审表审核	测量、计量器具、试验设备的种类、数量满足工程施工需要，是否经法定单位检验合格，检定合格证明文件有效，并在检定周期内

续表

作业内容	监理作业重点
试验（检测）单位资质报审表审核	（1）拟委托的试验单位资质等级是否符合业主项目部的要求，是否通过计量认证。 （2）试验资质范围是否包括拟委托试验的项目。 （3）试验设备计量检定证明是否齐全、有效。 （4）试验人员资质是否符合要求
特殊工种/特殊作业人员报审表审核	（1）施工项目部应对其报审的复印件进行确认，并注明原件存放处。 （2）特殊工种/特殊作业人员的数量是否满足工程施工需要。 （3）特殊工种/特殊作业人员的资格证书是否有效。 （4）工程进行中如有调整，将重新统计并上报
一般施工方案报审表审核	（1）在分部工程动工前，项目部应编制该分部工程主要施工工序的施工方案（措施、作业指导书），并报监理项目部审查，文件的编、审、批应符合国家、行业规程规范和国家电网公司规章制度要求。 （2）文件的内容是否完整；该施工方案（措施、作业指导书）制订的施工工艺流程是否合理，施工方法是否得当，是否先进；是否有利于保证工程质量、安全、进度；安全技术措施是否符合工程建设强制性标准；安全危险点分析或危险源辨识、环境因素识别是否准确、全面，应对措施是否有效；质量保证措施是否有效，针对性是否强，是否落实了标准工艺施工措施；是否能够指导作业人员操作
特殊（专项）施工技术方案（措施）报审表审核	（1）由施工项目部项目总工负责编制，施工单位相关管理部门审核，企业技术负责人批准，并附安全验算结果；对超过一定规模的危险性较大的分部分项工程专项施工方案还须附专家论证报告。并审查施工单位是否根据论证报告已修改完善专项方案。 （2）施工方案的安全技术措施是否符合工程建设强制性标准。 （3）总监理工程师签署审查意见，报业主项目部审批。 （4）该表用于非常规施工方案的报审。主要包括危险性较大的分部分项工程专项施工方案，按住房和城乡建设部（建质〔2009〕87 号）《危险性较大的分部分项工程安全管理办法》和《国家电网公司基建安全管理规定》执行
三级及以上施工安全风险识别、评估、预控清册	（1）由施工项目部项目总工负责编制，施工单位相关管理部门审核，企业技术负责人批准。 （2）总监理工程师签署审查意见，报业主项目部审批
工程预付款报审表审核	与施工合同支付条款对比： （1）施工单位是否提供履约保函。 （2）现场支付条件是否全部具备。 （3）支付预付款金额是否施工合同相关条款约定

监理规划编制

作业顺序	监理规划编制
总体要求	（1）监理规划可在签订建设工程监理合同及收到工程设计文件后由总监理工程师组织编制，并应在召开第一次工地会议前报送建设单位。 （2）监理规划应结合工程实际情况，明确项目监理机构的工作目标，确定具体的监理工作制度、内容、程序、方法和措施
编制程序	监理规划编审应遵循下列程序： （1）总监理工程师组织专业监理工程师编制。 （2）总监理工程师签字后由工程监理单位技术负责人审批
编制内容	监理规划应包括下列主要内容： （1）工程概况（包括工程名称、地址、规模等）。 （2）监理工作的范围、内容、目标（目标包括质量、进度、安全、投资）。 （3）监理工作依据（现行国家法律、法规，国家规范、行业规范等）。 （4）监理组织形式、人员配备及进退场计划、监理人员岗位职责。 （5）监理工作制度（根据公司制度清单引用）。 （6）工程质量控制（应包括监理方法、手段，和问题的处理方式等）。 （7）工程造价控制（根据设计文件，目标与监理合同应保持一致）。 （8）工程进度控制（根据里程碑计划和施工进度计划要求进行控制）。 （9）安全生产管理的监理工作。 （10）合同与信息管理。 （11）组织协调。 （12）监理工作设施
注意事项	（1）监理规划应由总监理工程师组织编写，经监理单位技术负责人审批。 （2）在实施建设工程监理过程中，实际情况或条件发生变化而需要调整监理规划时，应由总监理工程师组织专业监理工程师修改，并应经工程监理单位技术负责人批准后报建设单位。 （3）监理规划的基本构成内容应当力求统一。整个监理工作组织、控制、方法、措施的规划等是监理规划必不可少的内容。 （4）监理规划的内容应具有针对性、指导性和可操作性。 （5）监理规划应有利于建设工程监理合同的履行。 （6）监理规划的表达方式应当标准化、格式化

监理细则编制

作业顺序	监理细则编制
总体要求	（1）监理实施细则应符合监理规划的要求，并应具有可操作性。 （2）监理实施细则应在相应工程施工开始前由专业监理工程师编制，并应报总监理工程师审批
编制依据	监理实施细则的编制应依据下列资料： （1）已经批准的监理规划。 （2）工程建设标准、工程设计文件。 （3）施工组织设计、（专项）施工方案
编制内容	监理实施细则应包括下列主要内容： （1）专业工程特点。 （2）监理工作流程。 （3）监理工作要点（重点应明确，思路应清晰，需要跨专业、跨单位配合的部位应明确列出）。 （4）监理工作方法及措施
注意事项	（1）监理实施细则应符合监理规划的要求，并应结合工程项目的专业特点，做到详尽具体、具有可操作性。 （2）专业实施细则应具有针对性，应根据专业施工的特点制定专业监理工作控制措施，设置质量控制点的具体位置及控制方法，明确哪些工序需要进行旁站监理及旁站监理的内容，明确专业监理工作平时巡查的内容和重点。 （3）在实施建设工程监理过程中，监理实施细则可根据实际情况进行补充、修改，并应经总监理工程师批准后实施。 （4）总监理工程师在审核时，应注意各个专业实施细则之间的衔接与配套，以组成系统、完整的监理实施细则体系

安全监理工作方案编制

作业顺序	安全监理工作方案编制
总体要求	（1）安全监理工作方案编制应符合监理规划的要求，并应具有可操作性。 （2）安全监理工作方案编制应在相应工程施工开始前由安全监理工程师编制，并应报总监理工程师审批
编制依据	安全监理工作方案编制的编制应依据下列资料： （1）国家或行业、企业有关建设安全的法律法规、技术规范和规章制度。 （2）已经批准的监理规划。 （3）工程建设标准、工程设计文件。 （4）施工组织设计、（专项）施工方案
编制内容	安全监理工作方案编制应包括下列主要内容： （1）安全管理监理工作目标。 （2）安全管理监理组织机构及工作职责。 （3）安全管理监理工作流程。 （4）安全管理工作控制要点。 （5）安全管理方法及措施。 1）安全工作策划。 2）安全风险及应急管理。 3）重要设施及重大工序转接安全检查签证。 4）分包安全管理。 5）安全通病防治控制措施。 6）安全文明施工管理。 7）安全旁站及巡视监理工作方法。 8）环境及水土保持管理

续表

作业顺序	安全监理工作方案编制
注意事项	（1）安全管理监理工作目标：根据监理规划和安全文明施工总体策划，制订安全管理监理工作分解目标，包括文明施工目标，且该目标的级别应高于上述两个文件。 （2）安全管理组织机构及工作职责：图表形式表述安全监理组织机构和工作职责。 （3）安全管理工作控制要点：按照“四通一平”（“四通”指施工现场水通、电通、路通、通信要通；“一平”指施工现场要平整）、土建工程和电气安装工程分别描述。 （4）安全管理方法及措施：从安全工作策划（包括自身编审及施工报审文件审查等）、安全风险及应急管理、重要设施及重大工序转接、分包安全管理、安全通病防治控制措施、安全文明施工管理、安全旁站及巡视监理工作方法和环境及水土保持管理等方面进行描述，其中安全旁站及巡视作为重要控制手段，列表细化安全旁站及巡视范围、计划及内容

甲供、乙供物资检查

作业顺序	监理作业重点
空气断路器	（1）外表应完好，无影响其性能的损伤。 （2）环氧玻璃钢导气管不得有裂纹、剥落和破损。 （3）绝缘拉杆表面应清洁无损伤，绝缘应良好，端部连接部件应牢固可靠，弯曲度不超过产品的技术规定。 （4）瓷套与金属法兰间的黏合应牢固密实，法兰结合面应平整，无外伤或铸造砂眼。 （5）灭弧室、分合闸阀、启动阀、主阀、中间阀、控制阀和排气阀及触头的传动活塞等应作部分或整体的解体检查，制造厂规定不作解体且具体保证的部件除外。 （6）高强度支柱瓷套外观检查有疑问时，应经探伤试验；不得有裂纹、损伤，并不得修补
油断路器	（1）断路器的所有部件、备件及专用工器具应齐全，无锈蚀或机械损伤，瓷铁件应黏合牢固。 （2）绝缘部件不应变形、受潮。 （3）油箱焊缝不应渗油，外部油漆应完整。 （4）充油运输的部件不应渗油
六氟化硫断路器	（1）开箱前检查包装应无残损。 （2）设备的零件、备件及专用工器具应齐全、无锈蚀和损伤变形。 （3）绝缘件应无变形、受潮、裂纹和剥落。 （4）瓷件表面应光滑、无裂纹和缺损，铸件应无砂眼。 （5）充有六氟化硫等气体的部件，其压力值应符合产品的技术规定。 （6）出厂证件及技术资料应齐全
真空断路器	（1）开箱前包装应完好。 （2）断路器的所有部件及备件应齐全，无锈蚀或机械损伤。 （3）灭弧室、瓷套与铁件间应黏合牢固，无裂纹及破损。 （4）绝缘部件不应变形、受潮。 （5）断路器的支架焊接应良好，外部油漆完整

续表

作业顺序	监理作业重点
隔离开关、负荷开关及高压熔断器	（1）所有的部件、附件、备件应齐全，无损伤变形及锈蚀。 （2）瓷件应无裂纹及破损
电抗器	支柱及线圈绝缘等应无严重损伤和裂纹；线圈应无变形；支柱绝缘子及其附件应齐全
避雷器	（1）瓷件无裂纹、破损，瓷套与铁法兰间的黏合应牢固，法兰泄水孔应通畅。 （2）磁吹阀式避雷器的防爆片应无损坏和裂纹。 （3）组合单元应经试验合格，底座和拉紧绝缘子绝缘应良好。 （4）运输时用以保护金属氧化物避雷器防爆片的上下盖子应取下，防爆片应完整无损。 （5）金属氧化物避雷器的安全装置应完整无损
电容器	（1）套管芯棒应无弯曲或滑扣。 （2）引出线端连接用的螺母、垫圈应齐全。 （3）外壳应无显著变形，外表无锈蚀，所有接缝不应有裂缝或渗油
电力变压器、油浸电抗器	（1）油箱及所有附件应齐全，无锈蚀及机械损伤，密封应良好。 （2）油箱箱盖或钟罩法兰及封板的连接螺栓应齐全，紧固良好，无渗漏；浸入油中运输的附件，其油箱应无渗漏。 （3）充油套管的油位应正常，无渗油，瓷体无损伤。 （4）充油运输的变压器、电抗器，油箱内应为正压，其压力为 0.01～0.03MPa。 （5）装有冲击记录仪的设备，应检查并记录设备在运输和装卸中的受冲击情况
互感器	（1）互感器外观应完整，附件应齐全，无锈蚀或机械损伤。 （2）油浸式互感器油位应正常，密封应良好，无渗油现象。 （3）电容式电压互感器的电磁装置和谐振阻尼器的封铅应完好
母线装置	（1）母线表面应光洁平整，不应有裂纹、折皱、夹杂物及变形和扭曲现象。 （2）成套供应的封闭母线、插接母线槽的各段应标识清晰，附件齐全，外壳无变形，内部无损伤。 （3）螺栓固定的母线搭接面应平整，其镀银层不应有麻面、起皮及未覆盖部分

续表

作业顺序	监理作业重点
电缆及其附件	（1）产品的技术文件应齐全。 （2）电缆型号、规格、长度应符合订货要求。 （3）电缆外观不应受损，电缆封端应严密。当外观检查有怀疑时，应进行受潮判断或试验。 （4）附件部件应齐全，材质质量应符合产品技术要求。 （5）充油电缆的压力油箱、油管、阀门和压力表应符合产品技术要求且完好无损
盘、柜装置	（1）包装及密封良好。 （2）开箱检查型号、规格符合设计要求，设备无损伤，附件、备件齐全。 （3）产品的技术文件齐全。 （4）外观检查合格
铅酸蓄电池	（1）蓄电池槽应无裂纹、损伤，槽盖应密封良好。 （2）蓄电池的正、负端柱必须极性正确，并应无变形；防酸栓、催化栓等部件应齐全无损伤；滤气帽的通气性能应良好。 （3）对透明的蓄电池槽，应检查极板无严重受潮和变形；槽内部件应齐全无损伤。 （4）连接条、螺栓及螺母应齐全。 （5）温度计、密度计应完整无损
35kV 以下架空线路	（1）不应有松股、交叉、折叠、断裂及破损等缺陷。 （2）不应有严重腐蚀现象。 （3）钢绞线、镀锌铁线表面镀锌层应良好，无锈蚀。 （4）绝缘线表面应平整、光滑、色泽均匀，绝缘层厚度应符合规定。绝缘线的绝缘层应挤包紧密且易剥离，绝缘线端部应有密封措施
金具	（1）表面光机，无裂纹、毛刺、飞边、砂眼、气泡等缺陷。 （2）线夹转动灵活，与导线接触面符合要求。 （3）镀锌良好，无锌皮脱落、锈蚀现象
绝缘子及瓷横担绝缘子	（1）瓷件与铁件组合无歪斜现象，且结合紧密，铁件镀锌良好。 （2）瓷轴光滑，无裂纹、缺釉、斑点、烧痕、气泡或瓷釉烧坏等缺陷。 （3）弹簧销、弹簧垫的弹力适宜

续表

作业顺序	监理作业重点
混凝土电杆	（1）表面光洁平整，壁厚均匀，无露筋、跑浆等现象。 （2）放置地平面检查时，应无纵向裂缝，横向裂缝的宽度不应超过 0.1mm。 （3）预应力混凝土电杆应无纵、横向裂缝。 （4）杆身弯曲不应超过杆长的 1/1000
低压电器	（1）设备铭牌、型号、规格，应与被控制线路或设计相符。 （2）外壳、漆层、手柄，应无损伤或变形。 （3）内部仪表、灭弧罩、瓷件、胶木电器，应无裂纹或伤痕。 （4）螺栓应拧紧。 （5）具有主触头的低压电器，触头的接触应紧密，采用 0.05mm×10mm 的塞尺检查，接触两侧的压力应均匀。 （6）附件应齐全、完好
钢材	（1）钢材、钢铸件的品种、规格、性能等应符合现行国家产品标准和设计要求。 （2）进口钢材产品的质量应符合设计和合同规定标准的要求，全数检查，检查质量合格证明文件、中文标志及检验报告等。 （3）对属于下列情况之一的钢材，应进行抽样复验，其复验结果应符合现行国家产品标准和设计要求。 1）国外进口钢材； 2）钢材混批； 3）板厚等于或大于 40mm，且设计有 Z 向性能要求的厚板； 4）建筑结构安全等级为一级，大跨度钢结构中主要受力构件所采用的钢材； 5）设计有复验要求的钢材； 6）对质量有疑义的钢材
钢筋	（1）钢筋进场时，应按 GB 1499.2《钢筋混凝土用钢　第 2 部分：热轧带肋钢筋》等的规定抽取试件作力学性能检验，其质量必须符合有关标准的规定。 （2）检查数量：按进场的批次和产品的抽样检验方案确定。 （3）检验方法：检查产品合格证、出厂检验报告和进场复验报告

续表

作业顺序	监理作业重点
水泥	（1）水泥进场时应对其品种、级别、包装或散装仓号、出厂日期等进行检查，并应对其强度、安定性及其他必要的性能指标进行复验，其质量必须符合 GB 175《通用硅酸盐水泥》。 （2）当在使用中对水泥质量有怀疑或水泥出厂超过三个月（快硬硅酸盐水泥超过一个月）时，应进行复验，并按复验结果使用。 （3）钢筋混凝土结构、预应力混凝土结构中，严禁使用含氯化物的水泥。 （4）检查数量：按同一生产厂家、同一等级、同一品种、同一批号且连续进场的水泥，袋装不超过 200t 为一批，散装不超过 500t 为一批，每批抽样不少于一次。 （5）检验方法：检查产品合格证、出厂检验报告和进场复验报告
砂石	（1）砂石的产品合格证或质量检验报告。 （2）应按砂或石的同产地同规格分批验收。采用大型工具（如火车、货船、汽车）运输的以 400m^3 或 600t 为一验收批。采用小型工具（如拖拉机等）运输的应以 200m^3 或 300t 为一验收批。不足上述数量者，应按验收批进行验收。 （3）每验收批砂石至少应进行颗粒级配、含泥量、泥块含量检验。对于碎石或卵石还应检验针片状颗粒含量；对于海砂或有氯离子污染的砂，还应检验其氯离子含量；对于海砂，还应检验贝壳含量；对于人工砂及混合砂，还应检验石粉含量。对于重要工程或特殊工程，应根据工程要求，增加检测项目。对其他指标的合格性有怀疑时，应予以检验。 （4）当砂石的质量比较稳定、进料量又较大时，可以 1000t 为一验收批

平 行 检 查

<table>
<tr><th>作业顺序</th><th>监理作业重点</th></tr>
<tr><td rowspan="2">平行检查</td><td>（1）项目监理机构应审查施工报送的用于工程的材料、构配件、设备的质量证明文件，并应按有关规定、建设工程监理合同约定，对用于工程的材料进行见证取样、平行检查。
（2）项目监理机构对已进场经检验不合格的工程材料、构配件、设备，应要求施工单位限期将其撤出施工现场</td></tr>
<tr><td>（1）检查施工承包商采购的拟进场工程材料、半成品和构配件是否符合设计和规范的要求；按相关规定对用于工程的材料进行平行检验。
（2）利用独立的检查或检测手段，做好平行检验工作，工序检查量不应小于受检工程量质检项目的 10%，且应均匀覆盖关键工序。
（3）对已进场的材料、构配件、设备质量有怀疑时，在征得业主项目部同意后，按约定检验的项目、数量、频率、费用，对其进行平行检验或委托试验</td></tr>
</table>

安全、质量巡视检查

作业顺序	质量巡视重点	安全巡视重点
施工准备阶段	（1）熟悉图纸。 （2）检查工程开工手续办理情况	（1）巡视检查现场安全文明施工条件。重点检查：现场是否按照已批准的施工方案进行了布置，是否按照已批准的本单位工程的安全技术措施进行了落实。 （2）采集数码照片（按国网基建安质〔2016〕56 号文《关于印发〈输变电工程安全质量过程控制数码照片管理工作要求〉的通知要求》）
土方开挖施工阶段	（1）审查分项工程所含的检验批是否均合格；分项工程所含的检验批的质量验收记录是否完整、填写规范；该分项工程的施工质量是否符合规范和工程设计文件的要求，基底土质、标高、几何尺寸等。 （2）采集数码照片（按国网基建安质〔2016〕56 号文要求）	（1）现场土质情况与设计文件和地质勘察报告是否相符；开挖方法、边坡坡度、安全围护等施工安全技术措施与已批准的施工方案是否一致；安全文明施工管理是否到位；操作人员的安全防护用品是否配置和正确使用。 （2）采集数码照片（按国网基建安质〔2016〕56 号文要求）
地基工程阶段	（1）土、石灰、砂、碎石与见证取样时原材料特征是否相符，与做击实试验的原材料特征是否相符。 （2）灰土、砂石拌和时的体积比是否符合设计文件要求，其中，土料应过筛，石灰中不得含有未熟化的生石灰。 （3）回填时使用的机械、铺设厚度及夯实遍数等与审批文件是否一致。 （4）搅拌机停放位置是否符合要求，搅拌头与桩位标志物是否在同一直线上。 （5）搅拌机是否沉至设计文件要求的加固深度，搅拌机轴是否垂直于地面；施工项目部现场是否设专人负责水泥浆的拌制工作；水泥浆使用过程中是否保持不停搅动，搅拌时间是否符合标准要求等。	（1）现场是否落实施工方案中的安全技术施；机械作业人员是否持上岗，是否正确使用了安防护用品；夯实机械电缆线是否正确，电缆有无破损等。 （2）现场土质情况与设计文件和地质勘察报告是否相符；开挖方法、边坡坡度、安全围护等施工安全技术措施与已批准的施工方案是否一致；安全文明施工管理是否到位；作业人员的安全防护用品是否配置和正确使用。 （3）操作面、临时步道搭设是否符合安全措施要求；作业人员的安全防护用品是否配置和正确使用。 （4）采集数码照片（按国网基建安质〔2016〕56 号文要求）

续表

作业顺序	质量巡视重点	安全巡视重点
地基工程阶段	（6）搅拌头达到设计桩底标高喷浆搅拌标准要求的时间后，搅拌机提升是否匀速提至地面；过程中注浆是否连续、均匀。如采用喷粉工艺，检查搅拌头达到设计桩底标高以上标准要求高度后，是否提前喷粉；搅拌机是否匀速提升至地面；过程中喷粉是否连续、均匀。 （7）喷浆管是否贯入至设计文件要求的深度；孔位、垂直度及孔深偏差是否在标准允许范围内。 （8）喷射孔与高压注浆泵距离是否符合标准要求；浆液旋喷前是否在标准要求时间内配制，并严格进行了过滤；在注浆压力达到规定值后，是否按确定的速度由下而上喷射注浆、提升喷射管；当分段提升喷射时，其搭接长度是否符合标准要求；注浆完毕后，为防止凝固收缩影响桩顶标高，是否将喷射管迅速拔出。 （9）测量员和使用的仪器与审批文件是否一致。 （10）混凝土的浇筑过程中振捣是否密实，表面是否平整；浇筑完毕后的养护作业是否符合标准要求。 （11）钢筋的加工形状、绑扎质量等是否符合设计文件和标准要求。 （12）施工记录和计量记录。主要工作：检查记录内容是否完整、真实。 （13）采集数码照片（按国网基建安质〔2016〕56 号文要求）	（1）现场是否落实施工方案中的安全技术施；机械作业人员是否持上岗，是否正确使用了安防护用品；夯实机械电缆线是否正确，电缆有无破损等。 （2）现场土质情况与设计文件和地质勘察报告是否相符；开挖方法、边坡坡度、安全围护等施工安全技术措施与已批准的施工方案是否一致；安全文明施工管理是否到位；作业人员的安全防护用品是否配置和正确使用。 （3）操作面、临时步道搭设是否符合安全措施要求；作业人员的安全防护用品是否配置和正确使用。 （4）采集数码照片（按国网基建安质〔2016〕56 号文要求）
钢筋混凝土工程阶段	（1）桩机停放位置是否符合要求。 （2）沉桩过程中桩帽与桩顶之间是否有缓冲垫；桩身、桩帽、桩锤的中心线是否重合，桩身与桩架是否平行；底桩起吊就位插入地面时，桩身的垂直度是否符合标准要求。	（1）现场是否落实了施工方案中的安全措施；机械作业人员是否持证上岗，是否正确使用了安全防护用品；施工机械电缆接线是否正确，电缆有无破损等。

续表

作业顺序	质量巡视重点	安全巡视重点
钢筋混凝土工程阶段	（3）电焊工特殊作业人员与审批文件是否一致；焊接工艺是否符合设计文件要求；上、下两节桩中心是否在同一直线上；焊口的坡口尺寸是否正确、清洁无油污；焊缝是否连续、饱满；自然冷却时间是否达到标准要求，雨天是否有防雨措施；同一工程探伤抽样检查数量是否符合标准要求等。 （4）送桩、终止沉桩是否使用了专用送桩器；终止沉桩条件是否与试桩时最后 10 击贯入度和最后 1m 锤击数基本吻合等。 （5）开钻前对桩位是否再次进行了复核；钻杆与桩架是否平行，钻杆垂直度是否符合标准要求；护筒内泥浆面和泥浆密度是否符合标准要求。 （6）沉渣厚度和孔深是否符合标准和设计文件要求。 （7）钢筋品种、规格型号、数量是否符合设计文件要求；钢筋制作长度、主筋间距等是否符合设计文件要求；特殊作业人员与审批文件是否一致；钢筋焊接接头质量是否符合标准要求；钢筋笼加强箍筋是否设在主筋外侧，笼内径与导管接头外径的距离是否符合标准要求；钢筋笼安装是否牢固，四周保护层设置是否符合设计文件要求。 （8）钢筋的加工形状、绑扎质量等是否符合设计文件和标准要求。 （9）原材料计量是否有专人负责，计量是否正确。 （10）混凝土的生产质量情况；浇筑顺序是否正确，振捣是否按标准进行等。 （11）浇筑完成后的养护作业是否及时进行；覆盖的材料以及养护的持续时间与施工方案是否一致。 （12）检查记录内容是否完整、真实。 （13）采集数码照片（按国网基建安质〔2016〕56 号文要求）	（2）操作面、临时步道搭设是否符合安全措施要求；作业人员的安全防护用品是否配置和正确使用。 （3）采集数码照片（按国网基建安质〔2016〕56 号文要求）

作业顺序	质量巡视重点	安全巡视重点
钢结构建筑工程阶段	（1）测量员和使用的仪器与审批文件是否一致。组装场地是否平整；构件的排放、钢梁的起拱、螺栓的连接方式等是否符合设计文件和标准要求。 （2）钢梁的起拱及调整的误差等是否符合设计文件和标准要求。 （3）彩板的规格和外观质量、彩板的连接和密封处理及彩板在支承构件上的搭接长度等是否符合设计文件和标准要求。 （4）安装顺序、泛水板搭接处的密封处理及压檐板接缝处的密封处理等是否符合设计文件要求。 （5）采集数码照片（按国网基建安质〔2016〕56 号文要求）	（1）主要施工机械/工器具/安全用具与审批文件是否一致，特殊作业人员与审批文件是否一致；操作人员的安全防护用品是否配置和正确使用；组装区域是否封闭管理；安全监护人是否到位等。 （2）采集数码照片（按国网基建安质〔2016〕56 号文要求）
砌筑工程阶段	（1）实验室配合比强度是否符合标准和设计文件要求。烧结砖、蒸压灰砂砖、蒸压粉煤灰砖砌筑前 1～2 天是否进行浇水湿润，相对含水率是否符合标准要求。 （2）测量员和使用的仪器与审批文件是否一致；对偏轴线和有窗处的标高是否进行了复核。 （3）原材料计量是否有专人负责，计量是否正确。 （4）排砖是否符合模数要求，是否考虑门窗、构造柱位置。 （5）砌筑方法、墙体的拉结筋设置是否正确；搅拌砂浆是否按照施工配合比进行；灰缝是否横平竖直，砂浆的饱满度是否符合标准要求等。 （6）墙与框架梁之间是否留有不少于 30mm 缝隙或留有 2/3 砖长位置；在墙体砌筑 14 天后，缝隙是否采用细石混凝土掺膨胀剂进行了堵缝或采用斜砖进行塞砌等。 （7）砌筑完成后，墙面清理是否干净。 （8）采集数码照片（按国网基建安质〔2016〕56 号文要求）	（1）现场是否落实了施工方案中的安全技术措施；主要施工机械/工器具/安全用具与审批文件是否一致；操作人员的安全防护用品是否配置和正确使用等。 （2）采集数码照片（按国网基建安质〔2016〕56 号文要求）

续表

作业顺序	质量巡视重点	安全巡视重点
模板安装、拆除工程阶段	（1）模板的标高、轴线、尺寸、稳定牢固性和预埋件的标高、轴线等是否符合设计文件和标准要求。 （2）模板及其支架的稳定性、上下层支架的立柱设置位置及模板的标高、轴线、垂直度、侧向弯曲、截面尺寸等。 （3）模板及其支架拆除的顺序及安全措施与审批文件是否一致，拆除底模时混凝土强度是否符合标准要求，拆除模板后混凝土外观质量是否符合标准要求等。 （4）采集数码照片（按国网基建安质〔2016〕56号文要求）	（1）模板及支架的强度、刚度、稳定性是否符合标准要求；框架梁的支撑系统与审批文件是否相符；作业人员的安全防护用品是否配置和正确使用。 （2）拆除作业与已审批的安全技术措施是否一致。 （3）采集数码照片（按国网基建安质〔2016〕56号文要求）
墙面抹灰工程阶段	（1）对于砖墙和加气混凝土砌块墙体在抹灰前是否进行了浇水湿润；对于基层为混凝土、加气混凝土、粉煤灰砌块时，在抹灰前是否用水泥砂浆对墙面进行了毛化处理；对于内外填充墙体，其与混凝土梁、柱交接处在粉刷前是否采用抗碱纤维网格布进行粘贴，外墙梁柱交接处是否按要求采用钢丝网加固等。 （2）在房间地面是否弹有十字交叉线基准线。柱面、墙面阳角处是否采用水泥砂浆做了护角。 （3）基层处理是否符合标准要求；底灰和中层灰是否采用了水泥砂浆或水泥混合砂浆施工，灰板是否搓平呈毛面，是否剔除了灰饼、标筋；墙面抹灰是否分层施工，上层抹灰是否在底层砂浆达到一定强度，并吸水均匀后进行；为确保加气混凝土块、砌体抹灰层不空鼓，在上层砂浆涂抹前是否在底层涂刷了防裂剂等。 （4）施工配合比是否正确；面层抹灰层是否控制在6～8mm；操作时墙面是否湿润，与中层砂浆黏结是否牢固，在水分略干后是否用铁抹子进行了压实压光；在抹灰24h以后是否进行了不少于7天喷水养护；冬季施工是否有保温措施；顶棚是否采用了不抹灰而直接批腻子的施工方法等。 （5）施工配合比是否正确；基层处理是否符合标准要求；出墙面厚度是否一致，上口是否顺直等。 （6）采集数码照片（按国网基建安质〔2016〕56号文要求）	（1）现场安全文明施工措施落实情况。 （2）采集数码照片（按国网基建安质〔2016〕56号文要求）

续表

作业顺序	质量巡视重点	安全巡视重点
门窗安装工程阶段	（1）在各层门窗洞口处是否按设计文件要求尺寸弹出水平和垂直控制线；是否对偏位门窗、洞口进行了处理；门窗框是否居中安装等。 （2）木门框套侧边与墙体连接部位是否涂刷了如橡胶型防腐涂料或涂刷聚丙乙烯树脂保护装饰膜；采用铁件连接的固定件是否进行了防腐处理；门框每边的固定点及其间距是否符合标准要求。 （3）门窗框与墙体间空隙是否采用了发泡材料填充密实；在门窗框外侧和墙体室外二次粉刷层是否预留了槽口，槽口是否用硅酮膏进行了密封。 （4）木门扇的型号、规格、质量是否符合要求；门扇底部与地面间隙是否为 5～6mm。 （5）玻璃放入槽中间后，内外两侧是否有不小于 2mm 间隙；就位后，是否用橡皮条嵌入凹槽将其挤紧，并在封条上面注入了密封胶。 （6）铝合金窗扇是否安装了防撞和防脱落装置；断桥铝材窗安装完成后是否进行了淋水试验。 （7）成品保护措施是否落实到位。 （8）采集数码照片（按国网基建安质〔2016〕56 号文要求）	（1）现场是否落实了施工方案中的安全技术措施；电动工具操作人员是否正确使用了安全防护用品；电动工具电缆接线是否正确，电缆有无破损等。 （2）采集数码照片（按国网基建安质〔2016〕56 号文要求）
屋面防水工程阶段	（1）结构层排水坡度是否正确；天沟和落水管口标高是否符合设计要求、是否有渗漏部位；基层清理是否干净；找平层表面质量、分隔缝间距、缝宽、缝内填充材料是否符合设计文件要求；屋面排水坡度、找平层养护措施及时间是否符合设计文件和标准要求等。 （2）屋面找平层表面是否清理干净。 （3）水泥砂浆配比、找平层分隔缝及表面质量是否符合设计文件和标准要求；屋面排水坡度是否符合设计文件要求等。 （4）基层表面是否洁净、平整、干燥、坚实；所选用的基层处理剂、接缝胶粘剂、密封材料等配套材料是否与铺贴的卷材相容；基层处理剂涂刷是否均匀，并已经干燥等。	（1）临边作业的防护措施是否到位；操作人员的防护用品是否正确使用。 （2）劳动保护用具配置是否合理并到位；卷材铺设人员是否经安全培训并持上岗证；热熔法作业区现场是否配置了足够、有效的消防器材，作业环境是否满足铺设卷材安全保证要求等。 （3）采集数码照片（按国网基建安质〔2016〕56 号文要求）

续表

作业顺序	质量巡视重点	安全巡视重点
屋面防水工程阶段	（5）蓄水高度是否高出屋面最高点 20mm，蓄水静置 24h 后或持续淋水 2h 后房间有无渗水点。 （6）隔离层材料是否符合设计文件要求；对防水卷材的成品保护措施是否到位等。 （7）上人屋面采用的块体材料、细石混凝土等材料或不上人屋面采用的浅色涂料、铝宿、矿物粒料、水泥砂浆等材料是否符合设计文件要求；保护层材料的适用范围和技术要求是否符合标准要求	（1）临边作业的防护措施是否到位；操作人员的防护用品是否正确使用。 （2）劳动保护用具配置是否合理并到位；卷材铺设人员是否经安全培训并持上岗证；热熔法作业区现场是否配置了足够、有效的消防器材，作业环境是否满足铺设卷材安全保证要求等。 （3）采集数码照片（按国网基建安质〔2016〕56 号文要求）
吊顶阶段	（1）吊顶棚标高控制线、主龙骨位置线、吊杆固定点位置及吊杆固定点间距是否符合设计文件和标准要求。 （2）角钢块与预埋件的焊接是否牢固，钢筋吊杆的直径是否符合承重要求；在梁或风管等机电设备侧安装吊杆的跨越结构处理是否符合标准要求，吊杆间距及吊杆距主龙骨端部的距离是否符合设计文件要求；吊顶灯具、风口及检修口是否设置了附加吊杆；金属吊杆的防腐处理是否符合设计文件要求，木吊杆的防腐、防火处理是否符合设计文件要求等。 （3）边龙骨与墙体的连接方式是否符合设计文件要求，安装是否牢固；主龙骨与吊杆的连接配件是否配套，安装间距、安装方向及起拱高度是否符合设计文件要求；次龙骨和主龙骨之间的挂件固定是否牢固，安装间距是否符合设计文件要求；木龙骨是否平整、顺直、无劈裂等。 （4）面板是否严格按照排版图进行了安装，安装是否稳固严密；面板材料和龙骨的搭接是否平整、吻合，压条是否平直、宽窄一致，搭接宽度是否符合标准要求；面板表面是否洁净、色泽一致；饰面板上的灯具、烟感器、淋喷头、风口篦子等设备的位置是否合理、美观，与面板的交接是否吻合、严密。 （5）靠墙周边的压条固定是否平直、接口是否严密。 （6）饰面板面清理时的成品保护措施是否到位，清理是否干净。 （7）采集数码照片（按国网基建安质〔2016〕56 号文要求）	（1）现场安全文明施工措施落实情况。 （2）采集数码照片（按国网基建安质〔2016〕56 号文要求）

作业顺序	质量巡视重点	安全巡视重点
地面和楼面层板材施工阶段	（1）试排、试拼方法是否符合排版图和标准工艺要求。 （2）铺贴砂浆配比、结合层砂浆的干湿程度是否符合设计文件和标准要求；铺贴地砖顺序是否合理；表面是否平整、洁净、色泽一致；接缝是否顺直、平整、深浅一致；卫生间排水坡度、坡向是否符合设计文件要求；地漏设置是否在板块中间等。 （3）勾缝时间、勾缝水泥浆及擦缝清理是否符合设计文件和标准要求。 （4）养护时间、养护措施及成品保护是否符合标准要求。 （5）踢脚线材质、颜色与地面是否相搭配；踢脚线缝隙是否与地面形成通缝；踢脚线高度、出墙厚度是否一致。 （6）在砂浆强度未达到规范要求时，已铺贴的地砖是否做了围护和提醒标识；地砖表面是否做了覆盖保护措施。 （7）采集数码照片（按国网基建安质〔2016〕56 号文要求）	（1）现场是否落实了施工方案中的安全措施；切割工具电缆接线是否正确，电缆有无破损等。 （2）采集数码照片（按国网基建安质〔2016〕56 号文要求）
墙面保温施工阶段	（1）粘贴控制线、门窗水平和垂直控制线、墙阳角、阴角和洞口控制线及变形缝等部位控制线是否符合设计文件要求；胶黏剂的配合比及搅拌方法是否符合设计文件要求；EPS 板的粘贴方法、粘接面积、安装平直度和垂直度是否符合设计文件要求；门窗洞口四周 EPS 板是否采用了整块切割成 L 形进行了拼接，锚栓加固的布点、间距是否符合标准要求。 （2）保护层抹灰砂浆配合比是否符合设计文件要求；抹面层的施抹顺序及厚度是否符合设计文件要求；耐碱玻纤网格布的铺设和压入是否按照由上而下顺序进行，上下、左右搭接宽度是否符合设计文件要求；外墙阴阳角两侧 100 ㎜的范围内是否增加了网格布，门窗洞口四角沿 45° 方向是否加铺了网格布加强层，加强层是否铺设在大面网格布下面；分隔缝处网格布是否连续、无搭接；檐口、勒脚处的包边处理是否符合设计文件要求；分隔条、雨水管、变形缝处的防水和保温构造处理是否符合设计文件和标准要求。 （3）保护层养护时的强度及养护龄期是否符合标准要求。 （4）采集数码照片（按国网基建安质〔2016〕56 号文要求）	（1）现场是否落实了施工方案中的安全技术措施；操作人员是否正确使用了安全防护用品等。 （2）采集数码照片（按国网基建安质〔2016〕56 号文要求）

续表

作业顺序	质量巡视重点	安全巡视重点
墙面面砖安装阶段	（1）进场的面砖是否分类堆放；面砖的外观和尺寸是否符合设计文件和标准要求；需浸水的面砖是否按要求进行了浸泡和晾晒。 （2）基层强度、平整度、垂直度和清洁度是否符合标准要求；墙面含水率是否符合标准要求等。 （3）墙面砖分区、预排板的放样与施工方案是否一致。 （4）墙面分区控制线、窗间墙、墙垛等部位已弹好的中心线、水平分格线、阴阳角垂直线是否与绘制的大样图一致；标志块的镶贴是否满足面砖粘贴要求等。 （5）加工尺寸是否满足标准要求；面砖粘贴阳角拼缝是否将砖边磨成 45°斜角；阴角粘贴是否采取了大面砖压小面砖工艺；面砖安装是否按照绘制的大样进行，安装是否牢固、平整，砖缝宽度和深度是否一致；凸出墙面的管道、开关插座处是否为整砖套割等。 （6）勾缝时间、勾缝材料是否符合标准要求；勾缝是否连续、密实、平直、光滑等。 （7）采集数码照片（按国网基建安质〔2016〕56 号文要求）	（1）现场是否落实了施工方案中的安全技术措施；操作人员是否正确使用了安全防护用品等。 （2）采集数码照片（按国网基建安质〔2016〕56 号文要求）
墙面涂料施工阶段	（1）腻子粉的配制及施刮的施工方法是否符合标准要求；第二遍腻子施刮是否在第一遍腻子干燥后进行，每层腻子干燥后是否用砂纸打磨平整。 （2）在混凝土和砂浆抹灰的基层上是否涂刷了抗碱封闭底漆；底漆涂刷的顺序是否按照先上后下的顺序进行。 （3）涂刷前底漆是否干燥，漆膜干燥后是否用细砂纸打磨光滑并清扫干净；成型后的涂料是否厚薄均匀，纹路、花点大小是否均匀一致、方向统一。 （4）面层涂料是否在主层涂料完全干燥后进行；门窗、灯具、箱盒及其他易受污染的部位是否得到有效保护；涂料涂饰颜色是否均匀一致、黏结牢固。 （5）涂饰完成后，清理是否及时、干净；成品保护措施是否到位。 （6）采集数码照片（按国网基建安质〔2016〕56 号文要求）	（1）现场是否落实了施工方案中的安全技术措施；操作人员是否正确使用了安全防护用品等。 （2）采集数码照片（按国网基建安质〔2016〕56 号文要求）

续表

作业顺序	质量巡视重点	安全巡视重点
平台与楼梯栏杆施工阶段	（1）栏杆纵向中心线是否符合设计文件要求；固定件间距、位置、标高、坡度是否符合设计文件和标准要求。 （2）固定件的品种、规格、预埋方式是否符合设计文件要求。 （3）立杆安装的间距、位置及固定方式是否符合设计文件要求，其固定是否稳定牢固；室外金属栏杆有无可靠接地。 （4）立杆底部石材盖板是否进行了套装，立杆法兰盘是否将其开孔缝隙全部覆盖。 （5）木扶手的扁钢的规格、安装的位置、垂直度、水平度及直线度是否符合设计文件和标准要求。 （6）玻璃栏板或铁艺的规格、造型、外观是否符合设计文件要求，其固定是否牢固。 （7）扶手安装是否牢固，安装高度是否符合设计文件要求；扶手表面是否光滑美观，转弯弧度是否顺畅。 （8）采集数码照片（按国网基建安质〔2016〕56 号文要求）	（1）临边作业的安全措施是否到位，操作人员的安全防护用品是否配置和正确使用；电动工具接线是否正确，电缆线绝缘是否完好。 （2）采集数码照片（按国网基建安质〔2016〕56 号文要求）
给水工程阶段	（1）给水管道预埋套管的材质、规格、数量、标高、位置及长度是否符合设计文件要求；安装是否牢固；止水环是否符合设计文件要求等。 （2）管道支架的材质、规格、数量、位置、标高是否符合设计文件要求；安装是否牢固；不同部位的支架制作型式是否符合设计文件要求等。 （3）给水干管的材质、规格及敷设的位置、标高是否符合设计文件要求；总管至水表井是否有坡度；所有管口临时封堵是否齐全；地埋管道是否存在活接头等。	（1）登高作业人员的安全措施是否到位；操作人员的安全防护用品是否配置和正确使用；电动工具接线是否正确，电缆线绝缘是否完好。 （2）采集数码照片（按国网基建安质〔2016〕56 号文要求）

续表

作业顺序	质量巡视重点	安全巡视重点
给水工程阶段	（4）给水立管、支管的材质、规格及敷设的位置、标高是否符合设计文件要求；固定卡件数量是否符合文件要求；支管甩口处是否有临时封堵，阀门朝向是否正确，暗装管道变径时是否使用了大小头；水表前后直线段超过 30cm 时是否有煨弯处理等。 （5）管道的防腐、保温材料及其施工质量是否符合设计文件要求和标准要求。 （6）给水系统在交付使用前是否进行了冲洗和消毒。 （7）采集数码照片（按国网基建安质〔2016〕56 号文要求）	（1）登高作业人员的安全措施是否到位；操作人员的安全防护用品是否配置和正确使用；电动工具接线是否正确，电缆线绝缘是否完好。 （2）采集数码照片（按国网基建安质〔2016〕56 号文要求）
排水工程阶段	（1）排水管道预埋套管的材质、规格、数量、标高、位置及长度是否符合设计文件要求；安装是否牢固；止水环是否符合设计文件要求等。 （2）管道支架的材质、规格、数量、位置、标高是否符合设计文件要求；安装是否牢固；不同部位的支架制作型式是否符合设计文件要求等。 （3）排水干管的材质、规格及敷设的位置、标高是否符合设计文件要求；管道坡度是否符合设计文件要求；预留口封堵是否严密；地埋穿墙管道与套管是否为柔性连接等。 （4）排水立管的材质、规格及敷设的位置、标高是否符合设计文件要求；固定卡件数量、伸缩节数量及位置是否符合设计文件要求；检查口、清扫口设置是否符合设计文件要求；阀门朝向是否正确等。 （5）卫生器具与审批文件是否一致，外观质量是否符合标准要求；安装后是否平、稳、牢、准、不漏；地漏水封高度是否符合标准要求；试验完成后的各敞口处是否封堵严密等。 （6）采集数码照片（按国网基建安质〔2016〕56 号文要求）	（1）登高作业人员的安全措施是否到位；操作人员的安全防护用品是否配置和正确使用；电动工具接线是否正确，电缆线绝缘是否完好。 （2）采集数码照片（按国网基建安质〔2016〕56 号文要求）

续表

作业顺序	质量巡视重点	安全巡视重点
建筑照明、防雷与接地工程阶段	（1）配管材质、规格、数量、位置是否符合设计文件要求；安装是否牢固，保护措施与施工方案是否一致；线盒封堵是否严密，灯具位置是否合理等。 （2）导线的品种、规格、数量是否符合设计文件要求；接线盒内电源线预留长度是否满足标准要求；同一交流回路的导线是否穿于同一管内等。 （3）灯具规格、型号、数量是否符合设计文件要求；安装是否牢固、整齐。 （4）配电柜、箱材质、规格、数量是否符合设计文件要求；安装是否牢固，颜色是否统一，底标高是否正确、一致；接地是否可靠，箱内接线工艺是否美观；各回路名称标牌是否齐全、合格等。 （5）同一部位开关面板高度、色泽是否一致，间隔是否均匀；暗装的开关面板是否紧贴墙壁面，安装是否牢固；有防爆要求的开关是否设置在室外；卫生间、外墙开关及插座是否配置了防雨罩等。 （6）防雷接地材料的规格、型号是否符合设计文件要求；与主网是否有效连接，引下线敷设、避雷网安装及断接卡的安装高度是否符合设计文件要求等。 （7）采集数码照片（按国网基建安质〔2016〕56 号文要求）	（1）操作人员安装灯具时的安全防护用品是否正确使用。 （2）安全技术交底是否齐全、完善；拟运行区安全警示、隔离措施是否齐全、到位；试运行操作是否按照已审批的方案进行等。 （3）特殊作业人员与审批文件是否一致；操作人员是否正确使用了安全防护用品；机械电缆接线是否正确，电缆有无破损等。 （4）采集数码照片（按国网基建安质〔2016〕56 号文要求）
构支架安装阶段	（1）测量员和使用的仪器与审批文件是否一致。 （2）组装场地是否平整；杆件组装工艺是否符合设计文件要求；法兰接触面是否有残余锌瘤或其他附着物；钢梁组装时是否进行预起拱等。 （3）基础杯口是否已清理干净；灌浆时是否采用了振捣器振捣；灌浆是否分两次进行；灌浆时是否采取了防污染措施；灌浆后支架是否发生了偏移等。 （4）缆风绳拆除是否按照已审批的施工方案进行。 （5）如缆风绳拆除时基础杯口的二次灌浆混凝土强度是否满足要求；构架整体是否已形成稳定结构；钢梁及节点上所有紧固件是否都已紧固；构架端撑是否已吊装完毕等。 （6）采集数码照片（按国网基建安质〔2016〕56 号文要求）	（1）现场安全文明施工措施与审批文件是否一致；安全防护用品是否配置和正确使用；主要施工机械/工器具/安全用具与审批文件是否一致，特殊作业人员与审批文件是否一致；组装区域是否封闭管理；现场安全监护人是否到位等。 （2）采集数码照片（按国网基建安质〔2016〕56 号文要求）

作业顺序	质量巡视重点	安全巡视重点
二次灌浆和保护帽施工阶段	（1）灌浆前杯口是否清理干净；预埋螺栓或构支架规格型号、安装位置、螺栓外露长度等是否符合设计文件要求。 （2）灌浆材料振捣是否密实；灌浆面标高、振捣密实后螺栓位置、外露长度等是否符合设计文件要求。 （3）浇筑完成后是否及时进行了养护；覆盖的材料以及养护的持续时间与施工方案是否一致。 （4）基础混凝土顶面与保护帽下部交界处是否进行了凿毛处理。 （5）保护帽浇筑振捣是否密实；模板是否有偏移；浇筑至顶部时是否留置有排水坡。 （6）浇筑完成后是否及时进行了养护；覆盖的材料以及养护的持续时间与施工方案是否一致。 （7）采集数码照片（按国网基建安质〔2016〕56 号文要求）	（1）现场安全文明施工措施落实情况。 （2）采集数码照片（按国网基建安质〔2016〕56 号文要求）
道路、地坪工程阶段	（1）测量员和使用的仪器与审批文件是否一致。 （2）开挖过程中是否按照道路路基边线进行了开挖；路基范围内是否存在暗沟、暗渠、不良地基等情况。 （3）是否按照设计文件要求对过路电缆管、雨水管、污水管、排油管、接地等设施进行了敷设。 （4）各种过路设施基层及上部回填土是否符合设计文件和标准要求；基槽底是否采用压实机械进行了碾压等。 （5）基层材料与见证取样时原材料特征是否相符，与做击实试验的原材料特征是否相符；基层材料拌和时的体积比是否符合设计文件要求；回填使用的机械、铺设厚度及夯实遍数等与审批文件是否一致等。 （6）“工程定位测量记录”内容是否完整；穿过基础的各种管道是否进行了敷设，敷设后回填土质量是否合格；基层回填厚度、夯实遍数是否符合标准要求；面层铺设前的基层强度是否符合标准要求等。 （7）采集数码照片（按国网基建安质〔2016〕56 号文要求）	（1）操作人员的安全防护用品是否配置和正确使用；电动工具电缆接线是否正确，电缆有无破损等。 （2）采集数码照片（按国网基建安质〔2016〕56 号文要求）

续表

作业顺序	质量巡视重点	安全巡视重点
变压器安装阶段	（1）空气相对湿度、连续露空时间、气体继电器安装箭头朝向等应符合标准。 （2）真空度、真空保持时间等应符合标准。抽真空时，应将不能承受真空下机械强度的附件与油箱隔离；对允许抽同样真空度的部件，应同时抽真空；真空泵或真空机组应有防止突然停止或因误操作而引起真空泵油倒灌的措施。 （3）注入油的油温、注油速度应符合标准，注油全过程应保持真空。 （4）破真空的方法与施工方案是否一致。 （5）检查热油循环工艺（油温、流速）和时间等与施工方案是否一致。 （6）检查渗漏情况、阀门位置、油位、接地等应符合要求	（1）现场安全文明施工措施落实情况。 （2）采集数码照片（按国网基建安质〔2016〕56 号文要求）
HGIS、GIS 和封闭母线安装阶段	（1）设备基础及预埋槽钢接地应良好，设备基础及预埋件的允许偏差应符合设计要求。 （2）支架外观无机械损伤，镀锌层完整；螺栓固定牢固；接地牢固且导通良好等。 （3）组合电器固定应可靠；焊接面应饱满、均匀等。 （4）真空度及保持时间应符合产品技术文件要求。充气过程实施密度继电器报警、闭锁值检查，应符合产品技术文件要求；充气 24h 后应进行泄漏值的测量，充气 48h 后应进行气体含水量的测量，且测量值均应符合标准。 （5）各种接触器、继电器、微动开关、压力开关和辅助开关的动作应准确可靠，接点接触良好、无烧损或锈蚀等应符合标准。 （6）对隔离开关和接地开关调整进行巡视检查。整个转动过程应无卡涩、无异常、力度均匀；动静触头闭合深度的检查应符合产品说明书要求；各种闭锁关系应正确；接地开关的接地引下线应符合产品技术文件要求。 （7）采集数码照片（按国网基建安质〔2016〕56 号文要求）	（1）现场安全文明施工措施落实情况。 （2）采集数码照片（按国网基建安质〔2016〕56 号文要求）

作业顺序	质量巡视重点	安全巡视重点
支柱式断路器安装阶段	（1）基础中心距离误差、高度误差、预留孔或预埋件中心线误差均应符合标准。 （2）支架底部与基础面之间尺寸、支架上下螺母与垫片放置应符合标准。支架外观无机械损伤，防腐层完整；两点接地应分别与主接地网不同干线连接等。 （3）SF_6 断路器的安装应在无风沙、无雨雪的天气下进行；灭弧室检查组装时，空气相对湿度应小于 80%，并应采取防尘、防潮措施；断路器本体接地应牢固且导通良好等。 （4）真空度及保持时间应符合产品技术文件要求。充气过程实施密度继电器报警、闭锁值检查，应符合产品技术文件要求；充气 24h 后应进行泄漏值的测量，充气 48h 后应进行气体含水量的测量，且测量值均应符合标准。 （5）各种接触器、继电器、微动开关、压力开关和辅助开关的动作应准确可靠，触点接触良好、无烧损或锈蚀等应符合标准。 （6）采集数码照片（按国网基建安质〔2016〕56 号文要求）	（1）现场安全文明施工措施落实情况。 （2）采集数码照片（按国网基建安质〔2016〕56 号文要求）
隔离开关安装阶段	（1）标高偏差、垂直度、相间轴线偏差、本相间距偏差顶面水平度等应符合标准。 （2）支架应两点接地，其两根接地线应分别与主接地网不同干线连接等。 （3）同组隔离开关应在同一直线上，偏差≤5mm。导电连接部件的接触面，清洁后应涂以复合电力脂连接。 （4）操动机构安装牢固，固定支架工艺美观，机构轴线与底座轴线重合，偏差≤1mm。 （5）合闸三相同期值应符合产品的技术规定。 （6）设备底座及机构箱接地牢固，导通良好。	（1）现场安全文明施工措施落实情况。 （2）采集数码照片（按国网基建安质〔2016〕56 号文要求）

续表

作业顺序	质量巡视重点	安全巡视重点
隔离开关安装阶段	（7）接地开关垂直连杆应涂黑色标识，全站标高应一致。 （8）接地开关转轴上的扭力弹簧或其他拉伸式弹簧应调整到操作力矩最小，并加以固定。 （9）定位螺钉应按产品技术文件要求进行调整，并加以固定。 （10）电动机的转向应正确，机构的分、合闸指示应与设备的实际分、合闸位置相符。 （11）电动操作时，机构动作应平稳，无卡阻、冲击异常声响等情况。 （12）采集数码照片（按国网基建安质〔2016〕56 号文要求）	
干式电抗器安装阶段	（1）复测预埋件位置偏差应符合标准；混凝土基础内钢筋不应通过自身和接地线构成闭合回路。 （2）瓷件外观光洁，完整无裂纹；连接螺栓、销钉、弹簧销等贯穿方向一致；防松螺母，开口销的使用应符合标准。 （3）电抗器设备接线端子的方向与施工图所示方向是否一致。 （4）支柱的底座均应接地，宜采用非磁性材料，支柱的接地线不应成闭合环路，同时不得与地网形成闭合环路。磁通回路内不应有导体闭合回路。 （5）当额定电流超过 1500A 及以上时，引出线应采用非磁性金属材料制成的螺栓进行固定。 （6）采集数码照片（按国网基建安质〔2016〕56 号文要求）	（1）现场安全文明施工措施落实情况。 （2）采集数码照片（按国网基建安质〔2016〕56 号文要求）
电容器组安装阶段	（1）混凝土基础及埋件表面平整度应符合标准；基础槽钢与主接地网可靠连接。 （2）金属构件无明显变形、锈蚀，油漆应完整；绝缘子无破损，金属法兰无锈蚀；构件间垫片不得多于 1 片，厚度不应大于 3mm。	（1）现场安全文明施工措施落实情况。 （2）采集数码照片（按国网基建安质〔2016〕56 号文要求）

续表

作业顺序	质量巡视重点	安全巡视重点
电容器组安装阶段	（3）电容器组三相容量差值应符合标准。 （4）电容器一次接线应正确，中性汇流母线刷淡蓝色漆。 （5）电容器的硬母线连接满足膨胀要求，放电线圈或互感器的接线端子和电缆头应采取防雨水进入的保护措施，电容器的接线螺栓紧固后应设置标记漆线；电容器的接线端子与连接线采用不同材料金属时，应采取增加过渡接头的措施等。 （6）采集数码照片（按国网基建安质〔2016〕56 号文要求）	
管形母线安装阶段	（1）焊点应避开安装支撑金具。 （2）对管形母线接头加工进行巡视检查。重点检查：管形母线接头坡口加工面应光滑、均匀、无毛刺；接头两侧 50mm 范围内表面应清洁，无氧化膜；管形母线接头处应按照设计要求加装衬管，同时打加强孔，数量满足设计文件要求。 （3）管形母线焊接方式应为氩弧焊；焊缝外观呈圆弧形，所有焊缝、焊点应平整、光滑，不应有毛刺、凹凸不平之处。 （4）瓷件外观应光洁，完整无裂纹；瓷铁胶合处黏合牢固；支撑管形母线的固定金具、滑动金具和伸缩金具位置符合设计要求。 （5）管形母线应采用多点吊装，使其受力均匀；封端球表面应光滑，无毛刺或凹凸不平，封端球的滴水孔应向下；各间隔管形母线的最低点附近（避开隔离开关静触头和焊接处）钻 1 个 ϕ6mm 的滴水孔；吊装前宜采取预拱措施。 （6）支撑管形母线定位应符合设计文件要求；悬挂管形母线安装跳线，并进行轴线和标高的调整应符合标准。 （7）采集数码照片（按国网基建安质〔2016〕56 号文要求）	（1）现场安全文明施工措施落实情况。 （2）采集数码照片（按国网基建安质〔2016〕56 号文要求）

续表

作业顺序	质量巡视重点	安全巡视重点
接地装置安装阶段	（1）接地沟开挖位置、开挖深度等应符合设计文件要求。 （2）镀锌层表面应完好；垂直接地体（顶面）埋深和间距应符合设计文件要求。 （3）镀锌层表面应完好；接地体埋设深度应符合设计文件要求；主接地网焊接和搭接长度应符合标准要求；铜绞线、铜排等接地体焊接应采用热熔焊，铜焊接头表面光滑、无气泡。 （4）焊接部位的焊渣应去除干净；防腐部位应刷两遍红丹漆一遍沥青漆，其长度应符合标准。 （5）搭接面要求紧密，不得留有缝隙；要求两点接地的设备，两根引上接地体应与不同网格的接地网或接地干线相连；每个电气设备的接地应以单独的接地体与接地网相连，不得在一个接地引上线上串接几个电气设备。采集数码照片。 （6）接地引线地面以上部分应采用黄绿接地标识，间隔宽度、顺序一致，最上面一道为黄色；室内接地端子标示为白色底漆，并标以黑色标识，其代号为“⏚”。 （7）测试仪表、测试方法及数值是否符合要求，并应详细记录检查事项（检查塔号、时间、参与检查人、检查数值等）。 （8）采集数码照片（按国网基建安质〔2016〕56 号文要求）	（1）现场安全文明施工措施落实情况。 （2）采集数码照片（按国网基建安质〔2016〕56 号文要求）
电缆支架（吊架、桥架）安装阶段	（1）电缆支架（吊架、桥架）尺寸应符合设计要求，与实际测量的电缆沟、电缆夹层的实际尺寸一致。 （2）钢材应平直，无明显扭曲；支架焊接应牢固，无显著变形。 （3）电缆支架应安装牢固，横平竖直；金属支架全长均应有良好接地。 （4）电缆吊架的水平间距应一致；连接板采用螺栓连接时，螺栓应从内向外穿；电缆桥架转弯处的转弯半径，不应小于该桥架上的电缆最小允许弯曲半径的最大值；金属支架全长均应有良好接地。 （5）采集数码照片（按国网基建安质〔2016〕56 号文要求）	（1）现场安全文明施工措施落实情况。 （2）采集数码照片（按国网基建安质〔2016〕56 号文要求）

作业顺序	质量巡视重点	安全巡视重点
屏柜（端子箱）安装阶段	（1）屏柜位置与设计文件一致，屏柜型钢及端子箱底座与主接地网连接应可靠。 （2）安装位置及方向与设计文件一致。 （3）固定应牢固；接地应良好，屏柜（端子箱）可开启门应用软铜导线可靠接地。 （4）户外安装的应密封良好、防水、防潮、防尘。 （5）采集数码照片（按国网基建安质〔2016〕56号文要求）	（1）现场安全文明施工措施落实情况。 （2）采集数码照片（按国网基建安质〔2016〕56号文要求）
电缆保护管施工阶段	（1）金属电缆管应采用套管焊接方式；采用套接时套管两端应采取密封措施。 （2）电缆管位置、数量及埋地敷设时的深度应符合设计要求。 （3）每根电缆管的一般弯头不应超过3个，直角弯不应超过2个；电缆管内光滑，无积水、杂物；金属电缆管接地牢固，导通良好。 （4）采集数码照片（按国网基建安质〔2016〕56号文要求）	（1）现场安全文明施工措施落实情况。 （2）采集数码照片（按国网基建安质〔2016〕56号文要求）
电缆敷设及电缆头制作阶段	（1）电缆应从盘的上端引出，不应使电缆在支架上及地面摩擦拖拉；电缆上不得有机械损伤；电缆的最小弯曲半径等应符合标准。 （2）电缆固定间距；交流单芯电力电缆固定夹具或材料不应构成闭合磁路，宜采用非磁性材料。 （3）电缆从支架穿入端子箱时，在穿入口处应整齐一致。交流单芯电力电缆不得单独穿入钢管内。穿电缆时，不得损伤护层。 （4）机械敷设时，应将电缆放在滑车上拖拽；尽可能减少电缆碰地的机会；在支架（桥架）上的摆放及固定应符合标准；最小弯曲半径应符合标准。	（1）现场安全文明施工措施落实情况。 （2）采集数码照片（按国网基建安质〔2016〕56号文要求）

续表

作业顺序	质量巡视重点	安全巡视重点
电缆敷设及电缆头制作阶段	（5）电缆外护套剖开过程中不得损伤内层屏蔽和绝缘层；钢带和铜带屏蔽层分开接地；分支护套、延长护管及电缆终端等在热缩（或冷缩）后应与电缆接触紧密接触，不能有褶皱和破损现象；剥除压接接线鼻子处的绝缘层时，不得损伤芯线；电缆制作时应避开潮湿的天气。 （6）电缆终端与设备搭接自然，不应有扭劲；电缆终端搭接和固定时应确保带电体与钢带及铜带接地之间的距离；单芯电缆或分相后的各相终端的固定不应形成闭合的铁磁回路；电缆钢带和屏蔽接地方式是否正确。 （7）采集数码照片（按国网基建安质〔2016〕56 号文要求）	（1）现场安全文明施工措施落实情况。 （2）采集数码照片（按国网基建安质〔2016〕56 号文要求）
电缆防火封堵施工阶段	（1）防火墙间隔、材料及制作方法与设计文件是否一致。 （2）电缆竖井处的防火封堵、孔隙口及电缆周围的封堵应严密，不易脱落。 （3）封堵应严密可靠，不宜紧贴盘、柜内的加热器。 （4）电缆管口应采用有机堵料封堵严密，二次接线盒留孔处将电缆均匀密实包裹，在缺口、缝隙处应使用有机堵料密实地嵌于孔隙中。 （5）进线孔洞口应采用防火包进行封堵，端子箱底部以 10mm 防火隔板进行封隔，电缆周围用有机堵料填实。防火涂料的涂刷位置符合标准，不得漏刷。 （6）采集数码照片（按国网基建安质〔2016〕56 号文要求）	（1）现场安全文明施工措施落实情况。 （2）采集数码照片（按国网基建安质〔2016〕56 号文要求）

续表

作业顺序	质量巡视重点	安全巡视重点
土石方工程阶段	（1）测量员的资格及使用的仪器与审批文件是否一致，施工项目部在线路复测前是否复核了设计给定的杆塔位中心桩位置。 （2）施工基面的开挖是否以设计文件为准，开挖方式与施工方案是否一致。 （3）分坑时基础边坡距离是否满足设计文件要求，施工安全技术措施与施工方案是否一致。 （4）接地沟开挖的长度与深度是否符合设计文件要求。 （5）基坑回填方式与施工方案是否一致，基坑回填前是否对基础断面尺寸、外观进行了检查，隐蔽工程验收记录是否齐全，并采集数码照片。回填后的接地沟是否设有防沉层。 （6）是否按规范和环保、水保要求做好场地平整、余土处理工作，做到“工完、料尽、场地清”。 （7）采集数码照片（按国网基建安质〔2016〕56号文要求）	（1）基坑开挖及支护方式与施工方案是否一致，施工人员安全用具是否配备齐全、安全防护措施和安全监护人员是否到位。 （2）采集数码照片（按国网基建安质〔2016〕56号文要求）
杆塔工程阶段	（1）现场安全文明施工及平面布置是否与施工方案一致；现场分区（组片、吊装、工器具及材料摆放）是否合理；牵引系统（绞磨）规格型号是否符合要求，设置是否合理。 （2）底部吊装方法与施工方案是否一致；螺栓穿向是否符合验收规范；地脚螺帽、临时接地是否及时安装到位。 （3）底部吊装完成后检查底座与基础顶面是否存在缝隙。 （4）螺栓穿向是否符合验收规范要求；防松及防盗装置安装情况。 （5）采集数码照片（按国网基建安质〔2016〕56号文要求）	（1）抱杆提升方法与施工方案是否一致。 （2）吊装方法是否与施工方案一致。 （3）现场安全监护、指挥人员到位情况，通信及指挥信号是否畅通准确；现场特殊工种/特殊作业人员与审批文件是否一致；高处作业人员安全防护用品配置是否齐全，佩戴是否正确、安全防护措施是否到位；外拉线用绳卡固定链接时，绳卡压板及数量应符合规定要求；外拉线距离电力线路、通讯线路较近时，应采取防反弹措施。塔上作业传递物品应利用绳索，严禁随意投掷；塔材、工具严禁浮搁在铁塔及抱杆上；遇大风、雷雨等恶劣天气应停止作业，恶劣天气过后应对外拉线进行检查。 （4）采集数码照片（按国网基建安质〔2016〕56号文要求）

续表

作业顺序	质量巡视重点	安全巡视重点
架线工程阶段	（1）吊装工器具、安全用具、材料的选择与施工方案是否一致，现场所使用的工具、材料是否经检验合格。 （2）被跨越物的相关技术参数与设计文件是否一致；测量员的资格和使用的仪器与审批文件是否一致。 （3）选定的方案是否符合现场实际情况，用于搭设跨越架的钢管、毛竹、木质、索道等材料的材质是否符合规范要求。 （4）弧垂观测档设置是否符合规范和设计文件的要求；弧垂观测时所取温度与实际温度是否一致。 （5）导线弧垂是否符合设计文件要求；导地线有无绞线、钩挂树枝杂物等异常情况。 （6）割线方法与施工方案是否一致；割线切勿伤及导线钢芯。 （7）光纤熔接操作人员与审批文件是否一致，熔接施工机械及方法与施工方案是否一致，熔接质量是否符合规范及施工方案要求。 （8）采集数码照片（按国网基建安质〔2016〕56号文要求）	（1）滑车吊装方式是否符合施工方案要求。 （2）跨越设施安装是否符合规范和施工方案要求。 （3）跨越设施拉线设置是否符合施工方案要求。 （4）跨越设施拆除顺序及方法是否符合规范和施工方案要求。 （5）导引绳规格、数量与外观质量，是否符合施工方案要求。 （6）地线牵引绳展放方式与施工方案是否一致，牵引绳连接是否可靠，防跑线措施是否到位。 （7）紧线施工方式及紧线次序与施工方案是否一致；各种接续管位置是否符合规范要求。 （8）平衡挂线方式与施工方案是否一致。 （9）跳线安装方式和工艺是否符合施工方案要求。 （10）现场安全监护、指挥人员到位情况，通信指挥信号是否畅通准确；现场特殊工种/特殊作业人员与审批文件是否一致；高处作业人员安全防护用品配置是否齐全，佩戴是否正确、安全防护措施是否到位；绞磨操作人员是否持证上岗，遇大风、雷雨等恶劣天气应停止作业。 （11）滑车悬挂完毕后，防坠落措施是否到位，滑车悬挂点与塔材连接处是否采取衬垫措施，双滑车是否采取加固措施。 （12）核查特殊跨域物（跨越铁路、高速公路、通航江河、带电线路等设施）施工是否取得相关主管部门的许可。 （13）线路通道内凡设计规定应拆除的建筑物和改迁的电力线、通信线等影响架线的设施是否处理完毕。 （14）导引绳展放是否符合施工方案要求，所有跨越设施位置是否设有安全监护人员；通信信号是否畅通。重点检查：导引绳是否展放完毕，全线是否处于腾空状态；导引绳的锚固是否牢靠，是否采取防跑线措施。 （15）采集数码照片（按国网基建安质〔2016〕56号文要求）

续表

作业顺序	质量巡视重点	安全巡视重点
临时用电阶段	（1）施工现场临时用电应采用三相五线制标准布设。施工用电设备在 5 台以上或设备总容量在 50kW 以上时，应编制安全用电专项施工组织设计。施工用电设备在 5 台以下或设备总容量在 50kW 以下时，在施工组织设计中应有施工用电专篇，明确安全用电和防火措施。 （2）现场生活、办公、施工临时用电系统应实施有效的安全用电和防火措施。 （3）直埋电缆埋设深度和架空线路架设高度应满足安全要求，直埋电缆路径应设置方位标志，电缆通过道路时应采用套管保护，套管应有足够强度。 （4）各级配电箱装设应端正、牢固、防雨、防尘，并加锁，设置安全警示标志，总配电箱和分配电箱附近配备消防器材。 （5）总配电箱、开关箱内应配置漏电保护器。配电箱内应配有接线示意图和定期检查表，由专业电工负责定期检查、记录。电源线、重复接地线、保护零线应连接可靠	（1）检查施工现场临时用电情况是否符合“施工组织设计”，是否符合“三级配电，二级保护”。 （2）变压器容量、导线截面和电器的类型、规格是否与“施工组织设计”一致。 （3）安全用电技术措施和电气防火措施是否得到落实。 （4）施工现场临时用电是否采用“三相五线制”，是否使用五芯电缆。 （5）电缆干线应采用地埋或架空敷设，严禁沿地面明设，并应避免机械损伤和介质腐蚀。 （6）电缆穿越建筑物、构筑物、道路、易受机械损伤的场所及引出地面从 2m 高度至地下 0.2m 处，必须加设防护管套。 （7）电缆接头处应有防水和防触电的措施。 （8）架空线路必须用绝缘导线，以绝缘子支撑在专用电杆上。 （9）配电箱应有门、有锁、有防雨措施。 （10）配电箱、开关箱应装设在干燥、通风及常温场所。 （11）配电箱、开关箱内的电器必须可靠完好，不准使用破损、不合格的电器。 （12）电源线、保护接零线、保护接地线应采用焊接、压接、螺栓连接或其他可靠方法连接
脚手架施工阶段	（1）脚手架钢管宜采用 ϕ48.3mm×3.5mm 的钢管，横向水平杆最大长度不超过 2.2m，其他杆最大长度不超过 6.5m。禁止使用弯曲、压扁、有裂纹或已严重锈蚀的钢管。 （2）脚手架扣件应符合 GB 15831《钢管脚手架扣件》的规定；禁止使用有脆裂、变形或滑丝的扣件。 （3）冲压钢脚手板的材质应符合 GB/T 700《碳素结构钢》中 Q235-A 级钢的规定。凡有裂纹、扭曲的不得使用。	（1）脚手架安装与拆除人员应持证上岗，非专业人员不得搭、拆脚手架。作业人员应戴安全帽、系安全带、穿防滑鞋。 （2）脚手架安装与拆除作业区域应设围档和安全标示牌，搭拆作业应设专人安全监护，无关人员不得入内。 （3）遇六级以上风、浓雾、雨或雪等天气时应停止脚手架搭设与拆除作业。

续表

作业顺序	质量巡视重点	安全巡视重点
脚手架施工阶段	（4）木脚手板应用 50mm 厚的杉木或松木板制作，宽度以 200～300mm 为宜，长度以不超过 6m 为宜。凡腐朽、扭曲、破裂的，或有大横透节及多节疤的，不得使用。距板的两端 80mm 处应用镀锌铁丝箍绕 2～3 圈或用铁皮钉牢。 （5）竹片脚手板的厚度不得小于 50mm，螺栓孔不得大于 10mm，螺栓应拧紧。竹片脚手板的长度以 2.2～2.3m、宽度以 400mm 为宜。竹笆脚手板应按其主竹筋垂直于纵向水平杆方向铺设，四角应采用直径 1.2mm 镀锌铁丝固定在纵向水平杆上。 （6）钢管立杆应设置金属底座或木质垫板，木质垫板厚度不小于 50mm、宽度不小于 200mm，且长度不少于 2 跨。 （7）采集数码照片（按国网基建安质〔2016〕56 号文要求）	（4）钢管脚手架应有防雷接地措施，整个架体应从立杆根部引设两处（对角）防雷接地。 （5）雨、雪后上脚手架作业应有防滑措施，并应清除积水、积雪。 （6）在脚手架上进行电、气焊作业时，应有防火措施并配备足够消防器材和专人监护。 （7）脚手架上不得固定泵送混凝土和砂浆的输送管等；不得悬挂起重设备或与模板支架连接；不得拆除或移动架体上安全防护设施。 （8）脚手架使用期间禁止擅自拆除剪刀撑以及主节点处的纵横向水平杆、扫地杆、连墙件。 （9）拆除脚手架应自上而下逐层进行，不得上下同时进行拆除作业。禁止先将连墙件整层或数层拆除后再拆脚手架；分段拆除高差不应大于两步，如高差大于两步，应增设连墙件加固。 （10）当脚手架拆至下部最后一根长立杆的高度（约 6.5m）时，应先在适当位置搭设临时抛撑加固后，再拆除连墙件。 （11）当脚手架采取分段、分立面拆除时，对不拆除的脚手架两端，应先按规定设置连墙件和横向斜撑加固。 （12）连墙件应随脚手架逐层拆除，拆除的脚手架管材及构配件，不得抛掷。 （13）采集数码照片（按国网基建安质〔2016〕56 号文要求）
消防设施	易燃、易爆液体或气体（油料、氧气瓶、乙炔气瓶、六氟化硫气瓶等）等危险品应存放在专用仓库或实施有效隔离，并与施工作业区、办公区、生活区、临时休息棚保持安全距离，危险品存放处应有明显的安全警示标志	（1）易燃易爆物品、仓库、宿舍、加工区、配电箱及重要机械设备附近，应按规定配备灭火器、砂箱、水桶、斧、锹等消防器材，并放在明显、易取处。 （2）消防器材应使用标准的架、箱，应有防雨、防晒措施，每月检查并记录检查结果，定期检验，保证处于合格状态

续表

作业顺序	质量巡视重点	安全巡视重点
预防雷击和近电作业		（1）杆塔和构架组立后、牵张设备放线作业、临近带电体作业、带电设备区域的施工机械和金属结构、钢管脚手架、跨越不停电线路时两侧杆塔的放线滑车等应装设工作接地线。 （2）牵张设备出线端的牵引绳及导线上应装设接地滑车。附件安装时，作业区两端应装设保安接地线。 （3）停电作业时，作业人员应正确使用相应电压等级的验电器和绝缘棒对停电设备或导线进行验电，确认无电压后装设工作接地线
防汛		（1）防汛预案是否制定、是否演练。 （2）基坑、边坡是否进行有效支护、有无沉降、开裂等现象，是否有组织进行降排水、对基坑边坡及毗邻建筑物是否进行监测。 （3）脚手架、模板支架基础是否平整、夯实并采取排水措施，基础下是否有其他设备基础、管沟，是否采取加固措施。 （4）起重机械、塔吊设备基础是否排水及时有效；基础螺栓、螺母等数量齐全、连接牢靠、各种安全装置是否灵敏有效。 （5）施工临时用电，变（配）电箱室是否有防雨措施，是否配备应急抢险、照明用电。 （6）施工现场的办公室、宿舍、食堂、仓库、厕所、围墙等施工临设是否安全、稳固、可靠，是否设立在有地质灾害隐患位置，有无沉降、开裂等现象。 （7）防洪物资准备，是否配备发电机、抽水泵、雨衣、电筒、铲镐、沙土、草袋等抢险设备、物资。 （8）对施工塔吊、施工电梯、井字架等起重机械设备和吊篮脚手架和散落堆放材料是否有防大风措施。 （9）施工区域内排水沟应是否畅通，排水井盖是否完好。 （10）采集数码照片（按国网基建安质〔2016〕56 号文要求）

安全文明施工检查

作业内容	监理作业重点
环境保护	（1）施工现场的主要道路要进行硬化处理。裸露的场地和堆放的土方应采取覆盖、固化或绿化等措施。 （2）施工现场土方作业应采取防止扬尘措施，主要道路应定期清扫、洒水。 （3）土方和建筑垃圾的运输必须采用封闭式运输车辆或采取覆盖措施。施工现场出口应设置车辆冲洗设施，并应对驶出的车辆进行清洗。 （4）施工现场严禁焚烧各类废弃物。 （5）在规定区域内的施工现场应使用预拌制混凝土及预拌砂浆。采用现场搅拌混凝土或砂浆的场所应采取封闭、降尘、降噪措施。水泥和其他易飞的细颗粒建筑材料应密闭存放或采取覆盖措施。 （6）施工现场的机械设备、车辆的尾气排放应符合国家环保排放标准。 （7）当环境空气质量指数达到中度及以上的污染时，施工现场应增加洒水频次，加强覆盖措施，减少易造成大气污染的施工作业。 （8）施工现场应设置排水管及沉淀池，施工污染水应经沉淀处理达到排放标准后，方可排入市政污水官网。 （9）施工现场临时厕所的化粪池应进行防渗漏处理。 （10）施工现场存放的油料和化学溶剂等物品应设置专用库房，地面应进行防渗漏处理。 （11）施工现场场界噪声排放应符合 GB 12523《建筑施工场界环境噪声排放标准》的规定，施工现场应对场界噪声排放进行监测、记录和控制，并采取降低噪声措施。 （12）施工现场宜选用低噪声、低振动的设备，强噪声设备易设置在远离居民区的一侧，并应采用隔声、吸声材料搭设的防护棚或屏障。 （13）因生产工艺要求或其他特殊要求，确需进行夜间施工的，施工单位应加强噪声控制，并减少人为噪声。 （14）施工现场应对强光作业和照明灯具采取遮挡措施，减少对周边居民和环境的影响
扬尘治理	（1）现场封闭围挡 100%，现场湿法作业 100%，场区道路硬化 100%，渣土物料覆盖 100%，在建楼梯封闭 100%，出入车辆清洗 100%，远程监控安装 100%。 （2）在施工现场出入口公示扬尘污染控制措施、施工现场负责人、环保监督员、举报电话等信息。 （3）施工现场周边设置硬质密闭围挡，工地内暂未施工的区域应当覆盖、硬化或绿化。 （4）施工现场出入口及场内主要道路必须进行硬化，其余裸露地面必须绿化或固化、覆盖。 （5）土石方工程作业时间应当分段作业，采取洒水压尘操作时间。

续表

作业内容	监理作业重点
扬尘治理	（6）对于土方工程，开挖完毕的裸露地面应及时固化或覆盖。 （7）场地平整、土方开挖、土方回填、清运建筑垃圾作业时，应当边施工边适当洒水，防止产生扬尘污染。 （8）施工现场运送土方、渣土的车辆必须封闭或遮盖。 （9）水泥、粉煤灰、灰土、砂石等易产生扬尘的细颗粒建筑材料应密闭存放或进行覆盖，使用过程中采取有效措施防止扬尘，严禁露天放置。 （10）施工现场设置易产生扬尘的施工机械时，必须配备降尘防尘装置。 （11）在建筑主体外侧必须使用合格阻燃的密目式安全网进行封闭，安全网应保持整齐、牢固、无破损，严禁从空中抛洒废弃物。 （12）遇有五级以上大风天气或市政府发出重污染天气红色预警时，严禁进行土方开挖、回填、建筑拆除等可能产生扬尘的施工作业，同时覆网防尘
安全设施	一、安全隔离设施 （1）危险区域与人员活动区域间、带电设备区域与施工区域间、施工作业区域与非施工作业区域间、地下穿越入口和出口区域、设备材料堆放区域与施工区域间应使用安全围栏实施有效的隔离。安全围栏设置相应的安全警示标志，形式可根据实际情况选取。 （2）高处作业面（包括高差 2m 及以上的基坑，直径大于 1m 的无盖板坑、洞）等有人员坠落危险的区域，安全围栏应稳定可靠，并具有一定的抗冲击强度。 （3）变电工程滤油作业区和油罐存放区等危险区域、相对固定的安全通道两侧应采用钢管扣件组装式安全围栏或门形组装式安全围栏进行隔离。 （4）带电设备区域与施工区域间应采用安全围栏进行隔离，安全围栏宜选用绝缘材料，并满足施工安全距离要求。 （5）施工作业区域与非施工作业区域间、设备材料堆放区域四周、电缆沟道两侧宜采用提示遮栏进行隔离。 （6）交叉施工作业区应合理布置安全隔离设施和安全。 二、孔洞防护设施 （1）施工现场（包括办公区、生活区）能造成人员伤害或物品坠落的孔洞应采用孔洞盖板或安全围栏实施有效防护。 （2）盖板应满足人或车辆通过的强度要求，盖板上表面应有安全警示标志。 （3）直径大于 1m、道路附近、无盖板及盖板临时揭开的孔洞，四周应设置安全围栏和安全警示标志牌。 三、施工用电 （1）施工现场临时用电应采用三相五线制标准布设。施工用电设备在 5 台以上或设备总容量在 50kW 以上时，应编制安全用电专项施工组织设计。施工用电设备在 5 台以下或设备总容量在 50kW 以下时，在施工组织设计中应有施工用电专篇，明确安全用电和防火措施。

续表

作业内容	监理作业重点
安全设施	（2）现场生活、办公、施工临时用电系统应实施有的安全用电和防火措施。 （3）直埋电缆埋设深度和架空线路架设高度应满足安全要求，直埋电缆路径应设置方位标志，电缆通过道路时应采用套管保护，套管应有足够强度。 （4）各级配电箱装设应端正、牢固、防雨、防尘，并加锁，设置安全警示标志，总配电箱和分配电箱附近配备消防器材。 （5）总配电箱、开关箱内应配置漏电保护器。配电箱内应配有接线示意图和定期检查表，由专业电工负责定期检查、记录。电源线、重复接地线、保护零线应连接可靠。 四、起重作业防护设施 （1）起重机械（含牵张设备）安全保护装置应齐全有效，牵张设备应设置地锚锚固。 （2）采用抱杆组塔时，抱杆、绞磨、卷扬机、地锚、滑车、钢丝绳、绳卡、卸扣等起重工器具应正确配置。 （3）分段分片吊装组塔时，应使用控制绳进行调整。为保护设备或杆塔、构架镀锌层，宜使用吊带。 五、高处作业防护措施 （1）构架安装和铁塔组立时应设置临时攀登用保护绳索或永久轨道，攀登人员应正确使用攀登自锁器； （2）变电工程高处作业应使用梯子、高处作业平台，推荐使用高空作业车。 （3）线路工程平衡挂线出线临锚、导地线不能落地压接时，应使用高处作业平台。 （4）塔上作业上下悬垂瓷瓶串、上下复合绝缘子串和安装附件时，应使用下线爬梯。高处作业区附近有带电体时，应使用绝缘梯或绝缘平台。 六、消防设施 （1）易燃易爆物品、仓库、宿舍、加工区、配电箱及重要机械设备附近，应按规定配备灭火器、砂箱、水桶、斧、锹等消防器材，并放在明显、易取处。 （2）易燃、易爆液体或气体（油料、氧气瓶、乙炔气瓶、六氟化硫气瓶等）等危险品应存放在专用仓库或实施有效隔离，并与施工作业区、办公区、生活区、临时休息棚保持安全距离，危险品存放处应有明显的安全警示标志。 （3）消防器材应使用标准的架、箱，应有防雨、防晒措施，每月检查并记录检查结果，定期检验，保证处于合格状态。 七、有害气体防护措施 （1）在存在有害气体的室内或容器内工作，深基坑、地下隧道和洞室等，应装设和使用强制通风装置，配备必要的气体监测装置。人员进入前进行检测，并正确佩戴和使用防毒、防尘面具。 （2）地下穿越作业应设置爬梯，通风、排水、照明、消防设施应与作业进展同步布设。施工用电应采用铠装线缆，或采用普通线缆架空布设

工程竣工资料审核

作业内容	监理作业重点
质量通病防治工作总结审核	质量通病防治工作总结中的防治项目要与前开工时报审的质量通病防治措施中的防治项目相一致
监理初检申请表审核	（1）施工项目部按《国家电网公司基建质量管理规定》，完成相应工程的施工，并经班组、项目部、公司三级自检验收合格后，应将自检结果向监理项目部报验，并申请中间验收。 （2）监理初检分基础基本完成、土建交付安装前、投运前（包括电气安装调试工程）三次监理初检。 （3）监理项目部审查要点： 1）申请监理初检的工程是否已经施工单位三级自检验收合格。 2）三级自检验收及评定记录是否齐全。 3）其他技术资料是否齐全、合格。 （4）附件公司级专检报告应盖施工单位公章
单位工程质量控制资料核查记录审核	（1）材料出厂证件和试验资料是否齐全、合格。 （2）主要技术资料和施工记录是否齐全、合格。 （3）隐蔽工程验收记录是否齐全。 （4）工程质量验收记录是否齐全。 （5）工程质量事故及主要质量问题记录是否齐全
单位工程安全和功能检验资料核查记录及主要功能抽查记录（变电站土建）审核	（1）建筑与结构工程的功能检验资料、记录是否齐全。 （2）给排水与采暖工程的功能检验资料、记录是否齐全。 （3）建筑电气工程的功能检验资料、记录是否齐全。 （4）通风与空调工程的功能检验资料、记录是否齐全

续表

作业内容	监理作业重点
单位工程观感质量检查记录审核	（1）组织现场观感质量验收。 （2）相关专业人员参加
单位工程质量竣工验收记录审核	分部工程的符合性、质量控制资料核查记录的符合性、安全和主要使用功能核查及抽查结果的符合性及观感质量验收的得分率四个项目验收记录填写是否完整
单位工程质量等级评定记录审核	（1）单位工程质量验收是否合格，且结构安全，满足使用功能要求； （2）施工过程中有无出现重大质量事故；单位工程竣工资料是否齐全、内容完整、数据准确、签字齐全、可追溯性强； （3）原材料、半成品及成品项目复试是否齐全，检验批次是否符合要求，钢筋、水泥等原材料跟踪管理是否有可追溯性； （4）工程有无使用国家明令淘汰的建筑材料、建筑设备、耗能高的产品及有害物质含量、释放量超过国家规定的产品； （5）地基处理、建（构）筑物沉降、混凝土质量等其他项目的自评结果是否符合要求
数码照片审核	照片要符合国网基建安质〔2016〕56 号文的质量和数量要求

注　本表适用公共基础部分。

工程变更资料审核

作业内容	监理作业重点
工程设计变更定义	设计变更是指工程初步设计批复后至工程竣工投产期间内，因设计或非设计原因引起的对初步设计文件或施工图设计文件的改变
工程设计变更分类	设计变更按照变更内容或金额大小分为一般设计变更和重大设计变更（重大设计变更是指改变了初步设计批复的设计方案、主要设备选型、工程规模、建设标准等原则意见，或单项设计变更投资增减额超过 20 万元的设计变更；一般设计变更是指除重大设计变更以外的设计变更）；现场签证按金额大小分为一般签证和重大签（重大签证是指单项签证投资增减额超过 10 万元的签证；一般签证是指除重大签证以外的签证）
监理审核内容	监理单位负责审核设计变更与现场签证，落实设计变更与现场签证的实施，组织验收等工作；判断现场签证是否造成设计文件变化，如有，则应按照设计变更规定执行；对设计变更与现场签证工程量进行旁站实测
工程设计变更管理流程	（1）设计变更与现场签证管理流程包括设计变更与现场签证的提出、审核、批准、形成工程变更文件、实施和文件归档。 （2）设计原因引起的设计变更由设计单位出具设计变更审批单；非设计原因引起的设计变更由施工、监理或业主项目部等提出单位出具设计变更联系单，交设计单位出具设计变更审批单后进入审批流程；现场签证由施工单位提出并出具现场签证审批单。 （3）设计变更与现场签证审批流程：一般设计变更（签证）发生后，提出单位应及时通知相关单位，建设管理单位组织各单位 7 天内完成审批；重大设计变更（签证）发生后，提出单位应及时通知相关单位，经建设管理单位审核上报省公司级单位，由省公司级单位组织各单位 14 天内完成审批；设计变更与现场签证批准后，由监理单位下发现场执行。 （4）设计变更文件应准确说明工程名称、变更的卷册号及图号、变更原因、变更提出方、变更内容、变更工程量及费用变化金额，并附变更图纸和变更费用计算书等。 （5）现场签证应详细说明工程名称、签证事项内容，并附相关施工措施方案、纪要或协议、支付凭证、照片、示意图、工程量及签证费用计算书等支撑性材料。 （6）设计变更费用应根据变更内容对应概算或预算的计价原则编制，现场签证费用应按合同确定的原则编制。设计变更与现场签证费用应由相关单位技经人员签署意见并加盖造价专业资格执业章

注　本表适用公共基础部分。

技经资料审查

作业内容	监理作业重点
施工准备阶段	（1）审查施工项目部的工程资金使用计划。 （2）审查工程预付款申请（审查要点：预付款支付条件是否具备，预付款数额是否符合合同约定）
施工阶段	（1）审查工程计量清单及进度款支付申请（审查要点：工程进度款中的报审工程量是否与清单一致，是否与实际完成量一致；是否经监理验收合格。审查进度款是否计算准确，预付款是否按合同进行扣回）。 （2）审查设计变更并监督实施，按合同约定和国家电网公司有关规定审查设计变更预算费用。审查应满足以下要求： 1）一般设计变更（签证）提出后7天内，经相关单位审核，由建设单位完成审批。监理项目部及时签署审核意见。 2）重大设计变更（签证）提出后14天内，按相关规定完成审批。监理项目部及时签署审核意见。 （3）审查现场签证费用（审查要点：审查现场签证工程量及相关费用计算，是否符合合同要求）。 （4）审核费用索赔申请（审查要点：索赔申请报告的资料是否真实、齐全、手续完备，索赔事由是否合理，索赔金额计算依据和方法是否合理，取费标准是否正确等）。 （5）审查竣工结算文件和最终的工程款支付申请
竣工结算阶段	（1）配合建设单位审核竣工工程量，编制完成竣工工程量文件 （2）依据已审批的设计变更、现场签证、索赔申请等相关结算资料，提出监理意见并报送业主项目部 （3）协助业主项目部完成工程竣工结算资料和竣工结算报告

注 本表适用公共基础部分。

第二章　土建工程

场 地 平 整

作业内容	质量控制重点	安全控制重点	监理作业重点
施工准备阶段	（1）对进场的材料实体检查或见证取样。 （2）见证施工项目部技术交底。交底、接底人员在交底记录上的签字齐全	施工项目部报审的施工方案中的安全措施应包括施工机械安全操作重点、施工人员必须遵守的安全事项、现场危险点及避险措施等内容	（1）审核施工项目部报审的施工方案。 （2）进场管理人员及特种作业人员、施工机械、工程材料证明等文件审核
作业场地平整	（1）作业场地应平整、坚实、无障碍物，车道宽度和转弯半径应结合施工现场道路情况并兼顾施工和大件设备运输要求。 （2）在软土地基地面应加垫路基箱或厚钢板，在基础坑或围堰内要有足够的排水设施。 （3）提前策划设备材料堆放区，将需要堆放的场地进行硬化处理。 （4）平整基础施工用场地，清除浮石杂物及障碍物。 （5）砂、石堆料场铺设硬化地面，水泥存储符合保管要求	（1）基础施工场地采用安全围栏进行围护、隔离。 （2）按规范和环保、水保要求做好场地平整、余土处理工作，做到“工完、料尽、场地清”	（1）依据设计图纸复查定位放线和水准点、边坡坡度、标高、平面的中线位置、填方的基底处理和土方分层压实程度是否符合设计要求。 （2）进行挖、填方的平衡计算，检查定位放线、排水系统，合理安排土石方运输车的行走路线。 （3）检查施工单位施工机械的使用情况，并对操作人员的资质进行核查。 （4）检查现场安全文明施工措施落实情况。 （5）收集相关施工资料及数码照片（按国网基建安质〔2016〕56 号文要求）
验收阶段	（1）检查质量均合格；质量控制资料完整。 （2）观感质量验收应符合要求；施工记录的填写正确、规范。 （3）该分部工程的施工质量符合有关规范和工程设计文件的要求		（1）总监理工程师组织分部工程验收，签署分部工程质量报验申请单。 （2）专业监理工程师编写工程施工强制性条文执行检查表。 （3）采集数码照片（详见国网基建安质〔2016〕56 号要求）

施工用电布设

作业顺序	质量控制重点	安全控制重点	监理作业重点
施工准备阶段	（1）施工用电方案报审。 （2）施工用电机具统计。 （3）工程材料准备	（1）组织施工人员进行安全文明生产培训。 （2）编写作业控制卡、质量控制卡，办理工作许可手续，向工作班组人员交危险点告知，交代工作内容、人员分工、带电部位，并履行确认手续后开工	（1）审查施工组织设计中或专项施工方案中关于施工现场临时用电的内容。 （2）审查安全用电和电气防火措施。 （3）审查进场材料规格是否符合设计要求
架设架空线路	（1）低压架空线路的路径应合理选择，避开易撞、易碰、易腐蚀场所以及热力管道。架空线必须使用绝缘线，架设在专用电杆上，严禁架设在树木、脚手架及其他设施上。 （2）“三相五线”制低压架空线路的 L 线绝缘铜线截面不小于 $10mm^2$，绝缘铝线截面不小于 $16mm^2$，N 线和 PE 线截面不小于相线截面的 50%，单相线路的零线截面与相线截面相同。 （3）低压架空线路架设高度不得低于 2.5m；交通要道及车辆通行处，架设高度不得低于 5m	（1)低压架空线路架设高度不得低于 2.5m；交通要道及车辆通行处，架设高度不得低于 5m。 （2）安装，维修，拆除临时用电设施时，应由电工完成，并设专人监护	（1）对现场施工用电进行安全检查查证。 （2）审查现场电工持证上岗情况。 （3）加强巡视检查，发现存在的安全隐患要求施工单位立刻进行整改
敷设直埋电缆	（1）电缆中必须包含全部工作芯线和用作保护零线或保护线的芯线；需要三相四线制配电的电缆线路必须采用五芯电缆。 （2）架空电缆应沿电杆、支架或墙壁敷设，并采用绝缘子固定，绑扎线必须采用绝缘线，固定点间距应保证电缆能承受自重所带来的荷载，最大弧垂距地不得小于 2m	（1）电缆直接埋地敷设的深度不应小于 0.7m。严禁沿地面明设，并应避免机械损伤和介质腐蚀。埋地电缆路径应设方位标志。 （2）埋地电缆的接头应设在地面上的接线盒内，接线盒应能水、防尘、防机械损伤，并应远离易燃、易爆、易腐蚀场所	（1）对现场施工用电进行安全检查签证。 （2）安装，维修，拆除临时用电设施时，应由电工完成，并设专人监护。 （3）加强巡视检查，发现存在的安全隐患要求施工单位立刻进行整改

续表

作业顺序	质量控制重点	安全控制重点	监理作业重点
配电箱及开关柜安装	（1）配电系统应设置配电柜或总配电箱、分配电箱、开关箱，实行三级配电。配电系统宜三相负荷平衡。220V 或 380V 单相用电设备宜接入 220/380V 三相四线系统；当单相照明线路电流大于 30A 时宜采用 220/380V 三相四线制供电。 （2）总配电箱应设在靠近电源的区域，分配电箱应设在用电设备或负荷相对集中的区域，分配电箱与开关箱的距离不得超过 30m；开关箱与其控制的固定式用电设备的水平距离不宜超过 3m，距离大于 3m 时应使用移动式开关箱（或便携式卷线盘）；移动式开关箱至固定式开关箱之间的引线长度不得大于 30m，且只能用橡套软电缆	（1）配电箱、开关箱的电源进线端严禁采用插头和插座做活动连接。移动式配电箱、开关箱的进、出线应采用橡皮护套绝缘电缆，不得有接头。 （2）漏电保护器应装设在总配电箱、开关箱靠近负荷的一侧，且不得用于启动电气设备的操作。开关箱中漏电保护器的额定漏电动作电流不应大于 30mA，额定漏电动作时间不应大于 0.1s。使用于潮湿或有腐蚀介质场所的漏电保护器应采用防溅型产品，其额定漏电动作电流不应大于 15mA，额定漏电动作时间不应大于 0.1s。总配电箱中漏电保护器的额定漏电动作电流应大于 30mA，额定漏电动作时间应大于 0.1s，但其额定漏电动作电流与额定漏电动作时间的乘积不应大于 30mA·s	（1）对现场施工用电进行安全检查查证。 （2）检查配电箱设立情况，做到“一机一闸一保护”。 （3）审查现场电工持证上岗情况。 （4）安装，维修，拆除临时用电设施时，应由电工完成，并设专人监护。 （5）审查安全用电和电气防火措施。 （6）加强巡视检查，发现存在的安全隐患要求施工单位立刻进行整改
保护接地或接零	（1）在施工现场专用变压器供电的 TN–S 三相五线制系统中，下列电气设备外壳应做保护接零，即接 PE 线。电机、变压器、电器、照明器具、手持式电动工具的金属外壳；电气设备传动装置的金属部件；配电柜与控制柜的金属框架；配电装置的金属箱体、框架及靠近带电部分的金属围栏和金属门；电力线路的金属保护管、敷线的钢索、起重机的底座和轨道、滑升模板金属操作平台等；安装在电力线路杆（塔）上的开关、电容器等电气装置的金属外壳及支架。	（1）TN–S 系统中的保护接零线（PE 线）除必须在配电室或总配电箱处做重复接地外，还必须在配电系统的中间处（二级配电箱处）和末端处（三级开关箱处）做重复接地。 （2）在保护零线（PE 线）每一处重复接地装置的接地电阻值不应大于 4Ω；在工作接地电阻值允许达到 10Ω 的电力系统中，所有重复接地的等效电阻值不应大于 10Ω。	（1）对现场施工用电进行安全检查查证。 （2）审查现场电工持证上岗情况。 （3）安装，维修，拆除临时用电设施时，应由电工完成，并设专人监护。 （4）审查安全用电和电气防火措施。 （5）加强巡视检查，发现存在的安全隐患要求施工单位立刻进行整改

续表

作业顺序	质量控制重点	安全控制重点	监理作业重点
保护接地或接零	（2）保护零线（PE 线）应由配电室（总配电箱）电源侧工作零线（N 线）或总漏电保护器电源侧工作零线（N 线）重复接地处专引一根绿黄相色线作为局部接零保护系统的保护零线（PE 线）。 （3）相线、N 线、PE 线的颜色标记必须符合以下规定：相线 L1（A）、L2（B）、L3（C）相序的绝缘颜色依次为黄、绿、红色；N 线的绝缘颜色为淡蓝色；PE 线的绝缘颜色为绿/黄双色。任何情况下上述颜色标记严禁混用和互相代用	（3）重复接地线必须与 PE 线相连接，严禁与 N 线相连接。 （4）保护零线（PE 线）必须采用绝缘导线（绿/黄双色线）。 （5）保护零线（PE 线）应为截面不小于 $2.5mm^2$ 的绝缘多股铜线，手持式电动工具的保护零线（PE 线）应为截面不小于 $1.5mm^2$ 的绝缘多股铜线	（1）对现场施工用电进行安全检查查证。 （2）审查现场电工持证上岗情况。 （3）安装，维修，拆除临时用电设施时，应由电工完成，并设专人监护。 （4）审查安全用电和电气防火措施。 （5）加强巡视检查，发现存在的安全隐患要求施工单位立刻进行整改
现场照明布置	（1）施工作业区采用集中广式照明，局部照明采用移动立杆式灯架，灯具一般采用防雨式。严禁使用碘钨灯。 （2）行灯电源必须使用双绕组变压器，其一、二次侧都应有熔断器。行灯变压器必须有防水措施，其金属外壳及二次侧绕组的一端均应接地。采用双重绝缘或有接地金属屏蔽层的变压器，二次侧不得接地。 （3）在光线不足的工作场所及夜间工作的场所均应有足够的照明，主要通道上应装设路灯。	（1）照明开关箱内必须装设隔离开关、短路与过载保护电器和漏电保护器，照明灯具的金属外壳必须与 PE 线相连接，照明设备拆除后，不得留有可能带电的部分。 （2）室外 220V 灯具距地面不得低于 3m，室内 220V 灯具距地面不得低于 2.5m，并不得任意挪动。灯具高度低于此标准时应设保护罩。 （3）普通灯具与易燃物距离不得小于 300mm；聚光灯等高热灯具与易燃物距离不宜小于 500mm，且不得直接照射易燃物。达不到规定安全距离时，应采取隔热措施。	（1）对现场施工用电进行安全检查查证。 （2）检查动力开关箱与照明开关箱是否分箱设置。 （3）审查现场电工持证上岗情况。 （4）安装，维修，拆除临时用电设施时，应由电工完成，并设专人监护。 （5）审查安全用电和电气防火措施。 （6）加强巡视检查，发现存在的安全隐患要求施工单位立刻进行整改

续表

作业顺序	质量控制重点	安全控制重点	监理作业重点
现场照明布置	（4）电源线路不得接近热源或直接绑挂在金属构件上；在竹木脚手架上架设时应设绝缘子；在金属脚手架上架设时应设木横担。工棚内的照明线应固定在绝缘子上，距建筑物不得小于 2.5cm。穿墙时应套绝缘套管。管、槽内的电线不得有接头	（4）高温、有导电灰尘、比较潮湿环境或灯具离地面高度低于 2.5m 等场所的照明，电源电压不应大于 36V；潮湿环境和易触及带电体场所的照明，电源电压不得大于 24V；特别潮湿场所、导电良好的地面、锅炉或金属容器内的照明，电源电压不得大于 12V。在坑井、沟道、沉箱内及独立高层构筑物上，应备有独立的照明电源。 （5）行灯的电压不得超过 42V，潮湿场所、金属容器或管道内的行灯电压不得超过 12V。行灯电源线应使用软橡胶电缆。行灯应有保护罩	（1）对现场施工用电进行安全检查查证。 （2）检查动力开关箱与照明开关箱是否分箱设置。 （3）审查现场电工持证上岗情况。 （4）安装，维修，拆除临时用电设施时，应由电工完成，并设专人监护。 （5）审查安全用电和电气防火措施。 （6）加强巡视检查，发现存在的安全隐患要求施工单位立刻进行整改

临 建 工 程

作业顺序	质量控制重点	安全控制重点	监理作业重点
临时办公及生活设施	（1）有经审核批准的设计图纸和搭设方案，搭设完毕经使用单位验收合格。 （2）搭设作业应指定工作负责人，作业前应进行安全技术交底。 （3）机械、机具安全装置必须检验合格、齐全后方可使用	（1）严格执行消防“三同时”，配备足够数量、合格有效的消防设施，临建间需保留安全消防通道。 （2）按规定在暴雨、台风、汛期前、后，对临建及生活设施、电源等进行检查、维修、加固，确保安全使用	（1）现场安全文明施工措施与审批文件是否一致，安全防护用品是否配置和正确使用；主要施工机械/工器具/安全用具与审批文件是否一致。 （2）组装区域是否封闭管理；现场安全监护人是否到位等
钢构支架安装	（1）现场技术负责人应向所有参加施工作业人员进行安全技术交底，指明作业过程中的危险点及安全注意事项。接受交底人员必须在交底记录上签字。 （2）技术人员经过计算确定吊点位置，防止作业人员重复试吊来找吊点位置，减少对构架损坏的机会和不安全因素的产生。 （3）吊车、手扳葫芦、U型环、吊绳（带）、双钩紧线器、传递绳、白棕绳、临时拉线等起重工器具，经检验、试运行、检查，性能完好，满足使用要求。 （4）杆管在现场倒运时，应采用吊车装卸，装卸时应用控制绳控制杆段方向，装车后必须绑扎牢固，周围掩牢防止滚动、滑脱。严禁采用直接滚动方法卸车。采用人力滚动杆段时，应动作协调，滚动前方不得站人，杆段横向移动时，应随时将支垫处用木楔掩牢。利用铁撬扛拔杆段时，应防止滑脱伤人，不得利用铁撬杠插入柱孔中转动杆身	（1）按作业项目区域定置平面图要求进行施工作业现场布置。起重区域设置安全警戒区。 （2）安全员、质检员、起重负责人、起重工、起重司索、起重指挥、电焊工、高处作业人员等特种作业人员持证上岗。 （3）杆管排好后，支垫处应用木楔楔牢，防止因杆的滚动伤人。 （4）起吊物应绑牢，并有防止倾倒措施。吊钩悬挂点应与吊物的重心在同一垂直线上，吊钩钢丝绳应保持垂直，严禁偏拉斜吊。落钩时，应防止吊物局部着地引起吊绳偏斜，吊物未固定好，严禁松钩。吊索（千斤绳）的夹角一般不大于90°，最大不得超过120°，起重机吊臂的最大仰角不得超过制造厂铭牌规定。 （5）起重工作区域内无关人员不得停留或通过。在伸臂及吊物的下方，严禁任何人员通过或逗留	（1）组装场地是否平整；杆件组装工艺是否符合设计文件要求，钢梁组装时是否进行预起拱。 （2）现场安全文明施工措施与审批文件是否一致，安全防护用品是否配置和正确使用；主要施工机械/工器具/安全用具与审批文件是否一致，特殊作业人员与审批文件是否一致。 （3）组装区域是否封闭管理；现场安全监护人是否到位等。 （4）吊装过程中各项安全施工措施与审批文件是否一致。 （5）采集数码照片（按国网基建安质〔2016〕56号文要求）

土方开挖及支护工程

工程名称	质量控制重点	安全控制重点	监理作业重点
施工准备阶段	（1）参加业主项目部组织的设计交底和施工图会检，会签施工图会检纪要。此前监理项目部应进行施工图预检，并提出预检意见。 （2）对施工项目部编制的一般施工方案监理审批执行；特殊（专项）施工技术方案（措施）总监审查签署意见后报业主审批。 （3）核查本工程主要材料及构配件供货商与审批文件是否一致。 （4）审查参与本单位工程施工人力和机械是否进场，施工组织是否已落实到位。对大型起重设备进行安全检查签证，总监理工程师签署大中型施工机械进场/出场申报表。 （5）核查本工程使用的主要测量计量器具/试验设备是否在有效期内。 （6）如有分包，核查分包单位及分包范围与审批文件是否一致	（1）组织项目监理部人员参加安全教育培训，督促施工项目部开展安全教育培训工作。 （2）审查项目管理实施规划（施工组织设计）中安全技术措施或专项施工方案是否符合工程建设强制性标准。 （3）审查施工项目部报审的施工安全管理及风险控制方案、工程施工强制性条文执行计划等安全策划文件。审查项目施工过程中的风险、环境因素识别、评价及其控制措施是否满足适宜性、充分性、有效性的要求。 （4）审查施工项目经理、专职安全管理人员、特种作业人员的上岗资格，监督其持证上岗。审查施工分包队伍资质及人员的安全资格文件，对施工分包全过程监督。 （5）负责施工机械、工器具、安全防护用品（用具）的进场审查	（1）现场查看，核对地质勘测报告与现场地质条件是否一致，特别是设计构筑物位置下地质是否与地质报告一致，明确地下是否有其他建筑构造。 （2）设计交桩后做好原始地貌的复测工作，复核测量控制点。 （3）审查施工项目部编制的施工方案。审查安全专项施工方案参加专家论证。 （4）检查施工技术交底是否已进行，参加交底、接底人员在交底记录上的签字是否齐全。 （5）核查特殊工种/特殊作业人员资格证件是否在有效期内
基槽、基坑开挖及回填	一、一般要求 （1）土方工程施工前应进行挖、填方的平衡计算，综合考虑土方运输距离最短、运程合理和各个工程项目的合理施工程序等，做好土方平衡调配，减少重复挖运。	（1）开挖深度在1～3m的基坑挖土 （2）土方工程多种施工机械交叉作业时增容扩建工程需填写安全施工作业票A。	（1）土方工程在施工中应检查平面位置、水平标高、边坡坡度、排水、降水系统及周围环境的影响，对回填土方还应检查回填土料、含水量、分层厚度、压实度，对分层挖方，也应检查开挖深度等。

工程名称	质量控制重点	安全控制重点	监理作业重点
基槽、基坑开挖及回填	（2）土方平衡调配应尽可能与城市规划和农田水利相结合将余土一次性运到指定弃土场，做到文明施工。 （3）当土方工程挖方较深时，施工单位应采取措施，防止基坑底部土的隆起并避免危害周边环境。 （4）在挖方前，应做好地面排水和降低地下水位工作。 （5）平整场地的表面坡度应符合设计要求，如设计无要求时，排水沟方向的坡度不应小于 2‰。平整后的场地表面应逐点检查。检查点为每 100～400m^2 取 1 点，但不应少于 10 点；长度、宽度和边坡均为每 20m 取 1 点，每边不应少于 1 点。 （6）土方工程施工，应经常测量和校核其平面位置、水平标高和边坡坡度。平面控制桩和水准控制点应采取可靠的保护措施，定期复测和检查。土方不应堆在基坑边缘。 （7）对雨季和冬季施工还应遵守国家现行有关标准。 二、土方开挖 （1）土方开挖前应检查定位放线、排水和降低地下水位系数，合理安排土方运输车的行走路线及弃土场。	（3）一般土质条件下弃土堆底至基坑顶边距离≥1.2m，弃土堆高≤1.5m。垂直坑壁边坡条件下弃土堆底至基坑顶边距离≥3m。软土场地的基坑边则不应在基坑边堆土。 （4）坑边如需堆放材料机械，必须经计算确定放坡系数，必要时采取支护措施。 （5）挖土区域设警戒线，各种机械、车辆严禁在开挖的基础边缘 2m 内行驶、停放。 （6）基坑边缘按规范要求设置安全护栏。 （7）开挖深度为 3～5m 的基坑挖土编制专项施工方案。 （8）填写安全施工作业票 B，作业前通知监理。 （9）土方开挖必须经计算确定放坡系数，分层开挖，必要时采取支护措施。 （10）基坑顶部按规范要求设置截水沟。 （11）一般土质条件下弃土堆底至基坑顶边距离≥1.2m，弃土堆高≤1.5m，垂直坑壁边坡条件下弃土堆底至基坑顶边距离≥3m，软土场地的基坑边则不应在基坑边堆土。 （12）土方开挖过程中必须观测基坑周边土质是否存在裂缝及渗水等异常情况，适时进行监测。 （13）规范设置弃土提升装置，确保弃土提升装置安全性、稳定性。	（2）填方工程的施工参数如每层填筑厚度、压实遍数及压实系数对重要工程均应做现场试验后确定，或由设计提供

续表

工程名称	质量控制重点	安全控制重点	监理作业重点
基槽、基坑开挖及回填	（2）施工过程中应检查平面位置、水平标高、边坡坡度、压实度、排水、降低地下水位系统，并随时观测周围的环境变化。 （3）临时性挖方的边坡值应符合表 2–1 的规定。 （4）土方开挖工程的质量检验标准应符合表 2–2 的规定。 三、土方回填 （1）方回填前应清除基底的垃圾、树根等杂物，抽除坑穴积水、淤泥，验收基底标高。如在耕植土或松土上填方，应在基底压实后再进行。 （2）对填方土料应按设计要求验收后方可填入。填方施工过程中应检查排水措施，每层填筑厚度、含水量控制、压实程度。填筑厚度及压实遍数应根据土质，压实系数及所用机具确定。如无试验依据，应符合表 2–3 的规定。 （3）填方施工结束后，应检查标高、边坡坡度、压实程度等，检验标准应符合表 2–4 的规定。 四、基坑工程 （1）在基坑（槽）或管沟工程等开挖施工中，现场不宜进行放坡开挖，当可能对邻近建（构）筑物、地下管线、永久性道路产生危害时，应对基坑（槽）、管沟进行支护后再开挖。 （2）基坑（槽）、管沟开挖前应做好下述工作：	（14）规范设置供作业人员上下基坑的安全通道（梯子）基坑边缘按规范要求设置安全护栏。 （15）挖土区域设警戒线，各种机械、车辆严禁在开挖的基础边缘 2m 内行驶、停放	

工程名称	质量控制重点	安全控制重点	监理作业重点
基槽、基坑开挖及回填	1）基坑（槽）、管沟开挖前，应根据支护结构形式、挖深、地质条件、施工方法、周围环境、工期、气候和地面载荷等资料制定施工方案、环境保护措施、监测方案，经审批后方可施工。 2）土方工程施工前，应对降水、排水措施进行设计，系统应经检查和试运转，一切正常时方可开始施工。 （3）土方开挖的顺序、方法必须与设计工况相一致，并遵循“开槽支撑，先撑后挖，分层开挖，严禁超挖”的原则。 （4）基坑（槽）、管沟的挖土应分层进行。在施工过程中基坑（槽）、管沟边堆置土方不应超过设计荷载，挖方时不应碰撞或损伤支护结构、降水设施。 （5）基坑（槽）、管沟土方施工中应对支护结构、周围环境进行观察和监测，如出现异常情况应及时处理，待恢复正常后方可继续施工。 （6）基坑（槽）、管沟开挖至设计标高后，应对坑底进行保护，经验槽合格后，方可进行垫层施工。对特大型基坑，宜分区分块挖至设计标高，分区分块及时浇筑垫层。必要时，可加强垫层。 （7）基坑（槽）、管沟土方工程验收必须确保支护结构安全和周围环境安全为前提。当设计有指标时，以设计要求为依据，如无设计指标时应按表 2–5 的规定执行		

续表

工程名称	质量控制重点	安全控制重点	监理作业重点
支护	(1)开挖深度大于 5m，或地基为软弱图层，底下水渗透系数较大或场地受到限制不能放坡开挖时，应采取支护措施。 (2)深基坑支护结构根据基坑周边环境、开挖深度、工程地质与水文地质、施工作业设备和施工季节等条件、可参考表 2–6 的要求，选用排桩、地下连续墙、水泥土墙、逆作拱墙、原状土。 (3)基坑支护设计施工应符合下列规定： 1)支护结构应具有足够的强度刚度和稳定性； 2)支护部件的型号、尺寸、支撑点的布设位置，各类桩的入土深度、锚杆的长度和直径等应经计算确定； 3)围护墙体、支撑围檩、支撑端头处设置传力构造，围檩集中受力部位应加肋板。 (4)支护系统的围护、加固应符合下列规定： 1)施工机具设备、材料，应按施工方案均匀堆（停）放； 2)重型施工机械的行使及停置应在基坑安全距离以外； 3)做好基坑周边地表水排泄和地下水疏导的措施； 4)支护出现险情时，应立即进行处理，启动应急预案； 5)基坑开挖与支护施工应进行量测监控，监控项目、检测控制值应根据设计要求及基坑侧壁安全等级进行选择	(1)当出现下列情况之一时，必须立即进行危险报警，并应对基坑支护结构和周边环境中的保护对象采取应急措施： (2)监测数据达到监测报警值的累计值。 (3)基坑支护结构或周边土体的位移值突然明显增大或基坑出现流沙、管涌、隆起、陷落或较严重的渗漏等。 (4)基坑支护结构的支撑或锚杆体系出现过大变形、压屈、断裂、松弛或拔出的迹象。 (5)周边建筑的结构部分、周边地面出现较严重的突发裂缝或危害结构的变形裂缝。 (6)周边管线变形突然明显增长或出现裂缝、泄漏等。 (7)根据当地工程经验判断，出现其他必须进行危险报警的情况	(1)重要的基坑工程，支撑安装的及时性极为重要，根据工程实践，基坑变形与施工时间有很大关系，因此，施工过程应尽量缩短工期，特别是在支撑体系未形成情况下的基坑暴露时间应予以减少，要重视基坑变形的时空效应。 (2)基坑（槽)、管沟挖土要分层进行，分层厚度应根据工程具体情况（包括土质、环境等）决定，开挖本身是一种卸荷过程，防止局部区域挖土过深、卸载过速，引起土体失稳，降低土体抗剪性能，同时在施工中应不损伤支护结构，以保证基坑的安全

续表

工程名称	质量控制重点	安全控制重点	监理作业重点
质量验收阶段	（1）基槽（坑）开挖到底后，应进行基槽（坑）检验。当发现地质条件与勘察报告和设计文件不一致或遇到异常情况时，应结合地质条件提出处理意见。 （2）加固后的边坡工程应进行正常维护，当改变其用途和使用条件时应进行边坡工程安全性鉴定。 （3）既有边坡工程加固前应进行边坡加固工程勘察。 （4）既有边坡工程加固前应进行边坡工程鉴定。 （5）边坡进行加固施工，对被保护对象可能引发较大变形或危害时，应对加固的边坡及被保护对象进行监测。 （6）相关强条，参见表 2–7		（1）分部（子分部）工程验收应由总监理工程或建设单位项目负责人组织勘察、设计单位及施工单位的项目负责人、技术质量负责人，共同按设计要求和本规范及其他有关规定进行。 （2）验收工作应按下列规定进行： 1）分项工程的质量验收应分别按主控项目和一般项目验收； 2）隐蔽工程应在施工单位自检合格后，于隐蔽前通知有关人员检查验收，并形成中间验收文件； 3）分部（子分部）工程的验收，应在分项工程通过验收的基础上，对必要的部位进行见证检验。 （3）作为合格标准主控项目应全部合格，一般项目合格数应不低于 80%

表 2–1　　临时性挖方边坡值

土的类别		边坡值（高:宽）
砂土（不包括细砂、粉砂）		1:1.25～1:1.50
一般性黏土	硬	1:0.75～1:1.00
	硬、塑	1:1.00～1:1.25
	软	1:1.50 或更缓

续表

土的类别		边坡值（高:宽）
碎石类土	充填坚硬、硬塑黏性土	1:0.50～1:1.00
	充填砂土	1:1.00～1:1.50

注 1. 设计有要求时，应符合设计标准。
2. 如采用降水或其他加固措施，可不受本表限制，但应计算复核。
3. 开挖深度，对软土不应超过 4m，对硬土不应超过 8m。

表 2–2 **土方开挖工程质量检验标准** （mm）

项	序	项目	允许偏差或允许值					检验方法
			柱基基抗基槽	挖方场地平整		管沟	地（路）面基层	
				人工	机械			
主控项目	1	标高	−50	±30	±50	−50	−50	水准仪
	2	长度、宽度（由设计中心线向两边量）	+200 −50	+300 −100	+500 −150	+100	—	经纬仪，用钢尺量
	3	边坡	设计要求					观察或用坡度尺检查
一般项目	1	表面平整度	20	20	50	20	20	用 2m 靠尺和楔形塞尺检查
	2	基底土性	设计要求					观察或土样分析

表 2-3　　填土施工时的分层厚度及压实遍数

压实机具	分层厚度（mm）	每层压实遍数
平　　碾	250～300	6～8
振动压实机	250～350	3～4
柴油打夯机	200～250	3～4
人工打夯	<200	3～4

表 2-4　　填土工程质量检验标准　　（mm）

项	序	检查项目	允许偏差或允许值					检验方法
			柱基基抗基槽	场地平整		管沟	地（路）面基础层	
				人工	机械			
主控项目	1	标高	-50	±30	±50	-50	-50	水准仪
	2	分层压实系数	设计要求					按规定方法
一般项目	1	回填土料	20	20	50	20	20	用 2m 靠尺和楔形塞尺检查
	2	分层厚度及含水量	设计要求					观察或土样分析
	3	表面平整度	20 20	30	20	20	用塞尺或水准仪	

表 2–5　基坑变形的监控值　（cm）

基坑类别	围护结构墙顶位移监控值	围护结构墙体最大位移监控值	地面最大沉降监控值
一级基坑	3	5	3
二级基坑	6	8	6
三级基坑	8	10	10

注 1. 符合下列情况之一，为一级基坑：

（1）重要工程或支护结构做主体结构的一部分；

（2）开挖深度大于 10m；

（3）与临近建筑物、重要设施的距离在开挖深度以内的基坑；

（4）基坑范围内有历史文物、近代优秀建筑、重要管线等需严加保护的基坑。

2. 三级基坑为开挖深度小于 7m，且周围环境无特别要求时的基坑。

3. 除一级和三级外的基坑属二级基坑。

4. 当周围已有设施有特殊要求时，尚应符合这些要求。

表 2–6　支护结构的选型表

机构形式	使用条件
排桩或地下连续墙	（1）适用于基坑侧壁安全等级一、二、三级； （2）悬臂式结构在软土场地中不宜大于 5m； （3）当地下水位高于基坑地面时，宜采用降水、排桩加截水帷幕或地下连续墙
水泥土墙	（1）基坑侧壁安全等级宜为二、三级； （2）水泥土桩施工范围内地基土承载力不宜大于 150kPa； （3）基坑深度不宜大于 6m

续表

机构形式	使用条件
土钉墙	（1）基坑侧壁安全等级宜为二、三级的软土层； （2）基坑深度不大于 12m； （3）当地下水位高于基坑底面时，应采取降水或截水措施
其他	（1）基坑侧壁安全等级为二、三级； （2）淤泥和淤泥质土场地不宜采用； （3）拱墙轴线的矢跨比不宜小于 1/8； （4）基坑深度不宜大于 12m； （5）地下水位高于基坑底面时，应采取降水或截水措施

表 2–7　　相关强制性条文

基础开挖	支　护	验　收
（1）地下管线的开挖、调查，应在安全的情况下进行。电缆和燃气管道的开挖，必须有专业人员的配合。下井调查，必须确保作业人员的安全，且应采取防护措施。 （2）各项建设工程在设计和施工之前，必须按基本建设程序进行岩土工程勘察。 （3）场地岩土工程勘察，应根据实际需要划分对建筑有利、不利和危险的地段，提供建筑的场地类别和岩土地震稳定性（含滑坡、崩塌、液化和震陷特性）评价，对需要采用时程分析法补充计算的建筑，尚应根据设计要求提供土层剖面、场地覆盖层厚度和有关的动力参数。 （4）在建设场区内，由于施工或其他因素的影响有可能形成滑坡的地段，必须采取可靠的预防措施。对具有发展趋势并威胁建筑物安全使用的滑坡，应及早采取综合整治措施，防止滑坡继续发展。	（1）基坑支护应满足下列功能要求： 1）保证基坑周边建（构）筑物、地下管线、道路的安全和正常使用。 2）保证主体地下结构的施工空间。 （2）当基坑开挖面上方的锚杆、土钉、支撑未达到设计要求时，严禁向下超挖土方。 （3）采用锚杆或支撑的支护结构，在未达到设计规定的拆除条件时，严禁拆除锚杆或支撑。 （4）基坑支护应满足下列功能要求： 1）保证基坑周边建（构）筑物、地下管线、道路的安全和正常使用。 2）保证主体地下结构的施工空间。 （5）当基坑开挖面上方的锚杆、土钉、支撑未达到设计要求时，严禁向下超挖土方。	（1）基槽（坑）开挖到底后，应进行基槽（坑）检验。当发现地质条件与勘察报告和设计文件不一致或遇到异常情况时，应结合地质条件提出处理意见。 （2）加固后的边坡工程应进行正常维护，当改变其用途和使用条件时应进行边坡工程安全性鉴定。 （3）既有边坡工程加固前应进行边坡加固工程勘察。 （4）既有边坡工程加固前应进行边坡工程鉴定。 边坡进行加固施工，对被保护对象可能引发较大变形或危害时，应对加固的边坡及被保护对象进行监测

续表

基础开挖	支　护	验　收
（5）基槽（坑）开挖到底后，应进行基槽（坑）检验。当发现地质条件与勘察报告和设计文件不一致、或遇到异常情况时，（设计和地质勘察）应结合地质条件提出处理意见。 （6）地面下存在饱和砂土和饱和粉土时，除6度外，应进行液化判别；存在液化土层的地基，应根据建筑的抗震设防类别、地基的液化等级，结合具体情况（设计和地质勘察）采取相应的措施。 注：本条饱和土液化判别要求不含黄土、粉质黏土。 （7）当场地水文地质条件复杂，在基坑开挖过程中需要对地下水进行控制（降水或隔渗），且已有资料不能满足要求时，应进行专门的水文地质勘察。基坑土方开挖应严格按设计要求进行，不得超挖。基坑周边堆载不得超过设计规定。土方开挖完成后应立即施工垫层，对基坑进行封闭，防止水浸和暴露，并应及时进行地下结构施工。 （8）支撑结构的施工与拆除顺序，应与支护结构的设计工况相一致，必须遵循先撑后挖的原则。 边坡塌滑区有重要建（构）筑物的一级边坡工程施工时必须对坡顶水平位移、垂直位移、地表裂缝和坡顶建（构）筑物变形进行监测	（6）采用锚杆或支撑的支护结构，在未达到设计规定的拆除条件时，严禁拆除锚杆或支撑。 （7）深基坑的开挖与支护，必须进行勘查与设计。 （8）支撑结构的施工与拆除顺序，应与支护结构的设计工况相一致，必须遵循先撑后挖的原则	（1）基槽（坑）开挖到底后，应进行基槽（坑）检验。当发现地质条件与勘察报告和设计文件不一致或遇到异常情况时，应结合地质条件提出处理意见。 （2）加固后的边坡工程应进行正常维护，当改变其用途和使用条件时应进行边坡工程安全性鉴定。 （3）既有边坡工程加固前应进行边坡加固工程勘察。 （4）既有边坡工程加固前应进行边坡工程鉴定。 边坡进行加固施工，对被保护对象可能引发较大变形或危害时，应对加固的边坡及被保护对象进行监测

桩 基 础

工程名称	质量控制重点	安全控制重点	监理作业重点
施工准备阶段	（1）参加业主项目部组织的设计交底和施工图会检，会签施工图会检纪要。此前监理项目部应进行施工图预检，并提出预检意见。 （2）对施工项目部编制的一般施工方案监理审批执行；特殊（专项）施工技术方案（措施）总监审查签署意见后报业主审批。 （3）核查本工程主要材料及构配件供货商与审批文件是否一致。 （4）审查参与本单位工程施工人力和机械是否进场，施工组织是否已落实到位。对大型起重设备进行安全检查签证，总监理工程师签署大中型施工机械进场/出场申报表。 （5）核查本工程使用的主要测量计量器具/试验设备是否在有效期内。 （6）如有分包，核查分包单位及分包范围与审批文件是否一致	（1）工程开工前，参与项目安全风险交底及风险的初勘。 （2）审核风险清册、评估结果和预控措施，按时上报风险等级评估意见，组织项目监理人员参加安全教育培训，督促施工项目部开展安全教育培训工作。 （3）审查项目管理实施规划（施工组织设计）中安全技术措施或专项施工方案是否符合工程建设强制性标准。 （4）工过程中的风险、环境因素识别、评价及其控制措施是否满足适宜性、充分性、有效性的要求。 （5）审查施工项目经理、专职安全管理人员、特种作业人员的上岗资格，监督其持证上岗。审查施工分包队伍资质及人员的安全资格文件，对施工分包全过程监督。 （6）负责施工机械、工器具、安全防护用品（用具）的进场审查	（1)桩位的放样允许偏差如下：群桩20mm；单排桩 10mm。 （2）对砂、石子、钢材、水泥等原材料的质量、检验项目、批量和检验方法，应符合国家现行标准的规定。 （3）工程桩应进行承载力检验。对于地基基础设计等级为甲级或地质条件复杂，成桩质量可靠性低的灌注桩，应采用静载荷试验的方法进行检验，检验桩数不应少于总数的1%，且不应少于 3 根，当总桩数少于 50 根时，不应少于 2 根

续表

工程名称	质量控制重点	安全控制重点	监理作业重点
水泥土搅拌桩地基	（1）施工前应检查水泥及外掺剂的质量、桩位、搅拌机工作性能及各种计量设备完好程度（主要是水泥浆流量计及其他计量装置）。 （2）施工中应检查机头提升速度、水泥浆或水泥注入量、搅拌桩的长度及标高。 （3）施工结束后，应检查桩体强度、桩体直径及地基承载力。 （4）进行强度检验时，对承重水泥土搅拌桩应取 90d 后的试件；对支护水泥土搅拌桩应取 28d 后的试件。 （5）水泥土搅拌桩地基质量检验标准应符合表 2–8 的规定	（1）现场是否落实了施工方案中的安全技术措施； （2）机械作业人员是否持证上岗，是否正确使用了安全防护用品； （3）施工机械电缆接线是否正确，电缆有无破损等	（1）核查水泥及外掺剂质的产品合格证书或抽样送检结果是否符合设计要求。 （2）查看流量计的水泥用量参数指标是否符合设计要求。 （3）按规定检查桩体强度是否符合设计要求。 （4）按规定办法检测桩地基承载力是否符合要求
土和灰土挤密桩地基	（1）施工前应对土及灰土的质量、桩孔放样位置等做检查。 （2）施工中应对桩孔直径、桩孔深度、夯击次数、填料的含水量等做检查。 （3）施工结束后，应检验成桩的质量及地基承载力。 （4）土和灰土挤密桩地基质量检验标准应符合表 2–9 的规定	（1）现场是否落实了施工方案中的安全技术措施。 （2）机械作业人员是否持证上岗，是否正确使用了安全防护用品。 （3）施工机械电缆接线是否正确，电缆有无破损等。 （4）进行施工用电专项检查，施工用电应符合《电力安全工作规程》要求	（1）现场取样检查桩体及桩间土干密度是否符合设计要求。 （2）采用测桩管长度或垂球测孔深，不得大于桩长 500mm。 （3）按规定办法检测桩地基承载力是否符合要求。 （4）用钢尺量桩径不得小于 20mm

续表

工程名称	质量控制重点	安全控制重点	监理作业重点
静力压桩	（1）静力压桩包括锚杆静压桩及其他各种非冲击力沉桩。 （2）施工前应对成品桩（锚杆静压成品桩一般均由工厂制造，运至现场堆放）做外观及强度检验，接桩用焊条或半成品硫磺胶泥应有产品合格证书，或送有关部门检验，压桩用压力表、锚杆规格及质量也应进行检查。硫磺胶泥半成品应每 100kg 做一组试件（3件）。 （3）压桩过程中应检查压力、桩垂直度、接桩间歇时间、桩的连接质量及压入深度。重要工程应对电焊接桩的接头做 10%的探伤检查。对承受反力的结构应加强观测。 （4）施工结束后，应做桩的承载力及桩体质量检验。 （5）锚杆静压质量检验标准应符合表 2–10 的规定	（1）现场是否落实了施工方案中的安全技术措施。 （2）机械作业人员是否持证上岗，是否正确使用了安全防护用品。 （3）施工机械电缆接线是否正确，电缆有无破损等。 （4）进行施工用电专项检查，施工用电应符合《国家电网公司电力安全工作规程（电网建设部分）（试行）》要求	（1）按基桩检测技术规范对桩体质量检验。 （2）用钢尺量桩位偏差符合规范标准。 （3）按规定办法检测桩地基承载力是否符合要求。 （4）检查成品桩：表面平整，颜色均匀，掉角深度＜10mm，蜂窝面积小于总面积 0.5%满足设计和规范要求
先张法预应力管桩	（1）施工前应检查进入现场的成品桩，接桩用电焊条等产品质量。 （2）施工过程中应检查桩的贯入情况、桩顶完整状况、电焊接桩质量、桩体垂直度、电焊后的停歇时间。重要工程应对电焊接头做 10%的焊缝探伤检查。 （3）施工结束后，应做承载力检验及桩体质量检验。先张法预应力管桩的质量检验应符合表 2–11 的规定	（1）现场是否落实了施工方案中的安全技术措施。 （2）机械作业人员是否持证上岗，是否正确使用了安全防护用品。 （3）施工机械电缆接线是否正确，电缆有无破损等。 （4）进行施工用电专项检查，施工用电应符合《国家电网公司电力安全工作规程（电网建设部分）（试行）》要求	（1）按基桩检测技术规范对桩体质量检验。 （2）用钢尺量桩位偏差符合规范标准。 （3）按规定办法检测桩地基承载力是否符合要求。 （4）成品桩外观检查：无蜂窝、露筋、裂缝、色感均匀、桩顶处无孔隙。 采用钢尺量桩径、管壁厚度、桩尖中心线、顶面平整度、桩体弯曲，是否符合规范要求

续表

工程名称	质量控制重点	安全控制重点	监理作业重点
混凝土预制桩	（1）桩在现场预制时，应对原材料、钢筋骨架、混凝土强度进行检查；采用工厂生产的成品桩时，桩进场后应进行外观及尺寸检查。 （2）施工中应对桩体垂直度、沉桩情况、桩顶完整状况、接桩质量等进行检查，对电焊接桩，重要工程应做10%的焊缝探伤检查。 （3）施工结束后，应对承载力及桩体质量做检验。 （4）对长桩或总锤击数超过500击的锤击桩，应符合桩体强度及28d龄期的两项条件才能锤击。 （5）钢筋混凝土预制桩的质量检验标准应符合表2–12的规定	（1）现场是否落实了施工方案中的安全技术措施。 （2）机械作业人员是否持证上岗，是否正确使用了安全防护用品。 （3）施工机械电缆接线是否正确，电缆有无破损等。 （4）进行施工用电专项检查，施工用电应符合《国家电网公司电力安全工作规程（电网建设部分）（试行）》要求	（1）按基桩检测技术规范对桩体质量检验。 （2）用钢尺量桩位偏差符合规范标准。 （3）按规定办法检测桩地基承载力是否符合要求。 （4）对进场成品桩，查出厂质保文件或抽样送检
混凝土灌注桩	（1）施工前应对水泥、砂、石子（如现场搅拌）、钢材等原材料进行检查，对施工组织设计中制订的施工顺序、监测手段（包括仪器、方法）也应检查。 （2）施工中应对成孔、清渣、放置钢筋笼、灌注混凝土等进行全过程检查，人工挖孔桩尚应复验孔底持力层土（岩）性。嵌岩桩必须有桩端持力层的岩性报告。 （3）施工结束后，应检查混凝土强度，并应做桩体质量及承载力的检验。混凝土灌注桩的质量检验标准应符合表2–13的规定。 （4）人工挖孔桩、嵌岩桩的质量检验应按本节执行	（1）现场是否落实了施工方案中的安全技术措施。 （2）机械作业人员是否持证上岗，是否正确使用了安全防护用品。 （3）施工机械电缆接线是否正确，电缆有无破损等。 （4）进行施工用电专项检查，施工用电应符合《国家电网公司电力安全工作规程（电网建设部分）（试行）》要求	（1）对混凝土灌注桩钢筋笼主筋间距、长度、钢筋材质检验、箍筋间距、直径的质量检验。 （2）对混凝土灌注桩的孔位、井深检查。 （3）对浇筑混凝土进行旁站、见证取样。 （4）按规定办法检测桩地基承载力是否符合要求

续表

工程名称	质量控制重点	安全控制重点	监理作业重点
质量验收阶段	（1）桩基工程的桩位验收，除设计有规定外，应按下述要求进行： 1）当桩顶设计标高与施工场地标高相同时，或桩基施工结束后，有可能对桩位进行检查时，桩基工程的验收应在施工结束后进行。 2）当桩顶设计标高低于施工场地标高，送桩后无法对桩位进行检查时，对打入桩可在每根桩桩顶沉至场地标高时，进行中间验收，待全部桩施工结束，承台或底板开挖到设计标高后，再做最终验收。对灌注桩可对护筒位置做中间验收。 （2）桩身质量应进行检验。对设计等级为甲级或地质条件复杂，成桩质量可靠性低的灌注桩，抽检数量不应少于总数的 30%，且不应少于 20 根；其他桩基工程的抽检数量不应少于总数的 20%，且不应少于 10 根；对混凝土预制桩及地下水位以上且终孔后经过核验的灌注桩，检验数量不应少于总桩数的 10%，且不得少于 10 根。每个柱子承台下不得少于 1 根		（1）分部（子分部）工程验收应由总监理工程或建设单位项目负责人组织勘察、设计单位及施工单位的项目负责人、技术质量负责人，共同按设计要求和本规范及其他有关规定进行。 （2）验收工作应按下列规定进行： 1）分项工程的质量验收应分别按主控项目和一般项目验收； 2）隐蔽工程应在施工单位自检合格后，于隐蔽前通知有关人员检查验收，并形成中间验收文件； 3）分部（子分部）工程的验收，应在分项工程通过验收的基础上，对必要的部位进行见证检验。 （3）作为合格标准主控项目应全部合格，一般项目合格数应不低于 80%

表 2–8　　水泥土搅拌桩地基质量检验标准

项	序	检查项目	允许偏差或允许值		检查方法
			单位	数值	
主控项目	1	水泥及外渗剂质量	设计要求		查产品合格证书或抽样送检
	2	水泥用量	参数指标		查看流量计
	3	桩体强度	设计要求		按规定办法
	4	地基承载力	设计要求		按规定办法
一般项目	1	机头提升速度	m/min	≤0.5	量机头上升距离及时间
	2	桩底标高	mm	±200	测机头深度
	3	桩顶标高	mm	+200 –50	水准仪（最上部 500mm 不计入）
	4	桩位偏差	mm	<50	用钢尺量
	5	桩径		<0.04D	用钢尺量，D 为桩径
	6	垂直度	%	≤1.5	经纬仪
	7	搭接	mm	>200	用钢尺量

表 2–9　　　　土和灰土挤密桩地基质量检验标准

项	序	检查项目	允许偏差或允许值		检查方法
			单位	数值	
主控项目	1	桩体及桩间土干密度	设计要求		现场取样检查
	2	桩长	mm	+500	测桩管长度或垂球测孔深
	3	地基承载力	设计要求		按规定的方法
	4	桩径	mm	–20	用钢尺量
一般项目	1	土料有机质含量	%	≤5	试验室焙烧法
	2	石灰粒径	mm	≤5	筛分法
	3	桩位偏差		满堂布桩≤0.40*D* 条基布桩≤0.25*D*	用钢尺量，*D* 为桩径
	4	垂直度	%	＜50	用经纬仪测桩管
	5	桩径	mm	＜0.04*D*	用钢尺量

注　桩径允许偏差负值是指个别断面。

表 2–10　　静力压桩质量检验标准

<table>
<tr><th rowspan="2">项</th><th rowspan="2">序</th><th rowspan="2" colspan="2">检查项目</th><th colspan="2">允许偏差或允许值</th><th rowspan="2">检查方法</th></tr>
<tr><th>单位</th><th>数值</th></tr>
<tr><td rowspan="3">主控项目</td><td>1</td><td colspan="2">桩体质量检验</td><td colspan="2">按基桩检测技术规范</td><td>按基桩检测技术规范</td></tr>
<tr><td>2</td><td colspan="2">桩位偏差</td><td colspan="2"></td><td>用钢尺量</td></tr>
<tr><td>3</td><td colspan="2">承载力</td><td colspan="2">按基桩检测技术规范</td><td>按基桩检测技术规范</td></tr>
<tr><td rowspan="9">一般项目</td><td rowspan="3">1</td><td rowspan="3">成品桩质量</td><td>外观</td><td colspan="2">表面平整，颜色均匀，掉角深度＜10mm，蜂窝面积小于总面积 0.5%</td><td>直观</td></tr>
<tr><td>外形尺寸</td><td colspan="2">满足设计要求</td><td></td></tr>
<tr><td>强度</td><td colspan="2"></td><td>查产品合格证书或钻芯试压</td></tr>
<tr><td>2</td><td colspan="2">硫磺胶泥质量（半成品）</td><td colspan="2">设计要求</td><td>查产品合格证书或抽样选检</td></tr>
<tr><td rowspan="4">3</td><td rowspan="4">接桩</td><td>电焊接桩：焊缝质量</td><td colspan="2"></td><td></td></tr>
<tr><td>电焊结束后停歇时间</td><td>min</td><td>＞1.0</td><td>秒表测定</td></tr>
<tr><td>硫磺胶泥接桩：胶泥浇注时间</td><td>min</td><td>＜2</td><td>秒表测定</td></tr>
<tr><td>浇注后停歇时间</td><td>min</td><td>＞7</td><td>秒表测定</td></tr>
<tr><td>4</td><td colspan="2">电焊条质量</td><td colspan="2">设计要求</td><td>查产品合格证书</td></tr>
</table>

续表

项	序	检查项目	允许偏差或允许值		检查方法
			单位	数值	
一般项目	5	压桩压力（设计有要求时）	%	±5	查压力表读数
	6	接桩时上下节平面偏差 接桩时节点弯曲矢高	mm	<10 <1/1000l	用钢尺量 用钢尺量，l 为两节桩长
	7	桩顶标高	mm	±50	水准仪
主控项目	1	桩体质量检验	按基桩检测技术规范		按基桩检测技术规范
	2	桩位偏差	见 GB 50202—2002《建筑地基基础工程施工质量验收规范》中表 5.1.3		用钢尺量
	3	承载力	按基桩检测技术规范		按基桩检测技术规范
一般项目	1	成品桩质量：外观	无蜂窝、露筋、裂缝、色感均匀、桩顶处无孔隙		直观
		成品桩质量：桩径	mm	±5	用钢尺量
		成品桩质量：管壁厚度	mm	±5	用钢尺量
		成品桩质量：桩尖中心线	mm	<2	用钢尺量
		成品桩质量：顶面平整度	mm	10	用水平尺量
		成品桩质量：桩体弯曲		<1/1000l	用钢尺量，l 为桩长

续表

项	序	检查项目	允许偏差或允许值		检查方法
			单位	数值	
一般项目	2	接桩：焊缝质量			抄表测定 用钢尺量 用钢尺量，l为桩长
		电焊结束后停歇时间	min	>1.0	
		上下节平面偏差	min	<10	
		节点弯曲矢高		<1/1000l	
	3	停锤标准	设计要求		现场实测或查沉桩记录
	4	桩顶标高	mm	±50	水准仪

表 2–11 **预制桩钢筋骨架质量检验标准** （mm）

项	序	检 查 项 目	允许偏差或允许值	检查方法
主控项目	1	主筋距桩顶距离	±5	用钢尺量
	2	多节桩锚固钢筋位置	5	用钢尺量
	3	多节桩预埋铁件	±3	用钢尺量
	4	主筋保护层厚度	±5	用钢尺量

续表

项	序	检　查　项　目	允许偏差或允许值	检查方法
一般项目	1	主筋间距	±5	用钢尺量
	2	桩尖中心线	10	用钢尺量
	3	箍筋间距	±20	用钢尺量
	4	桩顶钢筋网片	±10	用钢尺量
	5	多节桩锚固钢筋长度	±10	用钢尺量

表 2-12　　钢筋混凝土预制桩的质量检验标准

项	序	检查项目	允许偏差或允许值		检查方法
			单位	数值	
主控项目	1	桩体质量检验	按基桩检测技术规范		按基桩检测技术规范
	2	桩位偏差	见 GB 50202—2002《建筑地基基础工程施工质量验收规范》中表 5.1.3		用钢尺量
	3	承载力	按基桩检测技术规范		按基桩检测技术规范
一般项目	1	砂、石、水泥、钢材等原材料（现场预制时）	符合设计要求		查出厂质保文件或抽样送检
	2	混凝土配合比及强度（现场预制时）	符合设计要求		检查称量及查试块记录
	3	成品桩外形	表面平整，颜色均匀，掉角深度＜10mm，蜂窝面积小于总面积 0.5%		直观

续表

项	序	检查项目		允许偏差或允许值		检查方法
				单位	数值	
一般项目	4	成品桩裂缝（收缩裂缝或成吊、装运、堆放引起的裂缝）		深度＜20mm，宽度＜0.25mm，横向裂缝不超过边长的一半		裂缝测定仪，该项在地下水有侵蚀地区及锤击数超过500击的长桩不适用
	5	成品桩尺寸	横截面边长	mm	±5	用钢尺量
			桩顶对角线差	mm	＜10	用钢尺量
			桩尖中心线	mm	＜10	用钢尺量
			桩身弯曲矢高	mm	＜1/1000l	用钢尺量，l为桩长
			桩顶平整度		＜2	用水平尺量
	6	电焊接桩	焊缝质量	见GB 50202—2002《建筑地基基础工程施工质量验收规范》中表5.5.4–2		
			电焊结束后停歇时间	min	＞1.0	秒表测定
			上下节平面偏差	min	＜10	用钢尺量
			节点弯曲矢高		＜1/1000l	用钢尺量，l为两节桩长
	7	硫磺胶泥接桩	胶泥浇注时间	min	＜2	秒表测定
			浇注后停歇时间	min	＞7	秒表测定
	8	桩顶标高		min	±50	水准仪
	9	停锤标准		设计要求		现场实测或查沉桩记录

表 2-13　　混凝土灌注桩钢筋笼质量检验标准　　（mm）

项	序	检查项目	允许偏差或允许值	检查方法
主控项目	1	主筋间距	±10	用钢尺量
	2	长度	±100	用钢尺量
一般项目	1	钢筋材质检验	设计要求	抽样送检
	2	箍筋间距	±20	用钢尺量
	3	直径	±10	用钢尺量

表 2-14　　混凝土灌注桩质量检验标准

<table>
<tr><th rowspan="2"></th><th rowspan="2">序</th><th rowspan="2">检查项目</th><th colspan="2">允许偏差或允许值</th><th rowspan="2">检查方法</th></tr>
<tr><th>单位</th><th>数值</th></tr>
<tr><td rowspan="5">主控项目</td><td>1</td><td>桩位</td><td colspan="2">详见 GB 50202—2002《建筑地基基础工程施工质量验收规范》中的表 5.1.4</td><td>基坑开挖前量护筒，开挖后量桩中心</td></tr>
<tr><td>2</td><td>孔深</td><td>mm</td><td>+300</td><td>只深不浅，用重锤测，或测钻杆、套管长度，嵌岩桩应确保进入设计要求的嵌岩深度</td></tr>
<tr><td>3</td><td>桩体质量检验</td><td colspan="2">按基桩检测技术规范。
如钻芯取样，大直径嵌岩桩应钻至尖下 50cm</td><td>按基桩检测技术规范</td></tr>
<tr><td>4</td><td>混凝土强度</td><td colspan="2">设计要求</td><td>试件报告或钻芯取样送检</td></tr>
<tr><td>5</td><td>承载力</td><td colspan="2">按基桩检测技术规范</td><td>按基桩检测技术规范</td></tr>
</table>

续表

<table>
<tr><td rowspan="2"></td><td rowspan="2">序</td><td rowspan="2" colspan="2">检查项目</td><td colspan="2">允许偏差或允许值</td><td rowspan="2">检查方法</td></tr>
<tr><td>单位</td><td>数值</td></tr>
<tr><td rowspan="10">一般项目</td><td>1</td><td colspan="2">垂直度</td><td colspan="2">详见 GB 50202—2002《建筑地基基础工程施工质量验收规范》中的表 5.1.4</td><td>测套管或钻杆，或用超声波探没，干施工时吊垂球</td></tr>
<tr><td>2</td><td colspan="2">桩　径</td><td colspan="2">详见 GB 50202—2002《建筑地基基础工程施工质量验收规范》中的表 5.1.4</td><td>井径仪或超声波检测，干施工时用钢尺量，人工挖孔桩不包括内衬厚度</td></tr>
<tr><td>3</td><td colspan="2">泥浆比重（黏土或砂性土中）</td><td colspan="2">1.15～1.20</td><td>用比重计测，清孔后在距孔底 50cm 处取样</td></tr>
<tr><td>4</td><td colspan="2">泥浆面标高（高于地下水位）</td><td>m</td><td>0.5～1.0</td><td>目测</td></tr>
<tr><td rowspan="2">5</td><td rowspan="2">沉渣厚度</td><td>端承桩</td><td>mm</td><td>≤50</td><td rowspan="2">用沉渣仪或重锤测量</td></tr>
<tr><td>摩擦桩</td><td>mm</td><td>≤150</td></tr>
<tr><td>6</td><td colspan="2">混凝土坍落度：水下灌注
干施工</td><td>mm
mm</td><td>160～220
70～100</td><td>坍落度仪</td></tr>
<tr><td>7</td><td colspan="2">钢筋笼安装深度</td><td>mm</td><td>±100</td><td>用钢尺量</td></tr>
<tr><td>8</td><td colspan="2">混凝土充盈系数</td><td colspan="2">>1</td><td>检查每根桩的实际灌注量</td></tr>
<tr><td>9</td><td colspan="2">桩顶标高</td><td>mm</td><td>+30
−50</td><td>水准仪，需扣除桩顶浮浆层及劣质桩体</td></tr>
</table>

混凝土基础及设备基础

工程名称	质量控制重点	安全控制重点	监理作业重点
施工准备阶段	（1）参加业主项目部组织的设计交底和施工图会检，会签施工图会检纪要。此前监理项目部应进行施工图预检，并提出预检意见。 （2）审查水泥、钢筋、外加剂等拟进场工程材料的质量证明文件，按规定进行复试见证取样，并采集数码照片。监理员签署材料试验委托单，专业监理工程师审查工程材料的数量清单、质量证明文件、自检结果及复试报告，符合要求后签署试品/试件试验报告报验表、工程材料/构配件/设备进场报审表。 （3）核查施工项目部委托的试验（检测）单位与审批文件是否一致。 （4）审查混凝土配合比。重点审查：实验室配合比强度是否符合标准和设计文件要求。 （5）如有分包，核查分包单位及分包范围与审批文件是否一致	（1）审核风险清册、评估结果和预控措施，按时上报风险等级评估意见，组织项目监理人员参加安全教育培训，督促施工项目部开展安全教育培训工作。 （2）审查专项施工方案中的安全技术措施是否符合工程建设强制性标准。 （3）工过程中的风险、环境因素识别、评价及其控制措施是否满足适宜性、充分性、有效性的要求。 （4）核查本单位工程的特殊工种/特殊作业人员资格证件是否在有效期内。专业监理工程师签署特殊工种/特殊作业人员报审表。 （5）负责施工机械、工器具、安全防护用品（用具）的进场审查。 （6）对体形复杂、跨度较大、地基情况复杂及施工环境条件特殊的混凝土结构，施工时应进行全过程监测	（1）核查施工项目部编制的施工方案是否已经审批。如有危险性较大的分部、分项工程，应核查安全专项施工方案或专家论证是否已经审批。核查技术交底是否已进行，参加交底、接底人员在交底记录上的签字是否齐全。 （2）混凝土框架结构浇筑方案审查重点： 1）文件的内容是否完整，文件的编、审、批应符合国家、行业规程规范和国家电网公司规章制度要求。 2）该施工方案（措施、作业指导书）制定的施工工艺流程是否合理，施工方法是否得当，是否先进，是否有利于保证工程质量、安全、进度。 3）安全危险点分析或危险源辨识、环境因素识别是否准确、全面，应对措施是否有效。 4）质量保证措施是否有效，针对性是否强，工程创优措施是否落实

续表

工程名称	质量控制重点	安全控制重点	监理作业重点
模板分项工程	（1）模板及支架用材料的技术指标应符合国家现行有关标准的规定。进场时抽样检验模板和支架材料的外观、规格和尺寸。 （2）现浇混凝土结构模板及支架的安装质量，应符合国家现行有关标准的规定和施工方案的要求。 （3）模板及其支架应根据安装、使用和拆除工况进行设计，并应满足承载力、刚度和整体稳固性要求。 （4）后浇带处的模板及支架应独立设置。 （5）支架竖杆和竖向模板安装在土层上时，应符合下列规定： 1）土层应坚实、平整，其承载力或密实度应符合施工方案的要求； 2）应有防水、排水措施；对冻胀性土，应有预防冻融措施； 3）支架竖杆下应有底座或垫板。检验方法：观察检查土层密实度检测报告、土层承载力验算或现场检测报告。 （6）模板安装质量应符合下列规定： 1）模板的接缝应严密； 2）模板内不应有杂物、积水或冰雪等； 3）模板与混凝土的接触面应平整、清洁； 4）用作模板的地坪、胎膜等应平整、清洁，不应有影响构件质量的下沉、裂缝、起砂或起鼓；	（1）模板安装。 1）审查专项施工方案。 2）核查施工单位作业前是否填写安全施工作业票B。 3）模板安装前应确定模板的模数、规格及支撑系统等，在施工作业过程严格执行不得变动。 （2）模板拆除。 1）模板拆除根据事前编写施工方案或技术措施。 2）施工单位作业线审查是否填写安全施工作业票B。 3）模板拆除应按顺序分段进行。严禁猛撬、硬砸及大面积撬落或拉倒。高处拆模应划定警戒范围，设置安全警戒标志并设专人监护，在拆模范围内严禁非操作人员进入。 4）作业人员在拆除模板时应选择稳妥可靠的立足点。拆除的模板严禁抛扔。 5）设置安全警戒标志并设专人监护，严禁非操作人员进入。 6）拆下的模板应及时运到指定地点集中堆放，不得堆在脚手架或临时搭设的工作台上	（1）模板的标高、轴线、尺寸、稳定牢固性和预埋件的标高、轴线等是否符合设计文件和标准要求。安全方面重点检查：模板及支架的强度、刚度、稳定性是否符合标准要求。 （2）模板及其支架的稳定性、模板的标高、轴线、垂直度、截面尺寸等，并采集数码照片

续表

工程名称	质量控制重点	安全控制重点	监理作业重点
模板分项工程	5）对清水混凝土及装饰混凝土构件，应使用能达到设计效果的模板。 检验方法：观察。 （7）隔离剂的品种和涂刷方法应符合施工方案的要求。隔离剂不得影响结构性能及装饰施工；不得沾污钢筋、预应力筋、预埋件和混凝土接槎处；不得对环境造成污染。检验方法：检查质量证明文件；观察。 （8）固定在模板上的预埋件和预留孔洞不得遗漏，且应安装牢固。有抗渗要求的混凝土结构中的预埋件，应按设计及施工方案的要求采取防渗措施。预埋件和预留孔洞的位置应满足设计和施工方案的要求。当设计无具体要求时，其位置偏差应符合表 2–15 的规定。 检验方法：观察，尺量。 （9）现浇结构模板安装的尺寸偏差及检验方法应符合表 2–16 的规定		
钢筋分项工程	一、一般规定 （1）浇筑混凝土之前，应进行钢筋隐蔽工程验收。隐蔽工程验收应包括下列主要内容： 1）纵向受力钢筋的牌号、规格、数量、位置； 2）钢筋的连接方式、接头位置、接头质量、接头面积百分率、搭接长度、锚固方式及锚固长度；	（1）钢筋加工。 1）钢筋制作场地应平整，工作台应稳固，照明灯具应加设防护网罩。进场后的钢筋应按规格、型号分类堆放，并醒目标识。	（1）钢筋的加工形状、绑扎质量等是否符合设计文件和标准要求。安全方面重点检查：操作面、临时步道搭设是否符合安全措施要求；作业人员的安全防护用品是否配置和正确使用。

工程名称	质量控制重点	安全控制重点	监理作业重点
钢筋分项工程	3）箍筋、横向钢筋的牌号、规格、数量、间距、位置，箍筋弯钩的弯折角度及平直段长度； 4）预埋件的规格、数量和位置。 （2）钢筋、成型钢筋进场检验，当满足下列条件之一时，其检验批容量可扩大一倍： 1）获得认证的钢筋、成型钢筋； 2）同一厂家、同一牌号、同一规格的钢筋，连续三批均一次检验合格； 3）同一厂家、同一类型、同一钢筋来源的成型钢筋，连续三批均一次检验合格。 二、材料 （1）钢筋进场时，应按国家现行标准抽取试件作屈服强度、抗拉强度、伸长率、弯曲性能和重量偏差检验，检验结果应符合相应标准的规定。 （2）成型钢筋进场时，应抽取试件作屈服强度、抗拉强度、伸长率和重量偏差检验，检验结果应符合国家现行相关标准的规定。 （3）对按一、二、三级抗震等级设计的框架和斜撑构件（含梯段）中的纵向受力普通钢筋应采用腿 B335E、HRB400E、HRB500E、HRBF335E、HRBF400E 或 HRBF500E 钢筋。其强度和最大力下总伸长率的实测值应符合下列规定： 1）抗拉强度实测值与屈服强度实测值的比值不应小于 1.25；	2）手工加工钢筋时工作前应检查板扣、大锤等工具是否完好，在工作台上弯钢筋时应防止铁屑飞溅伤眼，工作台上的铁屑应及时清理。切割小于 30cm 的钢筋时必须用钳子夹牢，严禁直接用手把持。 3）采用卷扬机为冷拉设备时，前面应设防护挡板，或将卷扬机与工作方向成 90° 布置，并采用封闭式导向滑轮。卷扬机使用前应检查钢丝绳是否完好，轧钳及特制夹头的焊缝是否良好，卷扬机刹车是否灵活，平衡箱的架子是否牢固等，确认各部件良好后方可投入使用。卷扬机操作要求专人专管，卷扬机工作期间操作人员严禁擅离岗位，工作完毕后切断电源方能离开。 4）在钢筋冷拉过程中应经常检查卷扬机的夹头，当发现夹齿有磨损时及时更换；在冷拉时应先上好夹具，发现有滑动或其他异常情况时，应先停止并放松钢筋后方可进行检修或更换配件。钢筋冷拉时沿线两侧各 2m 范围内严禁一切人员和车辆通行。 （2）钢筋搬运。 1）多人抬运钢筋时，起、落、转、停等动作应一致，人工上下传递时不得站在同一垂直线上。 2）在建筑物平台或走道上堆放钢筋应分散、稳妥，堆放钢筋的总重量不得超过平台的允许荷重。	（2）组织对钢筋安装工程进行隐蔽验收，并采集数码照片。 （3）检查钢筋的品种、规格、型号及绑扎骨架尺寸、形状等，并采集数码照片。 （4）在施工中，当需要以强度等级较高的钢筋替代原设计中的纵向受力钢筋时，应按照钢筋受拉承载力设计值相等的原则换算，并应满足最小配筋率要求

续表

工程名称	质量控制重点	安全控制重点	监理作业重点
钢筋分项工程	2）屈服强度实测值与屈服强度标准值的比值不应大于 1.30； 3）最大力下总伸长率不应小于 9%。 （4）钢筋应平直、无损伤，表面不得有裂纹、油污、颗粒状或片状老锈。检查数量：全数检查。检验方法：观察。 （5）成型钢筋的外观质量和尺寸偏差应符合国家现行相关标准的规定。 检查数量：同一厂家、同一类型的成型钢筋，不超过 30t 为一批，每批随机抽取 3 个成型钢筋试件。检验方法：观察，尺量。 （6）钢筋机械连接套筒、钢筋锚固板以及预埋件等的外观质量应符合国家现行相关标准的规定。检验方法：检查产品质量证明文件；观察，尺量。 三、钢筋加工 （1）钢筋弯折的弯弧内直径应符合下列规定： 1）光圆钢筋，不应小于钢筋直径的 2.5 倍； 2）335MPa 级、400MPa 级带肋钢筋，不应小于钢筋直径的 4 倍； 3）500MPa 级带肋钢筋，当直径为 28mm 以下时不应小于钢筋直径的 6 倍，当直径为 28mm 及以上时不应小于钢筋直径的 7 倍； 4）箍筋弯折处尚不应小于纵向受力钢筋的直径。	3）搬运钢筋时与电气设施应保持安全距离，严防碰撞。在施工过程中应严防钢筋与任何带电体接触。 4）在使用吊车吊运钢筋时必须绑扎牢固并设溜绳，钢筋不得与其他物件混吊。 （3）钢筋安装作业。 1）框架柱钢筋绑扎、焊接应填写安全施工作业票 A，作业时应搭设临时脚手架，严禁依附立筋绑扎或攀登上下，柱子主筋应使用临时支撑或缆风绳固定。搭设的临时脚手架应满足脚手架搭设的各项要求。 2）进行焊接作业时应加强对电源的维护管理，严禁钢筋接触电源。焊机必须可靠接地，焊接导线及钳口接线应有可靠绝缘，焊机不得超负荷使用（《国家电网公司电网工程施工安全风险识别、评估及控制办法（试行）》）	

续表

工程名称	质量控制重点	安全控制重点	监理作业重点
钢筋分项工程	（2）纵向受力钢筋的弯折后平直段长度应符合设计要求。光圆钢筋末端作 180° 弯钩时，弯钩的平直段长度不应小干钢筋直径的 3 倍。 （3）箍筋、拉筋的末端应按设计要求作弯钩，并应符合下列规定： 1）对一般结构构件，箍筋弯钩的弯折角度不应小于 90°，弯折后平直段长度不应小于箍筋直径的 5 倍；对有抗振设防要求或设计有专门要求的结构构件，箍筋弯钩的弯折角度不应小于 135°，弯折后平直段长度不应小于箍筋直径的 10 倍； 2）圆形箍筋的搭接长度不应小于其受拉锚固长度，且两末端弯钩的弯折角度不应小于 135°，弯折后平直段长度对一般结构构件不应小于箍筋直径的 5 倍，对有抗振设防要求的结构构件不应小于箍筋直径的 10 倍。 （4）盘卷钢筋调直后应进行力学性能和重量偏差检验，其强度应符合国家现行有关标准的规定，其断后伸长率、重量偏差应符合规定。 （5）检验重量偏差时，试件切口应平滑并与长度方向垂直，其长度不应小于 500mm；长度和重量的量测精度分别不应低于 1mm 和 1g。钢筋加工的形状、尺寸应符合设计要求，其偏差应符合表 2–17 的规定。		

续表

工程名称	质量控制重点	安全控制重点	监理作业重点
钢筋分项工程	四、钢筋连接 （1）钢筋的连接方式应符合设计要求。检查数量：全数检查； （2）钢筋采用机械连接或焊接连接时，钢筋机械连接接头、焊接接头的力学性能、弯曲性能应符合国家现行相关标准的规定。接头试件应从工程实体中截取。检验方法：检查质量证明文件和抽样检验报告。 （3）螺纹接头应检验拧紧扭矩值，挤压接头应量测压痕直径，检验结果应符合 JGJ 107《钢筋机械连接技术规程》的相关规定。检验方法：采用专用扭力扳手或专用量规检查。 （4）钢筋接头的位置应符合设计和施工方案要求。有抗震设防要求的结构中，梁端、柱端箍筋加密区范围内不应进行钢筋搭接。接头末端至钢筋弯起点的距离不应小于钢筋直径的 10 倍。 （5）钢筋机械连接接头、焊接接头的外观质量应符合 JGJ 107《钢筋机械连接技术规程》和 JGJ 18《钢筋焊接及验收规程》的规定。 （6）当纵向受力钢筋采用机械连接接头或焊接接头时，同一连接区段内纵向受力钢筋的接头面积百分率应符合设计要求；当设计无具体要求时，应符合下列规定：		

工程名称	质量控制重点	安全控制重点	监理作业重点
钢筋分项工程	1）受拉接头，不宜大于 50%；受压接头，可不受限制。 2）直接承受动力荷载的结构构件中，不宜采用焊接；当采用机械连接时，不应超过 50%。 3）接头连接区段是指长度为 35d 且不小于 500mm 的区段，d 为相互连接两根钢筋的直径较小值。 4）同一连接区段内纵向受力钢筋接头面积百分率为接头中点位于该连接区段内的纵向受力钢筋截面面积与全部纵向受力钢筋截面面积的比值。 （7）当纵向受力钢筋采用绑扎搭接接头时，接头的设置应符合下列规定： 1）接头的横向净间距不应小于钢筋直径，且不应小于 25mm。 2）同一连接区段内，纵向受拉钢筋的接头面积百分率应符合设计要求；当设计无具体要求时，应符合下列规定： 同一连接区段内纵向受力钢筋接头面积百分率为接头中点位于该连接区段长度内的纵向受力钢筋截两面积与全部纵向受力钢筋截面面积的比值。 （8）纵向受力钢筋搭接长度范围内箍筋的设置应符合设计要求；当设计无具体要求时，应符合下列规定：		

工程名称	质量控制重点	安全控制重点	监理作业重点
钢筋分项工程	1）箍筋直径不应小于搭接钢筋较大直径的1/4； 2）受拉搭接区段的箍筋间距不应大于搭接钢筋较小直径的 5 倍，且不应大于 100mm； 3）受压搭接区段的箍筋间距不应大于搭接钢筋较小直径的 10 倍，且不应大于 200mm； 4）当柱中纵向受力钢筋直径大于 25mm 时，应在搭接接头两个端面外 100mm 范围内各设置二个箍筋，其间距宜为 50mm。 五、钢筋安装 （1）筋安装时.受力钢筋的牌号、规格和数量必须符合设计要求。检查数量：全数检查。 （2）受力钢筋的安装位置、锚固方式应符合设计要求。检查数量：全数检查。 （3）钢筋安装偏差及检验方法应符合表 2–17 的规定		
混凝土分项工程	一、一般规定 （1）混凝土强度应按 GB/T 50107《混凝土强度检验评定标准》的规定分批检验评定。 （2）检验评定混凝土强度时，应采用 28 天或设计规定龄期的标准养护试件。 （3）当混凝土试件强度评定不合格时，可采用非破损或局部破损的检测方法，并按国家现行有关标准的规定对结构构件中的混凝土强度进行推定，并应按规范的规定进行处理。	（1）增容或扩建工程，填写安全施工作业票 A。 （2）混凝土泵车或者地泵严格专人操作，泵车臂下严禁站人，地泵输送管道支架严禁与施工脚手架连接。 （3）采用吊罐运送混凝土时，钢丝绳吊钩、吊扣必须符合安全要求，连接牢固，罐内的混凝土不得装载过满。吊罐转向、行走应缓慢不得急刹车，下降时应听从指挥信号，吊罐下方严禁站人。	（1）质量方面重点检查：检查预拌混凝土出厂资料，坍落度测定，试块留设。安全方面重点检查：模板及支架的强度、刚度、稳定性是否满足标准要求，作业人员的安全防护用品是否配置和正确使用。

续表

工程名称	质量控制重点	安全控制重点	监理作业重点
混凝土分项工程	（4）混凝土有耐久性指标要求时，应按JGJ/T 193《混凝土耐久性检验评定标准》的规定检验评定。 （5）大批量、连续生产的同一配合比混凝土，混凝土生产单位应提供基本性能试验报告。 （6）预拌混凝土的原材料质量、制备等应符合GB/T 14902《预拌混凝土》的规定。 二、混凝土拌合物 （1）预拌混凝土进场时，其质量应符合GB/T 14902《预拌混凝土》的规定。 （2）混凝土拌合物不应离析。 （3）混凝土中氯离子含量和碱总含量应符合GB 50010《混凝土结构设计规范》的规定和设计要求。检验方法：检查原材料试验报告和氯离子、碱的总含量计算书。 （4）首次使用的混凝土配合比应进行开盘鉴定，其原材料、强度、凝结时间、稠度等应满足设计配合比的要求。检验方法：检查开盘鉴定资料和强度试验报告。 （5）混凝土拌和物稠度应满足施工方案的要求。 （6）混凝土有耐久性指标要求时.应在施工现场随机抽取试件进行耐久性检验，其检验结果应符合国家现行有关标准的规定和设计要求。检验方法：检查试件耐久性试验报告。	（4）浇筑混凝土前检查模板及脚手架的牢固情况，作业人员在操作振动器时严禁将振动器冲击或振动钢筋、模板及预埋件等。严禁攀登串筒疏通混凝土。振动器必须设临时接地，操作人员必须佩戴绝缘手套	（2）浇筑混凝土时，应进行旁站。旁站的内容主要有：检查施工项目部质量保证体系的运行及管理人员的到岗到位、履行职责情况；混凝土的生产质量情况；浇筑顺序是否正确，振捣是否按标准进行；施工安全技术措施执行情况等。对混凝土试块进行见证取样，并采集数码照片。 （3）浇筑其他混凝土结构时，应进行巡视检查。重点检查：混凝土的生产质量情况；浇筑顺序是否正确，振捣是否按标准进行；施工安全技术措施执行情况等。 （4）对混凝土试块进行见证取样，并采集数码照片。 （5）使用商品混凝土，核查供货商与审批文件是否一致，并核查每车商品混凝土的强度等级与设计文件是否一致

续表

工程名称	质量控制重点	安全控制重点	监理作业重点
混凝土分项工程	（7）混凝土有抗冻要求时，应在施工现场进行混凝土含气量检验，其检验结果应符合国家现行有关标准的规定和设计要求。检验方法：检查混凝土含气量检验报告。 三、混凝土施工 （1）混凝土的强度等级必须符合设计要求。用于检验混凝土强度的试件应在浇筑地点随机抽取。 （2）对同一配合比混凝土.取样与试件留置应符合规范规定。 （3）后浇带的留设位置应符合设计要求，后浇带和施工缝的留设及处理方法应符合施工方案要求。 （4）混凝土浇筑完毕后应及时进行养护，养护时间以及养护方法应符合施工方案要求。检验方法：观察，检查混凝土养护记录		
现浇结构分项工程	一、一般规定 （1）现浇结构质量验收应符合下列规定； 1）现浇结构质量验收应在拆模后、混凝土表面未作修整和装饰前进行，并应作出记录； 2）已经隐蔽的不可直接观察和量测的内容，可检查隐蔽工程验收记录； 3）修整或返工的结构构件或部位应有实施前后的文字及图像记录。		

续表

工程名称	质量控制重点	安全控制重点	监理作业重点
现浇结构分项工程	4）现浇结构的外观质量缺陷应由监理单位、施工单位等各方根据其对结构性能和使用功能影响的严重程度按表 2–18 的规定。 （2）装配式结构现浇部分的外观质量、位置偏差、尺寸偏差验收应符合本章要求；预制构件与现浇结构之间的结合面应符合设计要求。 二、外观质量 （1）现浇结构的外观质量不应有严重缺陷。对已经出现的严重缺陷，应由施工单位提出技术处理方案，并经监理单位认可后进行处理；对裂缝、连接部位出现的严重缺陷及其他影响结构安全的严重缺陷，技术处理方案尚应经设计单位认可。对经处理的部位应重新验收。 （2）现浇结构的外观质量不应有一般缺陷。 对已经出现的一般缺陷，应由施工单位按技术处理方案进行处理。对经处理的部位应重新验收。检查数量：全数检查。检验方法：观察，检查处理记录。 三、位置和尺寸偏差 （1）现浇结构不应有影响结构性能或使用功能的尺寸偏差；混凝土设备基础不应有影响结构性能和设备安装的尺寸偏差。 （2）对超过尺寸允许偏差且影响结构性能和安装、使用功能的部位，应由施工单位提出技术处理方案，经监理、设计单位认可后进行处理。对经处理的部位应重新验收。 （3）现浇结构的位置、尺寸偏差及检验方法应符合表 2–19 的规定		

续表

工程名称	质量控制重点	安全控制重点	监理作业重点
设备支架及基础/现浇混凝土基础	（1）长度超过 30m 的 GIS 基础应设置后浇带。 （2）基础露出地面部分采用清水混凝土施工工艺。 （3）电抗器基础预埋铁件及固定件不能形成闭合磁回路。 （4）外露基础阳角宜设置圆弧倒角，半径 20～30mm。 （5）允许偏差： 1）GIS 基础水平偏差±1mm/m，总偏差在±5mm 范围内。GIS 基础预埋件中心偏差≤5mm，水平偏差±1mm/m，相邻基础预埋件水平偏差≤2mm，整体水平偏差≤5mm。 2）电抗器基础相间中心距离偏差≤10mm，预埋件水平偏差≤3mm，标高偏差 0～–5mm。 3）装配式电容器基础预埋件水平偏差≤2mm，中心偏差≤5mm。 4）如施工图纸和产品说明书有更高要求，应予满足	（1）卸料时前台下料人员协助卸料，基坑内不得有人；前台下料作业要坑上坑下协作进行，严禁将混凝土直接翻入基础内。 （2）投料高度超过 2m 应使用溜槽或串筒下料，串筒宜垂直放置，串筒之间连接牢固，串筒连接较长时，挂钩应予加固。严禁攀登串筒进行清理。 （3）中途休息时作业人员不得在坑内休息。 （4）电动振捣器的电源线应采用耐气候型橡皮护套铜芯软电缆，并不得有任何破损和接头，电源线插头应插在装设有防溅式漏电保安器电源箱内的插座上。应严禁将电源线直接挂接在刀闸上。 （5）操作人员应戴绝缘手套和穿绝缘靴，在高处作业时，要有专人监护。 （6）移动振捣器或暂停作业时，必须切断电源，相邻的电源线严禁缠绕交叉。 （7）振捣器的电源线应架起作业，严禁在泥水中拖拽电源线	基础施工过程中重要控制要点： （1）轴线偏差； （2）截面尺寸偏差； （3）预埋件偏差； （4）倒角观感差； （5）基础表面蜂窝、麻面、漏浆； （6）基础颜色有色差； （7）基础表面不光洁、有抹纹； （8）基础表面裂纹
主变压器/现浇清水混凝土主变压器基础	（1）基础采用清水混凝土施工工艺。表面平整、光滑，棱角分明，颜色一致，接槎整齐，无蜂窝麻面，无气泡。 （2）表层混凝土内宜设置钢筋网片（直径 2～3mm）。	（1）电动振捣器的电源线应采用耐气候型橡皮护套铜芯软电缆，并不得有任何破损和接头，电源线插头应插在装设有防溅式漏电保安器电源箱内的插座上。应严禁将电源线直接挂接在刀闸上。	基础施工过程中重要控制要点： （1）轴线偏差； （2）截面尺寸偏差； （3）预埋件偏差； （4）倒角观感差； （5）基础表面蜂窝、麻面、漏浆； （6）基础颜色有色差；

续表

工程名称	质量控制重点	安全控制重点	监理作业重点
主变压器/现浇清水混凝土主变压器基础	（3）外部环境对混凝土影响严重时，可外刷透明混凝土保护涂料，用于封闭孔隙、延长耐久年限。 （4）基础阳角设置圆弧倒角，半径 20～30mm。 （5）允许偏差： 1）主变压器基础预埋件水平偏差≤3mm，相邻预埋件高差≤3mm。 2）如施工图纸或产品说明书中对偏差有更高要求，应予满足	（2）操作人员应戴绝缘手套和穿绝缘靴，在高处作业时，要有专人监护。 （3）移动振捣器或暂停作业时，必须切断电源，相邻的电源线严禁缠绕交叉。 （4）振捣器的电源线应架起作业，严禁在泥水中拖拽电源线	（7）基础表面不光洁、有抹纹； （8）基础表面裂纹
端子箱基础端子箱现浇清水混凝土基础	（1）中心线位移≤10mm。 （2）顶面标高偏差-3～0mm。 （3）截面尺寸偏差≤5mm。平整度偏差≤3mm。 （4）预留孔洞及预埋件中心位移≤5mm	（1）操作人员应戴绝缘手套和穿绝缘靴，在高处作业时，要有专人监护。 （2）移动振捣器或暂停作业时，必须切断电源，相邻的电源线严禁缠绕交叉	（1）混凝土表面蜂窝、麻面； （2）缺棱掉角； （3）端子箱基础尺寸与端子箱尺寸不匹配
装配式结构分项工程	一、一般规定 （1）装配式结构连接节点及叠合构件浇筑混凝土之前，应进行隐蔽工程验收。隐蔽工程验收应包括下列主要内容： 1）混凝土粗糙面的质量，键槽的尺寸、数量、位置； 2）钢筋的牌号、规格、数挺、位置、间距，箍筋弯钩的弯折角度及平直段长度；	（1）审查施工单位为起重机吊装设备编写的专项施工方案。 （2）审查施工单位作业前填写《的安全施工作业票 B》。 （3）施工前根据吊装混凝土结构的高度及分片、段重量合理选择配备起重设备及工器具。	（1）预制装配式基础加工、安装前应进行施工图审查。 （2）预制装配式基础加工、安装前应编制加工、施工安装作业指导书，实施前应进行技术交底，还应针对预制装配式基础的特点编制施工质量检查记录表。

续表

工程名称	质量控制重点	安全控制重点	监理作业重点
装配式结构分项工程	3）钢筋的连接方式、接头位置、接头数量、接头面积百分率、搭接长度、锚固方式及锚固长度； 4）预埋件、预留管线的规格、数量、位置。 （2）装配式结构的接缝施工质量及防水性能应符合设计要求和国家现行相关标准的要求。 二、预制构件 （1）对大型构件及有可靠应用经验的构件，可只进行裂缝宽度、抗裂和挠度检验。 1）对使用数量较少的构件，当能提供可靠依据时，可不进行结构性能检验。 2）对其他预制构件，除设计有专门要求外，进场时可不做结构性能检验。 （2）对进场时不做结构性能检验的预制构件，应采取下列措施： 1）施工单位或监理单位代表应驻厂监督制作过程； 2）当无驻厂监督时，预制构件进场时应对预制构件主要受力钢筋数量、规格、间距及混凝土强度等进行实体检验。检验方法：检查结构性能检验报告或实体检验报告。抽取预制构件时，宜从设计荷载最大、受力最不利或生产数量最多的预制构件中抽取。	（4）吊装设备必须检验合格，方可投入使用。 （5）吊装作业前通知监理旁站。 （6）吊装前选择确定合适的场地进行平整，衬垫支腿枕木不得少于两根且长度不得小于1.2m，认真检查各起吊系统，具备条件后方可起吊。 （7）起重机吊装时必须指定专人指挥。 （8）施工前仔细核对施工图纸的吊段参数，严格施工方案控制单吊重量。 （9）加强现场监督，起吊物垂直下方严禁逗留和通行	（3）原材料应符合设计要求及相关标准。 （4）对预制装配式基础，应进行试生产、试组装，满足要求后方可批量加工制作。 （5）运输预制装配式基础时应尽量减少转运。 （6）混凝土预制装配式基础表面应平整、光滑，工艺美观。 （7）预制装配式基础安装重点控制：预制件运输、基坑开挖与处理、基坑找平、吊装与找正、基础防腐及基础回填等工序。 （8）预制装配式基础安装后，应设置基础位移观测点

续表

工程名称	质量控制重点	安全控制重点	监理作业重点
装配式结构分项工程	（3）预制构件的外观质量不应有严重缺陷，且不应有影响结构性能和安装、使用功能的尺寸偏差。检查数量：全数检查。检验方法：观察，尺量，并检查处理记录。 （4）预制构件上的预埋件、预留插筋、预埋管线等的材料质量、规格和数量以及预留孔、预留洞的数量应符合设计要求。 （5）预制构件应有标识。 （6）预制构件的外观质量不应有一般缺陷。预制构件的尺寸偏差及检验方法应符合 GB 50204—2015《混凝土结构工程施工质量验收规范》中表 9.1 的规定；设计有专门规定时，尚应符合设计要求，施工过程中临时使用的预埋件，其中心线位置允许偏差可取表 9.1 中规定数值的 2 倍。 （7）预制构件的粗糙面的质量及键槽的数量应符合设计要求。 三、安装与连接 （1）预制构件临时固定措施的安装质量应符合施工方案的要求。 （2）钢筋采用套筒灌浆连接或浆锚搭接连接时，灌浆应饱满、密实。 （3）钢筋采用套筒灌浆连接或浆锚搭接连接时，其连接接头质量应符合国家现行相关标准的规定。检验方法：检查质量证明文件及平行加工试件的检验报告。		

工程名称	质量控制重点	安全控制重点	监理作业重点
装配式结构分项工程	（4）钢筋采用焊接连接时，其接头质量应符合 JGJ 18《钢筋焊接及验收规程》的规定。检验方法：检查质量证明文件及平行加工试件的检验报告。 （5）钢筋采用机械连接时，其接头质量应符合 JGJ 107《钢筋机械连接技术规程）的规定。检验方法：检查质量证明文件、施工记录及平行加工试件的检验报告。 （6）预制构件采用焊接、螺栓连接等连接方式时，其材料性能及施工质量应符合 GB 50205《钢结构工程施工质量验收规范》和 JGJ 18《钢筋焊接及验收规程》的相关规定。检验方法：检查施工记录及平行加工试件的检验报告。 （7）装配式结构采用现浇混凝土连接构件时，构件连接处后浇混凝土的强度应符合设计要求。 （8）装配式结构施工后，其外观质量不应有严重缺陷，且不应有影响结构性能和安装、使用功能的尺寸偏差。 （9）装配式结构施工后，其外观质量不应有一般缺陷。装配式结构施工后，预制构件位置、尺寸偏差及检验方法应符合设计要求；当设计无具体要求时，应符合表 2–20 的规定。预制构件与现浇结构连接部位的表面平整度应符合表 2–21 的规定		

续表

工程名称	质量控制重点	安全控制重点	监理作业重点
质量验收阶段	一、结构实体检验 （1）对涉及混凝土结构安全的有代表性的部位应进行结构实体检验。结构实体检验应包括混凝土强度、钢筋保护层厚度、结构位置与尺寸偏差以及合同约定的项目必要时可检验其他项目。 （2）结构实体检验应由监理单位组织施工单位实施，并见证实施过程。施工单位应制定结构实体检验专项方案，并经监理单位审核批准后实施。除结构位置与尺寸偏差外的结构实体检验项目，应由具有相应资质的检测机构完成。 （3）结构实体混凝土强度应按不同强度等级分别检验，检验方法宜采用同条件养护试件方法；当未取得同条件养护试件强度或同条件养护试件强度不符合要求时，可采用回弹—取芯法进行检验。 二、混凝土结构子分部工程验收 混凝土结构子分部工程施工质量验收合格应符合下列规定： （1）所含分项工程质量验收应合格； （2）应有完整的质量控制资料； （3）观感质量验收应合格； （4）结构实体检验结果应符合规范要求		（1）审查分部工程所含分项工程的质量是否均合格。 （2）质量控制资料是否完整。 （3）施工记录的填写是否正确，是否规范。 （4）有关安全及功能的检验和抽样检测结果是否符合有关规定。 （5）观感质量验收是否符合要求。 （6）该分部工程的施工质量是否符合有关规范和工程设计文件的要求。 （7）总监理工程师组织分部工程验收，签署分部工程质量报验申请单，专业监理工程师编写工程施工强制性条文执行检查表，并由施工项目部签认。 作为合格标准主控项目应全部合格，一般项目合格数应不低于80%

表 2–15　　预埋件和预留孔洞的安装允许偏差

项　　目		允许偏差（mm）
预埋板中心线位置		3
预埋管、预留孔中心线位置		3
插筋	中心线位置	5
	外露长度	+10，0
预埋螺栓	中心线位置	2
	外露长度	+10，0
预留洞	中心线位置	10
	尺寸	+10，0

注　检查中心线位置时，沿纵、横两个方向测量，并取其中偏差的较大值。

表 2–16　　现浇结构模板安装的允许偏差及检验方法

项　　目		允许偏差（mm）	检验方法
轴线位置		5	尺量
底摸上表面标高		±5	水准仪或拉线、尺量
模板内部尺寸	基础	±10	尺量
	柱、墙、梁	±5	尺量
	楼梯相邻踏步高差	±5	尺量

续表

项　目		允许偏差（mm）	检验方法
垂直度	柱、墙层高≤6rn	8	经纬仪或吊线、尺量
	柱、墙层高>6rn	10	经纬仪或吊线、尺量
相邻两块模板表面高差		2	尺量
表面平整度		5	2m 靠尺和塞尺量测

注　检查轴线位置当有纵横两个方向时，沿纵、横两个方向测量，并取其中偏差的较大值。

表 2–17　　钢筋加工的允许偏差

项　目	允许偏差（mm）
受力钢筋沿长度方向的净尺寸	±10
弯起钢筋的弯折位置	±20
箍筋外廓尺寸	±5

表 2–18　　现浇结构外观质量缺陷

名称	现　　象	严重缺陷	一般缺陷
露筋	构件内钢筋未被混凝土包裹而外露	纵向受力钢筋有露筋	其他钢筋有少量露筋
蜂窝	混凝土表面缺少水泥砂浆而形成石子外露	构件主要受力部位有蜂窝	其他部位有少量蜂窝
孔洞	混凝土中孔穴深度和长度均超过保护层厚度	构件主要受力部位有孔洞	其他部位有少量孔洞
夹渣	混凝土中央有杂物且深度超过保护层厚度	构件主要受力部位有夹渣	其他部位有少量夹渣

续表

名称	现　　象	严重缺陷	一般缺陷
疏松	混凝土中局部不密实	构件主要受力部位有疏松	其他部位有少量疏松
裂缝	裂缝从混凝土表面延伸至混凝土内部	构件主要受力部位有影响结构性能或使用功能的裂缝	其他部位有少量不影响结构性能或使用功能的裂缝
连接部位缺陷	构件连接处混凝土有缺陷及连接钢筋、连接件松动	连接部位有影响结构传力性能的缺陷	连接部位有基本不影响结构传力性能的缺陷
外形缺陷	缺棱掉角、棱角不直、翘曲不平、飞边凸肋等	清水混凝土构件有影响使用功能或装饰效果的外形缺陷	其他混凝土构件有不影响使用功能的外形缺陷
外表缺陷	构件表面麻面、掉皮、起砂、沾污等	具有重要装饰效果的清水混凝土构件有外表缺陷	其他混凝土构件有不影响使用功能的外表缺陷

表 2–19　　现浇结构位置、尺寸允许偏差及检验方法

项　　目			允许偏差（mm）	检验方法
轴线位置	整体基础		15	经纬仪及尺量
	独立基础		10	经纬仪及尺量
	柱、墙、梁		8	尺量
垂直度	柱、墙层高	≤6m	10	经纬仪或吊线、尺量
		＞6m	12	经纬仪或吊线、尺量
	全高（H）≤300m		H/30 000+20	经纬仪、尺量
	全高（H）＞300m		H/10 000 且≤80	经纬仪、尺量

续表

项　　目		允许偏差（mm）	检验方法
标高	层高	±10	水准仪或拉线、尺量
	全高	±30	水准仪或拉线、尺量
截面尺寸	基础	+15，−10	尺量
	柱、梁、板、墙	+10，−5	尺量
	楼梯相邻踏步高差	±6	尺量
电梯井洞	中心位置	10	尺量
	长、宽尺寸	+25，0	尺量
表面平整度		8	2m 靠尺和塞尺量测
预埋件中心位置	预埋板	10	尺量
	预埋螺栓	5	尺量
	预埋管	5	尺量
	其他	10	尺量
预留洞、孔中心线位置		15	尺量

注　1. 检查轴线、中心线位置时，沿纵、横两个方向测量，并取其中偏整的较大值。

2. H 为全高，单位为 mm。

检查数量：按楼层、结构缝或施工段划分检验批。在同一检验批内，对梁、柱和独立基础，应抽查构件数量的 10%，且不应少于 3 件；对墙和板，应按有代表性的自然间抽查 10%，且不应少于 3 间；对大空间结构，墙可按相邻轴线间高度 5m 左右划分检查面，板可按纵、横轴线划分检查面，抽查 10%，且均不应少于 3 面；对电梯井，应全数检查。

表 2–20　　预制构件尺寸的允许偏差及检验方法

项　目			允许偏差（mm）	检验方法
长度	楼板、梁、柱、桁架	＜12m	±5	尺量
		≥12m 且＜18m	±10	
		≥18m	±20	
	墙板		±4	
宽度、高（厚）度	楼板、梁、柱、桁架		±5	尺量一端及中部，取其中偏差绝对值
	墙板		±4	
表面平整度	楼板、梁、柱、墙板内表面		5	2m 靠尺和塞尺量测
	墙板外表面		3	
侧向弯曲	楼板、梁、柱		l/750 且≤20	拉线、直尺量测，最大侧向弯曲处
	墙板、桁架		l/1000 且≤20	
翘曲	楼板		l/750	调平尺在两端量测
	墙板		l/1000	
对角线	楼板		10	尺量两个对角线
	墙板		5	
预留孔	中心线位置		5	尺量
	孔尺寸		±5	

续表

项　　目		允许偏差（mm）	检验方法
预留洞	中心线位置	10	尺量
	洞口尺寸、深度	±10	
预埋件	预埋板中心线位置	5	尺量
	预埋板与混凝土面平面高差	0，–5	
	预埋螺栓	2	
	预埋螺栓外露长度	+10，–5	
	预埋套筒、螺母中心线位置	2	
	预埋套筒、螺母与混凝土面平面高差	±5	
预留插筋	中心线位置	5	尺量
	外露长度	+10，–5	
键槽	中心线位置	5	尺量
	长度、宽度	±5	
	深度	±10	

注　1. l 为构件长度，单位为 mm；

2. 检查中心线、螺栓和孔道位置偏差时，沿纵、横两个方向测量，并取其中偏差较大值。

表 2-21　　装配式结构构件位置和尺寸允许偏差及检验方法

<table>
<tr><th colspan="3">项　目</th><th>允许偏差（mm）</th><th>检验方法</th></tr>
<tr><td rowspan="2">构件轴线</td><td colspan="2">竖向构件（柱、墙板、桁架）</td><td>8</td><td rowspan="2">经纬仪及尺量</td></tr>
<tr><td colspan="2">水平构件（梁、楼板）</td><td>5</td></tr>
<tr><td>标高</td><td colspan="2">梁、柱、墙板楼板底面或顶面</td><td>±5</td><td>水准仪或拉线、尺量</td></tr>
<tr><td rowspan="2">构件垂直度</td><td rowspan="2">柱、墙板安装后的高度</td><td>≤6m</td><td>5</td><td rowspan="2">经纬仪或吊线、尺量</td></tr>
<tr><td>＞6m</td><td>10</td></tr>
<tr><td>构件倾斜度</td><td colspan="2">梁、桁架</td><td>5</td><td>经纬仪或吊线、尺量</td></tr>
<tr><td rowspan="4">相邻构件平整度</td><td rowspan="2">梁、楼板底面</td><td>外露</td><td>5</td><td rowspan="4">2m 靠尺和塞尺量测</td></tr>
<tr><td>不外露</td><td>3</td></tr>
<tr><td rowspan="2">柱、墙板</td><td>外露</td><td>5</td></tr>
<tr><td>不外露</td><td>8</td></tr>
<tr><td>构件搁置长度</td><td colspan="2">梁、板</td><td>±10</td><td>尺量</td></tr>
<tr><td>支座、支垫中心位置</td><td colspan="2">板、梁、柱、墙板、桁架</td><td>10</td><td>尺量</td></tr>
<tr><td colspan="3">墙板接缝宽度</td><td>±5</td><td>尺量</td></tr>
</table>

混凝土框架结构工程

工程名称	质量控制重点	安全控制重点	监理作业重点
施工准备阶段	按“混凝土基础及设备基础”中的施工准备分项执行	按“混凝土基础及设备基础”中的施工准备分项执行	按“混凝土基础及设备基础”中的施工准备分项执行
模板分项工程	（1）～（7）按“混凝土基础及设备基础”中的“模板分项工程”第（1）～（7）条执行。 （8）模板的起拱应符合 GB 50666《混凝土结构工程施工规范》的规定，并应符合设计及施工方案的要求。 （9）现浇混凝土结构多层连续支模应符合施工方案的规定。上下层模板支架的竖杆宜对准。竖杆下垫板的设置应符合施工方案的要求。检查数量：全数检查。检验方法：观察。固定在模板上的预埋件和预留孔洞不得遗漏，且应安装牢固。有抗渗要求的混凝土结构中的预埋件，应按设计及施工方案的要求采取防渗措施。预埋件和预留孔洞的位置应满足设计和施工方案的要求。当设计无具体要求时，其位置偏差应符合表 2–15 的规定。 （10）现浇结构模板安装的尺寸偏差及检验方法应符合表 2–16 的规定	（1）模板安装。 1）～3）条按“混凝土基础及设备基础”中的“模板分项工程”执行。 4）建筑物框架施工时，模板运输时施工人员应从梯子上下，不得在模板、支撑上攀登。严禁在高处的独木或悬吊式模板上行走。 5）模板顶撑应垂直，底端应平整并加垫木，木楔应钉牢，支撑必须用横杆和剪刀撑固定，支撑处地基必须坚实，严防支撑下沉、倾倒。 6）支设柱模板时，其四周必须钉牢，操作时应搭设临时工作台或临时脚手架，搭设的临时脚手架应满足脚手架搭设的各项要求。 7）支设梁模板时，不得站在柱模板上操作，并严禁在梁的底模板上行走。 8）采用钢管脚手架兼作模板支撑时必须经过技术人员的计算，每根立柱的荷载不得大于 20kN，立柱必须设水平拉杆及剪刀撑。	（1）模板的标高、轴线、尺寸、稳定牢固性和预埋件的标高、轴线等是否符合设计文件和标准要求。安全方面重点检查：模板及支架的强度、刚度、稳定性是否符合标准要求；框架梁的支撑系统与审批文件是否相符；作业人员的安全防护用品是否配置和正确使用。 （2）模板及其支架的稳定性、上下层支架的立柱设置位置及模板的标高、轴线、垂直度、侧向弯曲、截面尺寸等，并采集数码照片。 （3）模板和支架系统在安装、使用或拆除过程中，必须采取防倾覆的临时固定措施

续表

工程名称	质量控制重点	安全控制重点	监理作业重点
模板分项工程		（2）模板拆除。 除按“混凝土基础及设备基础”中的“模板分项工程”执行外，还需注意： 1）作业人员拆除模板作业前应佩戴好工具袋，作业时将螺栓、螺帽、垫块、销卡、扣件等小物品放在工具袋内，后将工具袋吊下，严禁随意抛下。 2）作业人员在下班时不得留下松动的或悬挂着的模板以及扣件、混凝土块等悬浮物	
钢筋分项工程	同“混凝土基础及设备基础”中的钢筋分项工程	同“混凝土基础及设备基础”中的钢筋分项工程	同“混凝土基础及设备基础”中的钢筋分项工程
混凝土分项工程	同“混凝土基础及设备基础”中的混凝土分项工程	同“混凝土基础及设备基础”中的混凝土分项工程	同“混凝土基础及设备基础”中的混凝土分项工程
现浇结构分项工程	同“混凝土基础及设备基础”中的现浇结构分项工程		
装配式结构分项工程	同“混凝土基础及设备基础”中的装配式结构分项工程	同“混凝土基础及设备基础”中的装配式结构分项工程	同“混凝土基础及设备基础”中的装配式结构分项工程
质量验收阶段	同“混凝土基础及设备基础”中的质量验收		同“混凝土基础及设备基础”中的质量验收

砌 筑 工 程

作业工序	质量控制重点	安全控制重点	监理作业重点
施工准备阶段	（1）水泥进场时应对其品种、等级、包装或散装仓号、出厂日期等进行检查，并应对其强度、安定性进行复验，其质量必须符合 GB 175《通用硅酸盐水泥》的有关规定。 （2）当在使用中对水泥质量有怀疑或水泥出厂超过三个月（快硬硅酸盐水泥超过一个月）时，应复查试验，并按复验结果使用。 （3）砖和砂浆的强度等级必须符合设计要求	作业人员在高处作业前，应准备好使用的工具，严禁在高处砍砖，必须使用七分头、半砖时，宜在下面用切割机进行切割后运送到使用部位	（1）审核施工项目部报审的施工方案； （2）进场管理人员及特种作业人员、施工机械、工程材料质量证明文件等文件审核
砌体砌筑	（1）砖砌体的转角处和角接触应同时砌筑，严禁无可靠措施的内外墙分砌施工。在抗震设防烈度为 8 度及 8 度以上地区，对不能同时砌筑而又必须留置的临时间断处应砌成斜槎，普通砖砌体斜槎水平投影长度不应小高度的 2/3，多孔砖砌体的斜槎长高比不应小于 1/2。斜槎高度不得超过一步脚手架的高度。	（1）作业人员严禁站在墙身上进行砌砖、勾缝、检查大角垂直度及清扫墙面等作业或在墙身上行走。 （2）砌砖时搭设的脚手架上堆放的砖、砂浆等距墙身不得小于 500mm，荷载不得大于 $270kg/m^2$。砖侧。放时不得超过三层 （3）砌筑用的脚手架在施工未完成时，严禁任何人随意拆除支撑或挪动脚手板	砂浆、块体的品种、强度、试块留置及砌体垂直度、表面平整度、水平灰缝的砂浆饱满度等，对水泥、砌块等材料进行见证取样并采集数码照片，要求详见国网基建安质〔2016〕56 号文

续表

作业工序	质量控制重点	安全控制重点	监理作业重点
砌体砌筑	（2）墙体转角处和纵横交接处应同时砌筑。临时间断处应砌成斜槎，斜槎水平投影长度不应小于斜槎高度。施工洞口可预留直槎，但在洞口砌筑和补砌时，应在直槎上下搭砌的小砌孔洞内用强度等级不低于C20的混凝土灌实。 （3）墙与框架梁之间是否留有不少于30mm缝隙或留有2/3砖长位置；在墙体砌筑14d后，缝隙是否采用细石混凝土掺膨胀剂进行了堵缝或采用斜砖进行塞砌等。 （4）建筑物层高超过4m时，砌体工程中部增设厚度为120mm与墙体同宽的混凝土腰梁，腰梁间距不应大于4m，砌体无约束的端部必须增设构造柱		
质量验收阶段	审查子分部工程所含分项工程的质量均合格；质量控制资料完整；观感质量验收应符合要求；施工记录的填写正确、规范；该子分部工程的施工质量符合有关规范和工程设计文件的要求	作业人员在操作完成或下班时应将脚手板上及墙上的碎砖、砂浆清扫干净后再离开，施工作业应做到“工完、料尽、场地清”	（1）总监理工程师组织子分部工程验收，签署子分部工程质量报验申请单。 （2）业主监理工程师编写工程施工强制性条文执行检查表。 （3）采集数码照片，要求详见国网基建安质〔2016〕56号文

屋 面 工 程

作业工序	质量控制重点	安全控制重点	监理作业重点
施工准备阶段	（1）参加业主项目部组织的设计交底和施工图会检，并会签设计交底纪要和施工图会检纪要。 （2）审查施工项目部上报的施工方案。 （3）见证施工项目部的技术交底，并且交底、接底人员在交底记录上的签字齐全。 （4）屋面工程所采用的防水、保温隔热材料应有产品合格证书和性能检测报告，材料的品种、规格、性能等应符合现行国家产品标准和设计要求。产品质量应由经过省级以上建设行政主管部门对其资质认可和质量技术监督部门对其计量认证的质量检测单位进行检测。屋面节能工程使用的保温隔热材料，其导热系数、密度、抗压强度或压缩强度、燃烧性能应符合设计要求。 （5）核查施工项目部委托的试验（检测）单位与审批文件是否一致。 （6）核查防水作业人员与审批文件是否一致	（1）审查施工项目部报审的施工方案中的安全措施，是否满足强制性标准的要求； （2）检查现场安全文明施工措施落实情况，并采集数码照片。采集数码照片，按国网基建安质〔2016〕56号文要求执行。 （3）对龙门架（井字架）、上下屋面的安全通道及工作平台进行检查，并进行安全检查签证	审查防水卷材、胶粘剂及配套材料、保温隔热材料的质量证明文件，按规定进行复试见证取样，并采集数码照片。按国网基建安质〔2016〕56号文要求执行。 监理员签署材料试验委托单，专业监理工程师审查工程材料的数量清单、质量证明文件、自检结果及复试报告，符合要求后签署试品/试件试验报告报验表、工程材料/构配件/设备进场报审表

续表

作业工序	质量控制重点	安全控制重点	监理作业重点
屋面找平层阶段	（1）屋面（含天沟、檐沟）找平层的排水坡度必须符合设计要求。 （2）结构层排水坡度是否正确。 （3）沟和落水管口标高是否符合设计要求、是否有渗漏部位。 （4）基层清理是否干净。 （5）找平层表面质量、分隔缝间距、缝宽、缝内填充材料是否符合设计文件要求。 （6）屋面排水坡度、找平层养护措施及时间是否符合设计文件和标注要求等	（1）临边作业的防护措施是否到位、牢固。 （2）施工现场及其周围的悬崖、陡坎、高压带电区及危险场所等均应设防护设施及警告标志；坑、沟、孔洞等均应铺设与地面平齐的盖板或设可靠的围栏、挡板及警告标志。危险处所夜间应设红灯示警。 （3）进入施工现场的人员必须正确佩戴安全帽，穿好工作服，严禁穿拖鞋、凉鞋、高跟鞋。严禁酒后进入施工现场。 （4）采集数码照片，采集数码照片，按国网基建安质〔2016〕56号文要求执行	（1）组织相关人员对找平层重点检查：屋面、天沟及檐沟排水坡度是否符合设计要求等，并采集数码照片，采集数码照片，按国网基建安质〔2016〕56号文要求执行。 （2）组织相关人员对找平层进行隐蔽验收并采集数码照片，采集数码照片，按国网基建安质〔2016〕56号文要求执行。专业监理工程师签署隐蔽工程验收（屋面工程）报审表。 （3）验收施工项目部报审的已完成分项工程： 1）审查分项工程所包含的检验批是否均合格； 2）分项工程所含的检验批的质量验收记录是否完整、填写是否规范； 3）该分项工程的施工质量是否符合规范和工程设计文件的要求。 （4）专业监理工程师签署分项工程质量报验申请单；检查强制性条文执行情况，签署输变电工程施工强制性条文执行记录表
基层清理阶段	屋面找平层表面是否清理干净	（1）临边作业防护措施是否到位。 （2）施工现场及其周围的悬崖、陡坎、高压带电区及危险场所等均应设防护设施及警告标志；坑、沟、孔洞等均应铺设与地面平齐的盖板或设可靠的围栏、挡板及警告标志。危险处所夜间应设红灯示警。	重点检查找平层表面清理是否干净

续表

作业工序	质量控制重点	安全控制重点	监理作业重点
基层清理阶段		（3）进入施工现场的人员必须正确佩戴安全帽，穿好工作服，严禁穿拖鞋、凉鞋、高跟鞋。严禁酒后进入施工现场	
保温与隔热层施工阶段	（1）保温层含水率必须符合设计要求 （2）架空隔热制品的质量必须符合设计要求，严禁有断裂和露筋等缺陷。 需要对施工过程进行旁站： 1）干燥松散保温材料的施工配比、坡度、分层厚度及压实程度是否符合设计文件和标准要求； 2）板状材料与基层之间是否互相黏牢、铺平垫稳，板材缝隙是否采用同类材料嵌填密实； 3）保温层内部是否按标准设置了纵横贯通的排气道； 4）排气管安装位置正确、牢固、封闭严密； 5）排气道伸出屋面的高度是否符合设计文件要求等	（1）临边作业防护措施是否到位； （2）操作人员的防护用品是否正确使用。 （3）施工现场及其周围的悬崖、陡坎、高压带电区及危险场所等均应设防护设施及警告标志；坑、沟、孔洞等均应铺设与地面平齐的盖板或设可靠的围栏、挡板及警告标志。危险处所夜间应设红灯示警。 （4）进入施工现场的人员必须正确佩戴安全帽，穿好工作服，严禁穿拖鞋、凉鞋、高跟鞋。严禁酒后进入施工现场。 （5）采集数码照片，按国网基建安质〔2016〕56号文要求执行	（1）重点检查保温层含水率、厚度、排气通道、坡度等，并采集数码照片，按国网基建安质〔2016〕56号文要求执行。 （2）组织相关人员对保温层进行隐蔽验收并采集数码照片，采集数码照片，按国网基建安质〔2016〕56号文要求执行。专业监理工程师签署隐蔽工程验收（屋面工程）报审表。 （3）验收施工项目部报审的已完成分项工程： 1）审查分项工程所包含的检验批是否均合格； 2）分项工程所含的检验批的质量验收记录是否完整、填写是否规范； 3）该分项工程的施工质量是否符合规范和工程设计文件的要求。 专业监理工程师签署分项工程质量报验申请单；检查强制性条文执行情况，签署输变电工程施工强制性条文执行记录表

续表

作业工序	质量控制重点	安全控制重点	监理作业重点
保温找平层阶段	（1）水泥砂浆配比、找平层分隔缝及表面质量是否符合设计文件和标准要求。 （2）屋面排水坡度是否符合设计文件要求等	（1）临边作业防护措施是否到位。 （2）施工现场及其周围的悬崖、陡坎、高压带电区及危险场所等均应设防护设施及警告标志；坑、沟、孔洞等均应铺设与地面平齐的盖板或设可靠的围栏、挡板及警告标志。危险处所夜间应设红灯示警。 （3）进入施工现场的人员必须正确佩戴安全帽，穿好工作服，严禁穿拖鞋、凉鞋、高跟鞋。严禁酒后进入施工现场。 采集数码照片，按国网基建安质〔2016〕56号文要求执行	（1）重点检查：屋面、天沟、檐沟排水坡度等，并采集数码照片，按国网基建安质〔2016〕56号文要求执行。 （2）验收施工项目部报审的已完成分项工程： 1）审查分项工程所包含的检验批是否均合格； 2）分项工程所含的检验批的质量验收记录是否完整、填写是否规范； 3）该分项工程的施工质量是否符合规范和工程设计文件的要求。 （3）专业监理工程师签署分项工程质量报验申请单；检查强制性条文执行情况，签署输变电工程施工强制性条文执行记录表
卷材附加层施工阶段	需要旁站：卷材附加层的部位、黏贴高度、搭接面积是否符合设计文件和标准要求等	（1）作业人员应经培训取证后方能上岗作业。对患有皮肤病、支气管炎病、结核病、眼病以及对沥青、橡胶刺激过敏的人员，不得参加作业。 （2）作业人员应配备齐全的劳保用品并合理使用，进入施工现场的人员必须正确佩戴安全帽，作业人员必须穿好工作服，不得赤脚或穿短袖衣服进行作业，应将裤脚及袖口扎紧，应戴手套和口罩。严禁穿带钉子的鞋、拖鞋、凉鞋、高跟鞋。严禁酒后进入施工现场。	采集数码照片，按国网基建安质〔2016〕56号文要求执行

续表

作业工序	质量控制重点	安全控制重点	监理作业重点
卷材附加层施工阶段		（3）采用热熔法施工屋面防水层时使用的燃具或喷灯点燃时严禁对着人进行。 （4）在施工现场及材料堆放点严禁烟火，并配置充足有效的消防器材；作业人员向喷灯内加油时，必须灭火后添加，并添加适量，避免因过多而溢油发生火灾。 （5）冬季应尽量避免在 0℃以下施工，如必须在负温下施工，应采取相应措施。夏季施工时，避免在高温烈日下进行。 （6）防水卷材和粘结剂多数属易燃品，存放的仓库内严禁烟火。材料黏结剂桶要随用随封盖，以防溶剂挥发过快或造成环境污染	
屋面柔性防水卷材铺贴、刚性防水施工、密封及细部构造施工阶段	（1）基层表面是否洁净、平整、干燥、坚实。 （2）所选用的基层处理剂、接缝胶粘剂、密封材料等配套材料是否与铺贴的卷材相容。 （3）基层处理剂涂刷是否均匀，并已经干燥等。 （4）密封材料嵌填必须密实、连续、饱满，黏结牢固，无气泡、开裂、脱落等缺陷。 （5）天沟、檐沟、檐口、水落口、泛水、变形缝和伸出屋面管道的防水构造，必须符合设计要求。	（1）作业人员应经培训取证后方能上岗作业。对患有皮肤病、支气管炎病、结核病、眼病以及对沥青、橡胶刺激过敏的人员，不得参加作业。 （2）作业人员应配备齐全的劳保用品并合理使用，进入施工现场的人员必须正确佩戴安全帽，作业人员必须穿好工作服，不得赤脚或穿短袖衣服进行作业，应将裤脚及袖口扎紧，应戴手套和口罩。严禁穿带钉子的鞋、拖鞋、凉鞋、高跟鞋。严禁酒后进入施工现场。 （3）采用热熔法施工屋面防水层时使用的燃具或喷灯点燃时严禁对着人进行。	（1）重点检查：防水层性能、细部构造、搭接宽度、收头质量等，并采集数码照片，按国网基建安质〔2016〕56 号文要求执行。 （2）组织相关人员对防水层进行隐蔽验收并采集数码照片，按国网基建安质〔2016〕56 号文要求执行。 专业监理工程师签署隐蔽工程验收（屋面工程）报审表。 （3）验收施工项目部报审的已完成分项工程： 1）审查分项工程所包含的检验批是否均合格； 2）分项工程所含的检验批的质量验收记录是否完整、填写是否规范；

续表

作业工序	质量控制重点	安全控制重点	监理作业重点
屋面柔性防水卷材铺贴、刚性防水施工、密封及细部构造施工阶段	（6）刚性防水层与山墙、女儿墙以及突出屋面结构的交接处应留有缝隙，并应做柔性密封处理。 （7）刚性防水层应设置分隔缝，分隔缝内应嵌填密封材料。 （8）卷材防水屋面基层于突出屋面结构（女儿墙、立墙、天窗壁、变形缝、烟囱等）的交接处，以及基层的转角处（水落口、檐口、天沟、檐沟、屋脊等），均应做成圆弧。内部排水的水落口周围应做成略低的凹坑。 （9）屋面工程应根据建筑物的性质、重要程度、使用功能要求以及防水合理使用年限，按不同等级进行设防，并符合 GB 50207—2002《屋面工程质量验收规范》表 3.0.1 的要求。 需要对施工过程旁站，旁站内容重点： 卷材的黏结方法是否符合设计文件要求； 铺设方向、施工顺序、搭接方法和搭接宽度是否符合标准要求； 搭接缝是否黏结牢固、密封严密； 防水层的收头与基层是否黏结和固定牢固，缝口是否封严、无翘边	（4）在施工现场及材料堆放点严禁烟火，并配置充足有效的消防器材；作业人员向喷灯内加油时，必须灭火后添加，并添加适量，避免因过多而溢油发生火灾。 （5）冬季应尽量避免在 0℃以下施工，如必须在负温下施工，应采取相应措施。夏季施工时，避免在高温烈日下进行。 （6）防水卷材和粘结剂多数属易燃品，存放的仓库内严禁烟火。材料黏结剂桶要随用随封盖，以防溶剂挥发过快或造成环境污染。 采集数码照片，按国网基建安质〔2016〕56 号文要求执行	3）该分项工程的施工质量是否符合规范和工程设计文件的要求。 （4）专业监理工程师签署分项工程质量报验申请单；检查强制性条文执行情况，签署输变电工程施工强制性条文执行记录表

续表

作业工序	质量控制重点	安全控制重点	监理作业重点
蓄水（淋水）试验阶段	（1）蓄水高度是否高出屋面最高点 20mm，蓄水静置 24h 后或持续淋水 2h 后房间有无渗水点。 （2）防水层不得有渗漏或积水现象	（1）临边防护措施是否到位。 （2）施工现场及其周围的悬崖、陡坎、高压带电区及危险场所等均应设防护设施及警告标志；坑、沟、孔洞等均应铺设与地面平齐的盖板或设可靠的围栏、挡板及警告标志。危险处所夜间应设红灯示警。 （3）进入施工现场的人员必须正确佩戴安全帽，穿好工作服，严禁穿拖鞋、凉鞋、高跟鞋。严禁酒后进入施工现场	专业监理工程师签署屋面蓄水（淋水）试验记录表，并采集数码照片，按国网基建安质〔2016〕56 号文要求执行
隔离层施工阶段	（1）隔离层材料是否符合设计文件要求。 （2）对防水卷材的成品保护措施是否到位等	（1）临边作业防护措施是否到位。 （2）施工现场及其周围的悬崖、陡坎、高压带电区及危险场所等均应设防护设施及警告标志；坑、沟、孔洞等均应铺设与地面平齐的盖板或设可靠的围栏、挡板及警告标志。危险处所夜间应设红灯示警。 （3）进入施工现场的人员必须正确佩戴安全帽，穿好工作服，严禁穿拖鞋、凉鞋、高跟鞋。严禁酒后进入施工现场。 采集数码照片，按国网基建安质〔2016〕56 号文要求执行	检查重点：隔离层材料相关质量证明文件，防水卷材的成品保护，并采集数码照片，按国网基建安质〔2016〕56 号文要求执行

续表

作业工序	质量控制重点	安全控制重点	监理作业重点
保护层施工阶段	（1）上人屋面采用的块体材料、细石混凝土等材料或不上人屋面采用的浅色涂料、铝箔、矿物粒料、水泥砂浆等材料是否符合设计文件要求。 （2）保护层材料的使用范围和技术要求是否符合标准要求。 （3）平瓦必须铺置牢固。地震设防区域或坡度大于50%的屋面，应采取固定加强措施。 （4）金属板材的连接和密封处理必须符合设计要求，不得有渗漏现象	（1）临边作业的防护措施是否到位。 （2）施工现场及其周围的悬崖、陡坎、高压带电区及危险场所等均应设防护设施及警告标志；坑、沟、孔洞等均应铺设与地面平齐的盖板或设可靠的围栏、挡板及警告标志。危险处所夜间应设红灯示警。 （3）进入施工现场的人员必须正确佩戴安全帽，穿好工作服，严禁穿拖鞋、凉鞋、高跟鞋。严禁酒后进入施工现场。 采集数码照片，按国网基建安质〔2016〕56号文要求执行	采集数码照片，按国网基建安质〔2016〕56号文要求
质量验收阶段	（1）审查分部工程所含分项工程的质量是否均合格。 （2）质量控制资料是否完整。 （3）施工记录的填写是否正确，是否规范。 （4）有关安全及功能的检验和抽样检测结果是否符合有关规定。 （5）观感质量验收是否符合要求。 （6）该分部工程的施工质量是否符合有关规范和工程设计文件的要求		总监理工程师组织分部工程验收，签署分部工程质量报验申请单，专业监理工程师编写工程施工强制性条文执行检查表。采集数码照片，按国网基建安质〔2016〕56号文要求执行

装饰装修工程

作业工序	质量控制重点	安全控制重点	监理作业重点
施工准备阶段	（1）审查进场材料质量证明文件。 （2）审查施工项目部报审的施工方案。 （3）核查技术交底是否已进行，参加交底、接底人员在交底记录上的签字是否齐全	审查施工项目部报审的施工方案中的安全措施	审查工程材料的数量清单、质量证明文件及自检结果
墙面抹灰工程	（1）对于砖墙和加气混凝土砌块墙体在抹灰前应进行了浇水湿润。 （2）对于基层为混凝土、加气混凝土、粉煤灰砌块时，在抹灰前应用水泥素浆对墙面进行了毛化处理。 （3）对于内外填充墙体，其与混凝土梁、柱交接处在粉刷前应采用抗碱纤维网格布黏贴，外墙梁柱交接处是否按要求采用钢丝网加固等。 （4）基层处理应符合标准要求；底灰和中层灰应采用了水泥砂浆或水泥混合砂浆施工，灰板应搓平呈毛面，应剔除了灰饼、标筋；墙面抹灰分层施工，上层抹灰在底层砂浆达到一定强度，并吸水均匀后进行；为确保加气混凝土块、砌体抹灰层不空鼓，在上层砂浆涂抹前在底层涂刷了防裂剂等。	（1）室内抹灰作业时可使用木凳、金属支架或脚手架等，但均应搭设稳固并检查合格后才能上人，脚手板跨度不得大于 2m，在脚手板上堆放的材料不得过于集中，在同一个跨度内施工作业的人员不得超过 2 人。高处进行抹灰作业时应系好安全带，并设专人监护。 （2）梯子宜用于高度在 4m 以下短时间的作业，应能承受作业人员和所携带工具攀登时的总重量，梯子不得接长或垫高使用。 （3）梯子使用时应放置稳固，与地面的夹角宜为 60°，梯脚要有防滑装置。登梯前，应先进行试登，确认可靠后方可使用。	重点检查：柱面、墙面阳角处是否采用水泥砂浆做了护角重点检查：基层处理质量、各层之间黏结程度、墙面平整度、垂直度、阴阳角方正及是否存在空鼓等

作业工序	质量控制重点	安全控制重点	监理作业重点
墙面抹灰工程	（5）施工配合比正确；面层抹灰层控制在6～8mm；操作时墙面应湿润，与中层砂浆黏结牢固，在水分略干后用铁抹子进行了压实压光；在抹灰24h以后进行了不少于7天喷水养护；冬季施工应有保温措施；顶棚采用不抹灰而直接批腻子的施工方法等。 （6）抹灰墙面平整、色泽均匀、无空鼓、开裂、脱皮。护角、孔洞、槽、盒周围的抹灰表面平整、方正垂直度偏差≤3mm。平整度偏差≤2mm。阴阳角方正偏差≤2mm 分格条直线度偏差≤3mm。墙裙、勒角上口直线度≤3mm	（4）禁止作业人员手拿工具或其他用品上下梯子。在梯子上作业时，作业人员应携带工具袋或传递绳，严禁上下抛递工具材料。梯子下面应有人扶持和监护，梯子上的最高两挡不得站人。人字梯应具有坚固的铰链和限制开度的拉链	
门窗安装施工	（1）审查铝合金门窗、防火门的出厂合格证和检验报告。对于防火门需特别注意，其质量必须符合设计要求和有关消防验收标准的规定，应由厂家提供检测报告，功能指标必须符合设计和使用需要。窗成品需做抗风压、水密性、气密性的三性试验，取得“三性”检测报告。 （2）专业监理工程师审查工程材料的数量清单、质量证明文件及自检结果，在各层门窗洞口处应按设计文件要求尺寸弹出水平和垂直控制线；对偏位门窗、洞口进行了处理；门窗框按图纸要求位置安装等。	（1）现场是否落实了施工方案中的安全技术措施。 （2）电动工具操作人员是否正确使用了安全防护用品。 （3）电动工具电缆接线是否正确，电缆有无破损等。 （4）安装门窗、玻璃或擦拭玻璃时，严禁手攀窗框、窗扇、窗梃和窗撑；操作时，应系好安全带，且安全带必须有坚固牢靠的挂点，严禁把安全带挂在窗体上	审查门窗出厂质量证明文件，并见证取样。采集数码照片，要求按国网基建安质〔2016〕56号文要求

续表

作业工序	质量控制重点	安全控制重点	监理作业重点
门窗安装施工	（3）木门框套侧边与墙体连接部位应涂刷如橡胶型防腐涂料或涂刷聚丙乙烯树脂保护装饰膜；采用铁件连接的固定件应进行防腐处理；门框每边的固定点及其间距符合标准要求。 （4）门窗框与墙体间空隙采用了发泡材料填充密实；在门窗框外侧和墙体室外二次粉刷层预留槽口，槽口采用硅酮膏进行密封。 （5）木门扇的型号、规格、质量符合要求；门扇底部与地面间隙为5～6mm。 （6）玻璃放入槽中间后，内外两侧应有不小于2mm间隙；就位后，用橡皮条嵌入凹槽将其挤紧，并在封条上面注入了密封胶。 （7）铝合金窗扇安装防撞和防脱落装置；断桥铝材安装完成后进行淋水试验。 （8）木门。 1）木门、套洁净、线条顺直、接缝严密、色泽一致，无裂缝、翘曲及损坏。 2）卫生间木门，下部设置通风百叶窗。 3）宽度大于1m的木门，合页按“上二下一”的要求安装，合页间距正确，门框与门扇双面开槽。 4）翘曲（框、扇）偏差≤2mm。对角线长度差（框、扇）≤2mm。表面平整度（扇）偏差≤2mm。裁口、线条结合处高低差（框、扇）偏差≤0.5mm。		

续表

作业工序	质量控制重点	安全控制重点	监理作业重点
门窗安装施工	5）门槽口对角线长度差≤2mm。门框正、侧面垂直度偏差≤1mm。框与扇、扇与扇接缝高低差≤1mm。双扇门内外框间距偏差≤3mm。 6）有防水要求的门套底部做防水防潮处理 （9）防火门、玻璃门、钢门。 1）防火门平整、光洁、无掉漆、变形、划伤，可视高度安装玻璃视窗，有自闭装置，开启方向正确。 2）玻璃门采用安全玻璃，开启灵活。 3）门框的正、侧面垂直度偏差≤3mm。门横框的水平度偏差≤3mm。门横框的标高偏差≤5mm，门竖向偏离中心偏差≤4mm。双扇门内外框间距偏差≤5mm 4）钢制门要做可靠接地，并有明显标识。 5）门框密封胶宽窄均匀一致、无起皮裂缝、美观。 6）钢门一侧与地面齐平。 （10）断桥铝合金窗。 1）窗的相关性能满足要求，门窗框（扇）安装牢固，无变形、翘曲、窜角，附件齐全。 2）门窗扇缝隙均匀、平直、关闭严密，开启灵活。推拉门窗设置防撞及防跌落装置。		

续表

作业工序	质量控制重点	安全控制重点	监理作业重点
门窗安装施工	3）门窗框的正、侧面垂直度偏差≤3mm。门窗横框的水平度偏差≤3mm。门窗横框的标高偏差≤5mm。门窗竖向偏离中心偏差≤5mm。双扇门窗内外框间距偏差≤4mm。 4）窗口密封胶宽窄均匀一致、无起皮裂缝、美观。 5）窗台内高外低，留置正确。 6）卫生间、淋浴间窗玻璃采用磨砂型		
吊顶	（1）吊顶棚标高控制线、主龙骨位置线、吊杆固定点位置及吊杆固定点间距符合设计文件和标准要求。 （2）角钢块与预埋件的焊接牢固，钢筋吊杆的直径符合承重要求；在梁或风管等机电设备侧安装吊杆的跨越结构处理符合标准要求，吊杆间距及吊杆距主龙骨端部的距离符合设计文件要求；吊顶灯具、风口及检修口设置附加吊杆；金属吊杆的防腐处理符合设计文件要求，木吊杆的防腐、防火处理符合设计文件要求等边龙骨与墙体的连接方式符合设计文件要求，安装牢固；主龙骨与吊杆的连接配件应配套，安装间距、安装方向及起拱高度符合设计文件要求；次龙骨和主龙骨之间的挂件固定要牢固，安装间距符合设计文件要求；木龙骨平整、顺直、无劈裂等。	（1）重型灯具、电扇及其他重型设备严禁安装在吊顶工程的龙骨上。 （2）检查装修施工过程中，装饰材料应远离火源，并应指派专人负责施工现场的防火安全。 （3）在吊顶内作业时，应搭设步道，非上人吊顶不得上人。吊顶内作业应使用安全电压照明。吊顶内焊接应按规定办理作业票，焊接地点不得堆放易燃物	重点检查：面板排版、安装、吊杆规格型号及间距专业监理工程师签署隐蔽工程验收报审表

续表

作业工序	质量控制重点	安全控制重点	监理作业重点
吊顶	（3）面板应严格按照排版图进行了安装，安装稳固严密；面板材料和龙骨的搭接应平整、吻合，压条平直、宽窄一致，搭接宽度符合标准要求；面板表面洁净、色泽一致；饰面板上的灯具、烟感器、淋喷头、风口篦子等设备的位置合理、美观，与面板的交接吻合、严密。 （4）验收。 1）面板洁净、色泽一致，无翘曲、缺损。 2）压条无变形、宽窄一致，安装牢固、平直。 3）排版合理，无小于 1/2 非整块砖出现。 4）板面的灯具、风口百叶位置合理、美观，交接吻合、严密。 5）平整度偏差≤2mm；接缝直线度偏差≤3mm；接缝高低差≤1mm。 6）吊顶和墙面无缝隙，对缝，墙面顶层砖为整砖		
地面和楼面层板材	（1）审查地砖等材料的质量合格证明文件，对型号、规格、外观等进行验收。对黏贴用水泥的凝结时间、安定性和抗压强度进行复试见证取样，并采集数码照片。 （2）对于建筑地面工程采用的大理石、花岗岩、料石等天然石材以及砖、预制板块、人造板材、胶黏剂、涂料、水泥、砂、石、外加剂等材料或产品应符合国家现行有关室内环境污染控制和放射性、有害物质限量的规定。	（1）现场应落实了施工方案中的安全措施；切割工具电缆接线正确，电缆有无破损等 （2）切割石材、瓷砖采取防尘措施，操作人员佩戴防护口罩	重点审查：地砖、水泥出厂质量证明文件，见证取样；检查铺贴质量、有排水要求的房间排水坡度。采集数码照片，要求详见国网基建安质〔2016〕56 号文

续表

作业工序	质量控制重点	安全控制重点	监理作业重点
地面和楼面层板材	（3）铺贴砂浆配比、结合层砂浆的干湿程度符合设计文件和标准要求；铺贴地砖顺序合理；表面平整、洁净、色泽一致；接缝顺直、平整、深浅一致；卫生间排水坡度、坡向符合设计文件要求；地漏设置在板块中间等。 （4）验收。 地砖： 1）地砖表面洁净，色泽一致，接缝平整，砖缝顺直，无空鼓，损坏。 2）排版合理，无小于 1/2 非整块砖出现。 3）平整度偏差≤2mm；缝格平直偏差≤3mm。接缝高低差≤0.5mm。 4）踢脚线缝与地缝对缝，踢脚线半嵌入正确，无空鼓，上沿磨角美观。 防静电地板： 1）面层排列整齐、表面洁净、色泽一致、接缝均匀、周边顺直。 2）面层无裂纹、掉角和缺棱等缺陷，切割边不经处理不得镶补安装，并不得局部膨胀变形。行走无响声、无晃动。 3）支撑架螺栓紧固，缓冲垫放置平稳整齐，所有的支座柱和横梁构成框架一体，并与基层连接牢固，边块支撑齐全。 4）不得有小于 1/2 非整块板块出现，且应放在房间拐角部位		

续表

作业工序	质量控制重点	安全控制重点	监理作业重点
墙面面砖	（1）审查水泥、面砖等拟进场工程材料的质量证明文件；按规定对水泥、外墙陶瓷面砖的吸水率、寒冷地区外墙陶瓷面砖的抗冻性进行复试见证取样，并采集数码照片。 （2）预排板是否出现了小于1/2整砖的块材；在门窗洞口侧、雨篷、阳台、柱子、女儿墙等处砖缝排版应满足水平通缝和垂直通缝；室内墙面砖和地砖应对缝；吊顶边条正好压墙砖平缝等。加工尺寸满足标准要求；面砖黏贴阳角拼缝将砖边磨成45°斜角；阴角粘贴采取大面砖压小面砖工艺；面砖安装按照绘制的大样进行，安装牢固、平整，砖缝宽度和深度是否一致；凸出墙面的管道、开关插座处为整砖套割等。 （3）验收。 1）瓷砖套割吻合，边缘整齐。黏贴牢固，无空鼓，表面平整、洁净、色泽一致，无裂痕和缺损。 2）垂直度偏差≤2mm。平整度偏差≤1.5mm。接缝直线度偏差≤2mm。接缝高低差≤0.5mm。 3）不出现小于1/2非整砖的出现。 4）墙面砖与地面砖砖缝对缝	（1）现场是否落实了施工方案中的安全技术措施；操作人员正确使用了安全防护用品等。 （2）切割石材、瓷砖应采取防尘措施，操作人员是否佩戴防护口罩	重点检查： 墙面砖分区、预排板的放样与施工方案是否一致；面砖的黏贴、勾缝质量。面砖黏贴强度拉拔试验监理见证

续表

作业工序	质量控制重点	安全控制重点	监理作业重点
墙面涂料	（1）在混凝土和砂浆抹灰的基层上涂刷抗碱封闭底漆；底漆涂刷的顺序按照先上后下的顺序进行。 （2）涂刷前底漆干燥，漆膜干燥后 （3）用细砂纸打磨光滑并清扫干净；成型后的涂料厚薄均匀，纹路、花点大小均匀一致、方向统一。面层涂料在主层涂料完全干燥后进行；门窗、灯具、箱盒及其他易受污染的部位得到有效保护；涂料涂饰颜色均匀一致、粘结牢固。 （4）验收。 1）墙面平整光滑、棱角顺直。颜色均匀一致，无返碱、咬色，无流坠、疙瘩，无砂眼、刷纹。 2）垂直度偏差≤3mm。平整度偏差≤2mm。阴阳角方正偏差≤2mm。 3）分格条直线度偏差≤3mm。 4）涂料与埋件边缘清晰、整齐、不咬色	（1）作业前，作业人员进入现场，应穿戴好安全防护衣物，戴密闭式护目镜。 （2）在脚手架上进行涂饰作业前应检查脚手架是否牢固，在悬吊设施上进行涂饰作业前应检查固定端牢固，悬索结实可靠。 作业人员在用钢丝刷或电动工具清理墙面时，应注意风向和操作方向，防止眼睛沾污受伤，刮腻子和滚涂涂料作业时，尽量保持作业面与视线在同一高度，避免仰头作业	重点检查：审查涂料、腻子、胶黏剂及溶剂等拟进场工程材料的质量证明文件；施工质量；涂刷厚度、颜色是否均匀一致

续表

作业工序	质量控制重点	安全控制重点	监理作业重点
平台与楼梯栏杆	栏杆纵向中心线符合设计文件要求；固定件间距、位置、标高、坡度应符合设计文件和标准要求；固定件的品种、规格、预埋方式要符合设计文件要求；立杆安装的间距、位置及固定方式应符合设计文件要求，其固定稳定牢固；立杆底部石材盖板进行套装，立杆法兰盘将其开孔缝隙全部覆盖；木扶手的扁钢的规格、安装的位置、垂直度、水平度及直线度符合设计文件和标准要求；玻璃栏板或铁艺的规格、造型、外观符合设计文件要求，其固定牢固；扶手安装牢固，安装高度符合设计文件要求；扶手表面光滑美观，转弯弧度是否顺畅。 （1）栏杆排列均匀、竖直有序，焊接美观、表面光滑，涂漆颜色均匀。 （2）栏杆垂直度偏差≤2mm。栏杆间距偏差≤3mm。扶手直线度偏差≤3mm。扶手高度偏差≤3mm。 （3）护栏必须牢固，栏杆底部设 100mm 高的挡板。 （4）大于 24m 时栏杆高度不低于 1.1m，小于 24m 时栏杆高度不低于 1.05m	（1）室外金属栏杆应有可靠接地。 （2）检查制订施工单位的防火安全制度，及施工人员严格遵守情况。 （3）施工现场动用电气焊等明火时，须清除周围及焊渣滴落的可燃物质，并设专人监督。 （4）临边作业的安全措施到位，操作人员的安全防护用品配置和正确使用。电动工具接线正确，电缆线绝缘完好	重点检查：栏杆、栏板、扶手的品种及规格、安装高度、垂直度、直线度、稳定性等
验收阶段工作	审查分部工程所含分项工程的质量均合格；质量控制资料完整；观感质量验收应符合要求；施工记录的填写正确、规范；该分部工程的施工质量符合有关规范和工程设计文件的要求		（1）总监理工程师组织分部工程验收，签署分部工程质量报验申请单。 （2）专业监理工程师编写工程施工强制性条文执行检查表。 （3）采集数码照片，要求详见国网基建安质〔2016〕56 号文

室内给排水工程

作业顺序	质量控制重点	安全控制重点	监理作业重点
施工准备阶段	（1）给排水构筑物工程所用的原材料、半成品、成品等产品的品种、规格、性能必须符合国家有关标准的规定和设计要求；接触饮用水的产品必须符合有关卫生要求。严禁使用国家明令淘汰、禁用的产品。 （2）工程所用主要原材料、半成品、构（配）件、设备等产品，进入施工现场时必须进行进场验收。并按国家有关标准规定进行复验，验收合格后方可使用	施工项目部报审的施工方案中的安全措施应包括施工机械安全操作重点、施工人员必须遵守的安全事项、现场危险点及避险措施等内容	（1）审核施工项目部报审的施工方案。 （2）审查施工项目部管理人员及特种作业人员资质。 （3）审查施工机械。 （4）审查工程材料的数量清单、质量合格证书、性能检验报告、使用说明书、进口产品的商检报告及证件等，自检结果，签署工程材料/构配件/设备进场报审表。 （5）采集数码照片，均按照国网基建安质〔2016〕56号文执行
给水系统安装	（1）给水管道必须采用与管材相适应的管件。生活给水系统所涉及的材料必须达到饮用水卫生标准。 （2）管径小于或等于100mm的镀锌钢管应采用螺纹连接，套丝扣时破坏的镀锌层表面及外露螺纹部分应做防腐处理；管径大于100mm的镀锌钢管应采用法兰或卡套式专用管件连接，镀锌钢管与法兰的焊接处应二次镀锌。	现场安全文明施工措施落实情况，登高作业人员的安全措施是否到位；操作人员的安全防护用品是否配置和正确使用；电动工具接线是否正确，并采集数码照片参考输变电工程现场作业监理手册	（1）检查给水管道预埋套管的材质、规格、数量、标高、位置及长度是否符合设计文件要求。 （2）管道标高、位置及坡度是否符合设计文件要求，阀门朝向是否正确，暗装管道变径时是否使用了合理的大小头，安装是否牢固。 （3）管道支架安装是否牢固；不同部位的支架制作型式是否符合设计文件要求等。 （4）对管道的试压、通水、冲洗试验进行旁站

续表

作业顺序	质量控制重点	安全控制重点	监理作业重点
给水系统安装	（3）给水塑料管和复合管可以采用橡胶圈接口、黏结接口、热熔连接、专用管件连接及法兰连接等形式。塑料管和复合管与金属管件、阀门等的连接应使用专用管件连接，不得在塑料管上套丝。 （4）给水水平管道应有 2‰～5‰的坡度坡向泄水装置。 （5）管道的支、吊架安装应平整牢固，其间距应符合表 2–22 和表 2–23 的规定。 （6）地下室或地下构筑物外墙有管道穿过的，应采取防水措施。对有严格防水要求的建筑物，必须采用柔性防水套管 （7）种承压管道系统和设备应做水压试验，给水管道并网运行前应进行冲洗与消毒，经检验水质达到标准后，方可并网通水投入运行		
排水系统安装	（1）隐蔽或埋地的排水管道在隐蔽前必须做灌水试验，其灌水高度应不低于底层卫生器具的上边缘或底层地面高度。 （2）生活污水塑料管道的坡度必须符合设计。 （3）排水主立管及水平干管管道均应做通球试验，通球球径不小于排水管道管径的 2/3，通球率必须达到 100%。 （4）排水塑料管道支、吊架间距应符合表 2–24 的规定。 （5）地漏水封高度是否符合标准要求		（1）检查排水管道预埋套管的材质、规格、数量、标高、位置及长度是否符合设计文件要求；安装是否牢固；止水环是否符合设计文件要求等。 （2）管道支架的材质、规格、数量、位置、标高是否符合设计文件要求；安装是否牢固；不同部位的支架制作型式是否符合设计文件要求等。 （3）排水管道规格及敷设的位置、标高是否符合设计文件要求；管道坡度、固定卡件数量是否符合设计文件要求；预留口封堵是否严密；地埋穿墙管道与套管是否为柔性连接等；并采集数码照片。 （4）见证管道的满水、通水、通球试验

作业顺序	质量控制重点	安全控制重点	监理作业重点
室内消火栓系统安装	（1）室内消火栓系统安装完成后应取屋顶层（或水箱间内）试验消火栓和首层取二处消火栓做试射试验，达到设计要求为合格。 （2）箱式消火栓的安装应符合下述要求。 1）栓口应朝外，并不应安装在门轴侧。 2）栓口中心距地面为 1.1m，允许偏差±20mm。 3）阀门中心距箱侧面为 140mm，距箱后内表面为 100mm，允许偏差±5mm。 4）消火栓箱体安装的垂直度允许偏差为3mm		（1）检查压力试验资料。 （2）检查消火栓的标高、栓口高度等
卫生器具安装	（1）安装的是否平、稳、牢、准、不漏，符合有关标准要求。 （2）与排水横管连接的各卫生器具的受水口和立管均应采取妥善可靠的固定措施；管道与楼板的接合部位应采取牢固可靠的防渗、防漏措施。 （3）连接卫生器具的排水管道接口应紧密不漏，其固定支架、管卡等支撑位置应正确、牢固，与管道的接触应平整。 （4）卫生器具排水管道安装的允许偏差应符合设计要求。 （5）连接卫生器具的排水管管径和最小坡度应符合设计要求		卫生器具外观质量是否符合标准要求；试验完成后的各敞口处是否封堵严密等

续表

作业顺序	质量控制重点	安全控制重点	监理作业重点
验收阶段	（1）子分部（分项）工程质量验收； （2）质量管理资料核查； （3）安全、卫生和主要使用功能核查抽查结果； （4）观感质量验收		（1）总监理工程师组织分部工程验收，签署分部工程质量报验申请单； （2）专业监理工程师编写工程施工强制性条文执行检查表

注　本表适用于供配电工程项目。

表 2–22　　钢管管道支架的最大间距

公称直径（mm）		15	20	25	32	40	50	70	80	100	125	150	200	250	300
支架的最大间距（m）	保温管	2	2.5	2.5	2.5	3	3	4	4	4.5	6	7	7	8	8.5
	不保温管	2.5	3	3.5	4	4.5	5	6	6	6.5	7	8	9.5	11	12

表 2–23　　塑料管及复合管管道支架的最大间距

管径（mm）			12	14	16	18	20	25	32	40	50	63	75	90	110
最大间距（m）	立管		0.5	0.6	0.7	0.8	0.9	1.0	1.1	1.3	1.6	1.8	2.0	2.2	2.4
	水平管	冷水管	0.4	0.4	0.5	0.5	0.6	0.7	0.8	0.9	1.0	1.1	1.2	1.35	1.55
		热水管	0.2	0.2	0.25	0.3	0.3	0.35	0.4	0.5	0.6	0.7	0.8		

表 2–24　　排水塑料管道支吊架最大间距　　（m）

管径（mm）	50	75	110	125	160
立　管	1.2	1.5	2.0	2.0	2.0
横　管	0.5	0.75	1.10	1.30	1.6

通风与空调工程

<table>
<tr><th>作业顺序</th><th>质量控制重点</th><th>安全控制重点</th><th>监理作业重点</th></tr>
<tr><td>施工准备阶段</td><td>（1）风管的材料品种、规格、性能与厚度等应符合设计和现行国家产品标准的规定。
（2）设备型号、规格应符合设计规定</td><td rowspan="3">（1）施工项目部报审的施工方案中的安全措施应包括施工机械安全操作重点、施工人员必须遵守的安全事项、现场危险点及避险措施等内容。
（2）现场安全文明施工措施落实情况。
（3）登高作业人员的安全措施是否到位；操作人员的安全防护用品是否配置和正确使用；电动工具接线是否正确</td><td>（1）审核施工项目部报审的施工方案。
（2）审查施工项目部管理人员及特种作业人员资质。
（3）审查施工机械。
（4）审查工程材料的数量清单、质量合格证书、性能检验报告、使用说明书、进口产品的商检报告及证件等，自检结果，签署工程材料/构配件/设备进场报审表。
采集数码照片，均按照国网基建安质〔2016〕56 号文执行</td></tr>
<tr><td>管道安装</td><td>（1）风管接口的连接应严密、牢固。
（2）在风管穿过需要封闭的防火、防爆的墙体或楼板时，应设预埋管或防护套管</td><td rowspan="2">风管安装的位置、标高、走向；参考输变电工程现场作业监理手册
通风机的出口方向应正确，固定方式、调试结果等，并采集数码照片</td></tr>
<tr><td>风机安装</td><td>（1）固定通风机的地脚螺栓应拧紧，并有防松动措施。
（2）风机开关是否设置在室外门口处；风机外壳是否接地。
（3）通风机传动装置的外露部位以及直通大气的进、出口。必须装设防护罩（网）或采取其他安全设施</td></tr>
</table>

续表

作业顺序	质量控制重点	安全控制重点	监理作业重点
空调管子安装	（1）管道预埋的位置、孔洞大小、数量是否符合设计文件要求。 （2）冷凝水管排水坡度是否正确；安装是否牢固；穿墙处是否密封严密；保温是否符合设计文件要求等		检查空调机安装位置、固定方式、管道连接严密性等
空调主机安装	（1）设备安装位置、标高是否正确，固定是否牢固等。 （2）控制线、主电源线敷设方式是否符合设计文件要求等		
质量验收	（1）子分部（分项）工程质量验收。 （2）质量管理资料核查。 （3）安全、卫生和主要使用功能核查抽查结果。 （4）观感质量验收		（1）总监理工程师组织分部工程验收，签署分部工程质量报验申请单。 （2）专业监理工程师编写工程施工强制性条文执行检查表。 （3）采集数码照片（按国网基建安质〔2016〕56号文要求）

注　本表适用于供配电工程项目。

建筑照明工程

施工工序	质量控制重点	安全控制重点	监理作业重点
施工准备阶段	（1）对进场的配管、导线、灯具、配电箱、开关、插座、扁钢的材质、规格及型号进行实体检查，核查是否符合设计文件要求。 （2）见证施工项目部技术交底。核查交底、接底人员在交底记录上的签字是否齐全	检查现场安全文明施工措施落实情况，现场安全文明施工设施是否符合要求，是否齐全、完好	（1）审核施工项目部报审的施工方案。 （2）对进场管理人员及特种作业人员的资质进行审核。 （3）对进场施工机械、工程材料的质量证明文件进行审核。 （4）按国网基建安质〔2016〕56 号文相关要求采集数码照片
配管、线槽敷设阶段	（1）金属导管必须接地（PE）或接零（PEN）可靠，并符合下列规定： 1）镀锌的钢导管、可挠性导管和金属线槽不得熔焊跨接接地线，以专用接地卡跨接的两卡间连线为铜芯软导线，截面积不小于 $4mm^2$。 2）当非镀锌钢导管采用螺纹连接时，连接处的两端焊跨接接地线；当镀锌钢导管采用螺纹连接时，连接处的两端用专用接地卡固定跨接接地线。 （2）金属导管严禁对口熔焊连接；镀锌和壁厚小于等于 2mm 的钢导管不得套管熔焊连接。	（1）检查作业人员着装是否规范、精神状态是否良好，是否按规定要求经相应的安全生产教育和岗位技能培训，并考核合格。 （2）检查特种作业人员是否持证上岗，检查特种作业人员与审批文件是否一致。 （3）检查是否配备个人安全防护用品，并经检验合格，是否齐全、完好。 （4）检查电焊机、切割机等工器具是否完好，是否经检查合格有效。 （5）进行焊接或切割工作时，操作人员应穿戴焊接防护服、防护鞋、焊接手套、护目镜等符合专业防护要求的个体防护装备。 （6）焊接与切割的工作场所应有良好的照明，并采取措施排除有害气体、粉尘和烟雾等。应配备灭火装置，灭火器应检验合格。	（1）检查配管、线槽安装是否牢固，保护措施与施工方案是否一致。 （2）检查线盒封堵是否严密，灯具位置是否合理等。 （3）检查金属导管的连接方式、接地及绝缘导管在墙体内暗敷时保护层厚度等。 （4）审查分项工程所含的检验批是否均合格。 （5）审查分项工程所含的检验批的质量验收记录是否完整、填写规范。 （6）审查分项工程的施工质量是否符合规范和工程设计文件的要求。 （7）签署分项工程质量报验申请单。 （8）检查强制性条文执行情况，签署输变电工程施工强制性条文执行记录表。

续表

施工工序	质量控制重点	安全控制重点	监理作业重点
配管、线槽敷设阶段	（3）当绝缘导管在砌体上剔槽埋设时，应采用强度等级不小于 M10 的水泥砂浆抹面保护，保护层厚度大于 15mm。 （4）金属导管内外壁应防腐处理；埋设于混凝土内的导管内壁应防腐处理，外壁可不防腐处理。 （5）室外埋地敷设的电缆导管，埋深不应小于 0.7m。壁厚小于等于 2mm 的钢电线导管不应埋设于室外土壤内。 （6）在落地式配电箱内的管口，箱底无封板的，管口应高出基础面 50～80mm。所有管口在穿入电线、电缆后应做密封处理。 （7）电缆导管的弯曲半径不应小于电缆最小允许弯曲半径，电缆最小允许弯曲半径应符合 GB 50303—2011 中表 12.2.1–1 的规定。 （8）暗配的导管，埋设深度与建筑物、构筑物表面的距离不应小于 15mm；在终端、弯头中点或柜、箱等边缘的距离 150～500mm 范围内设有管卡。 （9）金属电缆桥架及其支架和引入或引出的金属电缆导管必须接地（PE）或接零（PEN）可靠，且必须符合下列规定： 1）金属电缆桥架及其支架全长应不少于 2 处与接地（PE）或接零（PEN）干线相连接。	（7）进行焊接或切割工作，应经常检查并注意工作地点周围的安全状态，有危及安全的情况时，应采取防护措施	（9）按国网基建安质〔2016〕56 号文相关要求采集数码照片

续表

施工工序	质量控制重点	安全控制重点	监理作业重点
配管、线槽敷设阶段	2）非镀锌电缆桥架间连接板的两端跨接铜芯接地线，接地线最小允许截面积不小 $4mm^2$。 3）镀锌电缆桥架间连接板的两端不跨接接地线，但连接板两端不少于 2 个有防松螺帽或防松垫圈的连接固定螺栓		
电线、电缆穿管和线槽敷线阶段	（1）三相或单相的交流单芯电缆，不得单独穿于钢导管内。 （2）不同回路、不同电压等级和交流与直流的电线，不应穿于同一导管内。 （3）同一交流回路的电线应穿于同一金属导管内，且管内电线不得有接头。 （4）爆炸危险环境照明线路的电线和电缆额定电压不得低于 750V，且电线必须穿于钢导管内。 （5）电线、电缆穿管前，应清除管内杂物和积水。管口应有保护措施，不进入接线盒（箱）的垂直管口穿入电线、电缆后，管口应密封。 （6）线槽敷线应符合下列规定： 1）电线在线槽内有一定余量，不得有接头。电线按回路编号分段绑扎，绑扎点间距不应大于 2m。 2）同一回路的相线和零线，敷设于同一金属线槽内。 3）同一电源的不同回路无抗干扰要求的线路可敷设于同一线槽内；敷设于同一线槽内有抗干扰要求的线路用隔板隔离，或采用屏蔽电线且屏蔽护套一端接地	（1）检查作业人员着装是否规范、精神状态是否良好，是否按规定要求经相应的安全生产教育和岗位技能培训，并考核合格。 （2）检查特种作业人员是否持证上岗，检查特种作业人员与审批文件是否一致。 （3）检查高空作业是否配备个人安全防护用品，并经检验合格，是否齐全、完好	（1）检查接线盒内电源线预留长度是否满足标准要求。 （2）检查同一交流回路的导线是否穿于同一管内等。 （3）审查分项工程所含的检验批是否均合格。 （4）审查分项工程所含的检验批的质量验收记录是否完整、填写规范。 （5）审查分项工程的施工质量是否符合规范和工程设计文件的要求。 （6）签署分项工程质量报验申请单。 （7）检查强制性条文执行情况，签署输变电工程施工强制性条文执行记录表。 （8）按国网基建安质〔2016〕56 号文相关要求采集数码照片

续表

施工工序	质量控制重点	安全控制重点	监理作业重点
电气照明装置安装阶段	（1）Ⅰ类灯具的不带电的外露可导电部分必须与保护接地线（PE）可靠连接，且应有标识。 （2）灯具安装应符合下列规定： 1）灯具接线时相线接于螺口灯头中间的端子上。 2）灯具重量大于3kg时，固定在螺栓或预埋吊钩上。质量大于19kg的灯具，其固定装置应按5倍灯具重量的恒定均布荷载全数作强度试验，历时15min，固定装置的部件应无明显变形。 3）在砌体和混凝土结构上严禁使用木楔、尼龙或塑料塞安装规定电气照明装置。 4）当钢管做灯杆时，钢管内径不应小于10mm，钢管厚度不应小于1.5mm。 （3）当灯具距地面高度小于2.4m时，灯具的可接近裸露导体必须接地（PE）或接零（PEN）可靠，并应有专用接地螺栓，且有标识。 （4）灯具及其配件齐全，无机械损伤、变形、涂层剥落和灯罩破裂等缺陷。 （5）电气设备及裸母线的正上方不应安装灯具。 （6）当有照明和功率密度测试要求时，应在无外界光源的情况下，测量并记录被检测区域内的平均照度和功率密度值，每种功能区域检测不少于2处。	（1）检查作业人员着装是否规范、精神状态是否良好，是否按规定要求经相应的安全生产教育和岗位技能培训，并考核合格。 （2）检查特种作业人员是否持证上岗，检查特种作业人员与审批文件是否一致。 （3）检查操作人员安装灯具时的安全防护用品是否正确使用	（1）检查灯具安装是否牢固、整齐。 （2）检查灯具的安装高度和位置、吊杆质量、应急灯的安装工艺、防爆灯具的选型及其开关的位置等。 （3）审查分项工程所含的检验批是否均合格。 （4）审查分项工程所含的检验批的质量验收记录是否完整、填写规范。 （5）审查分项工程的施工质量是否符合规范和工程设计文件的要求。 （6）签署分项工程质量报验申请单。 （7）检查强制性条文执行情况，签署输变电工程施工强制性条文执行记录表。 （8）按国网基建安质〔2016〕56号文相关要求采集数码照片

续表

施工工序	质量控制重点	安全控制重点	监理作业重点
电气照明装置安装阶段	1）照度值不得小于设计值。 2）功率密度值应符合 GB 50034《建筑照明设计标准》的规定或设计要求		
配电柜、箱安装阶段	（1）配电柜、箱的金属框架必须接地（PE）或接零（PEN）可靠；装有电器的可开启门，门和框架的接地端子间应用裸编织铜线连接，且有标识。 （2）照明配电箱应有可靠的电击保护。 （3）照明配电箱安装应符合下列规定： 1）配电箱内配线整齐，无绞接现象。导线连接紧密，不伤芯线，不断股。垫圈下螺栓两侧压的导线截面积相同，同一端子上导线连接不多于 2 根，防松垫圈等零件齐全。 2）配电箱内开关动作灵活可靠，带有漏电保护的回路，漏电保护装置动作电流不大于 30mA，动作时间不大于 0.1s。 3）照明配电箱内，分别设置零线（N）和保护地线（PE 线）汇流排，零线和保护地线经汇流排配出。 4）配电箱位置正确，部件齐全，箱体开孔与导管管径适配，暗装配电箱箱盖紧贴墙面，箱涂层完整。 5）配电箱内接线整齐，回路编号齐全，标识正确。 6）配电箱不可采用可燃材料制作。 7）配电箱安装牢固，垂直度允许偏差为 1.5‰，底边距地面为 1.5m	（1）检查作业人员着装是否规范、精神状态是否良好，是否按规定要求经相应的安全生产教育和岗位技能培训，并考核合格。 （2）检查特种作业人员是否持证上岗，检查特种作业人员与审批文件是否一致。 （3）检查高空作业是否配备个人安全防护用品，并经检验合格，是否齐全、完好	（1）检查安装是否牢固，颜色是否统一，底标高是否正确、一致。 （2）检查接地是否可靠，箱内接线工艺是否美观。 （3）检查各回路名称标牌是否齐全、合格。 （4）检查金属箱体的接地或接零、绝缘电阻、箱内的各种配置等。 （5）审查分项工程所含的检验批是否均合格。 （6）审查分项工程所含的检验批的质量验收记录是否完整、填写规范。 （7）审查分项工程的施工质量是否符合规范和工程设计文件的要求。 （8）签署分项工程质量报验申请单。 （9）检查强制性条文执行情况，签署输变电工程施工强制性条文执行记录表。 （10）按国网基建安质〔2016〕56 号文相关要求采集数码照片

续表

施工工序	质量控制重点	安全控制重点	监理作业重点
开关、插座安装阶段	（1）插座接线、安装应符合下列规定： 1）单相两孔插座，面对插座的右孔或上孔与相线连接，左孔或下孔与零线连接；单相三孔插座，面对插座的右孔与相线连接，左孔与零线连接。 2）单相三孔、三相四孔及三相五孔插座的接地（PE）或接零（PEN）线接在上孔。插座的接地端子不与零线端子连接。同一场所的三相插座，接线的相序一致。 3）接地（PE）或接零（PEN）线在插座间不串联连接。 4）暗装的插座面板紧贴墙面，四周无缝隙，安装牢固，表面光滑整洁、无碎裂、划伤，装饰帽齐全；同一室内插座安装高度一致。 （2）照明开关安装应符合下列规定： 1）同一建筑物、构筑物的开关采用同一系列的产品，开关的通断位置一致，操作灵活、接触可靠。 2）相线经开关控制。 3）开关安装位置便于操作，开关边缘距门框边缘的距离 0.15～0.2m，开关距地面高度 1.3m。 4）相同型号并列安装及同一室内开关安装高度一致，且控制有序不错位。 5）暗装的开关面板应紧贴墙面，四周无缝隙，安装牢固，表面光滑整洁、无碎裂、划伤，装饰帽齐全	（1）检查作业人员着装是否规范、精神状态是否良好，是否按规定要求经相应的安全生产教育和岗位技能培训，并考核合格。 （2）检查特种作业人员是否持证上岗，检查特种作业人员与审批文件是否一致。 （3）检查高空作业是否配备个人安全防护用品，并经检验合格，是否齐全、完好	（1）检查同一部位开关面板高度、色泽是否一致，间隔是否均匀。 （2）检查暗装的开关面板是否紧贴墙壁面，安装是否牢固。 （3）检查有防爆要求的开关是否设置在室外。 （4）检查卫生间、外墙开关及插座是否配置了防雨罩。 （5）检查插座接线、特殊情况下的插座安装、开关的通断位置等。 （6）审查分项工程所含的检验批是否均合格。 （7）审查分项工程所含的检验批的质量验收记录是否完整、填写规范。 （8）审查分项工程的施工质量是否符合规范和工程设计文件的要求。 （9）签署分项工程质量报验申请单。 （10）检查强制性条文执行情况，签署输变电工程施工强制性条文执行记录表。 （11）按国网基建安质〔2016〕56 号文相关要求采集数码照片

续表

施工工序	质量控制重点	安全控制重点	监理作业重点
电气照明装置调试运行阶段	（1）试运行操作是否按照已审批的方案进行等。 （2）照明系统通电，灯具回路控制应与照明配电箱及回路的标识一致；开关与灯具控制顺序相对应，风机的转向及开关应正常。 （3）建筑照明系统通电连续试运行时间应为24h，所有照明灯具均应开启，且每2h记录运行状态1次，连续试运行时间内无故障	（1）检查安全技术交底是否齐全、完善。 （2）检查拟运行区安全警示、隔离措施是否齐全、到位。 （3）检查试运行操作是否按照已审批的方案进行等	（1）试运前检查各个支路的绝缘电阻是否测试合格。 （2）检查试运行时间是否符合标准要求。 （3）检查试运行电流、电压记录是否齐全。 （4）检查调试运行结果是否符合标准要求等。 （5）检查灯具回路控制与照明配电箱回路标识的一致性、开关与灯具控制顺序的对应性等。 （6）审查分项工程所含的检验批是否均合格。 （7）审查分项工程所含的检验批的质量验收记录是否完整、填写规范。 （8）审查分项工程的施工质量是否符合规范和工程设计文件的要求。 （9）签署分项工程质量报验申请单。 （10）检查强制性条文执行情况，签署输变电工程施工强制性条文执行记录表。 （11）按国网基建安质〔2016〕56号文相关要求采集数码照片
质量验收阶段	验收建筑照明分部工程时，应核查下列各项质量控制资料： （1）建筑照明分部工程施工图设计文件和图纸会审记录及洽商记录。		（1）审查分部工程所含分项工程的质量是否均合格。 （2）审查质量控制资料是否完整。 （3）审查施工记录的填写是否正确，是否规范。

续表

施工工序	质量控制重点	安全控制重点	监理作业重点
质量验收阶段	（2）主要设备、器具、材料的合格证和进场验收记录。 （3）隐蔽工程记录。 （4）电气设备交接试验记录。 （5）接地电阻、绝缘电阻测试记录。 （6）空载试运行和负荷试运行记录。 （7）建筑照明通电试运行记录		（4）审查有关安全及功能的检验和抽样检测结果是否符合有关规定。 （5）审查观感质量验收是否符合要求。 （6）审查该分部工程的施工质量是否符合有关规范和工程设计文件的要求。 （7）总监理工程师组织验收施工项目部报审的已完成分部工程，签署分部工程质量报验申请单。专业监理工程师编写工程施工强制性条文执行检查表，并由施工项目部签认。 （8）按国网基建安质〔2016〕56号文相关要求采集数码照片

电缆最小允许弯曲半径应符合表2–25的规定。

表2–25　　电缆最小允许弯曲半径（参见GB 50303—2011《建筑电气工程施工质量验收规范》中的表12.2.1–1）

序号	电　缆　种　类	最小允许弯曲半径
1	无铅包钢铠护套的橡皮绝缘电力电缆	$10D$
2	有钢铠护套的橡皮绝缘电力电缆	$20D$
3	聚氯乙烯绝缘电力电缆	$10D$
4	交联聚氯乙烯绝缘电力电缆	$15D$
5	多芯控制电缆	$10D$

注　D为电缆外径。

防雷接地工程

施工工序	质量控制重点	安全控制重点	监理作业重点
施工准备阶段	（1）对进场防雷接地材料的材质、规格及型号进行实体检查，核查是否符合设计文件要求。 （2）见证施工项目部技术交底。核查交底、接底人员在交底记录上的签字是否齐全	（1）检查现场安全文明施工措施落实情况，现场安全文明施工设施是否符合要求，是否齐全、完好。 （2）施工前应先摸清地下各种管线的相对位置情况	（1）审核施工项目部报审的施工方案； （2）对进场管理人员及特种作业人员的资质进行审核。 （3）对进场施工机械、工程材料的质量证明文件进行审核。 （4）按国网基建安质〔2016〕56 号文相关要求采集数码照片
防雷接地施工阶段	（1）当设计无要求时，接地装置顶面埋设深度不应小于 0.6m。圆钢、角钢及钢管接地极应垂直埋入地下，间距不应小于 5m。接地装置的焊接应采用搭接焊，搭接长度应符合下列规定： 1）扁钢与扁钢搭接为扁钢宽度的 2 倍，不少于三面施焊。 2）圆钢与圆钢搭接为圆钢直径的 6 倍，双面施焊。 3）圆钢与扁钢搭接为圆钢直径的 6 倍，双面施焊。	（1）检查作业人员着装是否规范、精神状态是否良好，是否按规定要求经相应的安全生产教育和岗位技能培训，并考核合格。 （2）检查特种作业人员是否持证上岗，检查特种作业人员与审批文件是否一致。 （3）检查是否配备个人安全防护用品，并经检验合格，是否齐全、完好。 （4）检查电焊机、切割机等工器具是否完好，是否经检查合格有效。 （5）开挖的沟道，应与地下各种管线保持足够的安全距离。 （6）作业人员相互之间应保持安全作业距离，横向间距不小于 2m，纵向间距不小于 3m；挖出的土石方应堆放在距坑边 1m 以外，高度不得超过 1.5m。	（1）检查防雷接地材料的埋深、间距、搭接长度、搭接焊接质量及焊接接头的防腐等。 （2）检查引下线敷设、避雷带安装及断接卡的安装高度是否符合设计文件要求等。 （3）检查引下线与主接地网是否有效连接。 （4）审查分项工程所含的检验批是否均合格。 （5）审查分项工程所含的检验批的质量验收记录是否完整、填写规范。 （6）审查分项工程的施工质量是否符合规范和工程设计文件的要求。 （7）签署分项工程质量报验申请单。 （8）检查强制性条文执行情况，签署输变电工程施工强制性条文执行记录表。

续表

施工工序	质量控制重点	安全控制重点	监理作业重点
防雷接地施工阶段	4）扁钢与钢管，扁钢与角钢焊接时，为了连接可靠，除应在其接触部位两侧进行焊接外，并应焊以由钢带弯成的弧形（或直角形）卡子或直接由钢带本身弯成弧形（或直角形）与钢管（或角钢）焊接。 5）除埋设在混凝土中的焊接接头外，应有防腐措施。 （2）避雷带与引下线之间的连接应采用焊接或热剂焊（放热焊接）。 （3）避雷带的引下线及接地装置使用的紧固件均应使用镀锌制品。当采用没有镀锌的地脚螺栓时应采取防腐措施。 （4）建筑物上的防雷设施采用多根引下线时。应在各引下线距地面 1.5～1.8m 处设置断接卡，断接卡应加保护措施。 （5）建筑物顶部的避雷带必须与顶部外露的其他金属物体连成一个整体的电气通路，且与避雷引下线连接可靠。 （6）建筑物顶部的避雷带应位置正确，焊接固定的焊缝饱满无遗漏，螺栓固定的应备帽等防松零件齐全，焊接部分补刷的防腐油漆完整。 （7）避雷带应平正顺直，固定点支持件间距均匀、固定可靠，每个支持件应能承受大于 49N（5kg）的垂直拉力。当设计无要求时，支持件间距水平直线部分 0.5～1.5m，垂直直线部分 1.5～3m，弯曲部分 0.3～0.5m。	（7）挖掘施工区域应设置安全警示标志，夜间应有照明灯。 （8）进行焊接或切割工作时，操作人员应穿戴焊接防护服、防护鞋、焊接手套、护目镜等符合专业防护要求的个体防护装备。 （9）焊接与切割的工作场所应有良好的照明，并采取措施排除有害气体、粉尘和烟雾等。应配备灭火装置，灭火器应检验合格。 （10）进行焊接或切割工作，应经常检查并注意工作地点周围的安全状态，有危及安全的情况时，应采取防护措施	（9）对测试接地装置的接地电阻值进行旁站监理。 （10）按国网基建安质〔2016〕56 号文相关要求采集数码照片

续表

施工工序	质量控制重点	安全控制重点	监理作业重点
防雷接地施工阶段	（8）独立避雷针及其接地装置与道路或建筑物的出入口等的距离应大于 3m。当小于 3m 时。应采取均压措施或铺设卵石或沥青地面。 （9）独立避雷针（线）应设置独立的集中接地装置。独立避雷针的接地装置与接地网的地中距离不应小于 3m。 （10）测试接地装置的接地电阻值必须符合设计要求		
质量验收阶段	（1）审查分部工程所含分项工程的质量是否均合格。 （2）审查质量控制资料是否完整。 （3）审查施工记录的填写是否正确，是否规范。 （4）审查有关安全及功能的检验和抽样检测结果是否符合有关规定。 （5）观感质量验收是否符合要求。 （6）该分部工程的施工质量是否符合有关规范和工程设计文件的要求		（1）总监理工程师组织验收施工项目部报审的已完成分部工程，签署分部工程质量报验申请单。 （2）专业监理工程师编写工程施工强制性条文执行检查表，并由施工项目部签认。 （3）按国网基建安质〔2016〕56 号文相关要求采集数码照片

构支架吊装工程

作业顺序	质量控制重点	安全控制重点	监理作业重点
施工准备阶段	（1）对进场的材料实体检查或见证取样。 （2）见证施工项目部技术交底。交底、接底人员在交底记录上的签字齐全	施工项目部报审的施工方案中的安全措施应包括施工机械安全操作重点、施工人员必须遵守的安全事项、现场危险点及避险措施等内容	（1）审核施工项目部报审的施工方案； （2）进场管理人员及特种作业人员、施工机械、工程材料证明等文件审核
构支架组立	（1）组装前应对高强度螺栓连接处按要求进行批次检验，并应符合 GB/T 3098.1《紧固件机械性能　螺栓、螺钉和螺柱》和 GB/T 3098.2《紧固件机械性能　螺母》的有关规定。 （2）构支架组装前应仔细检查构件编号，并应根据吊装总平面布置图进行排杆。 （3）构件的支垫处应夯实，每段杆应根据构件长度和重量设置支点。 （4）排杆后应对变形的构件进行校正，应检查法兰盘的平整度并处理影响法兰接触的附着物。 （5）组装前应仔细检查各构件的位置正确，连接质量应符合 GB 50205《钢结构工程施工质量验收规范》的有关规定。	（1）A 型梁。 1）工程技术人员应对照构架的重量和高度选择吊车的吨位，并计算出吊装所用的吊带、钢丝绳、卡扣的型号及临时拉线长度和地锚的荷重，并选用检验合格的吊具。 2）起吊前吊车司机要对吊车的各种性能进行检查。 3）吊车必须支撑平稳，必须设专人指挥，其他作业人员不得随意指挥吊车司机，吊臂及吊物下严禁站人或有人经过。 4）在绑扎临时拉线时，应由有经验的人员专职绑扎，不可其他作业人员随意绑扎。临时拉线应用卡扣紧固。 5）临时拉线绑扎点应靠近 A 型杆头，使临时拉线发挥最大拉力，保证构架的稳定性。吊物至 100mm 左右，应停止起吊，指挥人员检查起吊系统的受力情况，确认无问题后，方可继续起吊。	（1）检查该分项工程施工质量时候符合规范和工程设计文件的要求。 （2）重点检查钢结构连接用材料的品种规格及性能。 （3）钢管柱根开、长度及弯曲矢高。 （4）钢梁长度及起拱值。 （5）收集相关资料。 （6）采集数码照片，按国网基建安质〔2016〕56 号文的要求

续表

作业顺序	质量控制重点	安全控制重点	监理作业重点
构支架组立	（6）钢柱组立时应先主材后腹杆，法拉螺栓应由上向下、由里向外穿，法兰螺栓穿向应一致。法兰应垂直于钢管中心线，接触面应相互平行。 （7）梁组装应符合以下规定： 1）应遵循先下弦、先主材后腹杆的组装程序。 2）钢梁应按设计的预拱量进行起拱。 3）螺栓穿向应一致，水平面应由上向下、垂直面由里向外穿。 （8）法兰螺栓紧固应按圆周分布角度对称拧紧；节点螺栓应按从中心到边缘的顺序对称拧紧。 （9）组装后，应检查结构尺寸和螺栓规格，对高强度螺栓应按技术要求逐个检查。 （10）钢爬梯、地线柱等构件应按构架透视图位置正确安装于构架杆体上，并注意按位置朝向。 （11）设备支架可先地面组装，地面柱状应先主材后腹材，螺栓穿向应由里向外，组装后应对支架几个尺寸进行检查，并应符合要求在紧固螺栓。 （12）采用焊接连接时，应符合设计要求及JGJ 81《建筑钢结构焊接技术规程》的有关规定。 （13）焊缝质量应达到设计要求	6）混凝土强度达不到要求时，严禁拆除楔子和临时拉线。在杆根部及临时拉线未固定好之前，严禁登杆作业。 （2）横梁。 1）螺栓的规格应符合设计要求，穿入方向应一致，即由内向外，由下向上。严禁强行穿入和气焊扩孔。 2）在组装横梁主铁时，作业人员要配合一致，要有统一指挥，防止砸脚和挤手事故的发生。 3）横梁预拱和螺栓紧固后，方可进行吊装	

作业顺序	质量控制重点	安全控制重点	监理作业重点
构支架吊装	（1）吊装时应采取保护措施，不得对构件镀锌层造成碰伤和磨损。 （2）起吊过程中应随时注意观察构架柱各杆件的变形情况，发现异常时应停止吊装，并应及时处理。 （3）构支架组立后，应在纵横轴线上校正中心及垂直度，临时固定应牢固可靠。 （4）构架柱组立后，必须立即做好临时接地。 （5）构支架组立后，必须立即打牢构架柱的临时拉线，拉线大小应根据吊物的重置选定。 （6）地锚宜采用水平埋设，其埋设深度应根据地锚的受力大小和土质确定。 （7）两基构架吊装应固定完好在吊装横梁，其连接螺栓的安装方向应统一，拧紧后易漏出 2～3 扣，螺栓扭矩标准值应符合设计规定。 （8）构架的整体校正应在纵横轴线上同时进行校正，校正时宜从中间轴线向两边校正。 （9）待构架整体校正结束后在进行混凝土灌浆。 （10）基础灌浆强度应达到设计混凝土强度 75%，且钢梁及节点上所有紧固件都复紧后方可拆除临时拉线。	（1）一般起重。 1）起吊物应绑牢，并有防止倾倒措施。吊钩悬挂点应与吊物的重心在同一垂直线上，吊钩钢丝绳应保持垂直，严禁偏拉斜吊。落钩时，应防止吊物局部着地引起吊绳偏斜，吊物未固定好，严禁松钩。 2）吊索（千斤绳）的夹角一般不大于 90°，最大不得超过 120°，起重机吊臂的最大仰角不得超过制造厂铭牌规定。 3）起吊绳（钢丝绳）及 U 形环必须作拉力承载试验，有试验报告。钢丝绳的辫接长度必须满足钢丝绳直径的 15 倍且最小长度不得小于 300mm。起吊大件或不规则组件时，应在吊件上拴以牢固的溜绳。 4）起重工作区域内无关人员不得停留或通过。在伸臂及吊物的下方，严禁任何人员通过或逗留。 5）起吊前应检查起重设备及其安全装置；重物吊离地面约 10cm 时应暂停起吊并进行全面检查，确认良好后方可正式起吊。起重机吊运重物时应走吊运通道，严禁从有人停留场所上空越过；对起吊的重物进行加工、清扫等工作时，应采取可靠的支承措施，并通知起重机操作人员。 6）吊起的重物不得在空中长时间停留。	（1）检查施工项目部安全保证体系的运行及管理人员的到岗到位、履行职责情况。 （2）吊装过程中各项安全措施与审批文件是否一致。 （3）检查主要施工机械/工器具/安全用具与审批文件是否一致，特殊作业人员与审批文件是否一致；安全防护用品是否配置和正确使用。 （4）采集数码照片，按国网基建安质〔2016〕56 号文的要求

续表

作业顺序	质量控制重点	安全控制重点	监理作业重点
构支架吊装	（11）设计要求顶紧的节点，接触面应有75%以上的面积紧贴。 （12）构支架吊装组立质量要求应符合表2–26的规定	7）起重机在工作中如遇机械发生故障或有不正常现象时，放下重物、停止运转后进行排除，严禁在运转中进行调整或检修。如起重机发生故障无法放下重物时，必须采取适当的保险措施，除排险人员外，严禁任何人进入危险区。 8）不明重量、埋在地下或冻结在地面上的物件，不得起吊。 9）严禁以运行的设备、管道以及脚手架、平台等作为起吊重物的承力点。 10）两台及以上起重机抬吊情况下，绑扎时应根据各台起重机的允许起重量按比例分配负荷。 11）在抬吊过程中，各台起重机的吊钩钢丝绳应保持垂直，升降行走应保持同步。各台起重机所承受的载荷，不得超过各允许起重量。 12）如达不到上述要求时，应降低额定起重能力至80%，也可由总工程师根据实际情况，降低额定起重能力使用。但吊运时，总工程师应在场。 （2）两台及以上起重。 1）绑扎时应根据各台起重机的允许起重量按比例分配负荷。 2）在抬吊过程中，各台起重机的吊钩钢丝绳应保持垂直，升降行走应保持同步。各台起重机所承受的载荷，不得超过各自的允许起重量。	

续表

作业顺序	质量控制重点	安全控制重点	监理作业重点
构支架吊装		3）如达不到上述要求时，应降低额定起重能力至80%，也可由施工单位总工程师根据实际情况，降低额定起重能力使用。但吊运时，总工程师应在场。 4）吊起的重物不得在空中长时间停留。在空中短时间停留时，操作人员和指挥人员均不得离开工作岗位。起吊前应检查起重设备及其安全装置；重物吊离地面约10cm时应暂停起吊并进行全面检查，确认良好后方可正式起吊。 5）起重机在工作中如遇机械发生故障或有不正常现象时，放下重物、停止运转后进行排除，严禁在运转中进行调整或检修。如起重机发生故障无法放下重物时，必须采取适当的保险措施，除排险人员外，严禁任何人进入危险区。 6）严禁以运行的设备、管道以及脚手架、平台等作为起吊重物的承力点。 7）夜间照明不足、指挥人员看不清工作地点、操作人员看不清指挥信号时，不得进行起重作业。 （3）起重重量达到起重机械额定负荷的。 1）起重工作区域内无关人员不得停留或通过。在伸臂及吊物的下方，严禁任何人员通过或逗留。 2）绑扎时应根据各台起重机的允许起重量按比例分配负荷。	

续表

作业顺序	质量控制重点	安全控制重点	监理作业重点
构支架吊装		3）在抬吊过程中，各台起重机的吊钩钢丝绳应保持垂直，升降行走应保持同步。各台起重机所承受的载荷，不得超过各自的允许起重量。 4）如达不到上述要求时，应降低额定起重能力至80%，也可由施工单位总工程师根据实际情况，降低额定起重能力使用。但吊运时，总工程师应在场。 5）吊起的重物不得在空中长时间停留。在空中短时间停留时，操作人员和指挥人员均不得离开工作岗位。起吊前应检查起重设备及其安全装置；重物吊离地面约10cm时应暂停起吊并进行全面检查，确认良好后方可正式起吊。 6）起重机在工作中如遇机械发生故障或有不正常现象时，放下重物、停止运转后进行排除，严禁在运转中进行调整或检修。如起重机发生故障无法放下重物时，必须采取适当的保险措施，除排险人员外，严禁任何人进入危险区。 7）严禁以运行的设备、管道以及脚手架、平台等作为起吊重物的承力点。 8）夜间照明不足、指挥人员看不清工作地点、操作人员看不清指挥信号时，不得进行起重作业	

续表

作业顺序	质量控制重点	安全控制重点	监理作业重点
验收阶段	（1）各分项工程质量均应符合合格质量标准。 （2）质量控制资料和文件应完整。 （3）有关安全及功能的检验和见证检测结果应符合规范相应合格质量标准的要求。 （4）有关观感质量应符合规范相应合格质量标准的要求		（1）总监理工程师组织分部工程验收，签署分部工程质量报验申请单。 （2）专业监理工程师编写工程施工强制性条文执行检查表。 （3）采集数码照片，按国网基建安质〔2016〕56号文要求执行

注　本表适用于供配电工程项目。

表 2–26　构支架吊装组立质量要求

构支架安装质量	混凝土构支架表面光滑、无裂纹，色泽一致，焊缝均匀美观
	钢构支架和钢梁无裂纹、翘起、损伤和缺件现象，色泽均匀美观
	构架垂直度偏差不大于 H_2/1000mm，且不大于 15mm，轴线偏差不大于 5mm
	支架垂直度偏差不大于 H_2/1000mm，且不大于 8mm，杆顶标高偏差不大于 4mm，轴线偏差不大于 5mm

钢结构及相关工程

作业顺序	质量控制重点	安全控制重点	监理作业重点
施工准备阶段	（1）对进场的材料实体检查或见证取样。 （2）见证施工项目部技术交底。交底、接底人员在交底记录上的签字齐全	施工项目部报审的施工方案中的安全措施应包括施工机械安全操作重点、施工人员必须遵守的安全事项、现场危险点及避险措施等内容	（1）审核施工项目部报审的施工方案； （2）进场管理人员及特种作业人员、施工机械、工程材料证明等文件审核
钢结构安装工程	（1）建筑物的定位轴线、基础上柱的定位轴线和标高、地脚螺栓（锚栓）的规格和位置、地脚螺栓（锚栓）紧固应符合设计要求。 （2）多层及高层钢结构主体结构的整体垂直度和整体平面弯曲的允许偏差应符合规范的规定。 （3）钢结构表面应干净，结构主要表面不应有疤痕、泥沙等污垢。 （4）钢结构安装、主体结构总高度的允许偏差应符合规范的规定。 （5）钢结构中檩条、墙架等次要构件安装的允许偏差应符合规范的规定。 （6）多层及高层钢结构中钢平台、钢梯、栏杆安装应符合 GB 4053.1《固定式钢梯及平台安全要求　第 1 部分：钢直梯》、GB 4053.2《固定式钢梯及平台安全要求　第 2 部分：钢斜梯》、GB 4053.3《固定式钢梯及平台安全要求　第 3 部分：工业防护栏及钢平台》的规定。钢平台、钢梯和防护栏杆安装的允许偏差应符合规范的规定。	（1）工程技术人员应对照构架的重量和高度选择吊车的吨位，并计算出吊装所用的吊带、钢丝绳、卡扣的型号及临时拉线长度和地锚的荷重，并选用检验合格的吊具。 （2）起吊前吊车司机要对吊车的各种性能进行检查。 （3）吊车必须支撑平稳，必须设专人指挥，其他作业人员不得随意指挥吊车司机，吊臂及吊物下严禁站人或有人经过。 （4）在绑扎临时拉线时，应由有经验的人员专职绑扎，不可其他作业人员随意绑扎。临时拉线应用卡扣紧固。 （5）临时拉线绑扎点应靠近钢柱杆头，使临时拉线发挥最大拉力，保证构架的稳定性。吊物至 100mm 左右，应停止起吊，指挥人员检查起吊系统的受力情况，确认无问题后，方可继续起吊。	（1）复查基础上柱的定位轴线和标高、地脚螺栓偏差是否符合规范要求。 （2）对构架吊装进行安全旁站。 （3）验收施工项目部报审的已完成分项工程。 （4）签署分项工程质量报验申请单。 （5）检查强制性条文执行情况，签署输变电工程施工强制性条文执行记录表。 （6）采集数码照片（按国网基建安质〔2016〕56 号文要求）

作业顺序	质量控制重点	安全控制重点	监理作业重点
钢结构安装工程	钢结构安装时，必须控制屋面、楼面、平台等的施工荷载，严禁超过设计图纸和相应规范要求。 （7）钢结构安装过程中，结构形成空间刚度单元后，应及时对柱底和基础顶面的空隙进行二次浇灌，地脚螺栓安装好后的外露长度允许偏差0±30mm。 （8）摩擦型高强度螺栓连接接触面应平整，有75%的面顶紧，边缘最大间隙0.8mm。当接触面有间隙时，小于1mm的间隙可不处理，1±3mm的间隙，应将高出的一侧磨成1:10的斜面，打磨方向应与受力方向垂直。 （9）高强度螺栓摩擦副使用前须进行扭矩系数（紧固轴力）和抗滑移系数复验，高强度螺栓不得作为临时螺栓使用，高强度螺栓施工分初扭和终扭，外露丝扣2～3扣。施工终拧扭矩检验应在终扭1h后，48h内完成。 （10）永久性的普通螺栓，每个螺栓一端不得垫2个及以上的垫圈，螺栓拧紧后，外露丝扣不少于2扣。 （11）螺栓孔的偏差超过允许值时，应采用与母材相匹配的焊条补焊后重新制孔，严禁用钢块填塞；螺栓孔不得采用气割扩孔。 （12）碳素结构钢应在焊接冷却到环境温度，低合金钢应在完成焊接24h后，进行焊缝探伤检验。焊缝检出缺陷后，要制订返修方案	（6）钢柱、钢梁等构架在现场倒运时，应采用吊车装卸，装卸时应用控制绳控制构件方向，装车后必须绑扎牢固，周围掩牢防治滚动、滑脱。严禁采用直接滚动方法卸车。 （7）利用撬杠拔构件时，应防止滑脱伤人，不得利用铁撬杠插入柱孔中转动杆身。 （8）在用吊车进行构件时，吊车必须支撑平稳，必须设专人 （9）钢梁螺栓的规格应符合设计要求，穿入方向应一致，即由内向外，由下向上。严禁强行穿入和气焊扩孔。 （10）在组装钢梁时，作业人员要配合一致，要有统一指挥，防止砸脚和挤手事故的发生。 （11）钢梁预拱和螺栓紧固后，方可进行吊装	

续表

作业顺序	质量控制重点	安全控制重点	监理作业重点
压型金属板工程	（1）压型金属板、泛水板和包角板等应固定可靠、牢固，防腐涂料涂刷和密封材料敷设应完好，连接件数量、间距应符合设计要求和国家现行有关标准规定。 （2）压型金属板应在支承构件上可靠搭接，搭接长度应符合规范及设计要求。 （3）组合楼板中压型钢板与主体结构（梁）的锚固支承长度应符合设计要求，且不应小于 50mm，端部锚固件连接应可靠，设置位置应符合设计要求。 （4）压型金属板安装应平整、顺直，板面不应有施工残留物和污物。檐口和墙面下端应呈直线，不应有未经处理的错钻孔洞。 （5）压型金属板安装的允许偏差应符合规范的规定。 （6）屋面压型板的搭接须做 360° 咬边，屋脊板与屋面板的搭接长度宜为 500mm，脊瓦两边须做好密封处理；密封应为中性硅酮胶；压型板与突出屋面的交接处，应作泛水处理，压型板伸入檐沟的长度不小于 150mm，檐沟金属板伸入屋面板下不小于 100mm；檐口处的屋面板要采取加固措施，屋面开孔大于 300mm	（1）施工过程中人员不可聚集，以免集中荷载过大造成板面损坏。 （2）当天吊至屋面上的板材应安装完毕.如果有未安装完的板材应临时固定，以免被风刮下，造成事故。 （3）早上屋面易有露水，坡屋面上彩板面滑.应特别注意防护措施。 （4）现场切割过程中，切割机械的底面不宜与彩板面直接接触，最好垫以薄三合板材。 （5）吊装中不要将彩板与脚手架、柱子、砖墙等碰撞和摩擦。 （6）板面铁屑清理，板面在切割和钻孔中会产生铁屑，这些铁属必须及时清除，不可过夜。因为铁屑在潮湿空气条件下或雨天中会立即锈蚀，在彩板面上形成一片片红色锈斑。附着于彩板面上，形成后很难清除。此外，其他切除的彩板头，铝合金拉锚钉上拉断的铁杆等应及时清理	（1）压型金属板进场检查质量证明文件是否符合规范及设计要求。 （2）对压型金属板安装进行安全、质量巡视检查。 （3）验收施工项目部报审的已完成分项工程。 （4）签署分项工程质量报验申请单。 （5）采集数码照片（按国网基建安质〔2016〕56 号文要求）

续表

作业顺序	质量控制重点	安全控制重点	监理作业重点
钢结构涂装工程	（1）防腐涂料涂装。 1）涂装前钢材表面除锈应符合设计要求和国家现行有关标准的规定。处理后的钢材表面不应有焊渣、焊疤、灰尘、油污、水和毛刺等。当设计无要求时，钢材表面除锈等级应符合规范的规定。 2）涂料、涂装遍数、涂层厚度均应符合设计要求。当设计对涂层厚度无要求时，涂层干漆膜总厚度：室外应为150μm，室内应为125μm，其允许偏差为–25μm。每遍涂层干漆膜厚度的允许偏差为–5μm。 3）构件表面不应误涂、漏涂，涂层不应脱皮和返锈等。涂层应均匀、无明显皱皮、流坠、针眼和气泡等。 4）当钢结构处在有腐蚀介质环境或外露且设计有要求时，应进行涂层附着力测试，在检测处范围内，当涂层完整程度达到 70%以上时，涂层附着力达到合格质量标准的要求。 5）涂装完成后，构件的标志、标记和编号应清晰完整。 （2）防火涂料涂装。 1）防火涂料涂装前钢材表面除锈及防锈底漆涂装应符合设计要求和国家现行有关标准的规定。	（1）配制硫酸溶液时，应将硫酸注入水中，严禁将水注入硫酸中；配制硫酸乙酯时，应将硫酸慢慢注入酒精中，并充分搅拌，温度不得超过 60℃，以防酸液飞溅伤人。 （2）配制使用乙醇、苯、丙酮等易燃材料的施工现场，应严禁烟火和使用电炉等明火设备，并应配置消防器材。 （3）防腐涂料的溶剂，常易挥发出易燃易爆的蒸汽，当达到一定浓度后，遇火易引起燃烧或爆炸。因此，在施工时应加强通风降低积聚浓度。 （4）涂料施工的职业健康安全措施主要要求：涂漆施工场地要有良好的通风，如在通风条件不好的环境涂漆时，必须安装通风设备。 （5）因操作不当，涂料溅到皮肤上时，可用木屑加肥皂水擦洗；最好不用汽油或强溶剂擦洗，以免引起皮肤发炎。 （6）使用机械除锈工具清除锈层、工业粉尘、旧漆膜时，为避免眼睛受伤，要戴上防护眼镜和防尘口罩，以防呼吸道被感染。 （7）在涂装对人体有害的漆料（如红丹的铅中毒、天然大漆的漆毒、挥发型漆的溶剂中毒等）时，应带上防毒口罩、封闭式眼罩等保护用品。 （8）在喷涂硝基漆或其他挥发型易燃性较大的涂料时，严格遵守防火规则，严禁使用明火，以免失火或引起爆炸。	（1）检查防腐涂料和防火涂料的质量证明文件是否符合规范及设计要求，开启后，不应存在结皮、结块、凝胶等现象。 （2）对涂装工程进行安全、质量巡视检查。 （3）验收施工项目部报审的已完成分项工程。 （4）签署分项工程质量报验申请单。 （5）采集数码照片（按国网基建安质〔2016〕56 号文要求）

续表

作业顺序	质量控制重点	安全控制重点	监理作业重点
钢结构涂装工程	2）钢结构防火涂料的粘结强度、抗压强度应符合 CECS24：90《钢结构防火涂料应用技术规程》的规定。检验方法应符合 GB 9978《建筑构件防火喷涂材料性能试验方法》的规定。 3）薄涂型防火涂料的涂层厚度应符合有关耐火极限的设计要求。厚涂型防火涂料涂层的厚度，80%及以上面积应符合有关耐火极限的设计要求，且最薄处厚度不应低于设计要求的 85%。 4）薄涂型防火涂料涂层表面裂纹宽度不应大于 0.5mm；厚涂型防火涂料涂层表面裂纹宽度不应大于 1mm。 5）防火涂料涂装基层不应有油污、灰尘和泥砂等污垢。 6） 防火涂料不应有误涂、漏涂，涂层应闭合无脱层、空鼓、明显凹陷、粉化松散和浮浆等外观缺陷，乳突已剔除	（9）高空作业和双层作业时要戴安全帽；要仔细检查跳板、脚手杆子、吊篮、云梯、绳索、安全网等施工用具有无损坏、捆扎牢不牢、有无腐蚀或搭接不良等隐患；每次使用之前均应在平地上做起重试验，以防造成事故。 （10）不允许把盛装涂料、溶剂或用剩的漆罐开口放置。浸染涂料或溶剂的破布及废棉纱等物，必须及时清除；涂漆环境或配料房要保持清洁，出入通畅。 （11）施工场所的电线，要按防爆等级的规定安装；电动机的启动装置与配电设备，应该是防爆式的，要防止漆雾飞溅在照明灯泡上。 （12）操作人员涂漆施工时，如感觉头痛、心悸或恶心，应立即离开施工现场，到通风良好、空气新鲜的地方，如仍然感到不适，应速去医院检查治疗	
质量验收阶段	（1）各分项工程质量均应符合合格质量标准。 （2）质量控制资料和文件应完整。 （3）有关安全及功能的检验和见证检测结果应符合规范相应合格质量标准的要求。 （4）有关观感质量应符合规范相应合格质量标准的要求		（1）总监理工程师组织分部工程验收，签署分部工程质量报验申请单。 （2）专业监理工程师编写工程施工强制性条文执行检查表。 （3）采集数码照片，详见国网基建安质〔2016〕56 号文要求

室外给排水工程

作业顺序	质量控制重点	安全控制重点	监理作业重点
施工准备阶段	工程所用主要原材料、半成品、构（配）件、设备等产品，进入施工现场时必须进行进场验收。并按国家有关标准规定进行复验，验收合格后方可使用	施工项目部报审的施工方案中的安全措施应包括施工机械安全操作重点、施工人员必须遵守的安全事项、现场危险点及避险措施等内容	（1）审核施工项目部报审的施工方案。 （2）审查施工项目部管理人员及特种作业人员资质。 （3）审查施工机械。 （4）审查工程材料的数量清单、质量合格证书、性能检验报告、使用说明书、进口产品的商检报告及证件等，自检结果，签署工程材料/构配件/设备进场报审表。 采集数码照片，均按照国网基建安质〔2016〕56号文执行
定位放线	对施工项目部报审的测量放线成果进行复核		测量员和使用的仪器与审批文件是否一致
管沟开挖及基础施工	基底土质、标高、几何尺寸与设计文件和地质勘察报告是否相符	开挖方法、边坡坡度、安全围护等施工安全技术措施与已批准的施工方案是否一致；安全文明施工管理是否到位；操作人员的安全防护用品是否配置和正确使用	基础施工是否按照设计文件和批准的施工方案进行。对基槽、基坑进行隐蔽验收
给排水管道及附件安装	（1）管道的中心线、标高、坡度、接头方式是否符合设计文件要求等。 （2）给水管道在埋地敷设时，应在当地的冰冻线以下。在无冰冻地区，埋地敷设时，管顶的覆土埋深不得小于500mm，穿越道路部位的埋深不得小于700mm。	管道安装：基槽土壁是否稳定；基槽防护措施是否到位；管道就位方法与已审批的安全技术措施是否一致等	（1）管道的位置、标高、坡度等。 （2）对管道试压、闭水、通水试验进行旁站。 签署给水、采暖、供热系统水压试压记录，给、排水系统通水（闭水）试验记录，并采集数码照片（按国网基建安质〔2016〕56号文要求）

续表

作业顺序	质量控制重点	安全控制重点	监理作业重点
给排水管道及附件安装	（3）管道的防腐、保温材料及其施工质量是否符合设计文件要求和标准要求。 （4）给水试验的依据、方式及持续时间是否符合标准要求，试验结果是否合格		
检查井及雨水井施工	井室的地基、位置、标高是否符合设计文件要求等	基坑土壁是否稳定；基坑防护措施是否到位	核查井盖标高、进、出水管的标高等，并采集数码照片（按国网基建安质〔2016〕56号文要求）
室外消火栓安装	（1）系统必须进行水压试验，试验压力为工作压力的1.5倍，但不得小于0.6MPa。 （2）消防管道在竣工前，必须对管道进行冲洗。 （3）消防栓的位置应标志明显，栓口的位置应方便操作		（1）检查压力试验资料。 （2）检查消火栓的标高、栓口高度等
管沟回填	管道两侧回填是否对称进行，分层厚度是否符合设计文件要求；沟底至管顶以上0.5m范围内是否采用了人工回填夯实	基槽土壁是否稳定；操作人员的安全防护用品是否正确使用；打夯机械电缆接线是否正确，电缆是否完好无破损等	对地下管道进行隐蔽验收，并采集数码照片
验收阶段	（1）子分部（分项）工程质量验收。 （2）质量管理资料核查。 （3）安全、卫生和主要使用功能核查抽查结果。 （4）观感质量验收		（1）总监理工程师组织分部工程验收，签署分部工程质量报验申请单。 （2）专业监理工程师编写工程施工强制性条文执行检查表。 （3）采集数码照片（按国网基建安质〔2016〕56号文要求）

注　本表适用于供配电工程项目。

站区电缆沟道工程

作业工序	质量控制重点	安全控制重点	监理作业重点
施工准备阶段	（1）对进场的材料实体检查或见证取样。 （2）见证施工项目部技术交底。交底、接底人员在交底记录上的签字齐全	（1）检查现场的施工机械试运转是否正常和工器具是否完好。 （2）现场技术负责人和专职安全员应向所有参加施工作业人员进行安全技术交底，指明作业过程中的危险点及防范措施，接受交底人必须在交底记录和安全工作票上签字。 （3）加工区材料、半成品等应按品种、规格分别堆放整齐，并设置材料标识牌。场区运输通道应平整通畅，松软通道应铺垫板。 （4）电缆沟道施工作业区设置安全围栏，并悬挂安全警示标志，标志应清晰、齐全。 （5）特种作业人员或特殊作业人员持证上岗	（1）审核施工项目部报审的施工方案。 （2）进场管理人员及特种作业人员、施工机械、工程材料证明等文件审核。 （3）核实业主项目部在工程开工前是否已经组织设计交底和施工图会检，并签发了设计交底纪要和施工图会检纪要。 （4）核查施工项目部委托的试验（检测）单位与审批文件是否一致。 （5）审查混凝土配合比。重点审查：实验室配合比强度是否符合标准和设计文件要求。 （6）核查本单位工程使用的主要测量计量器具/试验设备与审批文件是否一致
土方开挖	（1）定位及高程控制：审核施工单位报送的施工测量成果，检查施工单位专职测量人员的岗位证书及测量设备检定证书，复合施工现场平面控制网，高程控制网和临时水准点的测量成果。 （2）土方开挖的顺序、方法必须与设计工况相一致，并遵循“开槽支撑，先撑后挖，分层开挖，严禁超挖”的原则。	（1）进行安全巡视检查。重点检查：现场土质情况与设计文件和地质勘察报告是否相符；开挖方法、边坡坡度、安全围护等施工安全技术措施与已批准的施工方案是否一致；安全文明施工管理是否到位；操作人员的安全防护用品是否配置和正确使用。 （2）当使用机械挖槽时，提醒施工单位现场指挥人员应在机械臂工作半径以外，并应设专人监护。	（1）重点检查：基底土质、标高、几何尺寸、基槽底宽度、平整度、收集相关施工资料并采集数码照片（按国网基建安质〔2016〕56号文要求）。 （2）组织建设管理单位、勘察、设计单位相关人员对基槽、基坑进行隐蔽验收，并采集数码照片。专业监理工程师签署隐蔽工程验收（地基验槽）报审表

续表

作业工序	质量控制重点	安全控制重点	监理作业重点
土方开挖	（3）开挖过程中重点检查是否按照沟道边线进行了开挖；沟道范围内是否存在暗沟、暗渠、不良地基等情况。 （4）核查基槽基底土性：应符合设计要求，检查相关试验记录及地质勘察报告。 （5）边坡、表面坡度应符合设计要求和现行有关标准的规定，每 20m 取 1 点，每边不应少于 1 点进行检查。 （6）长度、宽度和标高检查：基槽底部标高偏差控制在 0～50mm；长度、宽度（由设计中心线向两边量）偏差控制在+100～0mm，基槽底部表面平整度≤20mm	（3）人工挖土时，要求施工单位应根据土质及电缆沟深度放坡，电缆沟基槽两侧设排水沟或集水井，开挖过程中或敞露期间应防止沟壁塌方。 （4）挖方作业时，要求相邻人员应保持一定间距，防止相互磕碰，所用工具完整、牢固。 （5）挖出的土应堆放在距坑边 0.8m 以外，其高度不得超过 1.5m。 （6）沟槽边应设安全防护围栏和警示牌，防止人员不慎坠入。 （7）结构及形状：由立杆（高度 1.05～1.2m）和提示绳（带）组成。杆件红白油漆涂刷、间隔均匀，尺寸规范。 （8）安全围栏应警告、提示标志配合使用，固定方式根据现场实际情况采用，应稳定可靠	
混凝土垫层	（1）垫层混凝土所用的水泥、水、骨料、外加剂等必须符合施工规范和有关标准的规定，重点检查水泥出厂合格证及混凝土试块强度试验记录。 （2）垫层表面平整度控制在 10mm；标高控制在±10mm；厚度偏差不大于设计厚度的 1/10。	（1）混凝土运输车辆进入现场后，应设专人指挥。指挥人员必须站位于车辆侧面。 （2）混凝土浇筑作业中应配备模板工监护模板，发现位移或变形，必须立即停止浇筑。 （3）混凝土覆盖养护应使用阻燃材料，用后应及时清理、集中堆放到指定地点。	（1）重点检查：混凝土配合比，试块留置见证取样等；收集相关施工资料，采集数码照片，要求详见国网基建安质〔2016〕56 号文。

续表

作业工序	质量控制重点	安全控制重点	监理作业重点
混凝土垫层	（3）水泥混凝土垫层铺设在基土上，当气温长期处于0℃以下，设计无要求时，垫层应设置伸缩缝。 （4）垫层铺设前，其下一层表面应湿润，避免混凝土结合不密实。 （5）进行质量巡视检查。重点检查：混凝土的浇筑过程中振捣是否密实，表面是否平整；现场是否留置混凝土试件；浇筑完毕后的养护作业是否符合标准要求。 （6）对混凝土试块进行见证取样，并采集数码照片	（4）使用插入式振捣器振实混凝土时，电力缆线的引接与拆除必须由电工操作。振捣器应设专人操作。作业中，振动器操作人员应保护好缆线完好，如发现漏电征兆，必须停止作业，交电工处理	（2）验收施工项目部报审的已完成分项工程。主要内容：审查分项工程所含的检验批是否均合格；分项工程所含的检验批的质量验收记录是否完整、填写规范；该分项工程的施工质量是否符合规范和工程设计文件的要求。重点检查：混凝土配合比、强度，垫层标高、厚度等，并采集数码照片；专业监理工程师签署分项工程质量报验申请单；检查强制性条文执行情况，签署输变电工程施工强制性条文执行记录表
模板分项工程	（1）模板及其支架：对进场模板规格、质量进行检查，确定是否可用于工程；对承包商采用的模板螺栓应在加工前提出预控意见，确保加工质量，确保模板连接后的牢固；模板及其支撑结构具有足够的刚度、强度和稳定性，其支撑部分应有足够的支撑面积，如安装在基土上，基土必须坚实，并有排水措施；对湿陷性黄土必须有防水措施；对冻胀性土必须有防冻融措施；对模板拼缝、节点位置、模板支搭情况及加固情况，应认真检查，防止漏浆及缩颈现象，对照模板设计文件和施工技术方案观察和手摇动检查，应具有足够的承载能力、刚度和稳定性，能可靠地承受浇筑混凝土的重力、侧压力以及施工荷载	（1）模板应在距沟槽边1m外的平坦地面处整齐堆放。 （2）模板运输宜用平板推车。在向沟内搬运时，上下人员应配合一致，防止模板倾倒产生砸伤事故。 （3）模板按沟底板上的弹线组装，支完一段距离后（不宜超过20m），即应对模板进行加固。 （4）模板加固过程中，支点加固牢固、可靠，所用的木方无裂痕、腐朽，所有钉头均砸平，防止人员刮伤。 （5）拆除模板时应选择稳妥可靠的立足点。	验收施工项目部报审的已完成分项（检验批）工程。主要内容：审查该检验批是否均合格；该检验批的质量验收记录是否完整、填写规范；该检验批的施工质量是否符合规范和工程设计文件的要求，重点检查：轴线、标高、截面尺寸、稳定牢固性等，并采集数码照片。专业监理工程师签署分项（检验批）工程质量报验申请单

续表

作业工序	质量控制重点	安全控制重点	监理作业重点
模板分项工程	（2）循环使用的旧模板，涂刷模板隔离剂时，不得沾污钢筋和混凝土接槎处。 （3）沟道内预埋件和预留孔槽，均应在混凝土浇筑前设置，不得在浇筑后打洞。 （4）模板的接缝不应漏浆；在浇筑混凝土前，木模板应浇水湿润，但模板内不应有积水。 （5）模板与混凝土的接触面应清理干净并涂刷隔离剂，但不得采用影响结构性能的隔离剂。 （6）浇筑混凝土前，模板内的杂物应清理干净。 （7）对清水混凝土工程，应使用能达到设计效果的模板 （8）沟道中心及端部位移控制在±10mm以内；沟道顶面标高偏差控制在0～10mm；沟道底面坡度偏差控制在±10%设计坡度；沟壁截面尺寸偏差控制在±15mm；沟道厚度偏差控制在+3～−5mm；预留孔洞及预埋件中心线位移≤8mm，水平高差≤3mm。 （9）模板及其支架拆除的顺序及安全措施应按施工技术方案执行拆除模板时，混凝土强度应能保证其表面及棱角不受损伤。 （10）拆除的模板和支架宜分散堆放并及时清运	（6）拆下的模板应整齐堆放，及时运走，拆下的木方应及时清理，拔除钉子等，堆放整齐，防止人员绊倒及刮伤	

续表

作业工序	质量控制重点	安全控制重点	监理作业重点
钢筋分项工程	（1）钢筋原材料按进场的批次和产品的抽样检验方案确定。钢筋进场时，应按 GB 1499 等的规定抽取试件作力学性能试验，其质量必须符合有关标准的规定，未经复试或复试未合格的钢筋，不能用于工程。 （2）有抗震要求的结构：其纵向受力钢筋的强度应满足设计要求。当设计无具体要求时，对一、二级抗震等级，检验所得的强度实测值应符合下列规定： 1）钢筋的抗拉强度实测值与屈服强度实测值的比值不应小于 1.25。 2）钢筋的屈服强度实测值与强度标准值的比值不应大于 1.3。 （3）建筑用钢一般不作化学分析，但如钢筋在加工过程中，发现脆断、焊接性能不良或力学性能显著不正常等现象时，或者无出厂证明，钢种钢号不明时，或者是有焊接要求的进口钢筋时，仍应进行化学成分检验或其他专项检验。 （4）受力钢筋弯钩和弯折。 1）HPB235 级钢筋末端应作 180° 弯钩，其弯弧内直径不应小于钢筋直径的 2.5 倍，弯钩的弯后平直部分长度不应小于钢筋直径的 3 倍。 2）当设计要求钢筋末端需作 135° 弯钩时，HRB335 级、HRB400 级钢筋的弯弧内直径不应小于钢筋直径的 4 倍，弯钩的弯后平直部分长度应符合设计要求。	（1）钢筋加工区的加工场地应平整、工作台稳固，钢筋、半成品按规格、品种堆放有序。 （2）工作台的上铁屑应及时清理，钢筋加工机械的接地良好，操作人员及时清理加工废弃料，保证电焊机、切割机等周围无易燃物。 （3）钢筋搬运过程中，搬运人员应动作一致，与电气设施和设备保持安全距离，严防碰撞。 （4）在运行变电站中，作业人员应严防钢筋与任何带电体接触。 （5）钢筋绑扎时应注意四周保护层厚度均匀，摆放高度正确。 （6）钢筋绑扎过程中，绑扎人员应注意配合，相互间保持一定工作距离。 （7）钢筋夜间绑扎时，场区应有足够的照明，并安排专人监护，在工作结束时，监护人应清点人数	（1）必须熟读设计图纸，明确各结构部位设计钢筋的品种、规格、绑扎或焊接要求，特别应注意某些部位配筋的特殊处理，对有关配筋变化的图纸会审记录和设计变更通知单，应及时标注在相应的结构施工图上，避免遗忘，造成失误，要掌握 GB 50010—2010《混凝土结构设计规范》、GB 50011—2010《建筑抗震设计规范》、JGJ 3—1991《钢筋混凝土高层建筑结构设计与施工规程》中有关钢筋构造措施的规定；要求承包单位对钢筋的下料、加工进行详细的交底，要求技术人员根据图纸和规范进行钢筋翻样，且应亲自到加工场地，对成型的钢筋进行检查，发现问题通知承包单位改正。 （2）验收施工项目部报审的已完成分项工程。主要内容：审查分项工程所含的检验批是否均合格；分项工程所含的检验批的质量验收记录是否完整、填写规范；该分项工程的施工质量是否符合规范和工程设计文件的要求，重点检查：钢筋的品种、规格、型号及绑扎骨架尺寸、形状等，并采集数码照片；专业监理工程师签署分项工程质量报验申请单；检查强制性条文执行情况，签署输变电工程施工强制性条文执行记录表

续表

作业工序	质量控制重点	安全控制重点	监理作业重点
钢筋分项工程	3）钢筋作不大于 90° 的弯折时，弯折处的弯弧内直径不应小于钢筋直径的 5 倍。 （5）箍筋末端弯钩：除焊接封闭环式箍筋外，箍筋的末端应做弯钩，弯钩形式应符合设计要求；当设计无具体要求时，应符合下列规定： 1）箍筋弯钩的弯弧内直径除应满足本表第 4 项的规定外，尚应不小于受力钢筋直径； 2）箍筋弯钩的弯折角度：对一般结构，不应小于 90°；对有抗震等要求的结构，应为 135°。 3）箍筋弯后平直部分长度：对一般结构，不宜小于箍筋直径的 5 倍，对有抗震等要求的结构，不小于箍筋直径的 10 倍。 （6）钢筋表面质量：钢筋应平直、无损伤，表面不得有裂纹、油污、颗粒状或片状老锈。 （7）用于钢筋制作或连接的焊条或焊剂应有出厂合格证，且应与焊接形式、母材种类或设计所要求的品种、规格一致，需要进行烘焙的应有烘焙记录（恒温 250℃，烘焙 1～2h）；监理工程师应检查焊工的焊工考试合格证。在正式焊接前，必须监督焊工在现场条件下进行焊接性能试验，合格后方可正式生产。必须对焊接头进行现场见证割取试件、送样、见证试验结果。		

续表

作业工序	质量控制重点	安全控制重点	监理作业重点
钢筋分项工程	（8）钢筋加工偏差：受力钢筋顺长度方向全长的净尺寸应控制在±10mm；弯起钢筋的弯折位置应控制在±20mm；箍筋内净尺寸应控制在±5mm。 （9）在钢筋绑扎过程中，监理工程师应到现场巡视，发现问题及时通知施工单位改正。巡检时应特别注意钢筋的品种、规格、数量、箍筋加密范围，钢筋除锈等问题的监视。 （10）受力钢筋接头设置：同一构件内的接头宜相互错开；同一连接区段内，纵向受力钢筋的接头面积百分率应符合设计要求及现行有关标准的规定。 （11）钢筋保护层的垫块强度、厚度、位置应符合设计要求和规范要求。 （12）钢筋不得随意代用，若要代用，必须经设计单位书面同意。 （13）在承包单位质检人员自检合格的基础上，对承包单位报验的部位进行隐蔽工程验收，验收时应按质量验评标准，对照结构施工图，确认所绑扎钢筋的规格、数量、间距、长度、锚固长度、接头设置等是否符合规范、规程的要求，经过修整达到要求时，才正式签发认可书。 （14）钢筋长度偏差控制在±20mm；钢筋间距偏差控制在±20mm；保护层厚度偏差控制在±5mm		

续表

作业工序	质量控制重点	安全控制重点	监理作业重点
混凝土分项工程	（1）混凝土浇筑中，检查混凝土坍落度，严禁在已搅拌好的混凝土中注水，不合格混凝土要退回搅拌站。 （2）检查振捣情况，不得漏振、过振，注视模板、钢筋的位置和牢固度，有跑模和钢筋位移情况时应及时处理，特别注意混凝土浇筑中施工缝、沉降缝、后浇带处混凝土的浇筑处理。 （3）混凝土取样与试件留置应符合下列规定： 1）每拌制100盘且不超过100m³的同配合比的混凝土，取样不得少于1次； 2）每工作班拌制的同一配合比的混凝土不足100盘时，取样不得少于1次。 3）当一次连续浇筑超过1000m³时，同一配合比的混凝土每200m³取样不得少于1次；每次取样应至少留置一组标准养护试件，同条件养护试件的留置组数应根据实际需要确定。 （4）混凝土运输、浇筑及间歇，全部时间不应超过混凝土的初凝时间，同一施工段的混凝土应连续浇筑，并应在底层混凝土初凝之前将上一层混凝土浇筑完毕。当底层混凝土初凝后浇筑上一层混凝土时，应按施工缝的要求进行处理。 （5）应按设计要求和施工技术方案确定、执行施工缝留置及处理。 （6）检查和督促承包单位适时做好成型压光和覆盖浇水养护，防止混凝土出现裂缝	（1）上料平台应选择地表平坦、坚实处，不宜距沟槽太近，且上料平台不应堆积过多混凝土。 （2）下料及振捣施工人员严禁站在沟壁模板和支撑条上。 （3）振捣施工作业人员应穿绝缘鞋、戴绝缘手套，不得将开启的振捣器放在模板或支撑上。 （4）振捣作业结束语时应马上切断电源	（1）首次使用的配合比应进行开盘鉴定，其工作性应满足设计配合比的要求。开始生产时应至少留置一组标准养护试件，作为验证的依据；通过检查开盘鉴定资料和试件强度试验报告确定配合比是否符合国家标准规范及相关设计要求。 （2）验收施工项目部报审的已完成分项工程。主要内容：审查分项工程所含的检验批是否均合格；分项工程所含的检验批的质量验收记录是否完整、填写规范；该分项工程的施工质量是否符合规范和工程设计文件的要求，重点检查：混凝土组成材料质量、混凝土强度、试块留置、轴线位移及截面尺寸等，并采集数码照片；专业监理工程师签署分项工程质量报验申请单；检查强制性条文执行情况，签署输变电工程施工强制性条文执行记录表

续表

作业工序	质量控制重点	安全控制重点	监理作业重点
电缆沟外观及尺寸偏差	（1）尺寸偏差：不应有影响结构性能和使用功能的尺寸偏差。对超过尺寸允许偏差且影响结构性能和安装、使用功能的部位，应由施工单位提出技术处理方案，并经监理（建设）、设计单位认可后进行处理。对经处理的部位，应重新检查验收。 （2）沟道中心线及端部位移控制在±20mm；沟道底面坡度偏差控制在±10%设计坡度；沟底排水管口标高控制在+10～−20mm；沟道截面尺寸偏差控制在±20mm；沟壁厚度偏差控制在±5mm；预留孔、洞及预埋件中心线位移≤15mm		检查混凝土沟道外观质量：不应有严重缺陷。对已经出现的严重缺陷，应由施工单位提出技术处理方案，并经监理（建设）、设计单位认可后进行处理，对经处理的部位，应重新检查验收
土方回填	（1）基底处理必须符合设计要求和现行有关标准的规定。 （2）分层压实系数必须符合设计要求，每层20～50m^2取1组。 （3）分层厚度、含水率：每层填筑厚度及压实遍数应根据土质、压实系数及所用机具确定。如设计无要求时，应按现行有关标准执行。 （4）基槽底部不应有杂物或积水；沟道回填应对称分层夯实，不得单侧回填；回填土质和密实度应符合设计要求。 （5）回填土每层都应测定夯实后的干土质量密度，检验其密实度，符合设计要求后才能铺上层土	（1）进行安全巡视检查。检查操作人员的安全防护用品是否配置和正确使用。 （2）当使用机械回填时，指挥人员应在机械臂工作半径以外，并应设专人监护。 （3）回填土作业，相邻人员应保持一定间距，防止相互磕碰，所用工具完整、牢固	重点核查回填土试验报告：试验报告要注明土料种类、要求干土质量密度、试验日期、试验结论及试验人员签字，未达到设计要求的部位应有处理方法和复验结果；防止夯填不实，要求施工单位采用设计确认的回填材料，按方案回填，分层夯填，对回填土过程旁站，见证取样

续表

作业工序	质量控制重点	安全控制重点	监理作业重点
附属工程施工之安装电缆支架安装	（1）签署《工程材料/构配件/设备进场报审表》，组织或参加材料进场检查。重点检查：扁钢、角钢或电缆支架（吊架、桥架）等的规格、型号应符合设计要求；质量证明文件应齐全有效。采集数码照片。发现缺陷时，由施工项目部填写《工程材料/构配件/设备缺陷通知单》，缺陷处理完，由供货单位和施工项目部填写《设备（材料/构配件）缺陷处理报验表》，监理复检。 （2）对电缆层架（吊架、桥架）安装进行巡视检查。重点检查：电缆吊架的水平间距应一致；连接板采用螺栓连接时，螺栓应从内向外穿；电缆桥架转弯处的转弯半径，不应小于该桥架上的电缆最小允许弯曲半径的最大值；金属支架全长均应有良好接地。 （3）支架安装应保持横平竖直，电力电缆支架弯曲半径应满足线径较大电缆的转弯半径。各支架的同层横档高低偏差不应大于5mm，左右偏差不得大于10mm。组装后的钢结构电缆竖井，其垂直偏差不应大于其长度的2/1000。直线段钢制支架大于30m时，应有伸缩缝，跨越建筑物伸缩缝处应设伸缩缝	（1）施工中，应定期检查电源线路和设备的电器部件，确保用电安全。 （2）电缆支架全长都应有良好的接地。 （3）焊接设备应有完整的保护外壳，一、二次接线柱外应有防护罩，在现场使用的电焊机应防雨、防潮、防晒，并备有消防用品	验收施工项目部报审的已完成分项工程。主要内容：专业监理工程师应审查分项工程质量是否合格；质量验收记录是否完整、规范；施工质量是否符合规范和工程设计文件的要求；签署分项工程质量报验申请单；检查强制性条文执行情况，签署输变电工程强制性条文执行记录表

续表

作业工序	质量控制重点	安全控制重点	监理作业重点
电缆沟盖板制作与安装	（1）现场制作沟道盖板，相关工序参考钢筋混凝土结构相对应的工序质量控制要求。 （2）盖板安装应平稳、顺直；表面平整≤5mm。 （3）成品盖板：审查盖板的质量证明文件，专业监理工程师审查工程材料的数量清单、质量证明文件、自检结果，符合要求后签署工程材料/构配件/设备进场报审表	（1）盖板外边框通常采用角钢焊接制作，焊工必须经过专业安全技术和防火知识培训，经考试合格，持证方可独立进行操作。 （2）作业前，操作人员必须检查焊机的地线和一、二次线绝缘，清除焊接现场易燃物品，并在作业现场配备合格灭火器。 （3）作业时，操作人员应戴防护镜、穿绝缘鞋，戴手套等防护用品，站在铺有绝缘物品的地方。 （4）作业结束后，清理场地，待角钢焊件散去余热后，摆放整齐，切断电源，锁好电源箱。 （5）预制构件浇筑混凝土施工，操作人员在每次施工前应将模具清理干净，使用电动工具清理时，应注意防止灰浆飞溅入眼。 （6）摆放模具时，模具的摆放间距要满足作业要求，防止人员磕绊摔倒。 （7）加工成型的电缆槽构件应分类堆放，堆放场地应平整、坚实、干燥。盖板堆放时，每5块盖板用木方加以分隔。 （8）预制件的搬运宜使用手推车，双人搬运。 （9）使用手推车运输时，作业人员应先将运输通道清理干净，并注意脚下有无障碍，防止磕绊导致预制件从车上掉下砸伤。 （10）盖板运至现场后，放置要平稳，防止塌落伤人	进行质量巡视检查。重点检查：盖板外观有无缺棱、掉角、裂纹等缺陷

续表

作业工序	质量控制重点	安全控制重点	监理作业重点
验收阶段	审查分部工程所含分项工程的质量是否均合格；质量控制资料是否完整；观感质量验收应符合要求；施工记录的填写是否正确，是否规范；该分部工程的施工质量是否符合有关规范和工程设计文件的要求		（1）总监理工程师组织分部工程验收，签署分部工程质量报验申请单。 （2）专业监理工程师编写工程施工强制性条文执行检查表。 （3）采集数码照片，要求详见国网基建安质〔2016〕56号文

站区道路及围墙工程

作业工序	质量控制重点	安全控制重点	监理作业重点
施工准备阶段	（1）对进场的材料实体检查或见证取样。 （2）见证施工项目部技术交底。交底、接底人员在交底记录上的签字齐全	施工项目部报审的施工方案中的安全措施应包括施工机械安全操作重点、施工人员必须遵守的安全事项、现场危险点及避险措施等内容	（1）审核施工项目部报审的施工方案。 （2）进场管理人员及特种作业人员、施工机械、工程材料证明等文件审核
站区道路及硬化地面	（1）开挖过程中按照道路路基边线进行开挖；路基范围内不能存在暗沟、暗渠、不良地基等情况。 （2）按照设计文件要求对过路电缆管、雨水管、污水管、排油管、接地等设施进行敷设。 （3）检查各种过路设施基层及上部回填土应符合设计文件和标准要求；基槽底应采用压实机械进行碾压等。 （4）基层材料与见证取样时原材料特征应相符，与做击实试验的原材料特征也应相符；基层材料拌和时的体积比符合设计文件要求；回填使用的机械、铺设厚度及夯实遍数等与审批文件一致等。 （5）检查混凝土的生产质量情况；浇筑过程中振捣密实、表面平整；胀缝设置合理；切割缩缝及时，切缝宽度、深度符合标准要求等。	（1）机械填压作业时，机械操作人员应持证上岗，作业过程设专人指挥。两台以上压路机同时作业时，操作人员应将各台压路机的前后间距保持在4m以上。 （2）施工机械在停放时应选择平坦坚实的地方，并将制动器制动住。不得在坡道或土路边缘停车。 （3）蛙式打夯机手柄上应包以绝缘材料，并装设便于操作的开关。操作时应戴绝缘手套。打夯机必须使用绝缘良好的橡胶绝缘软线，作业中严禁夯击电源线。 （4）在坡地或松土层上打夯时，严禁背着牵引。操作时，打夯机前严禁站人。操作人员的安全防护用品是否配置和正确使用；振捣机械电缆接线是否正确，电缆有无破损等。	重点检查：基底土质、标高、几何尺寸基槽底压实度、宽度、平整度、混凝土组成材料质量、混凝土强度、试块留置、伸缩缝留置、路面厚度等，并采集数码照片（按国网基建安质〔2016〕56 号文要求）；收集相关施工资料

续表

作业工序	质量控制重点	安全控制重点	监理作业重点
站区道路及硬化地面	（6）道路如分两次浇筑，二次浇筑时胀缝位置与应基层一致。 （7）浇筑完成后的养护作业及时进行；覆盖的材料以及养护的持续时间要与施工方案一致。 （8）道路工程。 1）路面平整，密实耐磨，色泽均匀，无脱皮、裂缝、损坏、麻面、起砂、污染。 2）道路缩、胀缝设置位置准确，缝壁垂直，缝宽一致，填缝密实。 3）伸缩缝密封胶封闭均匀，弧度一致、美观。 4）路面泛水坡度正确，无积水。 5）路面宽度偏差±5mm。路面平整度≤3mm。 6） 在道路交接处及转弯处，切缝正确	（5）使用振动器的电源线应采用绝缘良好的软橡胶电缆，开关及插头应完整、绝缘良好。严禁直接将电源线插入插座。使用振动器的操作人员应穿绝缘鞋、戴绝缘手套。作业人员在搬动振动器或暂停作业时应将电源切断，严禁将开启的振动器放在模板或尚未凝固的混凝土上。 （6）混凝土浇筑作业时设专人进行现场指挥并设专职安全员监护，严禁各工序作业人员随意走动或自行作业。采用切割机进行切缝时操作人员应持证上岗，作业前应检查电源、水源及机组试运转情况是否良好，切割机刀片与机身是否完好	
围墙工程	（1）审查水泥、砖等进场工程材料的质量证明文件，按规定进行复试见证取样。 （2）烧结砖、蒸压灰砂砖、蒸压粉煤灰砖砌筑前1～2天是否进行浇水湿润，相对含水率应符合标准要求。	（1）墙体砌筑应搭设脚手架，严禁作业人员站在墙身上进行勾缝、检查大角垂直度及清扫墙面等作业或在墙身上行走。 （2）砌砖时搭设的脚手架上堆放的砖、砂浆等距墙身不得小于 50cm，荷载不得大于 270kg/m^2。砖侧放时不得超过3层。 （3）作业人员在高处作业前，应准备好使用的工具，严禁在高处砍砖，必须使用七分头、半砖时，应在下面用切割机进行切割后运输到使用部位。	重点检查：砂浆配合比，原材料计量，砌体垂直度、平整度、砂浆饱满度，勾缝材料、灰缝密实度，观感质量；试块留置见证取样等；收集相关施工资料，采集数码照片，要求详见国网基建安质〔2016〕56号文

续表

作业工序	质量控制重点	安全控制重点	监理作业重点
围墙工程	（3）检查砌体砌筑应按要求进行挑砖；七分头和半砖采用切割机集中切割；应设置皮数杆并双面挂线；砌体灰缝的砂浆应密实饱满，砖墙水平灰缝的砂浆饱满度不得小于80%，竖缝不得出现透明缝、瞎缝、假缝，灰缝横平竖直；变形缝位置应与基础变形缝位置重合；预埋管应按设计文件要求进行暗敷等。 （4）清水墙。 1）清水墙组砌正确，灰缝通顺，均匀，勾缝深度一致，棱角整齐，无返碱，清洁美观。 2）变形缝设置间距合理，均匀，密封胶封闭均匀，无开裂。 3）平整度偏差≤2mm，垂直度偏差≤2mm，缝宽偏差≤2mm。 4）围墙根部防止返碱措施到位，与墙面结合美观。勾缝材料应符合设计文件要求；勾缝工具应为专用工具；勾缝顺序应按从上而下、自左向右、先横后竖的原则进行；勾缝深度横平竖直、深浅一致，搭接平整，灰缝密实等。 （5）装配式围墙。 1）装配式板墙安装牢固，颜色均匀，无开裂、损坏、污染。 2）板缝密封胶封闭均匀，无开裂，美观。 3）垂直度偏差≤3mm，平整度偏差≤2mm。	（4）作业人员在操作完成或下班时应将脚手板上及墙上的碎砖、砂浆清扫干净后再离开，做到“工完、料尽、场地清”	

续表

作业工序	质量控制重点	安全控制重点	监理作业重点
围墙工程	4）压顶下留置滴水线（槽），滴水线（槽）顺直，美观。 （6）格栅式围墙。 1）格栅排列均匀、竖直有序，拼缝严密，表面平整洁净，无划痕碰伤。 2）格栅安装牢固、严密。 3）轴线位移5mm，垂直度偏差≤3mm。 （7）围墙预制压顶。 1）清水混凝土工艺，表面光滑、平整，清洁、颜色一致，无蜂窝、麻面，裂纹和露筋现象。 2）压顶下做滴水线（槽），滴水线（槽）顺直，美观。 3）宽度偏差±2mm，厚度偏差±3mm。 4）变形缝留置位置及宽度与墙体变形缝一致。 （8）围墙变形缝。 1）围墙变形缝竖直，宽窄一致，与基础变形缝上下贯通。 2）变形缝密封胶封闭均匀，无开裂，美观。 3）变形缝留置间距正确，均匀。 （9）检查大门轨道安装顺直、标高准确、固定牢固；大门开启灵活，遥控灵敏。		

续表

作业工序	质量控制重点	安全控制重点	监理作业重点
围墙工程	（10）金属大门。 1）金属大门光洁，无变形、损伤，与大门标识墙相协调。 2）导轨顺直，门卡焊接牢固，有限位装置。 3）水平度偏差≤1mm。门卡与导轨平行度偏差≤1.5mm。 4）大门安装：垂直度偏差≤2.5mm		
验收阶段	审查分部工程所含分项工程的质量均合格；质量控制资料完整；观感质量验收应符合要求；施工记录的填写正确、规范；该分部工程的施工质量符合有关规范和工程设计文件的要求		（1）总监理工程师组织分部工程验收，签署分部工程质量报验申请单。 （2）专业监理工程师编写工程施工强制性条文执行检查表。 （3）采集数码照片，要求详见国网基建安质〔2016〕56号文

电缆隧道（明挖）工程

作业工序	质量控制重点	安全控制重点	监理作业重点
施工准备阶段	（1）对进场的材料实体检查或见证取样。 （2）见证施工项目部技术交底。交底、接底人员在交底记录上的签字齐全。 （3）核实业主项目部在工程开工前是否已经组织设计交底和施工图会检，并签发了设计交底纪要和施工图会检纪要	（1）检查现场的施工机械试运转是否正常和工器具是否完好。 （2）现场技术负责人和专职安全员应向所有参加施工作业人员进行安全技术交底，指明作业过程中的危险点及防范措施，接受交底人必须在交底记录和安全工作票上签字。 （3）加工区材料、半成品等应按品种、规格分别堆放整齐，并设置材料标识牌。场区运输通道应平整通畅，松软通道应铺垫板。 （4）隧道施工作业区设置安全围栏，并悬挂安全警示标志，标志应清晰、齐全。 （5）特种作业人员或特殊作业人员持证上岗	（1）参加施工单位组织的专项施工方案论证会，审核施工项目部报审的施工方案。 （2）进场管理人员及特种作业人员、施工机械、工程材料证明等文件审核。 （3）核查施工项目部委托的试验（检测）单位与审批文件是否一致。 （4）审查混凝土配合比。重点审查：实验室配合比强度是否符合标准和设计文件要求。 （5）核查本单位工程使用的主要测量计量器具/试验设备与审批文件是否一致
土方开挖	（1）定位及高程控制：审核施工单位报送的施工测量成果，检查施工单位专职测量人员的岗位证书及测量设备检定证书，复合施工现场平面控制网，高程控制网和临时水准点的测量成果。 （2）土方开挖的顺序、方法必须与设计工况相一致，并遵循“开槽支撑，先撑后挖，分层开挖，严禁超挖”的原则。	（1）土方开挖必须经计算确定放坡系数，分层开挖，必要时采取支护措施。 （2）基坑顶部按规范要求设置截水沟。 （3）一般土质条件下弃土堆底至基坑顶边距离≥1.2m，弃土堆高≤1.5m，垂直坑壁边坡条件下弃土堆底至基坑顶边距离≥3m，软土场地的基坑边则不应在基坑边堆土。	（1）重点检查：基底土质、标高、几何尺寸、基槽底宽度、平整度、收集相关施工资料并采集数码照片，按国网基建安质〔2016〕56号文要求。 （2）组织建设管理单位、勘察、设计单位相关人员对基槽、基坑进行隐蔽验收，并采集数码照片。专业监理工程师签署隐蔽工程验收（地基验槽）报审表

续表

作业工序	质量控制重点	安全控制重点	监理作业重点
土方开挖	（3）开挖过程中重点检查是否按照沟道边线进行了开挖；沟道范围内是否存在暗沟、暗渠、不良地基等情况。 （4）边坡、表面坡度应符合设计要求和现行有关标准的规定，每20m取1点，每边不应少于1点进行检查。 （5）锚喷支护使用的混凝土抗压强度，抗渗压力及锚杆抗拔力必须符合设计要求和现行有关标准的规定，现场要求施工单位按相关规定和要求留取试件及进行锚杆抗拔力试验并检查混凝土抗压、抗渗试验报告和锚杆抗拔力试验报告。 （6）锚喷支护混凝土原材料、钢筋网、锚杆质量必须符合设计要求和现行有关标准的规定，检查出厂合格证、质量检验报告和现场抽样试验报告。 （7）锚喷支护表层混凝土喷层厚度有60%不小于设计厚度，平均厚度不得小于设计厚度，最小厚度不小于设计厚度的50%。 （8）核查基槽基底土性：应符合设计要求，检查相关试验记录及地质勘察报告 （9）长度、宽度和标高检查：基槽底部标高偏差控制在0～50mm；长度、宽度（由设计中心线向两边量）偏差控制在+100～0mm，基槽底部表面平整度≤20mm	（4）土方开挖过程中必须观测基坑周边土质是否存在裂缝及渗水等异常情况，适时进行监测。 （5）规范设置弃土提升装置，确保弃土提升装置安全性、稳定性。 （6）规范设置供作业人员上下基坑的安全通道（梯子），基坑边缘按规范要求设置安全护栏 （7）挖土区域设警戒线，各种机械、车辆严禁在开挖的基础边缘2m内行驶、停放。 （8）深度超过5m（含5m）深基槽开挖还应明确以下要求： 1）施工单位必须制定专项施工方案，并经专家论证审查通过。 2）作业前通知监理旁站。 3）制定详细的监测方案制定边坡变形抢险预案，如发现异常，应立即停止槽内作业。 （9）制定雨天、防洪应急预案，认真做好地面排水、边坡渗导水以及槽底排水措施锚喷加固需要求： 1）进入现场的喷射人员要按规定配戴安全帽、防吸尘面具以及高空作业的安全带等劳动保护用品。 2）施工中，应定期检查电源线路和设备的电器部件，确保用电安全。	

续表

作业工序	质量控制重点	安全控制重点	监理作业重点
土方开挖		（10）喷射机、储气罐、输水管等应进行密封性能和耐压试验喷射机、储气罐、输水管等应进行密封性能和耐压试验。 （11）喷射作业中处理堵管时，应先停风，停止供料，顺着管路敲击，人工清理喷射混凝土施工用的工作台架应牢固可靠，并应设置安全栏杆。 （12）喷射混凝土作业人员应穿戴防尘用具	
混凝土垫层	（1）垫层混凝土所用的水泥、水、骨料、外加剂等必须符合施工规范和有关标准的规定，重点检查水泥出厂合格证及混凝土试块强度试验记录。 （2）垫层表面平整度控制在 10mm；标高控制在±10mm；厚度偏差不大于设计厚度的1/10。 （3）水泥混凝土垫层铺设在基土上，当气温长期处于 0℃以下，设计无要求时，垫层应设置伸缩缝。 （4）垫层铺设前，其下一层表面应湿润，避免混凝土结合不密实。 （5）进行质量巡视检查。重点检查：混凝土的浇筑过程中振捣是否密实，表面是否平整；现场是否留置混凝土试件；浇筑完毕后的养护作业是否符合标准要求。 （6）对混凝土试块进行见证取样，并采集数码照片	（1）混凝土运输车辆进入现场后，应设专人指挥。指挥人员必须站位于车辆侧面。 （2）混凝土浇筑作业中应配备模板工监护模板，发现位移或变形，必须立即停止浇筑。 （3）混凝土覆盖养护应使用阻燃材料，用后应及时清理、集中堆放到指定地点。 （4）使用插入式振捣器振实混凝土时，电力缆线的引接与拆除必须由电工操作。振捣器应设专人操作。 （5）作业中，振动器操作人员应保护好缆线完好，如发现漏电征兆，必须停止作业，交电工处理	（1）重点检查：混凝土配合比，试块留置见证取样等；收集相关施工资料，采集数码照片，要求详见国网基建安质〔2016〕56 号文。 （2）验收施工项目部报审的已完成分项工程。 （3）主要内容：审查分项工程所含的检验批是否均合格；分项工程所含的检验批的质量验收记录是否完整、填写规范；该分项工程的施工质量是否符合规范和工程设计文件的要求。 （4）重点检查：混凝土配合比、强度，垫层标高、厚度等，并采集数码照片（按国网基建安质〔2016〕56 号文要求）。 （5）专业监理工程师签署分项工程质量报验申请单；检查强制性条文执行情况，签署输变电工程施工强制性条文执行记录表

作业工序	质量控制重点	安全控制重点	监理作业重点
主体结构模板分项工程	（1）模板及其支架：对进场模板规格、质量进行检查，确定是否可用于工程。 （2）对承包商采用的模板螺栓应在加工前提出预控意见，确保加工质量，确保模板连接后的牢固。 （3）模板及其支撑结构具有足够的刚度、强度和稳定性，其支撑部分应有足够的支撑面积，如安装在基土上，基土必须坚实，并有排水措施。 （4）对湿陷性黄土必须有防水措施；对冻胀性土必须有防冻融措施。 （5）对模板拼缝、节点位置、模板支搭情况及加固情况，应认真检查，防止漏浆及缩颈现象，对照模板设计文件和施工技术方案观察和手摇动检查，应具有足够的承载能力、刚度和稳定性，能可靠地承受浇筑混凝土的重力、侧压力以及施工荷载。 （6）循环使用的旧模板，涂刷模板隔离剂时，不得沾污钢筋和混凝土接槎处。 （7）沟道内预埋件和预留孔槽，均应在混凝土浇筑前设置，不得在浇筑后打洞。 （8）模板的接缝不应漏浆；在浇筑混凝土前，木模板应浇水湿润，但模板内不应有积水。 （9）模板与混凝土的接触面应清理干净并涂刷隔离剂，但不得采用影响结构性能的隔离剂。	（1）模板应在距沟槽边 1m 外的平坦地面处整齐堆放。 （2）模板运输宜用平板推车。在向沟内搬运时，上下人员应配合一致，防止模板倾倒产生砸伤事故。 （3）模板按沟底板上的弹线组装，支完一段距离后（不宜超过 20m），即应对模板进行加固。 （4）模板加固过程中，支点加固牢固、可靠，所用的木方无裂痕、腐朽，所有钉头均砸平，防止人员刮伤。 （5）拆除模板时应选择稳妥可靠的立足点。 （6）拆下的模板应整齐堆放，及时运走，拆下的木方应及时清理，拔除钉子等，堆放整齐，防止人员绊倒及刮伤	（1）验收施工项目部报审的已完成分项（检验批）工程。 （2）主要内容：审查该检验批是否均合格；该检验批的质量验收记录是否完整、填写规范；该检验批的施工质量是否符合规范和工程设计文件的要求。 （3）重点检查：轴线、标高、截面尺寸、稳定牢固性等，并采集数码照片（按国网基建安质〔2016〕56 号文要求）。专业监理工程师签署分项（检验批）工程质量报验申请单

续表

作业工序	质量控制重点	安全控制重点	监理作业重点
主体结构模板分项工程	（10）浇筑混凝土前，模板内的杂物应清理干净。 （11）对清水混凝土工程，应使用能达到设计效果的模板。 （12）主体结构使用的模板，板的表面平整度≤3mm；相邻两板表面高低差≤1mm；预留孔中心位移≤3mm；预留洞中心位移≤10mm，截面尺寸偏差控制在+10～0mm。 （13）模板及其支架拆除的顺序及安全措施应按施工技术方案执行拆除模板时，混凝土强度应能保证其表面及棱角不受损伤。 （14）拆除的模板和支架宜分散堆放并及时清运		
主体结构钢筋分项工程	（1）钢筋原材料按进场的批次和产品的抽样检验方案确定。钢筋进场时，应按 GB 1499《钢筋混凝土用钢》等的规定抽取试件作力学性能试验，其质量必须符合有关标准的规定，未经复试或复试未合格的钢筋，不能用于工程。 （2）有抗震要求的结构：其纵向受力钢筋的强度应满足设计要求。当设计无具体要求时，对一、二级抗震等级，检验所得的强度实测值应符合下列规定： 1）钢筋的抗拉强度实测值与屈服强度实测值的比值不应小于 1.25。 2）钢筋的屈服强度实测值与强度标准值的比值不应大于 1.3。	（1）钢筋加工区的加工场地应平整、工作台稳固，钢筋、半成品按规格、品种堆放有序。 （2）工作台的上铁屑应及时清理，钢筋加工机械的接地良好，操作人员及时清理加工废弃料，保证电焊机、切割机等周围无易燃物。 （3）钢筋搬运过程中，搬运人员应动作一致，与电气设施和设备保持安全距离，严防碰撞。 （4）在运行变电站中，作业人员应严防钢筋与任何带电体接触。	（1）必须熟读设计图纸，明确各结构部位设计钢筋的品种、规格、绑扎或焊接要求，特别应注意某些部位配筋的特殊处理。 （2）对有关配筋变化的图纸会审记录和设计变更通知单，应及时标注在相应的结构施工图上，避免遗忘，造成失误。 （3）要掌握混凝土结构设计规范、建筑抗震设计规范、钢筋混凝土高层建筑结构设计与施工规程中有关钢筋构造措施的规定。

续表

作业工序	质量控制重点	安全控制重点	监理作业重点
主体结构钢筋分项工程	（3）建筑用钢一般不作化学分析，但如钢筋在加工过程中，发现脆断、焊接性能不良或力学性能显著不正常等现象时，或者无出厂证明，钢种钢号不明时，或者是有焊接要求的进口钢筋时，仍应进行化学成分检验或其他专项检验。 （4）受力钢筋弯钩和弯折： 1）HPB235 级钢筋末端应作 180° 弯钩，其弯弧内直径不应小于钢筋直径的 2.5 倍，弯钩的弯后平直部分长度不应小于钢筋直径的 3 倍。 2）当设计要求钢筋末端需作 135° 弯钩时，HRB335 级、HRB400 级钢筋的弯弧内直径不应小于钢筋直径的 4 倍，弯钩的弯后平直部分长度应符合设计要求。 3）钢筋作不大于 90° 的弯折时，弯折处的弯弧内直径不应小于钢筋直径的 5 倍。 （5）箍筋末端弯钩：除焊接封闭环式箍筋外，箍筋的末端应做弯钩，弯钩形式应符合设计要求；当设计无具体要求时，应符合下列规定： 1）箍筋弯钩的弯弧内直径除应满足本表第 4 项的规定外，尚应不小于受力钢筋直径。 2）箍筋弯钩的弯折角度：对一般结构，不应小于 90°；对有抗震等要求的结构，应为 135°。	（5）钢筋绑扎时应注意四周保护层厚度均匀，摆放高度正确。 （6）钢筋绑扎过程中，绑扎人员应注意配合，相互间保持一定工作距离。 （7）钢筋夜间绑扎时，场区应有足够的照明，并安排专人监护，在工作结束时，监护人应清点人数	（4）要求承包单位对钢筋的下料、加工进行详细的交底，要求技术人员根据图纸和规范进行钢筋翻样，且应亲自到加工场地，对成型的钢筋进行检查，发现问题通知承包单位改正。 （5）验收施工项目部报审的已完成分项工程。主要内容：审查分项工程所含的检验批是否均合格；分项工程所含的检验批的质量验收记录是否完整、填写规范；该分项工程的施工质量是否符合规范和工程设计文件的要求，重点检查：钢筋的品种、规格、型号及绑扎骨架尺寸、形状等，并采集数码照片。 （6）专业监理工程师签署分项工程质量报验申请单；检查强制性条文执行情况，签署输变电工程施工强制性条文执行记录表

续表

作业工序	质量控制重点	安全控制重点	监理作业重点
主体结构钢筋分项工程	3）箍筋弯后平直部分长度：对一般结构，不宜小于箍筋直径的 5 倍，对有抗震等要求的结构，不小于箍筋直径的 10 倍。 （6）钢筋表面质量：钢筋应平直、无损伤，表面不得有裂纹、油污、颗粒状或片状老锈。 （7）用于钢筋制作或连接的焊条或焊剂应有出厂合格证，且应与焊接形式、母材种类或设计所要求的品种、规格一致，需要进行烘焙的应有烘焙记录（恒温 250℃，烘焙 1～2h）；监理工程师应检查焊工的焊工考试合格证。在正式焊接前，必须监督焊工在现场条件下进行焊接性能试验，合格后方可正式生产。必须对焊接头进行现场见证割取试件、送样、见证试验结果。 （8）钢筋加工偏差：受力钢筋顺长度方向全长的净尺寸应控制在±10mm；弯起钢筋的弯折位置应控制在±20mm；箍筋内净尺寸应控制在±5mm。 （9）在钢筋绑扎过程中，监理工程师应到现场巡视，发现问题及时通知施工单位改正。巡检时应特别注意钢筋的品种、规格、数量、箍筋加密范围，钢筋除锈等问题的监视。 （10）受力钢筋接头设置：同一构件内的接头宜相互错开；同一连接区段内，纵向受力钢筋的接头面积百分率应符合设计要求及现行有关标准的规定。		

续表

作业工序	质量控制重点	安全控制重点	监理作业重点
主体结构钢筋分项工程	（11）钢筋保护层的垫块强度、厚度、位置应符合设计要求和规范要求。 （12）钢筋不得随意代用，若要代用，必须经设计单位书面同意。 （13）在承包单位质检人员自检合格的基础上，对承包单位报验的部位进行隐蔽工程验收，验收时应按质量验评标准，对照结构施工图，确认所绑扎钢筋的规格、数量、间距、长度、锚固长度、接头设置等是否符合规范、规程的要求，经过修整达到要求时，才正式签发认可书。 （14）钢筋长度偏差控制在±20mm；钢筋间距偏差控制在±20mm；保护层厚度偏差控制在±5mm		
主体结构混凝土分项工程	（1）防水混凝土的抗压强度和抗渗压力必须符合设计要求。重点检查混凝土出厂合格证、质量检验报告、计量措施和现场抽样试验报告。 （2）防水混凝土的变形缝、施工缝、后浇带、穿管道、埋设件等设置和构造，均须符合设计要求，严禁有渗漏。变形缝处混凝土结构的厚度不应小于 30mm，变形缝的宽度宜为 20～30mm。全埋式地下防水工程的变形缝应为环状。	（1）上料平台应选择地表平坦、坚实处，不宜距沟槽太近，且上料平台不应堆积过多混凝土。 （2）下料及振捣施工人员严禁站在沟壁模板和支撑条上。 （3）振捣施工作业人员应穿绝缘鞋、戴绝缘手套，不得将开启的振捣器放在模板或支撑上。 （4）振捣作业结束语时应马上切断电源	（1）首次使用的配合比应进行开盘鉴定，其工作性应满足设计配合比的要求。开始生产时应至少留置一组标准养护试件，作为验证的依据；通过检查开盘鉴定资料和试件强度试验报告确定配合比是否符合国家标准规范及相关设计要求。 （2）验收施工项目部报审的已完成分项工程。主要内容：审查分项工程所含的检验批是否均合格。 （3）分项工程所含的检验批的质量验收记录是否完整、填写规范；该分项工程的施工质量是否符合规范和工程设计文件的要求。

续表

作业工序	质量控制重点	安全控制重点	监理作业重点
主体结构混凝土分项工程	（3）混凝土浇筑中，检查混凝土坍落度，严禁在已搅拌好的混凝土中注水，不合格混凝土要退回搅拌站。 （4）检查振捣情况，不得漏振、过振，注视模板、钢筋的位置和牢固度，有跑模和钢筋位移情况时应及时处理，特别注意混凝土浇筑中施工缝、沉降缝、后浇带处混凝土的浇筑处理。 （5）混凝土取样与试件留置应符合下列规定： 1）每拌制 100 盘且不超过 100m³的同配合比的混凝土，取样不得少于 1 次； 2）每工作班拌制的同一配合比的混凝土不足 100 盘时，取样不得少于 1 次； 3）当一次连续浇筑超过 1000m³时，同一配合比的混凝土每 200m³取样不得少于 1 次；每次取样应至少留置一组标准养护试件，同条件养护试件的留置组数应根据实际需要确定。 （6）混凝土运输、浇筑及间歇，全部时间不应超过混凝土的初凝时间，同一施工段的混凝土应连续浇筑，并应在底层混凝土初凝之前将上一层混凝土浇筑完毕。当底层混凝土初凝后浇筑上一层混凝土时，应按施工缝的要求进行处理。 （7）应按设计要求和施工技术方案确定、执行施工缝留置及处理。 （8）检查和督促承包单位适时做好成型压光和覆盖浇水养护，防止混凝土出现裂缝		（4）重点检查：混凝土组成材料质量、混凝土强度、试块留置、轴线位移及截面尺寸等。 （5）采集数码照片（按国网基建安质〔2016〕56 号文要求）。 （6）专业监理工程师签署分项工程质量报验申请单。 （7）检查强制性条文执行情况，签署输变电工程施工强制性条文执行记录表

续表

作业工序	质量控制重点	安全控制重点	监理作业重点
主体结构外观及尺寸偏差	（1）尺寸偏差：不应有影响结构性能和使用功能的尺寸偏差。对超过尺寸允许偏差且影响结构性能和安装、使用功能的部位，应由施工单位提出技术处理方案，并经监理（建设）、设计单位认可后进行处理。对经处理的部位，应重新检查验收。 （2）隧道中心线及端部位移控制在±20mm；隧道底面坡度偏差控制在±10%设计坡度；隧道截面尺寸偏差控制在±20mm；隧道壁厚度偏差控制在±5mm；预留孔、洞及预埋件中心线位移≤15mm		（1）检查混凝土沟道外观质量：不应有严重缺陷。 （2）对已经出现的严重缺陷，应由施工单位提出技术处理方案，并经监理（建设）、设计单位认可后进行处理，对经处理的部位，应重新检查验收
主体结构之预制箱涵安装	（1）地下防水工程所使用的防水材料，应有产品的合格证书和性能检测报告，材料的品种、规格、性能等应符合现行国家产品标准和设计要求。 （2）对进场的防水材料应按 GB 50208—2002《地下防水工程质量验收规范》的规定抽样复验，并提出试验报告；不合格的材料不得在工程中使用，签署工程材料/构配件/设备进场报审表，组织或参加材料进场检查。 （3）重点检查：预制箱涵的规格、型号应符合设计要求；预制箱涵、弹性密封垫材、张拉连接用钢绞线或预应力钢筋、螺栓、接口防水密封材料质量证明文件应齐全有效。	（1）起吊物应绑牢，并有防止倾倒措施。吊钩悬挂点应与吊物的重心在同一垂直线上，吊钩钢丝绳应保持垂直，严禁偏拉斜吊。落钩时，应防止吊物局部着地引起吊绳偏斜，吊物未固定好，严禁松钩。 （2）起重工作区域内无关人员不得停留或通过。在伸臂及吊物的下方，严禁任何人员通过或逗留。 （3）吊起的重物不得在空中长时间停留。在空中短时间停留时，操作人员和指挥人员均不得离开工作岗位。起吊前应检查起重设备及其安全装置；重物吊离地面约 10cm 时应暂停起吊并进行全面检查，确认良好后方可正式起吊。	（1）验收施工项目部报审的已完成分项工程。 （2）主要内容：审查分项工程所含的检验批是否均合格；分项工程所含的检验批的质量验收记录是否完整、填写规范；该分项工程的施工质量是否符合规范和工程设计文件的要求。 （3）专业监理工程师签署分项工程质量报验申请单。 （4）检查强制性条文执行情况，签署输变电工程施工强制性条文执行记录表

续表

作业工序	质量控制重点	安全控制重点	监理作业重点
主体结构之预制箱涵安装	（4）预制箱涵现场吊装及张拉连接施工前应复验合格，当构件上有裂缝且宽度超过0.2mm时应进行鉴定。 （5）箱涵张拉连接施工完成后，检查接口是否对接密实，钢绞线锚头固定可靠。 （6）水泥砂浆防水层各层之间必须结合牢固，无空鼓现象。水泥砂浆防水层不同于普通水泥砂浆找平层，在混凝土或砌体结构的基层上应采用多层抹面做法，防止防水层的表面产生裂纹、起砂、麻面等缺陷，保证防水层和基层的粘结质量。 （7）水泥砂浆铺抹时，应在砂浆收水后二次压光，使表面坚固密实、平整；水泥砂浆终凝后，应采取浇水、覆盖浇水、喷养护剂、涂刷冷底子油等手段充分养护，保证砂浆中的水泥充分水化，确保防水层质量。 （8）地下工程卷材防水层适用于在混凝土结构或砌体结构迎水面铺。铺贴卷材前应在其表面上涂刷基层处理剂，基层处理剂应与卷材及胶粘剂的材料相容，可采用喷涂或涂刷法施工，喷涂应均匀一致、不露底，待表面干燥后方可铺贴卷材。两幅卷材短边和长边的搭接宽度均不应小于100mm	（4）遇有大雪、大雾、雷雨、六级及以上大风等恶劣气候，或夜间照明不足，使指挥人员看不清工作地点、操作人员看不清指挥信号时，不得进行起重作业	

作业工序	质量控制重点	安全控制重点	监理作业重点
附属工程施工之安装电缆支架安装	（1）签署工程材料/构配件/设备进场报审表，组织或参加材料进场检查。重点检查：扁钢、角钢或电缆支架（吊架、桥架）等的规格、型号应符合设计要求。 （2）质量证明文件应齐全有效。采集数码照片。发现缺陷时，由施工项目部填写工程材料/构配件/设备缺陷通知单。 （3）缺陷处理完，由供货单位和施工项目部填写设备（材料/构配件）缺陷处理报验表，监理复检。 （4）对电缆层架（吊架、桥架）安装进行巡视检查。重点检查：电缆吊架的水平间距应一致。 （5）连接板采用螺栓连接时，螺栓应从内向外穿；电缆桥架转弯处的转弯半径，不应小于该桥架上的电缆最小允许弯曲半径的最大值；金属支架全长均应有良好接地。 （6）支架安装应保持横平竖直，电力电缆支架弯曲半径应满足线径较大电缆的转弯半径。各支架的同层横档高低偏差不应大于5mm，左右偏差不得大于10mm。 （7）组装后的钢结构电缆竖井，其垂直偏差不应大于其长度的2/1000。直线段钢制支架大于30m时，应有伸缩缝，跨越建筑物伸缩缝处应设伸缩缝	（1）施工中，应定期检查电源线路和设备的电器部件，确保用电安全。 （2）电缆支架全长都应有良好的接地。 （3）焊接设备应有完整的保护外壳，一、二次接线柱外应有防护罩，在现场使用的电焊机应防雨、防潮、防晒，并备有消防用品	（1）验收施工项目部报审的已完成分项工程。 （2）主要内容：专业监理工程师应审查分项工程质量是否合格；质量验收记录是否完整、规范；施工质量是否符合规范和工程设计文件的要求。 （3）签署分项工程质量报验申请单。 （4）检查强制性条文执行情况，签署输变电工程强制性条文执行记录表

续表

作业工序	质量控制重点	安全控制重点	监理作业重点
附属工程施工之安装爬梯	（1）签署工程材料/构配件/设备进场报审表，组织或参加材料进场检查。重点检查：钢爬梯的规格、型号应符合设计要求。 （2）质量证明文件应齐全有效。采集数码照片。发现缺陷时，由施工项目部填写工程材料/构配件/设备缺陷通知单，缺陷处理完，由供货单位和施工项目部填写设备（材料/构配件）缺陷处理报验表，监理复检。 （3）爬梯安装应保持横平竖直。 （4）爬梯应有良好的接地	（1）施工中，应定期检查电源线路和设备的电器部件，确保用电安全。 （2）焊接设备应有完整的保护外壳，一、二次接线柱外应有防护罩，在现场使用的电焊机应防雨、防潮、防晒，并备有消防用品	
附属工程施工之接地极、接地线施工	（1）签署工程材料/构配件/设备进场报审表，组织或参加材料进场检查。重点检查：镀锌扁钢、镀锌角钢（或镀锌钢管、铜绞线、铜排、铜棒、铜包钢）、焊条、焊粉、助焊剂、热熔剂等材料的规格、型号应符合设计要求；质量证明文件应齐全有效。采集数码照片（按国网基建安质〔2016〕56 号文要求）。 （2）发现缺陷时，由施工项目部填写工程材料/构配件/设备缺陷通知单，缺陷处理完，由供货单位和施工项目部填写设备（材料/构配件）缺陷处理报验表，监理复检。 （3）对垂直接地体制作与安装进行巡视检查。重点检查：镀锌层表面应完好；垂直接地体（顶面）埋深和间距应符合设计文件要求。采集数码照片（按国网基建安质〔2016〕56 号文要求）。 （4）对接地网试验进行旁站。主要内容：核查试验过程应与试验方案一致；确认接地阻抗值测试的结果。签署接地电阻测量签证。采集数码照片（按国网基建安质〔2016〕56 号文要求）	（1）施工中，应定期检查电源线路和设备的电器部件，确保用电安全。 （2）接地安装应符合设计要求。 （3）焊接设备应有完整的保护外壳，一、二次接线柱外应有防护罩，在现场使用的电焊机应防雨、防潮、防晒，并备有消防用品	（1）核查特殊工种/特殊作业人员与审批文件是否一致。 （2）核查主要测量计量器具/试验设备与审批文件是否一致。 （3）核查主要施工机械/工器具/安全用具与审批文件是否一致。 （4）核查施工项目部编制的施工方案是否已经审批、验收施工项目部报审的已完成分项工程。 （5）主要内容：专业监理工程师应审查分项工程质量是否合格；质量验收记录是否完整、规范；施工质量是否符合规范和工程设计文件的要求；签署分项工程质量报验申请单；检查强制性条文执行情况，签署输变电工程强制性条文执行记录表

续表

作业工序	质量控制重点	安全控制重点	监理作业重点
附属工程施工之通风口施工	模板、钢筋、混凝土各分项工程质量控制要点参考表格中主体结构各分项工程质量要求	（1）上下传递钢筋时，作业人员站位必须安全，上下方人员不得站在同一竖直位置上。 （2）焊接时必须开具动火作业票。 （3）模板运输宜用平板推车。在向沟内搬运时，应用抱杆吊装和绳索溜放，不得直接将其翻入坑内，上下人员应配合一致，防止模板倾倒产生砸伤事故。 （4）模板加固过程中，支点加固牢固、可靠，所用的木方无裂痕、腐朽，所有钉头均砸平，防止人员刮伤。 （5）拆除模板时应选择稳妥可靠的立足点。 （6）拆下的模板应整齐堆放，及时运走，拆下的木方应及时清理，拔除钉子等，堆放整齐，防止人员绊倒及刮伤。 （7）混凝土覆盖养护应使用阻燃材料，用后应及时清理、集中堆放到指定地点。 （8）使用插入式振捣器振实混凝土时，电力缆线的引接与拆除必须由电工操作。振捣器应设专人操作。作业中，振动器操作人员应保护好缆线完好，如发现漏电征兆，必须停止作业，交电工处理	模板、钢筋、混凝土各分项工程，监理控制要点，参考主体结构各分项工程质量要求

作业工序	质量控制重点	安全控制重点	监理作业重点
井腔、井盖施工	（1）核查技术交底是否已进行，参加交底、接底人员在交底记录上的签字是否齐全。 （2）进行质量巡视检查。重点检查： 1）烧结砖、蒸压灰砂砖、蒸压粉煤灰砖砌筑前 1～2d 是否进行浇水湿润，相对含水率是否符合标准要求。 2）砌筑方法、墙体的拉结筋设置是否正确。 3）搅拌砂浆是否按照施工配合比进行。 4）灰缝是否横平竖直，砂浆的饱满度是否符合标准要求等。 5）砌筑完成后，墙面清理是否干净。 6）基层抹灰基层处理是否符合标准要求。 7）底灰和中层灰是否采用了水泥砂浆或水泥混合砂浆施工，灰板是否搓平呈毛面，是否剔除了灰饼、标筋。 8）墙面抹灰是否分层施工，上层抹灰是否在底层砂浆达到一定强度，并吸水均匀后进行。 9）面层抹灰施工配合比是否正确；面层抹灰层是否控制在 6～8mm。 10）操作时墙面是否湿润，与中层砂浆粘结是否牢固，在水分略干后是否用铁抹子进行了压实压光。 11）在抹灰 24h 以后是否进行了不少于 7 天喷水养护。 12）冬季施工是否有保温措施。 13）顶棚是否采用了不抹灰而直接批腻子的施工方法等	（1）作业人员严禁站在井腔内侧砌筑。 （2）作业人员在操作完成或下班时应将碎砖、砂浆清扫干净后再离开，施工作业应做到“工完、料尽、场地清”	（1）审查水泥、砖等拟进场工程材料的质量证明文件，按规定进行复试见证取样，并采集数码照片。 （2）监理员签署材料试验委托单，专业监理工程师审查工程材料的数量清单、质量证明文件、自检结果及复试报告，符合要求后签署试品/试件试验报告报验表、工程材料/构配件/设备进场报审表。 （3）审查砂浆配合比。重点审查：实验室配合比强度是否符合标准和设计文件要求

续表

作业工序	质量控制重点	安全控制重点	监理作业重点
土方回填	（1）基底处理必须符合设计要求和现行有关标准的规定。 （2）分层压实系数必须符合设计要求，每层 20～50m^2 取 1 组。 （3）分层厚度、含水率：每层填筑厚度及压实遍数应根据土质、压实系数及所用机具确定。如设计无要求时，应按现行有关标准执行。 （4）基槽底部不应有杂物或积水；沟道回填应对称分层夯实，不得单侧回填；回填土质和密实度应符合设计要求。 （5）回填土每层都应测定夯实后的干土质量密度，检验其密实度，符合设计要求后才能铺上层土	（1）进行安全巡视检查。检查操作人员的安全防护用品是否配置和正确使用。 （2）当使用机械回填时，指挥人员应在机械臂工作半径以外，并应设专人监护。 （3）回填土作业，相邻人员应保持一定间距，防止相互磕碰，所用工具完整、牢固	（1）重点核查回填土试验报告：试验报告要注明土料种类、要求干土质量密度、试验日期、试验结论及试验人员签字。 （2）未达到设计要求的部位应有处理方法和复验结果。 （3）防止夯填不实，要求施工单位采用设计确认的回填材料，按方案回填，分层夯填，对回填土过程旁站，见证取样
质量验收阶段	审查分部工程所含分项工程的质量是否均合格；质量控制资料是否完整；观感质量验收应符合要求；施工记录的填写是否正确，是否规范；该分部工程的施工质量是否符合有关规范和工程设计文件的要求		（1）总监理工程师组织分部工程验收，签署分部工程质量报验申请单； （2）专业监理工程师编写工程施工强制性条文执行检查表。 （3）采集数码照片，要求详见国网基建安质〔2016〕56 号文

电缆隧道（暗挖）工程

作业顺序	质量控制重点	安全控制重点	监理作业重点
施工准备阶段	（1）对进场的材料实体检查或见证取样。 （2）见证施工项目部技术交底。交底、接底人员在交底记录上的签字齐全	施工项目部报审的施工方案中的安全措施应包括施工机械安全操作重点、施工人员必须遵守的安全事项、现场危险点及避险措施等内容	（1）参加施工单位组织的专项施工方案论证会，审核施工项目部报审的施工方案。 （2）进场管理人员及特种作业人员、施工机械、工程材料证明等文件审核
竖井	（1）土方开挖的顺序、方法必须与设计工况相一致，并遵循“开槽支撑，先撑后挖，分层开挖，严禁超挖”的原则。 （2）基坑工程验收必须确保支护结构安全和周围环境安全为前提。当设计有指标时，以设计要求为依据。 （3）竖井应根据现场条件，宜单拍或在隧道顶部设置。 （4）可采用地下连续墙、钻孔灌植桩或逆筑法等结构形式，并按相应的标准施工。 （5）竖井应根据施工设备、土石方及材料运输、施工人员出入隧道和排水的需要确定，当竖井利用永久结构时，其尺中尚应满足设计要求。 （6）竖井与通道、通道与正洞连接处，应采取加固措施。 （7）竖井应设防雨棚，井口周围应设防汛墙和栏杆	（1）土方开挖必须经计算确定放坡系数，分层开挖，必要时采取支护措施。 （2）基坑顶部按规范要求设置截水沟。 （3）一般土质条件下弃土堆底至基坑顶边距离≥1.2m，弃土堆高≤1.5m，垂直坑壁边坡条件下弃土堆底至基坑顶边距离≥3m，软土场地的基坑边则不应在基坑边堆土。 （4）土方开挖过程中必须观测基坑周边土质是否存在裂缝及渗水等异常情况，适时进行监测。 （5）规范设置弃土提升装置，确保弃土提升装置安全性、稳定性。 （6）规范设置供作业人员上下基坑的安全通道（梯子），基坑边缘按规范要求设置安全护栏。 （7）挖土区域设警戒线，各种机械、车辆严禁在开挖的基础边缘 2m 内行驶、停放	重点检查：竖井支护、钢筋加工制作，钢筋原材及焊接件取样、混凝土强度、混凝土试块留置；收集相关施工资料并采集数码，照片按国网基建安质〔2016〕56 号文要求

续表

作业顺序	质量控制重点	安全控制重点	监理作业重点
地层超前支护及加固	（1）超前导管及管棚。 1）超前导管或管棚应进行设计，其参数可按 GB 50446—2008《盾构法隧道施工与验收规范》中表 7.3.1 选用。 2）导管和管棚安装前应将工作面封闭严密、牢固，清理干净，并测量放出钻设置值后方可施工。 3）导管采用钻孔施工时，真孔深深度应大于导管长度；采用锤击或钻机顶入时，其顶入长度不应小于管长的 90%。 4）管棚施工应符合下列规定： a. 钻孔的外插角允许偏差为 5%； b. 钻孔应由高孔位向低孔位进行； c. 钻孔孔径应比钢管直径大 30～40mm； d. 遇卡钻、坍孔时应注浆后重钻； e. 钻孔合格后应及时安装钢管，其接长时连接必须牢固。 5）导管和管棚注浆应符合下列规定 a. 注浆浆液宜采用水泥或水泥砂浆，其水泥浆的水灰比为 0.5～1。水泥砂浆配合比为 1:（0.5～3）； b. 注浆浆液必须充满钢管及周围的空隙并密实，其注浆量和压力应根据试验确定。	（1）单液注浆。 1）停止推进时定时用浆液打循环回路，使管路中的浆液不产生沉淀。长期停止推进，应将管路清洗干净。 2）拌浆时注意配比准确，搅拌充分。 3）定期清理浆管，清理后的第一个循环用膨润土泥浆压注使注浆管路的管壁润滑良好。 4）经常维修注浆系统的阀门，使它们启闭灵活。 （2）双液注浆。 1）每次注浆结束都应清洗浆管，清洗浆管时要将橡胶清洗球取出，不能将清洗球遗漏在管路内引起更厉害的堵塞。 2）注意调整注浆泵的压力，对于已发生泄漏、压力不足的泵及时更换，保证两种浆液压力和流量的平衡。 3）对于管路中存在分叉的部分，清洗球清洗不到，应经常性用人工对此部位进行清洗	重点检查：注浆质量；收集相关施工资料并采集数码照片（按国网基建安质〔2016〕56 号文要求）

续表

作业顺序	质量控制重点	安全控制重点	监理作业重点
地层超前支护及加固	（2）注浆加固 1）注浆施工，在砂卵石地层中宜采用渗入注浆法；在砂层中宜采用劈裂注浆法；在黏土层中宜采用劈裂或电动硅化注浆法；在淤泥质软土目中，宜采用高压喷射注浆法。 2）隧道注浆，如条件允许宜在地面进行，否则，可在洞内沿周边超前预注浆，或导洞后对隧道周边进行径向注浆。 3）注浆浆液体。 4）注浆材料应符合规定。 5）注浆孔距应经计算确定；壁后回填注浆孔应在初期支护结构施工时预留（埋），其间距宜为2～5m；高压喷射庄浆的喷射孔距直为0.4～2m。 6）注浆过程中应根据地质、注浆目的等控制注浆压力。注浆结束后应检查其故果，不合格者应补浆。注浆浆液达到设计强度后方可进行开挖。 7）注浆过程中浆液不得溢出地面及超出有效注浆范围。地面注浆结束后，注浆孔应封填密实		

续表

作业顺序	质量控制重点	安全控制重点	监理作业重点
隧道开挖、支护	（1）隧道在稳定岩体中可先开挖后支护，支护结构距开挖面宜为5～10m；在土层和不稳定岩体中，初期支护的挖、支、喷三环节必须紧跟，开挖面稳定时间满足不了初期支护施工时，应采取超前支护或注浆加固措施。 （2）隧道开挖循环进尺，在土层和不稳定岩体中为0.5～1.2m；在稳定岩体中为1～1.5m。 （3）隧道应按设计尺寸严格控制开挖断面，不得欠挖，其允许超挖值应符合的规定。 （4）两条平行隧道（包括导洞），相距小于1倍隧道开挖跨度时，其前后开挖面错开距离不应小于15m。 （5）同一条隧道相对开挖，当两工作面相距20m时应停挖一端，另一端继续开挖，并做好测量工作，及时纠偏。 （6）隧道台阶法施工，应在拱部初期支护结构基本稳定且喷射混凝土达到设计强度的70%以上时，方可进行下部台阶开挖，并应符合下列规定。 1）边墙应采用单侧或双侧交错开挖，不得使上部结构同时悬空； 2）一次循环开挖长度，稳定岩体不应大于4m，土层和不稳定岩体不应大于2m； 3）边墙挖至设计高程后，必须立即支立钢筋格栅拱架并喷射混凝土；	（1）隧道开挖及支护。 1）上台阶长度一般为1～1.5倍隧道开挖跨度，中间核心土维系开挖面的稳定。上台阶的底部位置应根据地质和隧道开挖高度（设计图纸要求）确定。当拱部围岩条件发生较大变化时，可适当延长或缩短台阶长度，确保开挖、支护质量及施工安全。 2）先挖上台阶土方，开挖后及时支立上部格栅钢架、喷射混凝土，形成初期支护结构。再挖去下台阶土方，及时施工侧墙和底板，尽快形成闭合环。 3）人工开挖时，手推车为运输工具，要运至竖井，提升并卸至存土场。隧道开挖轮廓应以格栅钢架作为参照，外保护层不得小于设计图纸要求。 4）严禁超挖、欠挖，严格控制开挖步距，以防塌方，一般每循环开挖长度应按设计图纸要求进行。 5）根据每个施工竖井的工作面数量，设置相应数量的通风机，将新鲜空气经ϕ300mm胶质风筒送至工作面。 （2）马头门开挖及支护。 1）审核专项施工方案，经论证、审查后，向施工人员进行安全交底。 2）监理旁站。 3）马头门应及时封闭成环，增强洞口的安全性和稳定性。	重点检查：钢拱架加工制作，初支开挖、支护质量、喷射混凝土配合比、混凝土强度、钢筋原材及焊接件取样、混凝土试块留置；收集相关施工资料并采集数码照片（按国网基建安质〔2016〕56号文要求）

续表

作业顺序	质量控制重点	安全控制重点	监理作业重点
隧道开挖、支护	4）仰拱应根据监控量测结果及时施工。 （7）通风道、出入口等横洞与正洞相连或变断面、交叉点等隧道开挖时，应采取加强措施。 （8）隧道采用分布开挖时，必须保持各开挖阶段围岩及支护结构的稳定性。 （9）初期支护。 1）钢筋格栅和钢筋网宜在工厂加工。钢筋格栅第一榀制作好后应试拼，经检验合格后方可进行批量生产。 2）钢筋格栅和钢筋网采用的钢筋种类、型号、规格应符合设计要求，其施焊应符合设计及钢筋焊接标准的规定 3）钢筋格栅安装应符合规定： 4）钢筋格栅采用双层钢筋网时，应在第–铺设好后再铺第二层； 5）每层钢筋网之间应搭接牢固，搭接长度不应小于 200mm。 （10）喷射混凝土作业应紧跟开挖工作面，并符合下列规定： 1）混凝土喷射应分片依次自下而上进行并先喷钢筋格栅与壁面间混凝土，然后再喷两钢筋格栅之间混凝土； 2）每次喷射厚度为：边墙 70～100mm，拱顶 50～60mm；	4）马头门施工过程中应加强对地表下沉、马头门结构拱顶下沉的监控量测，适当增加测量频率，发现异常时应及时采取措施，预防突然事故的发生。 5）破除作业工人应配戴除尘用具	

作业顺序	质量控制重点	安全控制重点	监理作业重点
隧道开挖、支护	3）分层喷射时应在前一层混凝土终凝后进行，如终凝 1h 后再喷射，应清洗喷层表面； 4）喷层混凝土回弹量，边墙不宜大于 15%，拱部不宜大于 25%。 （11）喷射混凝土 2h 后应养护，养护时间不应少于 14 天，当气温低于+5℃时，不得喷水养护。 （12）喷射混凝土应密实、平整、无裂缝、脱落、漏喷、漏筋、渗漏水等现象，平整度允许偏差为 30mm，且矢弦比不应大于 1/6		
竖井、隧道防水施工	（1）卷材防水层必须在基层面验收合格后方可铺贴，并在铺贴完毕经验收合格后及时施工保护层。 （2）地下防水工程所使用的防水材料，应有产品和合格证书和性能检测报告，材料的品种、规格、性能等应符合现行国家产品标准和设计要求。不合格的材料不得在工程中使用	（1）防水层的原材料，应分别储存在通风并温度符合规定的库房内，严禁将易燃、易爆和相互接触后能引起燃烧、爆炸的材料混合在一起。 （2）保持良好的通风条件，采取强制通风措施。 （3）作业现场严禁烟火，配置一定数量的灭火器，当需明火时，必须开具动火作业票，必须有专人跟踪检查、监控。 （4）使用射钉枪时要压紧垂直作用在工作面上，不得用手掌推压钉管，射钉枪口不得对向人，射钉枪要专人保管。 （5）热爬机停用时及时切断电源	重点检查：防水层施工质量；收集相关施工资料并采集数码照片（按国网基建安质〔2016〕56 号文要求）

续表

作业顺序	质量控制重点	安全控制重点	监理作业重点
竖井、隧道、联络通道二衬结构施工	（1）钢筋绑扎必须牢固稳定，不得变形松脱和开焊。变形缝处主筋和分布筋均不得触及止水带和填缝板，混凝土保护层。 （2）钢筋级别、直径、数量、间距、位置等应符合设计要求。 （3）预埋件固定应牢固、位置正确。 （4）混凝土抗压、抗渗试件、应在灌注地点制作，同一配合比的留置组数应符合规定。 （5）混合料应搅拌均匀并符合规定。 （6）模板及其支架应根据工程结构形式、荷载大小、地基土类别、施工设备和材料供应等条件进行设计。模板及其支架应具有足够的承载能力、刚度和稳定性，能可靠地承受浇筑混凝土的重量、侧压力以及施工荷载。 （7）模板及其支架拆除的顺序及安全措施应按施工技术方案执行。 （8）当钢筋的品种、级别或规格需作变更时，应办理设计变更文件。 （9）钢筋安装时，受力钢筋的品种、级别、规格和数量必须符合设计要求。 （10）现浇结构的外观质量不应有严重缺陷。 （11）进行抗渗混凝土配合比设计时，尚应增加抗渗性能试验。 （12）防水混凝土的抗压强度和抗渗压力必须符合设计要求。	（1）钢筋作业 1）焊工必须持证上岗，必须佩戴安全帽或穿戴防护面罩、绝缘手套、绝缘鞋等。 2）在电焊及气焊周围严禁堆放易燃、易爆物品。 3）格栅钢架码放高度不得超过 1.5m，并禁止抛摔。 4）上下传递钢筋时，作业人员站位必须安全，上下方人员不得站在同一竖直位置上。竖井内垂直运输应使用吊装带，检查防脱装置是否齐全有效。 5）绑扎侧墙拱顶钢筋时，脚手架应搭设牢固。 6）钢筋绑扎时线头应压向内侧。 7）焊接时必须开具动火作业票，隧道内应强制通风，减少产生有害气体。 （2）模板作业。 1）模板应在距沟槽边1m外的平坦地面处整齐堆放。 2）模板运输宜用平板推车。在向沟内搬运时，应用抱杆吊装和绳索溜放，不得直接将其翻入坑内，上下人员应配合一致，防止模板倾倒产生砸伤事故。 3）模板按沟底板上的弹线组装，支完一段距离后（不宜超过 20m），即应对模板进行加固。	重点检查:、二衬标高、坡度、几何尺寸、变形缝留置、钢筋加工制作，模板安装及拆除、混凝土强度、钢筋原材及焊接件取样、混凝土试块留置；收集相关施工资料并采集数码照片（按国网基建安质〔2016〕56 号文要求）

续表

作业顺序	质量控制重点	安全控制重点	监理作业重点
竖井、隧道、联络通道二衬结构施工	（13）防水混凝土的变形缝、施工缝、后浇带、穿墙管道、埋设件等设置和构造，均须符合设计要求，严禁有渗漏。 （14）变形缝处混凝土结构厚度不应小于300mm。 （15）隧道二衬模板施工应符合下列规定： 1）拱部模板应预留沉落量10～30mm，其高程允许偏差为设计高程加预留沉落量$^{+10}_{-0}$mm； 2）变形缝端头模板处的填缝板中心应与初期玄护结构变形缝重合； 3）变形缝及垂直施工缝端头模板应与初期支护结构间的缝隙嵌堵严密，支立必须垂直、牢固； 4）边墙与拱部模板应预留混凝土灌注及振捣孔口。 （16）隧道二次衬砌混凝土灌注应符合下列规定： 1）混凝土宜采用泵输，振捣不得触及防水层、钢筋、预埋件和模板； 2）混凝土灌注至墙拱交界处，应间歇1～1.5h后方可继续灌注； 3）混凝土强度达到2.5MPa时方可拆模。 隧道二次衬砌模板、钢筋和混凝土施工，符合规范有关规定	4）模板加固过程中，支点加固牢固、可靠，所用的木方无裂痕、腐朽，所有钉头均砸平，防止人员刮伤。 5）拆除模板时应选择稳妥可靠的立足点。 （3）混凝土浇筑施工。 1）混凝土运输车辆进入现场后，应设专人指挥。指挥人员必须站位于车辆侧面。 2）浇筑侧墙和拱顶混凝土时，每仓端部和浇筑口封堵模板必须安装牢固，不得漏浆。作业中应配备模板工监护模板，发现位移或变形，必须立即停止浇筑。 3）混凝土覆盖养护应使用阻燃材料，用后应及时清理、集中堆放到指定地点。 4）使用插入式振捣器振实混凝土时，电力缆线的引接与拆除必须由电工操作。振捣器应设专人操作。作业中，振动器操作人员应保护好缆线完好，如发现漏电征兆，必须停止作业，交电工处理	

续表

作业顺序	质量控制重点	安全控制重点	监理作业重点
附属工程施工	（1）金属电缆支架、电缆导管必须接地（PE）或接零（PEN）可靠。 （2）接地体（线）的连接应采用焊接，焊接必须牢固无虚焊。不同材料接地体间的连接应进行处理。 （3）支架安装应保持横平竖直，电力电缆支架弯曲半径应满足线径较大电缆的转弯半径。各支架的同层横档高低偏差不应大于5mm，左右偏差不得大于10mm。组装后的钢结构电缆竖井，其垂直偏差不应大于其长度的2/1000。直线段钢支架大于30m时，应有伸缩缝，跨越建筑物伸缩缝处应设伸缩缝。 （4）电缆支架全长都应有良好的接地	（1）安装电缆支架、安装平台、爬梯、接地极、接地线： 1）接地安装应符合设计要求。 2）焊接设备应有完整的保护外壳，一、二次接线柱外应有防护罩，在现场使用的电焊机应防雨、防潮、防晒，并备有消防用品。 （2）通风亭施工 1）模板运输宜用平板推车。 2）模板加固过程中，支点加固牢固、可靠，所用的木方无裂痕、腐朽，所有钉头均砸平，防止人员刮伤。 3）拆除模板时应选择稳妥可靠的立足点。 4）拆下的模板应整齐堆放，及时运走，拆下的木方应及时清理，拔除钉子等，堆放整齐，防止人员绊倒及刮伤。 5）混凝土覆盖养护应使用阻燃材料，用后应及时清理、集中堆放到指定地点。 （3）通风、排水、照明施工： 应定期检查电源线路和设备的电器部件，确保用电安全。隧道内应强制通风，减少产生有害气体	重点检查：电缆支架安装质量、接地施工质量等；收集相关施工资料并采集数码照片（按国网基建安质〔2016〕56号文要求）

续表

作业顺序	质量控制重点	安全控制重点	监理作业重点
竖井回填	（1）土方回填前应清除基底的垃圾、树根等杂物，抽除坑穴积水、淤泥，验收基底标高。如在耕植上或松土上填方，应在基底压实后再进行。 （2）对填方土料应按设计要求验收后方可填入。 （3）填方施工过程中应检查排水措施，每层填筑厚度、含水量控制、压实程度、填筑厚度及压实遍数应根据土质，压实系数及所用机具确定。 （4）填方工程的施工参数如每层填筑厚度、压实遍数及压实系数对重要工程均应做现场试验后确定，或由设计提供。 （5）填方施工结束后，应检查标高、边坡坡度、压实程度等，检验标准应符合规定	（1）对回填土施工人员进行岗位培训，熟悉有关安全技术规程和标准。 （2）操作人员应根据工作性质，配备必要的防护用品。 （3）配电系统及电动机具按规定采用接零或接地保护。 （4）机械操作人员必须持证上岗。机械设备的维修、保养要及时，使设备处于良好的状态。 （5）应定期检查电源线路和设备的电器部件，确保用电安全。 （6）处理机械故障时，必须使设备断电。 吊装盖板时，必须有专人指挥，严禁任何人在已吊起的构件下停留或穿行	重点检查：竖井土方分层回填、厚度、压实系数等；收集相关施工资料并采集数码照片（按国网基建安质〔2016〕56号文要求）
质量验收阶段	审查分部工程所含分项工程的质量是否均合格；质量控制资料是否完整；观感质量验收应符合要求；施工记录的填写是否正确，是否规范；该分部工程的施工质量是否符合有关规范和工程设计文件的要求		（1）总监理工程师组织分部工程验收，签署分部工程质量报验申请单。 （2）专业监理工程师编写工程施工强制性条文执行检查表。 （3）采集数码照片，要求详见国网基建安质〔2016〕56号文

电缆隧道（顶管）工程

作业顺序	质量控制重点	安全控制重点	监理作业重点
施工准备阶段	（1）对进场的材料实体检查或见证取样。 （2）见证施工项目部技术交底。交底、接底人员在交底记录上的签字齐全	施工项目部报审的施工方案中的安全措施应包括施工机械安全操作重点、施工人员必须遵守的安全事项、现场危险点及避险措施等内容	（1）参加施工单位组织的专项施工方案论证会，审核施工项目部报审的施工方案。 （2）进场管理人员及特种作业人员、施工机械、工程材料证明等文件审核
工作井	（1）原状地基土不得扰动、受水浸泡或受冻。 （2）地基承载力应满足设计要求。 （3）进行地基处理时，压实度、厚度满足设计要求。 （4）支护应符合 GB 50202《建筑地基基础工程施工质量验收规范》的相关规定，支撑方式、支撑材料符合设计要求；支护结构强度、刚度、稳定性符合设计要求。 （5）回填材料符合设计要求。 检查数量：条件相同的回填材料，每铺筑 10 000m^2，应取样一次，每次取样至少应做两组测试；回填材料条件变化或来源变化时，应分别取样检测。 （6）沟槽不得带水回填，回填应密实。 （7）回填土压实度应符合设计要求。 （8）钢筋运输、储存应保留标牌，并分批堆放整齐，不得锈蚀和污染。	（1）严格按要求放置桩机配重。 （2）吊装区域设立警戒，严禁无关人员进入，吊桩设专人监督。 （3）冷拉作业危险区必须设防护隔离，无关人员不得停留钢筋预应力张拉时，端部不得有人员站立。 （4）模板工程的支拆应进行验收。 （5）拆模前出具混凝土强度报告。 （6）模板支撑不得与脚手架联体。拆模必须按顺序进行。 （7）施工塔吊、井架的施工拆除由资质的专业队伍施工。 （8）安装完毕后经有资质的监测部门检测合格后方准使用。 （9）建立各种机械、电气设备的操作规程。告知安全注意事项。 （10）物料提升机应具备吊篮停靠装置、超高限位装置等，安全装置应定型化。	重点检查：工作井基底土质、标高、几何尺寸、支护结构、钢筋加工制作，模板安装及拆除、混凝土组成材料质量、混凝土强度、钢筋原材及焊接件取样、混凝土试块留置；收集相关施工资料并采集数码照片（按国网基建安质〔2016〕56 号文要求）

续表

作业顺序	质量控制重点	安全控制重点	监理作业重点
工作井	（9）钢筋绑扎必须牢固稳定，不得变形松脱和开焊。变形缝处主筋和分布筋均不得触及止水带和填缝板，混凝土保护层。钢筋级别、直径、数量、间距、位置等应符合设计要求。预埋件固定应牢固、位置正确。 （10）混凝土抗压、抗渗试件、应在灌注地点制作，同一配合比的留置组数应符合规定。 （11）混合料应搅拌均匀并符合规定。 （12）防水混凝土配合比必须经试验确定。其抗渗等级应比设计要求提高 0.2MPa，并应符合规定。 （13）防水混凝土试件的留置组数，同一配合比时，每 100m³ 和 500m³（不足者也分 100m³ 和 500m³ 计算）应分别做两组抗压强度和抗渗压力试件，其中一组在同条件下养护，另一组在标准条件下养护。 （14）模板及其支架应根据工程结构形式、荷载大小、地基土类别、施工设备和材料供应等条件进行设计。模板及其支架应具有足够的承载能力、刚度和稳定性，能可靠地承受浇筑混凝土的重量、侧压力以及施工荷载。 （15）模板及其支架拆除的顺序及安全措施应按施工技术方案执行。 （16）当钢筋的品种、级别或规格需作变更时，应办理设计变更文件。 （17）钢筋安装时，受力钢筋的品种、级别、规格和数量必须符合设计要求。	（11）30m 以上的提升机还应具有下极限限位器、缓冲器和超载限制器；各装置的灵敏度和可靠度应满足使用要求。 （12）严格按规程规定加强日常维修保养和使用前的安全检查。并按规定经技术监督部门定期检验检测合格。以确保起重机械始终处于完好状态。 （13）脚手架搭设作业前必须进行安全技术交底。脚手架搭设完成后进行验收挂牌后使用，脚手架必须规范，绑扎应牢固，杜绝“探头板”，按规程，脚手架的两端、转角处及每隔 6～7 根主立杆应设支杆和剪刀撑，支杆、剪刀撑、地面三者之间夹角不得大于 60°，一般 45°～55°为佳，脚手架高度每隔 4m、水平每隔 7m 处设置与建筑物牢固的连接点。钢管立杆（主杆）间距为 2.0m；大横杆间距为 1.2m；小横杆间距为 1.5m。脚手板应满铺，不应有空隙和探头板，脚手板与墙面距≤20cm；脚手板搭接长度应≥20cm，接头处应设双排小横杆且间距≤20cm；拐弯处的脚手板应交错搭接；脚手板铺设平稳并绑牢，不平处用木块垫平钉牢不得用砖垫；架子上放脚手板应由 2 人由里向外顺序进行，作业人应拴好安全带、下设安全网。	

续表

作业顺序	质量控制重点	安全控制重点	监理作业重点
工作井	（18）混凝土中掺用外加剂的质量及应用技术应符合 GB 8076《混凝土外加剂》、GB 50119《混凝土外加剂应用技术规范》等和有关环境保护的规定。 （19）混凝土强度等级必须符合设计要求，用于检查结构构件混凝土强度的试件，应在混凝土的浇筑地点随机抽取。取样与试件留置应符合强条规定。 （20）现浇结构的外观质量不应有严重缺陷。 （21）进行抗渗混凝土配合比设计时，尚应增加抗渗性能试验。 （22）对于长期处于潮湿环境的重要混凝土结构所用的砂、石，应进行碱活性检验。 （23）对于钢筋混凝土用砂，其氯离子含量不得大于 0.06%。 （24）大体积混凝土结构中严禁采用含氯盐配制的早强剂及早强减水剂。 （25）防水混凝土的抗压强度和抗渗压力必须符合设计要求。 （26）防水混凝土的变形缝、施工缝、后浇带、穿墙管道、埋设件等设置和构造，均须符合设计要求，严禁有渗漏。	（14）拆除脚手架时，必须设置安全围栏确定警戒区域、挂好警示标志并指定监护人加强警戒，应按规定自上而下顺序，不得上下同时拆除；严禁将脚手架整体推倒；架材有专人传递，不得抛扔。 （15）高处作业人员必须正确配载和使用安全防护用品，安全带应挂在结实牢固的主材或物件上，并随时检查是否拴牢，不得低挂高用	

续表

作业顺序	质量控制重点	安全控制重点	监理作业重点
工作井	（27）防水混凝土拌合物在运输后如出现离析，必须进行二次搅拌。当坍落度损失后不能满足施工要求时，应加入原水灰比的水泥浆或二次掺加减水剂进行搅拌，严禁直接加水。 （28）变形缝处混凝土结构厚度不应小于300mm。 （29）顶管顶进工作井、盾构始发工作井的后背墙应坚实、平整；后座与井壁后背墙联系紧密。 （30）两导轨应顺直、平行、等高，盾构基座及导轨的夹角符合规定；导轨与基座连接应牢固可靠，不得在使用中产生位移。 （31）顶管工作井施工的允许偏差应符合下列规定： 1）允许偏差（mm）。井内导轨安装顶面高程+3.0。 2）井内导轨安装中心水平位置顶管 3.0。 3）井内导轨安装两轨间距+2.0。 4）井尺寸矩形每侧长、宽不小于设计要求。 5）井尺寸圆形半径不小于设计要求。 6）进、出井预留洞口中心位置 20。 7）进、出井预留洞口内径尺寸±20。 8）井底板高程±30。 9）顶管工作井后背墙垂直 0.1%H。 10）顶管工作井后背墙水平扭转度 0.1L		

续表

作业顺序	质量控制重点	安全控制重点	监理作业重点
顶管	（1）接口橡胶圈安装位置正确，无位移、脱落现象；钢管的接口焊接质量应符合相关规定，焊缝无损探伤检验符合设计要求。 （2）管底坡度无明显反坡现象；曲线顶管的实际曲率半径符合设计要求。 （3）管道接口端部应无破损、顶裂现象，接口处无滴漏。 （4）管道内应线形平顺、无突变、变形现象；一般缺陷部位，应修补密实、表面光洁；管道无明显渗水和水珠现象。 （5）管道与工作井出、进洞口的间隙连接牢固，洞口无渗漏水。 （6）钢管防腐层及焊缝处的外防腐层及内防腐层质量验收合格。 （7）有内防腐层的钢筋混凝土管道，防腐层应完整、附着紧密。 （8）管道内应清洁，无杂物、油污。 （9）顶管施工贯通后管道的允许偏差应符合下列规定： 1）直线顶管水平轴线顶进长度＜300m，允许偏差50mm。 2）直线顶管水平轴线300m≤顶进长度＜1000m，允许偏差100mm。 3）直线顶管水平轴线顶进长度≥1000m，允许偏差$L/10$mm。 4）直线顶管内底高程顶进长度＜300mD_i＜1500，允许偏差+30mm，–40mm。	（1）吊装机械需有年检合格证，吊装前应对钢索进行检查。 （2）吊装人员需有特殊机械操作证，吊装时需有专门人员进行指挥。 （3）全部设备经过检查、试运转。 （4）顶管机在导轨上的中心线、坡度和高程应符合要求。 （5）防止流动性土或地下水由洞口进入工作井的技术措施符合要求。 （6）拆除洞口封门的准备措施符合要求。 （7）掘进过程中应严格量测监控，实施信息化施工，确保开挖掘进工作面的土体稳定和土（泥水）压力平衡。 （8）控制顶进速度、挖土和出土量，减少土体扰动和地层变形。 （9）采用敞口式（手工掘进）顶管机，在允许超挖的稳定土层中正常顶进时，管下部135°范围内不得超挖；管顶以上超挖量不得大于15mm。 （10）管道顶进过程中，应遵循“勤测量、勤纠偏、微纠偏”的原则，控制顶管机前进方向和姿态，并应根据测量结果分析偏差产生的原因和发展趋势，确定纠偏的措施。 （11）开始顶进阶段，应严格控制顶进的速度和方向。	重点检查：顶进施工记录、测量记录，直线顶管水平轴线、直线顶管内底高程、曲线顶管水平轴线、曲线顶管内底高程、顶管防水等，收集相关施工资料并采集数码照片（按国网基建安质〔2016〕56号文要求）

续表

作业顺序	质量控制重点	安全控制重点	监理作业重点
顶管	5）直线顶管内底高程顶进长度＜$300D_i$≥1500，允许偏差+40mm，−50mm。 6）直线顶管内底高程 300m≤顶进长度＜1000m，允许偏差+60mm，−80mm。 7）直线顶管内底高程顶进长度≥1000m，允许偏差+80mm，−100mm。 8）曲线顶管水平轴线 $R≤150D_i$ 水平曲线允许偏差 150mm。 9）曲线顶管水平轴线 $R≤150D_i$ 竖曲线允许偏差 150mm。 10）曲线顶管水平轴线 $R≤150D$ 复合竖曲线，允许偏差 200mm。 11）曲线顶管水平轴线 $R>150D_i$ 水平曲线，允许偏差 150mm。 12）曲线顶管水平轴线 $R>150D_i$ 竖曲线，允许偏差 150mm。 13）曲线顶管水平轴线 $R>150D_i$ 复合竖曲线，允许偏差 150mm。 14）曲线顶管内底高程 $R≤150D_i$ 水平曲线允许偏差+100mm，−150mm。 15）曲线顶管内底高程 $R≤150D_i$ 竖曲线允许偏差+150mm，−200mm。 16）曲线顶管内底高程 $R≤150D_i$。 17）复合竖曲线允许偏差±200mm。 18）曲线顶管内底高程 $R>150D_i$ 水平曲线，允许偏差+100mm，−150mm。 19）曲线顶管内底高程 $R>150D_i$。	（12）进入接收工作井前应提前进行顶管机位置和姿态测量，并根据进口位置提前进行调整。 （13）在软土层中顶进混凝土管时，为防止管节飘移，宜将前 3～5 节管体与顶管机联成一体。 （14）钢筋混凝土管接口应保证橡胶圈正确就位；钢管接口焊接完成后，应进行防腐层补口施工，焊接及防腐层检验合格后方可顶进。 （15）应严格控制管道线形，对于柔性接口管道，其相邻管间转角不得大于该管材的允许转角。 （16）采用中继间顶进时应遵守下列规定： 1）设计顶力严禁超过管材允许顶力。 2）第一个中继间的设计顶力，应保证其允许最大顶力能克服前方管道的外壁摩擦阻力及顶管机的迎面阻力之和；而后续中继间设计顶力应克服两个中继间之间的管道外壁摩擦阻力。 3）确定中继间位置时，应留有足够的顶力安全系数，第一个中继间位置应根据经验确定并提前安装，同时考虑正面阻力反弹，防止地面沉降。 4）中继间密封装置宜采用径向可调形式，密封配合面的加工精度和密封材料的质量应满足要求。	

续表

作业顺序	质量控制重点	安全控制重点	监理作业重点
顶管	20）竖曲线允许偏差+150mm，−150mm。 21）曲线顶管内底高程 $R>150D_i$。 22）复合竖曲线允许偏差±200mm。 23）相邻管间错口钢筋混凝土管 15%壁厚，且≤允许偏差 20mm。 24）钢筋混凝土管曲线顶管相邻管间接口的最大间隙与最小间隙之差≤ΔS。 25）钢管、玻璃钢管道竖向变形≤$0.03D_i$。 26）对顶时两端错口允许偏差 50mm。 注：D_i 为管道内径（mm）；L 为顶进长度（mm）；ΔS 为曲线顶管相邻管节接口允许的最大间隙与最小间隙之差（mm），R 为曲线顶管的设计曲率半径（mm）	5）超深、超长距离顶管工程，中继间应具有可更换密封止水圈的功能。 （17）中继间的安装、运行、拆除应符合下列规定： 1）中继间壳体应有足够的刚度；其千斤顶的数量应根据该段施工长度的顶力计算确定，并沿周长均匀分布安装；其伸缩行程应满足施工和中继间结构受力的要求。 2）中继间外壳在伸缩时，滑动部分应具有止水性能和耐磨性，且滑动时无阻滞。 3）中继间安装前应检查各部件，确认正常后方可安装；安装完毕应通过试运转检验后方可使用。 4）中继间的启动和拆除应由前向后依次进行。 5）拆除中继间时，应具有对接接头的措施；中继间的外壳若不拆除，应在安装前进行防腐处理。 （18）管道顶进应连续作业。管道顶进过程中，遇下列情况时，应暂停顶进，并应及时处理。 1）工具管前方遇到障碍。 2）后背墙变形严重。 3）顶铁发生扭曲现象。 4）管位偏差过大且校正无效。 5）顶力超过管端的允许顶力。 6）油泵、油路发生异常现象。 7）接缝中漏泥浆	

续表

作业顺序	质量控制重点	安全控制重点	监理作业重点
质量验收阶段	审查分部工程所含分项工程的质量是否均合格；质量控制资料是否完整；观感质量验收应符合要求；施工记录的填写是否正确，是否规范；该分部工程的施工质量是否符合有关规范和工程设计文件的要求		（1）总监理工程师组织分部工程验收，签署分部工程质量报验申请单。 （2）专业监理工程师编写工程施工强制性条文执行检查表。 （3）采集数码照片，要求详见国网基建安质〔2016〕56 号文

电缆隧道（盾构）工程

作业顺序	质量控制重点	安全控制重点	监理作业重点
施工准备阶段	（1）对进场的材料实体检查或见证取样。 （2）见证施工项目部技术交底。交底、接底人员在交底记录上的签字齐全	施工项目部报审的施工方案中的安全措施应包括施工机械安全操作重点、施工人员必须遵守的安全事项、现场危险点及避险措施等内容	（1）参加施工单位组织的专项施工方案论证会，审核施工项目部报审的施工方案。 （2）进场管理人员及特种作业人员、施工机械、工程材料证明等文件审核
始发井及接收井施工	（1）土方开挖的顺序、方法必须与设计工况相一致，并遵循“开槽支撑，先撑后挖，分层开挖，严禁超挖”的原则。 （2）基坑工程验收必须确保支护结构安全和周围环境安全为前提。当设计有指标时，以设计要求为依据。 （3）钢筋绑扎必须牢固稳定，不得变形松脱和开焊。变形缝处主筋和分布筋均不得触及止水带和填缝板，混凝土保护层。钢筋级别、直径、数量、间距、位置等应符合设计要求。预埋件固定应牢固、位置正确。 （4）混凝土抗压、抗渗试件、应在灌注地点制作，同一配合比的留置组数应符合规定。 （5）混合料应搅拌均匀并符合规定。 （6）模板及其支架应根据工程结构形式、荷载大小、地基土类别、施工设备和材料供应等条件进行设计。模板及其支架应具有足够的承载能力、刚度和稳定性，能可靠地承受浇筑混凝土的重量、侧压力以及施工荷载。	始发井及接收井开挖及支护： （1）土方开挖必须经计算确定放坡系数，分层开挖，必要时采取支护措施。 （2）基坑顶部按规范要求设置截水沟。 （3）一般土质条件下弃土堆底至基坑顶边距离≥1.2m，弃土堆高≤1.5m，垂直坑壁边坡条件下弃土堆底至基坑顶边距离≥3m，软土场地的基坑边则不应在基坑边堆土。 （4）土方开挖过程中必须观测基坑周边土质是否存在裂缝及渗水等异常情况，适时进行监测。 （5）规范设置弃土提升装置，确保弃土提升装置安全性、稳定性。 （6）规范设置供作业人员上下基坑的安全通道（梯子），基坑边缘按规范要求设置安全护栏。 （7）挖土区域设警戒线，各种机械、车辆严禁在开挖的基础边缘2m内行驶、停放。	重点检查：井基底土质、标高、几何尺寸、支护结构、钢筋加工制作，模板安装及拆除、混凝土组成材料质量、混凝土强度、钢筋原材及焊接件取样、砼试块留置、井底封底、盾构始发后座、始发接收井洞口设置；收集相关施工资料并采集数码照片（按国网基建安质〔2016〕56号文要求）

作业顺序	质量控制重点	安全控制重点	监理作业重点
始发井及接收井施工	（7）模板及其支架拆除的顺序及安全措施应按施工技术方案执行。 （8）当钢筋的品种、级别或规格需作变更时，应办理设计变更文件。 （9）钢筋安装时，受力钢筋的品种、级别、规格和数量必须符合设计要求。 （10）现浇结构的外观质量不应有严重缺陷。 （11）进行抗渗混凝土配合比设计时，尚应增加抗渗性能试验。 （12）防水混凝土的抗压强度和抗渗压力必须符合设计要求。 （13）防水混凝土的变形缝、施工缝、后浇带、穿墙管道、埋设件等设置和构造，均须符合设计要求，严禁有渗漏。 （14）变形缝处混凝土结构厚度不应小于300mm。 （15）井底应保证稳定和干燥，并应及时封底。 （16）井底封底前，应设置集水坑，坑上应设有盖；封闭集水坑时应审核抗浮验算。 （17）盾构的始发工作井的后背墙施工应符合下列规定： 1）后背墙结构强度与刚度必须满足盾构最大允许顶力和设计要求。 2）后背墙平面与掘进轴线应保持垂直，表面应坚实平整，能有效地传递作用力。	（8）制订雨天、防洪应急预案，认真做好地面排水、边坡渗导水以及槽底排水措施。 中隔板施工、顶板施工： （1）焊工必须持证上岗，必须佩戴安全帽或穿戴防护面罩、绝缘手套、绝缘鞋等。 （2）在电焊及气焊周围严禁堆放易燃、易爆物品。 （3）格栅钢架码放高度不得超过 1.5m，并禁止抛摔 （4）上下传递钢筋时，作业人员站位必须安全，上下方人员不得站在同一竖直位置上。竖井内垂直运输应使用吊装带，检查防脱装置是否齐全有效。 （5）绑扎侧墙拱顶钢筋时，脚手架应搭设牢固。 （6）钢筋绑扎时线头应压向内侧。 （7）焊接时必须开具动火作业票，隧道内应强制通风，减少产生有害气体。 （8）模板运输宜用平板推车。在向沟内搬运时，应用抱杆吊装和绳索溜放，不得直接将其翻入坑内，上下人员应配合一致，防止模板倾倒产生砸伤事故。 （9）模板按沟底板上的弹线组装，支完一段距离后（不宜超过 20m），即应对模板进行加固。	

作业顺序	质量控制重点	安全控制重点	监理作业重点
始发井及接收井施工	3）施工前必须对后背进行允许抗力的验算审核，验算通不过时应对后背加固，以满足施工安全、周围环境保护要求。 （18）工作井尺寸应结合施工场地、施工管理、洞门拆除、测量及垂直运输等要求确定，且应符合下列规定： 1）平面尺寸应满足盾构安装和拆卸、洞门拆除、后背墙设置、施工车架或临时平台、测量及垂直运输要求。 2）深度应满足盾构基座安装、洞口防水处理、井与管道连接方式要求，洞圈最低处距底板顶面距离宜大于600mm。 （19）工作井洞口施工应符合下列规定： 1）进、出洞口的位置应符合设计和施工方案的要求。 2）洞口土层不稳定时，应对土体进行改良，进出洞施工前应检查改良后的土体强度和渗漏水情况。 3）设置临时封门时，应考虑周围土层变形控制和施工安全等要求。封门应拆除方便，拆除时应减小对洞门土层的扰动。 4）盾构施工的洞口应符合下列规定： a. 洞口应设置止水装置，止水装置联结环板应与工作井壁内的预埋件焊接牢固。且用胶凝材料封堵； b. 在软弱地层，洞口外缘宜设支撑点	（10）模板加固过程中，支点加固牢固、可靠，所用的木方无裂痕、腐朽，所有钉头均砸平，防止人员刮伤。 （11）拆除模板时应选择稳妥可靠的立足点。 （12）拆下的模板应整齐堆放，及时运走，拆下的木方应及时清理，拔除钉子等，堆放整齐，防止人员绊倒及刮伤。 （13）浇筑侧墙和拱顶混凝土时，每仓端部和浇筑口封堵模板必须安装牢固，不得漏浆。作业中应配备模板工监护模板发现位移或变形，必须立即停止浇筑。 （14）混凝土覆盖养护应使用阻燃材料，用后应及时清理、集中堆放到指定地点。 （15）使用插入式振捣器振实混凝土时，电力缆线的引接与拆除必须由电工操作。振捣器应设专人操作	

续表

作业顺序	质量控制重点	安全控制重点	监理作业重点
防水施工	（1）卷材防水层必须在基层面验收合格后方可铺贴，并在铺贴完毕经验收合格后及时施工保护层。 （2）地下防水工程所使用的防水材料，应有产品和合格证书和性能检测报告，材料的品种、规格、性能等应符合现行国家产品标准和设计要求。不合格的材料不得在工程中使用	（1）防水层的原材料，应分别储存在通风并温度符合规定的库房内，严禁将易燃、易爆和相互接触后能引起燃烧、爆炸的材料混合在一起。 （2）保持良好的通风条件，采取强制通风措施。 （3）作业现场严禁烟火，配置一定数量的灭火器，当需明火时，必须开具动火作业票，必须有专人跟踪检查、监控。 （4）使用射钉枪时要压紧垂直作用在工作面上，不得用手掌推压钉管，射钉枪口不得对向人，射钉枪要专人保管。 （5）热爬机停用时及时切断电源	重点检查：防水层施工质量；收集相关施工资料并采集数码照片（按国网基建安质〔2016〕56号文要求）
盾构机安装、区间掘进施工、拆除	（1）盾构机安装。 1）盾构基座应符合下列规定： a. 钢筋混凝土结构或钢结构，并置于工作井底板上；其结构应能承载盾构自重和其他附加荷载。 b. 盾构基座上的导轨应根据管道的设计轴线和施工要求确定夹角、平面轴线、顶面高程和坡度。 2）盾构安装应符合下列规定： a. 根据运输和进入工作井吊装条件，盾构可整体或解体运入现场，吊装时应采取防止变形的措施。	（1）盾构机安装、拆除。 1）审核专项施工方案。 2）使用密封性能好、强度高的土砂密封，保护轴承不受外界杂质的侵害。 3）密封壁内的润滑油脂压力设定要略高于开挖面平衡压力，并经常检查油脂压力。 4）安装系统时连接好各管路接头，防止泄漏；使用过程中经常检查。 5）经常将气包下的放水阀打开放水，减少压缩空气中的含水量，防止气动元件产生锈蚀。 6）根据设计要求正确设定系统压力，保证各气动元件处于正常的工作状态。	

续表

作业顺序	质量控制重点	安全控制重点	监理作业重点
盾构机安装、区间掘进施工、拆除	b. 盾构在工作井内安装应达到安装精度要求，并根据施工要求就位在基座上。 c. 盾构掘进前，应进行试运转验收，验收合格方可使用。 3）始发工作井的盾构后座采用管片衬砌、顶撑组装时，应符合下列规定： a. 后座管片衬砌应根据施工情况确定开口环和闭口环的数量，其后座管片的后端面应与轴线垂直，与后背墙贴紧。 b. 开口尺寸应结合受力要求和进出材料尺寸定。 c. 洞口处的后座管片应为闭口环，第一环闭口环脱出盾尾时，其上部与后背墙之间应设置顶撑，确保盾构顶力传至工作井后背墙。 d. 盾构掘进至一定距离、管片外壁与土体的摩擦力能够平衡盾构掘进反力时，为提高施工速度可拆除盾构后座，安装施工平台和水平运输装置。 4）工作井应设置施工工作平台。 5）盾构进、出洞施工应符合下列规定： a. 土层不稳定时需对洞口土体进行加固，盾构出始发工作井前应对经加固的洞口土体进行检查。 b. 出始发工作井拆除封门前应将盾构靠近洞口，拆除后应将盾构迅速推入土层内，缩短正面土层的暴露时间；洞圈与管片外壁之间应及时安装洞口止水密封装置。	7）将进洞段的最后一段管片，在上半圈的部位用槽钢相互连接，增加隧道刚度。 8）在最后几环管片拼装时，注意对管片的拼装螺栓及时复紧，提高抗变形的能力。 9）吊装机械需有年检合格证，吊装前应对钢索进行检查。 10）吊装人员需有特殊机械操作证，吊装时需有专门人员进行指挥。 （2）端头加固、盾构进洞作业。 1）审核专项施工方案。 2）加密地质勘探孔的数量，准确定位障碍物的位置。详细了解地质状况，及时调整施工参数。 3）对开挖面前方20m超声波障碍物探测，及时查出大石块沉船、哑炮弹等。 4）流砂地质条件时，要及时补充新鲜泥浆，泥浆可渗入沙性土层一定的深度，对透水性小的黏性土可用原状土造浆，并使泥浆压力同开挖面土层始终动态平衡。 5）控制推进速度和泥渣排土量及新鲜泥浆补给量。 6）超浅覆土段，一旦出现冒顶、冒浆随时开启气压平衡系统。 7）严格控制平衡压力及推进速度设定值，避免其波动范围过大。正确的计算选择合理的舱压。	重点检查：盾构机安拆、盾构后座施工、进出洞口施工、盾构掘进、管片拼装质量、盾构注浆施工质量等；收集相关施工资料并采集数码照片（按国网基建安质〔2016〕56号文要求）

续表

作业顺序	质量控制重点	安全控制重点	监理作业重点
盾构机安装、区间掘进施工、拆除	c. 盾构出工作井后的50～100环内，应加强管道轴线测量和地层变形监测；并应根据盾构进入土层阶段的施工参数，调整和优化下阶段的掘进作业要求。 d. 进接收工作井阶段应降低正面土压力，拆除封门时应停止推进，确保封门的安全拆除；封门拆除后盾构应尽快推进和拼装管片，缩短进接受工作井时间；盾构到达接收工作井后应及时对洞圈间隙进行封闭。 e. 盾构进接收工作井前100环应进行轴线、洞门中心位置测量，根据测量情况及时调整盾构推进姿态和方向。 （2）盾构掘进。 1）应根据盾构机类型采取相应的开挖面稳定方法，确保前方土体稳定。 2）盾构掘进轴线按设计要求进行控制，每掘进一环应对盾构姿态、衬砌位置进行测量。 3）在掘进中逐步纠偏，并采用小角度纠偏方式。 4）根据地层情况、设计轴线、埋深、盾构机类型等因素确定推进千斤顶的编组。 5）根据地质、埋深、地面的建筑设施及地面的隆沉值等情况，及时调整盾构的施工参数和掘进速度。 6）掘进中遇有停止推进且间歇时间较长时，应采取维持开挖面稳定的措施。	8）采用全封闭、高度机械化、自动化的现代化盾构机。 9）定期检查盾构机，使盾构机保持良好的工作性能，减小掘进施工时盾构机出现故障的发生概率。 10）严格控制盾构推进的偏量，减少管片对盾尾密封刷的挤压程度。 （3）开挖出土。 1）审核专项施工方案，经论证、审查后，向施工人员进行安全交底。 2）检测区间施工区域内是否存在有毒气体，在隧道内需配备有害气体监测仪，每天两次对隧道内可能出现的有毒有害气体进行监测，如发现存在有害气体的迹象，及时反映，采相应措施。 3）有害气体预防采用送气方式，隧道内通风采用大功率。 4）高性能风机，用风管送风至开挖面，确保远距离通风的要求。 （4）管片安装。 1）盾构下落的距离不超过盾尾与管片的建筑空隙。 2）将进洞段的最后一段管片，在上半圈的部位用槽钢相互连接，增加隧道刚度。 3）在最后几环管片拼装时，注意对管片的拼装螺栓及时复紧，提高抗变形的能力。	

作业顺序	质量控制重点	安全控制重点	监理作业重点
盾构机安装、区间掘进施工、拆除	7）在拼装管片或盾构掘进停歇时，应采取防止盾构后退的措施。 8）推进中盾构旋转角度偏大时，应采取纠正的措施。 9）根据盾构选型、施工现场环境，合理选择土方输送方式和机械设备。 10）盾构掘进每次达到 1/3 管道长度时，对已建管道部分的贯通测量不少于一次；曲线管道还应增加贯通测量次数。 11）应根据盾构类型和施工要求做好各项施工、掘进、设备和装置运行的管理工作。 （3）管片拼装。 1）管片下井前应进行防水处理，管片与连接件等应有专人检查，配套送至工作面，拼装前应检查管片编组编号。 2）千斤顶顶出长度应满足管片拼装要求。 3）拼装前应清理盾尾底部，并检查拼装机运转是否正常；拼装机在旋转时，操作人员应退出管片拼装作业范围。 4）每环中的第一块拼装定位准确，自下而上，左右交叉对称依次拼装，最后封顶成环。 5）逐块初拧管片环向和纵向螺栓，成环后环面应平整；管片脱出盾尾后应再次复紧螺栓。 6）拼装时保持盾构姿态稳定，防止盾构后退、变坡变向。	4）基座框架结构的强度和刚度能克服出洞段穿越加固土体所产生的推力。 5）合理控制盾构姿态，尽量使盾构轴线与盾构基座中心夹角轴线保持一致。 （5）管片背后注浆。 1）单液注浆。 a. 停止推进时定时用浆液打循环回路，使管路中的浆液不产生沉淀。长期停止推进，应将管路清洗干净。 b. 拌浆时注意配比准确，搅拌充分。 c. 定期清理浆管，清理后的第一个循环用膨润土泥浆压注使注浆管路的管壁润滑良好。 d. 经常维修注浆系统的阀门，确保启闭灵活。 2）双液注浆。 a. 每次注浆结束都应清洗浆管，清洗浆管时要将橡胶清洗球取出。 b. 注意调整注浆泵的压力，对于已发生泄漏、压力不足的泵及时更换，保证两种浆液压力和流量的平衡。 c. 对于管路中存在分叉的部分，应经常性用人工对此部位进行清洗。 （6）端头加固、盾构出洞。 1）审核专项施工方案。 2）加强监测，观测封门附近、工作井和周围环境的变化。	

续表

作业顺序	质量控制重点	安全控制重点	监理作业重点
盾构机安装、区间掘进施工、拆除	7）拼装成环后应进行质量检测，并记录填写报表。 8）防止损伤管片防水密封条、防水涂料及衬垫；有损伤或挤出、脱槽、扭曲时，及时修补或调换。 9）防止管片损伤，并控制相邻管片间环面平整度、整环管片的圆度、环缝及纵缝的拼接质量，所有螺栓连接件应安装齐全并及时检查复紧。 （4）盾构注浆。 1）根据注浆目的选择浆液材料，沉降量控制要求较高的工程不宜用惰性浆液；浆液的配合比及性能应经试验确定。 2）同步注浆时，注浆作业应与盾构掘进同步，及时充填管片脱出盾尾后形成的空隙，并应根据变形监测情况控制好注浆压力和注浆量。 3）注浆量控制宜大于环形空隙体积的150%，压力宜为0.2～0.5MPa；并宜多孔注浆；注浆后应及时将注浆孔封闭。 4）注浆前应对注浆孔、注浆管路和设备进行检查；注浆结束及时清洗管路及注浆设备	3）加强工井的支护结构体系，确保可靠。 4）盾构基座中心夹角轴线应与隧道设计轴线方向保持一致。 5）对基座框架结构的强度和刚度进行验算，以满足出洞时盾构穿越加固土体所产生的推力要求。 6）控制盾构姿态，使盾构轴线与盾构基座中心夹角轴线保持一致，盾构基座的底面与始发井的底板之间要垫平垫实保证接触面积满足要求。 7）对体系的各构件必须进行强度、刚度校验，对受压构件要作稳定性验算。各连接点应采用合理的连接方式保证连接牢靠，各构件安装要定位精确，并确保点焊质量以及螺栓连接的强度。 8）安装上下的后盾支撑构件，完善整个后盾支撑体系，使后盾支撑系统受力均匀	

续表

作业顺序	质量控制重点	安全控制重点	监理作业重点
附属工程施工	（1）金属电缆支架、电缆导管必须接地（PE）或接零（PEN）可靠。 （2）接地体（线）的连接应采用焊接，焊接必须牢固无虚焊。不同材料接地体间的连接应进行处理。 （3）支架安装应保持横平竖直，电力电缆支架弯曲半径应满足线径较大电缆的转弯半径。各支架的同层横档高低偏差不应大于5mm，左右偏差不得大于10mm。组装后的钢结构电缆竖井，其垂直偏差不应大于其长度的2/1000。直线段钢制支架大于30m时，应有伸缩缝，跨越建筑物伸缩缝处应设伸缩缝。 （4）电缆支架全长都应有良好的接地	（1）安装电缆支架、安装平台、爬梯、接地极、接地线安装： 1）接地安装应符合设计要求。 2）焊接设备应有完整的保护外壳，一、二次接线柱外应有防护罩，在现场使用的电焊机应防雨、防潮、防晒，并备有消防用品。 （2）通风亭施工。 1）模板运输宜用平板推车。 2）模板加固过程中，支点加固牢固、可靠，所用的木方无裂痕、腐朽，所有钉头均砸平，防止人员刮伤。 3）拆除模板时应选择稳妥可靠的立足点。 4）拆下的模板应整齐堆放，及时运走，拆下的木方应及时清理，拔除钉子等，堆放整齐，防止人员绊倒及刮伤。 5）混凝土覆盖养护应使用阻燃材料，用后应及时清理、集中堆放到指定地点。 （3）照明、通信施工 1）应定期检查电源线路和设备的电器部件，确保用电安全。 2）隧道内应强制通风，减少产生有害气体	重点检查：电缆支架安装质量、接地施工质量等；收集相关施工资料并采集数码照片（按国网基建安质〔2016〕56号文要求）

续表

作业顺序	质量控制重点	安全控制重点	监理作业重点
机械设备日常维护		（1）使用密封性能好、强度高的土砂密封，保护轴承不受外界杂质的侵害。 （2）密封壁内的润滑油脂压力设定要略高于开挖面平衡压力，并经常检查油脂压力。 （3）安装系统时连接好各管路接头，防止泄漏；使用过程中经常检查。 （4）经常将气包下的放水阀打开放水，减少压缩空气中的含水量，防止气动元件产生锈蚀。 （5）根据设计要求正确设定系统压力，保证各气动元件处于正常的工作状态。 （6）将进洞段的最后一段管片，在上半圈的部位用槽钢相互连接，增加隧道刚度。 （7）在最后几环管片拼装时，注意对管片的拼装螺栓及时复紧，提高抗变形的能力。 （8）吊装机械需有年检合格证，吊装前应对钢索进行检查 （9）吊装人员需有特殊机械操作证，吊装时需有专门人员进行指挥	收集相关施工资料并采集数码照片（按国网基建安质〔2016〕56号文要求）
质量验收阶段	审查分部工程所含分项工程的质量是否均合格；质量控制资料是否完整；观感质量验收应符合要求；施工记录的填写是否正确，是否规范；该分部工程的施工质量是否符合有关规范和工程设计文件的要求		（1）总监理工程师组织分部工程验收，签署分部工程质量报验申请单。 （2）专业监理工程师编写工程施工强制性条文执行检查表。 （3）采集数码照片，要求详见国网基建安质〔2016〕56号文

脚手架工程

作业顺序	质量控制重点	安全控制重点	监理作业重点
施工准备阶段	（1）对进场的材料实体检查或见证取样。 （2）见证施工项目部技术交底。交底、接底人员在交底记录上的签字齐全	施工项目部报审的施工方案中的安全措施应包括施工机械安全操作重点、施工人员必须遵守的安全事项、现场危险点及避险措施等内容	（1）审核施工项目部报审的施工方案。 （2）进场管理人员及特种作业人员、施工机械、工程材料证明等文件审核
脚手架搭设	（1）立杆安装。 1）立杆底端必须设置底座或垫板，底层步距不得大于 2m。整个架体从立杆根部引设两处防雷接地。竖第一步架立杆，须有一人负责校正立杆垂直度，偏差不大于 $L/200$（L 为立杆长）。 2）当立杆采用搭接接长时，搭接长度不应小于 1m。并应采用不少于两个旋转扣件固定，端部扣件盖板的边缘至杆端距离不应小于 100mm；其余各层必须采用对接扣件连接。 3）相邻立杆的对接扣件不得在同一高度，应相互错开。 4）立杆顶端栏杆宜高出女儿墙上端 1m，宜高出檐口上端 1.5m。 5）立杆的横距采用 1.05m，纵距一般最大不超过 2m。 （2）纵向水平杆安装。	（1）搭上层脚手架安装。 1）在搭设两步后操作人员要先搭设好上层的大横杆作为挂安全带的固定点，高处作业必须系好安全带。 2）搭设人员作业人员要相互配合，下方人员向上递杆件时，要等到上方人员接稳后方可松手。 3）当脚手架搭设到三步以上时要设置抛撑，抛撑下端要设置 50mm 垫板，且用木楔将底座和垫板挤实。当脚手架搭设高度大于 4m 时要和主体设刚性连接。 4）当脚手架搭设到四至五步架高时设置剪刀撑，且下部也要垫实不得悬空。 （2）连墙件安装。 1）架体高度大于 4m 时，应用刚性连墙件与建筑物可靠连接，亦可采用拉筋和顶撑配合使用的附墙连接方式。	（1）收集相关资料，检查搭设负责人、架子工等作业人员是否持证上岗。 （2）监理安全巡视检查。 （3）监理安全旁站

续表

作业顺序	质量控制重点	安全控制重点	监理作业重点
脚手架搭设	1）纵向水平杆设置在立杆内侧，其长度不得小于3跨。 2）第一步步距不得大于2m，第二步起每步步距应为1.8m。 3）当使用竹笆脚手板时，纵向水平杆应用直角扣件固定在横向水平杆上，并应等间距设置，间距不宜大于400mm。 4）当墙壁有窗口、穿墙套管板等孔洞处时，应在该处架体内侧上下两根纵向水平杆之间加设防护栏杆。 5）当内侧纵向水平杆离墙壁大于250mm时，必须加纵向水平防护杆或加设木脚手板防护。 （3）横向水平杆安装。 1）主节点处必须设置一根横向水平杆，用直角扣件连接且严禁拆除。 2）作业层上非主节点处的横向水平杆，根据支承脚手架的需要等间距设置，最大间距不应大于纵距的1/2。 3）脚手架横向水平杆的靠墙一端至墙装饰面的距离不得大于100mm。 4）当使用竹笆脚手板时，脚手架的横向水平杆两端，采用直角扣件固定在立杆上。 5）当使用冲压钢脚手板、木脚手板、竹串片脚手板时，横向水平杆两端均采用直角扣件固定在纵向水平杆上。	2）连墙件在建筑物侧一般设置在梁柱或楼板等具有较好抗拉水平力作用的结构部位；在脚手架侧应靠近主节点设置，偏离主节点的距离不应大于300mm。 3）连墙件布置最大间距不得超过3步3跨，严禁使用仅有拉筋的柔性连墙件。 4）连墙件与脚手架不能水平连接时，与脚手架连接的一端应下斜连接。 5）连墙件应优先采用菱形布置，也可采用矩形布置，设置时应从底层第一步纵向水平杆处开始。 （3）剪刀撑。 1）必须在脚手架外侧立面纵向的两端各设置一道由底至顶连续的剪刀撑；两剪刀撑内边之间距离应小于等于15m。 2）每道剪刀撑宽度不应小于4跨，且不应小于6m，斜杆与地面的倾角宜为45°～60°。 3）剪刀撑杆的接长采用搭接，搭接长度不得小于1m，应采用不少于3个旋转扣件固定。 4）高度在24m及以上的双排脚手架应在外侧全立面连续设置剪刀撑；高度在24m及以下的双排脚手架，均必须在外侧两端、转角及中间间隔不超过15m的立面上，各设置一道剪刀撑，并应由底至顶连续设置。	

续表

作业顺序	质量控制重点	安全控制重点	监理作业重点
脚手架搭设	（4）脚手板安装。 1）第一层、顶层、作业层脚手板必须铺满、铺稳、铺实。 2）冲压钢脚手板、木脚手板、竹串片脚手板等，应设置在三根横向水平杆上。当脚手板长度小于 2m 时，可采用两根横向水平杆支撑，但应将脚手板两端与其可靠固定，严禁倾翻。 3）竹笆脚手板应按其主竹筋垂直于纵向水平杆方向铺设，且应对接平铺，四个角应用直径不小于 1.2mm 的镀锌钢丝固定在纵向水平杆上	（4）安全通道。 1）安全通道顶部挑空的一根立杆两侧应设斜杆支撑，斜杆与地面的倾角宜为 45°～60°，外墙架体部分通道内侧面宜设横向斜撑。 2）安全通道宽度宜为 3m，进深长度宜为 4m（小型建筑物可适当简化）。 3）安全通道顶棚平面的钢管做到设置两层（十字布设）、间距 600mm，钢管上竹笆或木工板铺设，上层四周应设置 900mm。 （5）夜间不宜进行脚手架搭设	
满堂脚手架搭设	（1）满堂脚手架所使用材料和搭设方法同一般脚手架。 1）立杆：纵横向立杆间距≤2m，步距≤1.8m 地面应整平夯实，立杆埋入地上 30～50cm，不能埋地时，立杆下应垫枕木并加设扫地杆。 2）横杆：纵横向水平拉杆步距≤1.8m，操作层大横杆间距≤40cm。 （2）搭设。 1）立杆间距在 1～1.5m 以内，步距 1.5m～1.8m 视建筑物层高而定，平台以每层楼面平。 2）每隔 1～1.5m 高设一道纵横向水平拉杆，在操作层通道处可设在 1.8m 高处。	（1）满堂脚手架的搭设高度不宜超过 36m；施工层不得超过一层。 （2）满堂脚手架的高宽比不宜大于 3。当高宽比大于 2 时，应在架体的四周和内部，水平间隔 6～9m，竖向间隔 4～6m 设置连墙件与建筑结构拉结，当无法设置连墙件时，应采取设置钢丝绳张拉固定等措施。 （3）满堂脚手架应在架体外侧四周及内部纵、横向每 6～8m 由底至顶设置连续竖向剪刀撑。剪刀撑应用旋转扣件固定在与之相交的水平杆或立杆上，旋转扣件中心至主节点的距离不宜大于 150mm。 （4）架板铺设：架高在 4m 以内，架板间隙不大于 20cm，架高大于 4m，架板必须满铺。	

续表

作业顺序	质量控制重点	安全控制重点	监理作业重点
满堂脚手架搭设	3）横杆：当平台铺设竹架板时，大横杆间距在 40cm 以内，当使用钢、木脚手板时，大横杆间距不大于 60cm	（5）上料平台要独立设搭设，平台距井架间隙不得超过 10cm，平台宽度以进出料方便为原则，长度应大于或等于吊栏外侧。平台四周按规定设置 1～1.2m 高的防护栏杆。正面设可开启的安全门。当平台高度超过 10m 时，四面要设缆风绳，或与建筑物固定牢固，并不得固定在井架上	
脚手架的验收与维护	（1）检查杆件的设置和连接，连墙件、安全通道等的构设是否符合要求。 （2）地基不积水，底板不松动，立杆不悬浮。 （3）扣件螺栓是否松动。架门架与配件是否配套。 （4）脚手架搭设的技术要求是否在允许偏差范围内	（1）安全防护设施是否符合要求。检查脚手架接地是否符合要求。 （2）为了保证安全，对脚手架每月至少维护一次；恶劣天气后，应对脚手架进行全面维护	监理检查签证验收合格后方可挂牌使用
脚手架拆除		（1）脚手架拆除作业必须由上而下逐层进行，严禁上下同时作业，连墙件必须随脚手架逐层拆除，严禁先将连墙件整层或数层拆除后再拆脚手架；分段拆除高差大于两步时，应增设连墙件加固。 （2）脚手架拆除前，应对脚手架作全面检查，清除剩余材料、工器具及杂物。 （3）地面应设安全围栏和安全标志牌，并派专人监护，严禁非施工人员入内。 （4）架体拆除作业应设专人指挥，当有多人同时操作时，应明确分工，统一行动，且应具有足够的操作面。 （5）卸料时各构配件严禁抛掷至地面。 （6）夜间不宜进行脚手架拆除	（1）审查脚手架拆除施工方案。 （2）监理安全巡视检查。 （3）监理安全旁站

GONGPEIDIAN GONGCHENG JIANLI ZUOYE SHOUCE

供配电工程监理作业手册 下册

河南立新监理咨询有限公司　组　编

曹建忠　主　编

内 容 提 要

为了加强现场监理管理工作，规范监理作业人员工作行为，提升监理人员业务技能，实现工程安全、质量方面的可控、能控、在控，河南立新监理咨询有限公司组织编写了本手册。

本手册共分为上、下册，上册包括公共部分、土建工程两章，下册包括变电工程、线路工程、配电工程三章。本手册涵盖供配电系统的各个施工项目和施工阶段，按照相关标准规范，列出对应的质量、安全控制重点和监理作业重点，用于指导实际工作。

本手册可作为广大电力建设工程监理、建设管理、施工管理人员的业务培训教材和工作指导用书，也可供相关专业师生学习参考。

图书在版编目（CIP）数据

供配电工程监理作业手册 / 曹建忠主编；河南立新监理咨询有限公司组编. —北京：中国电力出版社，2018.2

ISBN 978-7-5198-1691-9

Ⅰ. ①供… Ⅱ. ①曹… ②河… Ⅲ. ①供电系统–监理工作–手册 ②配电系统–监理工作–手册 Ⅳ. ①TM72–62

中国版本图书馆 CIP 数据核字（2018）第 013536 号

出版发行：中国电力出版社
地　　址：北京市东城区北京站西街 19 号
邮政编码：100005
网　　址：http://www.cepp.sgcc.com.cn
责任编辑：张　涛　罗　艳（965207745@qq.com，010-63412315）
责任校对：常燕昆
装帧设计：左　铭
责任印制：邹树群

印　　刷：三河市百盛印装有限公司印刷
版　　次：2018 年 2 月第一版
印　　次：2018 年 2 月北京第一次印刷
开　　本：787 毫米×1092 毫米　横 16 开本
印　　张：35.75
字　　数：800 千字
印　　数：0001—1500 册
定　　价：138.00 元

编　委　会

前 言

作业手册或作业指导书是推行企业标准化管理的一种有效形式，是企业贯彻实施国家标准、行业标准的细化和延伸，也是国家标准、行业标准在企业具体实施的关键环节。当前电力建设工程任务十分繁重，呈现活重、点多、线长、面广的显著特点。监理工作也处于任务重、人员少、标准高、业务杂、知识缺的特点。对实现全面安全优质地建设工程带来一定的困难，要遵循的各种规范、标准、制度很多，对于现场查询、阅读很不方便。本手册旨在通过标准规范的格式、可靠科学的依据、简练准确的描述，突出监理工作对工程实现的施工质量、安全保证方面的可靠管控，加强现场监理管理工作，规范监理人员工作行为，提升监理人员业务技能素质，并实现工程安全、质量等方面的可控、能控、在控。

本手册将安全、质量、监理作业与分部分项工程密切结合，统一布局。

河南立新监理咨询有限公司一线监理人员依据 GB /T 50319—2013《建设工程监理规范》和《国家电网公司监理项目部标准化管理手册》以及其他相关标准规范，紧密结合工程监理现场工作实际编制了《供配电工程监理作业手册》。

本手册具有涵盖全面、结构严谨、内容充实、依据充分等特点。

涵盖全面：涵盖供配电系统各个施工项目和施工阶段，方便现场使用。本手册中的配电部分，更是紧扣当前广泛开展的城农网改造工程，使得更加具有实用性和可操作性。

结构严谨：根据电力建设工程分部分项的原则，每一分项工程均对应于相应的质量、安全控制重点和监理作业重点，把质量控制重点、安全控制重点和监理作业重点紧密结合，易于现场实施管控。

内容充实：紧扣供配电建设施工项目，按照有关标准规范，质量控制重点准确精细。安全控制完备可靠。监理作业程序清晰，标准规范。

依据充分：依据现行规范、标准、规章等和参考的书籍。

本手册可作为广大电力建设工程监理人员的业务教材和工作指导。对工程建设管理人员、施工管理人员和电力工程在校生也有很大的帮助作用。为便于现场使用本手册，可下载输变电建设掌中宝 APP。

本手册编写过程中得到河南立新监理咨询有限公司各级领导、各专业工程部、各地市管理部有关专家的大力帮助与支持。

衷心希望这本手册能为提高输变电工程建设监理工作水平做出微薄的贡献。限于编者的水平不高、经验不足，书中难免存有疏漏之处，恳请读者批评指正。

编　者

2017 年 12 月

输变电建设掌中宝

注册码 L293S562

目 录

下　册

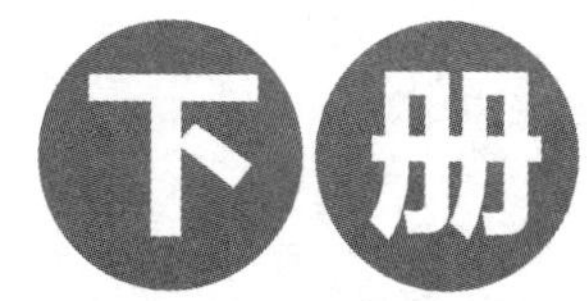

第三章　变电工程

GIS 设备安装

作业顺序	质量控制重点	安全控制重点	监理作业重点
现场作业准备及布置	（1）对设备基础及预埋件进行复测。重点检查：设备基础及预埋槽钢接地应良好，设备基础及预埋件的允许偏差应符合设计要求。 （2）对支架安装进行巡视检查。重点检查：支架外观无机械损伤，镀锌层完整；螺栓固定牢固；接地牢固且导通良好等	（1）室外安装 GIS 时，施工场地必须清洁，并在其施工范围内搭设临时围栏，并与其他施工场地隔开。设置安全通道、警示标志。 （2）技术人员应根据 GIS 的单体重量配备吊车、吊绳，并计算出吊绳的长度及夹角、起吊时吊臂的角度及吊臂伸展长度，同时还要考虑吊车的转杆半径和起吊高度；户内天吊必须经过有关部门验收合格后，方可使用。 （3）操作吊车、天吊人员，必须经过培训合格后持证上岗。 （4）现场技术负责人对所有参加施工作业人员进行安全技术交底，指明作业过程中的危险点和危险源，接受交底人员必须在交底记录上签字。 （5）按作业项目区域定置平面图要求进行施工作业现场布置	（1）检查特殊工种/特殊作业人员与审批文件是否一致。 （2）核查主要测量计量器具/试验设备与审批文件是否一致。 （3）核查主要施工机械/工器具/安全用具与审批文件是否一致。 （4）核查施工项目部编制的施工方案是否已经审批。 （5）组织或参加设备的开箱检查，重点检查：设备的数量、外观质量、内部附件、备品备件、专用工具、出厂技术文件、质量证明文件等。签署主要设备开箱申请表。采集数码照片。发现设备缺陷时，由施工项目部填写工程材料/构配件/设备缺陷通知单，缺陷处理完，由供货单位和施工项目部填写设备（材料/构配件）缺陷处理报验表，监理复检。 （6）使用的起重机进行安全检查签证。 （7）核查土建工程已完工并验收合格。 （8）进行安全巡视检查。重点检查：现场安全文明施工措施落实情况，并采集数码照片（按国网基建安质〔2016〕56 号文要求）

作业顺序	质量控制重点	安全控制重点	监理作业重点
GIS 安装	（1）装配工作应在无风沙、无雨雪、空气相对湿度小于 80%，严格采取防尘、防潮措施。 （2）应对可见的触头连接、支撑绝缘件和盘式绝缘子进行检查，应清洁无损伤，不得使密封剂流入密封圈内侧。 （3）对预充氮气的箱体应先经排氮，后充干燥空气，箱体内氧气含量必须达到 18%以上时，安装人员才允许进入内部检查或安装。采用专用工具和吊带进行套管的吊装，以保护瓷套管不受损伤	（1）GIS 就位前，作业人员应将作业现场所有孔洞用铁板或强度满足要求的木板盖严，避免人员摔伤。 （2）在用吊车把 GIS 主体吊送至户内通道口的过程中，必须设专人指挥，其他作业人员不得随意指挥吊车司机。 （3）GIS 吊离地面 100mm 时，应停止起吊，检查吊车、钢丝绳扣是否平稳牢靠，确认无误后方可继续起吊。起吊后任何人不得在 GIS 吊移范围内停留或走动。 （4）通道口在楼上时，作业人员应在楼上平台铺设钢板，使 GIS 对楼板的压力得到均匀分散。 （5）作业人员在楼上迎接 GIS 时，应时刻注意周围环境，特别是在外沿作业人员更要注意防止高处坠落，必要时应系安全带。 （6）用天吊就位 GIS 时，作业人员除应遵守上述吊车作业要求外，操作人员应在所吊 GIS 的后方或侧面操作。 （7）GIS 主体设备就位应放置在滚杠上，利用链条葫芦或人工绞磨等牵引设备作为牵引动力源，严禁用撬杠直接撬动设备。GIS 后方严禁站人，防止滚杠弹出伤人。	（1）核查施工过程与施工方案是否一致。 （2）对设备固定进行巡视检查。重点检查：GIS 固定应可靠；焊接面应饱满、均匀等

续表

作业顺序	质量控制重点	安全控制重点	监理作业重点
GIS 安装		（8）牵引前作业人员应检查所有绳扣、滑轮及牵引设备，确认无误后，方可牵引。工作结束或操作人员离开牵引机时必须断开电源。 （9）操作绞磨人员应精神集中，要根据指挥人员的信号或手势进行开动或停止，停止时速度要快。牵引时应平稳匀速，并有制动措施。 （10）GIS 就位拆箱时，作业人员应相互照应，特别是在拆较高大包装箱时，应用人扶住，防止包装板突然倒塌伤人	
母线及母线筒对接	触头连接、支撑绝缘件和盘式绝缘子进行检查，应清洁无损伤	对接过程，作业人员可使用撬杠做小距离的移动，但应特别注意，手不要扶在母线筒等设备的法兰对接处，避免将手挤伤。使用撬杠时，不要用力过猛，防止滑杠伤人及碰撞设备	检查母线触头部分的清洁是否符合规范要求
抽真空、充气	真空度及保持时间应符合产品技术文件要求。充气过程实施密度继电器报警、闭锁值检查，应符合产品技术文件要求；充气 24h 后应进行泄漏值的测量，充气 48h 后应进行气体含水量的测量，且测量值均应符合标准	（1）抽真空过程中应设专用电源，并设专人进行巡视。 （2）户外 GIS 充气时，SF_6 气体瓶必须有减压阀，作业人员必须站在气瓶的侧后方或逆风处，并戴手套和口罩，防止瓶嘴一旦漏气造成人员中毒。 （3）室内 GIS 充气时，作业人员应将窗门及排风设备打开，特别是采用间接充气，作业人员在排氮气时应戴防毒面具，防止氮气中毒。	（1）见证进场的 SF_6 气体取样、送检，采集数码照片。签署新 SF_6 气体抽样检验记录，核查 SF_6 气体含水量检验、全分析检验应符合标准。 （2）检查设备抽真空、六氟化硫气体充注过程是否符合施工方案和规范的要求。 （3）采集数码照片（按国网基建安质〔2016〕56 号文要求）

作业顺序	质量控制重点	安全控制重点	监理作业重点
抽真空、充气		（4）在充 SF_6 气体过程中，作业人员应进行不间断巡视，随时查看气体检测仪是否正常，并检查通风装置运转是否良好、空气是否流通。如有异常，立即停止作业，组织施工人员撤离现场。 （5）施工现场应准备气体回收装置，发现有漏气或气体检验不合格时，应立即进行回收，防止 SF_6 气体污染环境	
高压试验	试验程序和方法，应按产品技术条件或 DL/T 555《气体绝缘封闭开关设备现场耐压及绝缘试验导则》的有关规定执行，试验电压值应为出厂试验电压的 80%	（1）耐压试验应将 GIS 与主变压器断开，与进、出线断开，同时还应将电压互感器、避雷器断开，试验后再安装恢复。 （2）进入地下施工现场时，要随时查看气体检测仪是否正常，并检查通风装置运转是否良好、空气是否流通。如有异常，立即停止作业，组织施工人员撤离现场。 （3）高压试验设安全围栏，向外悬挂"止步，高压危险！"的标识牌，设立警戒。 （4）高压试验设备的外壳必须接地，接地必须良好可靠。高压试验时，高压引线长度适当，不可过长，引线用绝缘支架固定	（1）高压试验时进行旁站监理，填写监理旁站记录表。 （2）采集数码照片（按国网基建安质〔2016〕56 号文要求）

变压器、电抗器安装

作业顺序	质量控制重点	安全控制重点	监理作业重点
施工准备	变压器、电抗器设备和附件到达现场后应及时按下列规定验收检查： （1）设备和器材应有铭牌、安装使用说明书、出厂试验报告及合格证件等资料，并应符合合同技术协议的规定。 （2）包装及密封应良好。 （3）应开箱检查并清点，规格应符合设计要求，附件、备件应齐全	（1）工程技术人员应根据钟罩的重量选择吊车、吊绳，并计算出吊绳的长度及夹角、起吊时吊臂的角度及吊臂伸展长度，同时还要考虑吊罩时钟罩的起吊高度。 （2）现场技术负责人应向所有参加施工作业人员进行安全技术交底，指明作业过程中的危险点，布置防范措施，接受交底人员必须在交底记录上签字。 （3）变压器、电抗器（油浸式）安装，应编写专项施工方案，并严格按方案进行施工	（1）核查特殊工种/特殊作业人员与审批文件是否一致。 （2）核查主要测量计量器具/试验设备与审批文件是否一致。 （3）核查主要施工机械/工器具/安全用具与审批文件是否一致。 （4）核查施工项目部编制的施工方案是否已经审批。 （5）签署主要设备开箱申请表，组织或参加设备的开箱检查。 （6）对使用的起重机进行安全检查签证。 （7）核查土建工程已完工并验收合格。 （8）进行安全巡视检查。 （9）做好监理检查记录表。 （10）做好数码照片的采集和归档（按国网基建安质〔2016〕56号文要求）
本体就位和附件安装	（1）GB 6451—2015《油浸式电力变压器技术参数和要求》中规定“电压在220kV，容量为150MVA及以上变压器运输中应装冲击记录仪”。所以本条规定大型变压器和油浸电抗器在运输时应装设冲击监测装置，以记录在运输和装卸过程中受冲击和振动情况。	（1）如是充油运输，在排油后也向器身内部充入干燥空气。 （2）在安装升高座、套管、油枕及顶部油管等时，必须牢固系安全带，工具等用布带系好。 （3）变压器顶部的油污应预先理干净。 （4）吊车指挥人员宜站在钟罩顶部进行指挥	（1）做好监理检查记录表。 （2）填写工程施工强制性条文执行检查表。 （3）监理安全巡视检查。 （4）监理安全旁站和质量旁站。 （5）做好数码照片的采集和归档（按国网基建安质〔2016〕56号文要求）

续表

作业顺序	质量控制重点	安全控制重点	监理作业重点
本体就位和附件安装	（2）设备受冲击的轻重程度以重力加速度 g 表示。基于下列国内外的资料和产品技术协议规定，认为取三维冲击加速度均不大于 $3g$ 较适宜。 （3）本体就位应符合下列规定： 1）装有气体继电器的变压器、电抗器，除制造厂规定不需要设置安装坡度者外，应使其顶盖沿气体继电器气流方向有 1%～1.5%的升高坡度。当与封闭母线连接时，其套管中心线应与封闭母线中心线的尺寸相符。 2）变压器、电抗器基础的轨道应水平，轨距与轮距应相符；装有滚轮的变压器、电抗器，其滚轮应能灵活转动，设备就位后，应将滚轮用可拆卸的制动装置加以固定。 3）变压器、电抗器本体直接就位于基础上时，应符合设计、制造厂的要求。 （4）设备到达现场后，应及时按下列规定进行外观检查： 1）油箱及所有附件应齐全，无锈蚀及机械损伤，密封应良好。 2）油箱箱盖或钟罩法兰及封板的连接螺栓应齐全，紧固良好，无渗漏；充油或充干燥气体运输的附件应密封无渗漏并装有监视压力表。 3）套管包装应完好，无渗油、瓷体无损伤；运输方式应符合产品技术要求。		

续表

作业顺序	质量控制重点	安全控制重点	监理作业重点
本体就位和附件安装	4）充干燥气体运输的变压器、电抗器，油箱内应为正压，其压力为0.01～0.03MPa，现场应办理交接签证并移交压力监视记录。 5）检查运输和装卸过程中设备受冲击情况，并应记录冲击值、办理交接签证手续。 （5）设备在保管期间，应经常检查。充油保管时应每隔 10 天对变压器外观进行一次检查，包括检查有无渗油、油位是否正常、外表有无锈蚀。每隔30天应从变压器内抽取油样进行试验。 （6）220kV 及以上变压器本体露空安装附件应符合下列规定： 1）环境相对湿度应小于80%，在安装过程中应向箱体内持续补充露点低于−40℃的干燥空气，补充干燥空气速率应符合产品技术文件要求。 2）每次宜只打开一处，并用塑料薄膜覆盖，连续露空时间不宜超过8h，累计露空时间不宜超过 24h；油箱内空气的相对湿度不大于 20%。每天工作结束应抽真空补充干燥空气直到压力达到0.01～0.03MPa。 （7）密封处理应符合下列规定： 1）所有法兰连接处应用耐油密封垫圈密封；密封垫圈应无扭曲、变形、裂纹和毛刺，密封垫圈应与法兰面的尺寸相配合。		

续表

作业顺序	质量控制重点	安全控制重点	监理作业重点
本体就位和附件安装	2）法兰连接面应平整、清洁；密封垫圈应使用产品技术文件要求的清洁剂擦拭干净，其安装位置应准确；其搭接处的厚度应与.其原厚度相同，橡胶密封垫的压缩量不宜超过其厚度的1/3。 3）法兰螺栓应按对角线位置依次均匀紧固，紧固后的法兰间隙应均匀，紧固力矩值应符合产品技术文件要求。 （8）有载调压切换装置的安装应符合下列规定： 1）传动机构中的操动机构、电动机、传动齿轮和杠杆应固定牢靠，连接位置正确，且操作灵活，无卡阻现象；传动机构的摩擦部分应涂以适合当地气候条件的润滑脂，并应符合产品技术文件的规定。 2）切换开关的触头及其连接线应完整无损，且接触可靠；其限流电阻应完好，无断裂现象。 3）切换装置的工作顺序应符合产品技术要求；切换装置在极限位置时，其机械连锁与极限开关的电气连锁动作应正确。 4）位置指示器应动作正常，指示正确。 5）切换开关油箱内应清洁，油箱应做密封试验，且密封良好；注入油箱中的绝缘油，其绝缘强度应符合产品技术文件要求。		

续表

作业顺序	质量控制重点	安全控制重点	监理作业重点
本体就位和附件安装	（9）冷却装置的安装应符合下列规定： 1）冷却装置在安装前应按制造厂规定的压力值用气压或油压进行密封试验，并应符合下列要求： a. 冷却器、强迫油循环风冷却器，持续30min应无渗漏。 b. 强迫油循环水冷却器，持续1h应无渗漏，水、油系统应分别检查渗漏。 c. 冷却装置安装前应用合格的绝缘油经净油机循环冲洗干净，并将残油排尽。 d. 风扇电动机及叶片安装应牢固，转动应灵活，转向应正确，并无卡阻。 e. 管路中的阀门应操作灵活，开闭位置应正确；阀门及法兰连接处应密封良好。 f. 外接油管路在安装前，应进行彻底除锈并清洗干净；水冷却装置管道安装后，油管应涂黄漆，水管应涂黑漆，并应有流向标志。 g. 油泵密封良好，无渗油或进气现象；转向正确，无异常噪声、振动或过热现象。 h. 油流继电器、水冷变压器的差压继电器应密封严密，动作可靠。 i. 水冷却装置停用时，应将水放尽。 2）储油柜的安装应符合下列规定： a. 储油柜应按照产品技术文件要求进行检查、安装。		

续表

作业顺序	质量控制重点	安全控制重点	监理作业重点
本体就位和附件安装	b. 油位表动作应灵活，指示应与储油柜的真实油位相符。油位表的信号接点位置正确，绝缘良好。 c. 储油柜安装方向正确并进行位置复核。 （10）所有导气管应清拭干净，其连接处应密封严密。 （11）升高座的安装应符合下列规定： 1）升高座安装前，应先完成电流互感器的交接试验，二次线圈排列顺序检查正确；电流互感器出线端子板绝缘应符合产品技术文件的要求，其接线螺栓和固定件的垫块应紧固，端子板密封严密，无渗油现象。 2）升高座安装时应使绝缘筒的缺口与引出线方向一致，并不得相碰。 3）电流互感器和升高座的中心应基本一致。 4）升高座法兰面必须与本体法兰面平行就位。放气塞位置应在升高座最高处。 （12）套管的安装应符合下列规定： 1）电容式套管应经试验合格，套管采用瓷外套对，瓷套管与金属法兰胶装部位应牢固密实并涂有性能良好的防水胶，瓷套管外观不得有裂纹、损伤；套管采用硅橡胶外套时，外观不得有裂纹、损伤、变形；套管的金属法兰结合面应平整、无外伤或铸造砂眼；充油套管无渗油现象，油位指示正常。		

续表

作业顺序	质量控制重点	安全控制重点	监理作业重点
本体就位和附件安装	2）套管竖立和吊装应符合产品技术文件要求。 3）套管顶部结构的密封垫应安装正确，密封良好，连接引线时，不应使顶部连接松扣。 4）充油套管的油位指示应面向外侧，末屏连接符合产品技术文件要求。 5）均压环表面应光滑无划痕，安装牢固且方向正确；均压环易积水部位最低点应有排水孔。 （13）压力释放装置的安装方向应正确，阀盖和升高座内部应清洁，密封严密，电接点动作准确，绝缘性能、动作压力值应符合产品技术文件要求。 （14）吸湿器与储油柜间连接管的密封应严密，吸湿剂应干燥，油封油位应在油面线上		
注油	（1）绝缘油的验收与保管应符合下列规定： 1）绝缘油应储藏在密封清洁的专用容器内。 2）每批到达现场的绝缘油均应有试验记录，并应按下列规定取样进行简化分析，必要时进行全分析： a. 大罐油应每罐取样，小桶油应按表 3–1 的规定进行取样：	（1）储油罐应垫 200mm 高度的道木，设置接地装置。 （2）储油罐可露天放置，但要检查阀门、人孔盖等密封良好，并用塑料布包扎，附近应无易燃物或明火作业，并设置安全防护围栏、安全标志牌和消防器材。 （3）油罐与油管的连接处及油管与其他设备之间的各个连接处必须绑扎牢固，严防发生跑油事故。	（1）做好监理检查记录表。 （2）见证绝缘油取样、送检，填写见证取样表。 （3）填写工程施工强制性条文执行检查表。 （4）监理安全巡视检查。 （5）监理安全旁站和质量旁站。 （6）做好数码照片的采集和归档（按国网基建安质〔2016〕56 号文要求）

续表

作业顺序	质量控制重点	安全控制重点	监理作业重点
注油	b. 取样试验应按 GB/T 7597《电力用油（变压器油、汽轮机油）取样方法》的规定执行。试验标准应符合 GB 50150《电气装置安装工程　电气设备交接试验标准》的规定。 （2）绝缘油必须按 GB 50150 的规定试验合格后，方可注入变压器、电抗器中。 （3）不同牌号的绝缘油或同牌号的新油与运行过的油混合使用前，必须做混油试验。 （4）新安装的变压器不宜使用混合油。 （5）变压器真空注油工作不宜在雨天或雾天进行。注油和真空处理应按产品技术文件要求，并应符合下列规定： 1）220kV 及以上的变压器、电抗器应进行真空处理，当油箱内真空度达到 200Pa 以下时，应关闭真空机组出口阀门，测量系统泄漏率，测量时间应为 30min，泄漏率应符合产品技术文件的要求。 2）抽真空时，应监视并记录油箱的变形，其最大值不得超过壁厚最大值的两倍。 3）220～500kV 变压器的真空度不应大于 133Pa，750kV 变压器的真空度不应大于 13Pa。 4）用真空计测量油箱内真空度，当真空度小于规定值时开始计时，真空保持时间应符合：220～330kV 变压器的真空保持时间不	（4）在注油过程中，变压器本体应可靠接地，防止产生静电。在油处理区域应装设围栏，严禁烟火，配备消防设备。 （5）注油和补油时，作业人员应打开变压器各处放气塞放气，气塞出油后应及时关闭，并确认通往油枕管路阀门已经开启。 （6）需要动用明火时，必须办理动火工作票，明火点要远离滤油系统，其最小距离不得小于 10m。 （7）滤油机电源用专用电源电缆，滤油机及油管路系统必须保护接地或保护接零牢固可靠，滤油机外壳接地电阻不得大于 4Ω，金属油管路设多点接地。 （8）滤油机应设专人操作和维护，严格按生产厂提供的操作步骤进行。滤油过程中，操作人员应加强巡视，防止跑油和其他事故发生。 （9）滤油机应远离火源，并应有防火措施	

续表

作业顺序	质量控制重点	安全控制重点	监理作业重点
注油	得少于 8h；500kV 变压器的真空保持时间不得少于 24h；750kV 变压器的真空保持时间不得少于 48h 时方可注油。 （6）220kV 及以上的变压器、电抗器应真空注油；110kV 的变压器、电抗器宜采用真空注油。注油全过程应保持真空。注入油的油温应高于器身温度。注油速度不宜大于 100L/min。 （7）在抽真空时，必须将不能承受真空下机械强度的附件与油箱隔离；对允许抽同样真空度的部件，应同时抽真空；真空泵或真空机组应有防止突然停止或因误操作而引起真空泵油倒灌的措施。 （8）变压器、电抗器注油时，宜从下部油阀进油。对导向强油循环的变压器，注油应按产品技术文件的要求执行。 （9）变压器本体及各侧绕组，滤油机及油管道应可靠接地。 （10）热油循环应符合下列条件，方可结束： 1）热油循环持续时间不应少于 48h。 2）热油循环不应少于 3×变压器总油重/通过滤油机每小时的油量。 3）经过热油循环后的变压器油，应符合表 3-2 的规定。 （11）注油完毕后，在施加电压前，其静置时间应符合表 3-3 的规定。		

作业顺序	质量控制重点	安全控制重点	监理作业重点
注油	（12）变压器、电抗器在试运行前，应进行全面检查，确认其符合运行条件时，方可投入试运行。检查项目应包含以下内容和要求： 1）本体、冷却装置及所有附件应无缺陷，且不渗油。 2）设备上应无遗留杂物。 3）事故排油设施应完好，消防设施齐全。 4）本体与附件上的所有阀门位置核对正确。 5）变压器本体应两点接地。中性点接地引出后，应有两根接地引线与主接地网的不同干线连接，其规格应满足设计要求。 6）铁芯和夹件的接地引出套管、套管的末屏接地应符合产品技术文件的要求；电流互感器备用二次线圈端子应短接接地，套管顶部结构的接触及密封应符合产品技术文件的要求。 7）储油柜和充油套管的油位应正常。 8）分接头的位置应符合运行要求，且指示位置正确。 9）变压器的相位及绕组的接线组别应符合并列运行要求。 10）测温装置指示应正确，整定值符合要求。 11）冷却装置应试运行正常，联动正确；强迫油循环的变压器、电抗器应启动全部		

续表

作业顺序	质量控制重点	安全控制重点	监理作业重点
注油	冷却装置，循环4h以上，并应排完残留空气。 12）变压器、电抗器的全部电气试验应合格。保护装置整定值应符合规定；操作及联动试验应正确。 13）局部放电测量前、后本体绝缘油色谱试验比对结果应合格		
交接验收	（1）变压器、电抗器在试运行前，应进行全面检查，确认其符合运行条件时，方可投入试运行。检查项目应包含以下内容和要求： 1）本体、冷却装置及所有附件应无缺陷，且不渗油。 2）设备上应无遗留杂物。 3）事故排油设施应完好，消防设施齐全。 4）本体与附件上的所有阀门位置核对正确。 5）变压器本体应两点接地。中性点接地引出后，应有两根接地引线与主接地网的不同干线连接，其规格应满足设计要求。 6）铁芯和夹件的接地引出套管、套管的末屏接地应符合产品技术文件的要求；电流互感器备用二次线圈端子应短接接地，套管顶部结构的接触及密封应符合产品技术文件的要求。 7）储油柜和充油套管的油位应正常。	（1）变压器局放及耐压试验用的电源，根据试验容量选择开关容量、导线截面、站用变压器跌落保险值。 （2）作业人员应与供电部门联系，避免在试验过程中突然停电，给试验人员和设备带来危害。 （3）试验电源应采用三相五线制，其开关应采用有明显断点的双刀开关和电源指示灯，并设专线，应有专人负责维护。 （4）试验区域应装设门形组装式安全围栏，挂接地线，专人监护。 （5）试验结束后，应将电荷放净，接地装置拆除	（1）检查变压器外观。 （2）对变压器局部放电使用进行旁站（检查试验过程与试验方案是否一致）。 （3）对绕组连同套管的交流耐压试验进行安全旁站（专职安全员是否到岗，试验现场的安全措施与施工方案是否一致）。 （4）交接试验进行巡视检查，审查调试报告报审表。 （5）做好安全旁站记录、监理检查记录表。 （6）数码照片采集和归档。 （7）做好工程强制性条文检查表。 （8）验收施工项目部报审的已完成分部分项工程，签署分部、分项工程质量报验申请单

续表

作业顺序	质量控制重点	安全控制重点	监理作业重点
交接验收	8）分接头的位置应符合运行要求，且指示位置正确。 9）变压器的相位及绕组的接线组别应符合并列运行要求。 10）测温装置指示应正确，整定值符合要求。 11）冷却装置应试运行正常，联动正确；强迫油循环的变压器、电抗器应启动全部冷却装置，循环 4h 以上，并应排完残留空气。 12）变压器、电抗器的全部电气试验应合格，保护装置整定值应符合规定；操作及联动试验应正确。 13）局部放电测量前、后本体绝缘油色谱试验比对结果应合格。 （2）变压器、电抗器试运行时应按下列规定项目进行检查： 1）中性点接地系统的变压器，在进行冲击合闸时，其中性点必须接地。 2）变压器、电抗器第一次投入时，可全电压冲击合闸。冲击合闸时，变压器宜由高压侧投入；对发电机变压器组结线的变压器，当发电机与变压器间无操作断开点时，可不作全电压冲击合闸，只作零起升压。 3）变压器、电抗器应进行 5 次空载全电压冲击合闸，应无异常情况；第一次受电后持续时间不应少于 10min；全电压冲击合闸时，其励磁涌流不应引起保护装置动作。		

续表

作业顺序	质量控制重点	安全控制重点	监理作业重点
交接验收	4）变压器并列前，应核对相位。 5）带电后，检查本体及附件所有焊缝和连接面，不应有渗油现象。 （3）在验收时，应移交下列资料和文件： 1）安装技术记录、器身检查记录、干燥记录、质量检验及评定资料、电气交接试验报告等。 2）施工图纸及设计变更说明文件。 3）制造厂的产品说明书、试验记录、合格证件及安装图纸等技术文件。 4）备品、备件、专用工具及测试仪器清单		

表 3–1 绝缘油取样数量

每批油的桶数	取样桶数	每批油的桶数	取样桶数
1	1	50～100	7
2～5	2	101～200	10
6～20	3	201～400	15
20～50	4	401 及以上	20

表 3–2　　热油循环后施加电压前变压器油标准

变压器电压等级（kV）	330	500	750
变压器油电气强度（kV）	＜50	＞60	＞70
变压器油含水（mg/L）	＜15	＜10	
变压器油含气量（%）	—		＜0.5
颗粒度（1/100mL）	—	—	＜1000（5～100pm 颗粒，无 100pm 以上颗粒）
tanδ（90℃时）	＜0.5	^0.5	＜0.5

表 3–3　　变压器注油完毕施加电压前静置时间　　（h）

电压等级（kV）	静置时间
110 及以下	24
220 及 330	48
500 及 750	72

断路器安装

作业顺序	质量控制重点	安全控制重点	监理作业重点
施工准备阶段	（1）作业指导书适用于额定电压为 3～750kV 的支柱式和罐式六氟化硫断路器。 （2）六氟化硫断路器在运输和装卸过程中，不得倒置、碰撞或受到剧烈振动。制造厂有特殊规定时，应按制造厂的规定装运。 （3）现场卸车应符合下列规定： 1）按产品包装的重量选择起重机。 2）仔细阅读并执行说明书的注意事项及包装上的指示要求，应避免包装及产品受到损伤。 （4）六氟化硫断路器到达现场后的检查，应符合下列规定： 1）开箱前检查包装应无残损。 2）设备的零件、备件及专用工器具齐全，符合订货合同约定，无锈蚀、损伤和变形。 3）绝缘件应无变形、受潮、裂纹和剥落。 4）瓷件表面应光滑、无裂纹和缺损，铸件应无砂眼。 5）充有六氟化硫等气体（或氮气、干燥空气）的部件，其压力值应符合产品技术文件要求	（1）110kV 及以上断路器安装前应依据安装使用说明书编写施工安全技术措施。 （2）技术人员经过计算确定各构件吊点位置，防止作业人员重复试吊来找吊点位置。 （3）按作业项目区域定置平面图要求进行施工作业现场布置。起重区域设置安全警戒区。 （4）安全员、质检员、起重负责人、起重工、起重司索、起重指挥、电焊工、高处作业人员等特种作业人员持证上岗。 （5）吊车、手扳葫芦、卸扣、吊绳（带）、双钩紧线器、传递绳、白棕绳、临时拉线等起重工器具，经检验、试运行、检查，性能完好，满足使用要求	（1）参加开箱验收工作。检查开箱设备是否与供货合同相符，配件齐全。 （2）核查施工项目部编制的施工方案是否已经审批。审查点：高空作业、起重作业。 （3）核查主要施工机械/工器具/安全用具与审批文件是否一致。 （4）收集相关资料。 （5）采集数码照片（按国网基建安质〔2016〕56 号文要求）

续表

作业顺序	质量控制重点	安全控制重点	监理作业重点
施工准备阶段	6）按产品技术文件要求应安装冲击记录仪的元件，其冲击加速度不应大于产品技术文件的要求，冲击记录应随安装技术文件一并归档。 7）制造厂所带支架应无变形、损伤、锈蚀和锌层脱落；制造厂提供的地脚螺栓应满足设计及产品技术文件要求，地脚螺栓底部应加装锚固。 8）出厂证件及技术资料应齐全，且应符合订货合同的约定。 （5）六氟化硫断路器到达现场后的保管应符合产品技术文件要求，且应符合下列规定： 1）设备应按原包装置于平整、无积水、无腐蚀性气体的场地，并按编号分组保管，对有防雨要求的设备应有相应的防雨措施。 2）充有六氟化硫等气体的灭弧室和罐体及绝缘支柱，应按产品技术文件要求定期检查其预充压力值，并做好记录，有异常情况时应及时采取措施。 3）绝缘部件、专用材料、专用小型工器具及备品、备件等应置于干燥的室内保管。 4）罐式断路器的套管应水平放置。 5）瓷件应妥善安置，不得倾倒、互相碰撞或遭受外界的危害。 6）对于非充气元件的保管应结合安装进度以及保管时间、环境做好防护措施。		

续表

作业顺序	质量控制重点	安全控制重点	监理作业重点
施工准备阶段	（6）基础检查。 1）基础中心距离误差≤10mm。 2）基础高度误差≤10mm。 3）预留孔或预埋件中心距离误差≤10mm。 4）预埋螺栓中心距离误差≤2mm		
设备安装	（1）六氟化硫断路器的基础或支架的安装，应符合产品技术文件要求，并应符合下列规定： 1）混凝土强度应达到设备安装要求。 2）基础的中心距离及高度的偏差不应大于10mm。 3）预留孔或预埋件中心线偏差不应大于10mm；基础预埋件上端应高出混凝土表面1～10mm。 4）预埋螺栓中心线的偏差不应大于2mm。 （2）六氟化硫断路器安装前应进行下列检查： 1）断路器零部件应齐全、清洁、完好。 2）灭弧室或罐体和绝缘支柱内预充的六氟化硫等气体的压力值和六氟化硫气体的含水量应符合产品技术文件要求。	（1）断路器、传动装置以及有返回弹簧或自动释放的开关，在合闸位置和未锁好时不得搬运。 1）六氟化硫气瓶的搬运和保管，应符合下列要求： 2）六氟化硫气瓶的安全帽、防振圈应齐全，安全帽应拧紧。搬运时应轻装轻卸，禁止抛掷、溜放。 3）六氟化硫气瓶应存放在防晒、防潮和通风良好的场所。不得靠近热源和油污的地方，水分和油污不应黏在阀门上。 4）六氟化硫气瓶不得与其他气瓶混放。 （2）在调整、检修断路器及传动装置时，应有防止断路器意外脱扣伤人的可靠措施，施工作业人员应避开断路器可动部分的动作空间。	（1）检查安装完成后瓷瓶是否有破损。 （2）在安装时进行巡视检查。 （3）验收施工项目部报审的已完成分项工程。 （4）签署分项工程质量报验申请单。 （5）检查强制性条文执行情况，签署输变电工程施工强制性条文执行记录表。 （6）采集数码照片（按国网基建安质〔2016〕56号文要求）

作业顺序	质量控制重点	安全控制重点	监理作业重点
设备安装	3）均压电容、合闸电阻应经现场试验，技术数值应符合产品技术文件的要求，均压电容器的检查应符合有关规定。 4）绝缘部件表面应无裂缝、无剥落或破损，绝缘应良好，绝缘拉杆端部连接部件应牢固可靠。 5）瓷套表面应光滑无裂纹、缺损，外观检查有疑问时应探伤检验。套管采用瓷外套时，瓷套与金属法兰胶装部位应紧固密实并涂有性能良好的防水胶；套管采用硅橡胶外套时，外观不得有裂纹、损伤、变形套管的金属法兰结合面应平整、无外伤或铸造砂眼。 6）操动机构零件应齐全，轴承应光滑无卡涩，铸件应无裂纹或焊接不良。 7）组装用的螺栓、密封垫、密封脂、清洁剂和润滑脂等，应符合产品技术文件要求。 8）密度继电器和压力表应经检验，并应有产品合格证明和检验报告。密度继电器与设备本体六氟化硫气体管道的连接，应满足可与设备本体管路系统隔离，以便于对密度继电器进行现场校验。 9）罐式断路器安装前，应核对电流互感器二次绕组排列次序及变比、极性、级次等是否符合设计要求。电流互感器的变比、极性等常规试验应合格。	（3）对于液压、气动及弹簧操动机构，不应在有压力或弹簧储能的状态下进行拆装或检修作业。 （4）放松或拉紧断路器的返回弹簧及自动释放机构弹簧时，应使用专用工具，不得快速释放。 （5）凡可慢分慢合的断路器，初次动作时应按照厂家技术文件要求进行。 （6）断路器操作时，应事先通知高处作业人员及附近作业人员。 （7）隔离开关采用三相组合吊装时，应检查确认框架强度符合起吊要求。 （8）在六氟化硫电气设备上及周围的作业应遵守下列规定： 1）在室内充装六氟化硫气体时应开启通风系统，作业区空气中六氟化硫气体含量不得超过1000μL/L。 2）作业人员进入含有六氟化硫电气设备的室内时，入口处若无六氟化硫气体含量显示器，应先通风15min，并检测六氟化硫气体含量是否合格，禁止单独进入六氟化硫配电装置室内作业。 3）进入六氟化硫电气设备低位区域或电缆沟进行作业时，应先检测含氧量（不低于18%）和六氟化硫气体含量（不超过1000μL/L）是否合格。	

续表

作业顺序	质量控制重点	安全控制重点	监理作业重点
设备安装	（3）六氟化硫断路器的安装，应在无风沙、无雨雪的天气下进行；灭弧室检查组装时，空气相对湿度应小于 80%，并应采取防尘、防潮措施。 （4）六氟化硫断路器不应在现场解体检查，当有缺陷必须在现场解体时，应经制造厂同意，并在厂方人员指导下进行，或由制造厂负责处理。 （5）六氟化硫断路器的安装应在制造厂技术人员指导下进行，安装应符合产品技术文件要求，且应符合下列规定： 1）应按制造厂的部件编号和规定顺序进行组装，不得混装。 2）断路器的固定应符合产品技术文件要求且牢固可靠。支架或底架与基础的垫片不宜超过 3 片，其总厚度不应大于 10mm，各垫片尺寸应与基座相符且连接牢固。 3）同相各支柱瓷套的法兰面宜在同一水平面上，各支柱中心线间距离的偏差不应大于 5mm，相间中心距离的偏差不应大于 5mm。 4）所有部件的安装位置正确，并按产品技术文件要求保持其应有的水平或垂直位置。 5）密封槽面应清洁，无划伤痕迹；已用过的密封垫（圈）不得重复使用，对新密封（垫）圈应检查无损伤；涂密封脂时，不得使其流入密封垫（圈）内侧面与六氟化硫气体接触。	4）在打开充气设备密封盖作业前，应确认内部压力已经全部释放。 5）取出六氟化硫断路器、组合电器中的吸附物时，应使用防护手套、护目镜及防毒口罩、防毒面具（或正压式空气呼吸器）等个人防护用品，清出的吸附剂、金属粉末等废物应按照规定进行处理。 6）在设备额定压力为 0.1MPa 及以上时，压力瓷套周围不应进行有可能碰撞瓷套的作业，否则应事先对瓷套采取保护措施。 7）断路器未充气到额定压力状态不应进行分、合闸操作。 （9）六氟化硫气体回收、抽真空及充气作业应遵守下列规定： 1）对六氟化硫断路器、组合电器进行气体回收应使用气体回收装置，作业人员应戴手套和口罩，并站在上风口。 2）六氟化硫气体不得向大气排放。 3）从六氟化硫气瓶引出气体时，应使用减压阀降压。当瓶内压力降至 0.1MPa 时，即停止引出气体，并关紧气瓶阀门，戴上瓶帽。 （10）高处作业注意事项。 1）按照 GB 3608《高处作业分级》的规定，凡在距坠落高度基准面 2m 及以上有可能坠落的高度进行的作业均称为高处作业。 高处作业应设专责监护人。	

续表

作业顺序	质量控制重点	安全控制重点	监理作业重点
设备安装	6）应按产品技术文件要求更换吸附剂。 7）应按产品技术文件要求选用吊装器具、吊点及吊装程序。 8）所有安装螺栓必须用力矩扳手紧固，力矩值应符合产品技术文件要求。 9）应按产品技术文件要求涂抹防水胶。 （6）六氟化硫罐式断路器的安装，除应符合第5条规定外，尚应符合下列规定： 1）35～110kV罐式断路器，充六氟化硫气体整体运输的，现场检测水分含量合格时可直接补充六氟化硫气体至额定压力，否则，应进行抽真空处理；分体运输的应按照产品技术文件要求或参照本条的要求进行组装。 2）罐体在安装面上的水平允许偏差应为0.5%，且最大允许值应为10mm；相间中心距离允许偏差应为5mm。 3）220kV 及以上电压等级的罐式断路器在现场内检时，应征得制造厂同意，并在制造厂技术人员指导下进行内检应符合产品技术文件要求，且符合下列规定： a. 内检应在无风沙、无雨雪且空气相对湿度应小于80%的天气下进行，并应采取防尘、防潮措施；产品技术文件要.求需要搭建防尘室时，所搭建的防尘室应符合产品技术文件要求。	2）高处作业人员应衣着灵便，衣袖、裤脚应扎紧，穿软底防滑鞋，并正确佩戴个人防护用具。 3）遇有六级及以上风或暴雨、雷电、冰雹、大雪、大雾、沙尘暴等恶劣气候时，应停止露天高处作业。 4）高处作业下方危险区内禁止人员停留或穿行，高处作业的危险区应设围栏及“禁止靠近”的安全标志牌。 5）在夜间或光线不足的地方进行高处作业，应设充足的照明。 6）高空作业车（包括绝缘型高空作业车、车载垂直升降机）和高处作业吊篮应分别按GB/T 9465《高空作业车》和GB 19155《高处作业吊篮》的规定使用、试验、维护与保养。 （11）起重作业。 1）起重机械操作人员应持证上岗，建立起重机械操作人员台账，并进行动态管理。 2）起重作业应由专人指挥，分工明确。 3）起重作业前应进行安全技术交底，使全体人员熟悉起重搬运方案和安全措施。 4）操作室内禁止堆放有碍操作的物品，非操作人员禁止进入操作室；起重作业应划定作业区域并设置相应的安全标志，禁止无关人员进入。	

续表

作业顺序	质量控制重点	安全控制重点	监理作业重点
设备安装	b. 产品允许露空安装时，露空时间应符合产品技术文件要求。 c. 内检人员的着装应符合产品技术文件要求。 d. 内检用工器具、材料使用前应登记，内检完成后应清点。 e. 内检应结合套管安装工作进行，套管的安装应按照产品技术文件要求进行。 f. 内检项目包括：罐体漆层完好、不得有异物和尖刺；屏蔽罩清洁、无损伤、变形；灭弧室压气缸内表面、导电杆等电气连接部分的镀银层应无起皮、脱落现象；套管内的导电杆与罐体内导电回路连接位置正确、接触可靠，导电杆表面光洁无毛刺；套管内部清洁无异物，检查导电杆的插入深度应符合产品技术文件要求。 g. 内检完成后应清理干净。 （7）六氟化硫断路器和操动机构的联合动作，应按照产品技术文件要求进行，并应符合下列规定： 1）在联合动作前，断路器内应充有额定压力的六氟化硫气体；首次联合动作宜在制造厂技术人员指导下进行。 2）位置指示器动作正确可靠，其分、合位置应符合断路器实际分、合状态。	5）在露天有六级及以上大风或大雨、大雪、大雾、雷暴等恶劣天气时，应停止起重吊装作业。雨雪过后作业前，应先试吊，确认制动器灵敏可靠后方可进行作业。 6）吊物体应绑扎牢固，吊钩应有防止脱钩的保险装置。若物体有棱角或特别光滑的部位时，在棱角和滑面与绳索（吊带）接触处应加以包垫。起重吊钩应挂在物件的重心线上。 7）含瓷件的组合设备不得单独采用瓷质部件作为吊点，产品特别许可的小等	

续表

作业顺序	质量控制重点	安全控制重点	监理作业重点
设备安装	3）具有慢分、慢合装置者，在进行快速分、合闸前，应先进行慢分、慢合操作。 （8）断路器安装调整后的各项动作参数，应符合产品技术文件要求。 （9）设备载流部分检查以及引下线连接应符合下列规定： 1）设备载流部分的可挠连接不得有折损、表面凹陷及锈蚀。 2）设备接线端子的接触表面应平整、清洁、无氧化膜，镀银部分不得挫磨。 3）设备接线端子连接面应涂以薄层电力复合脂。 4）连接螺栓应齐全、紧固，紧固力矩符合GB 50149《电气装置安装工程　母线装置施工及验收规范》的有关规定。 5）引下线的连接不应使设备接线端子受到超过允许的承受应力。 （10）均压环应无划痕、毛刺，安装应牢固、平整、无变形；均压环宜在最低处打排水孔。 （11）设备接地线连接应符合设计和产品技术文件要求，且应无锈蚀、损伤，连接牢靠。 （12）六氟化硫气体管理及充注：		

续表

作业顺序	质量控制重点	安全控制重点	监理作业重点
设备安装	1）六氟化硫气体的技术条件： a. 六氟化硫（SF_6）的质量分数≤99.9（%）； b. 空气的质量分数≤0.04（%）； c. 四氟化碳（CF4）的质：Q 分数≤0.04（%）； d. 水分：水的质量分数≤0.000 5（%）、露点≤–49.7； e. 酸度（以 HF 计）的质量分数≤0.000 02（%）； f. 可水解氟化物（以 HF 计）≤0.000 1（%）； g. 矿物油的质量分数≤0.000 4（%）； h. 毒性：生物试验无毒。 2）新六氟化硫气体应有出厂检验报告及合格证明文件运到现场后，每瓶均应作含水量检验；现场应进行抽样做全分析，抽样比例应按 1 瓶抽检 1 瓶、2～40 瓶抽检 2 瓶、41～70 瓶抽检 3 瓶、71 瓶以上瓶抽检 4 瓶，检验结果有一项不符合本要求时，应以两倍量气瓶数重新抽样进行复验。复验结果即使有一项不符合，整批产品不应验收。 3）六氟化硫气瓶的搬运和保管，应符合下列要求： a. 六氟化硫气瓶的安全帽、防振圈应齐全，安全帽应拧紧；搬运时应轻装轻卸，严禁抛掷溜放。		

续表

作业顺序	质量控制重点	安全控制重点	监理作业重点
设备安装	b. 气瓶应存放在防晒、防潮和通风良好的场所；不得靠近热源和油污的地方，严禁水分和油污粘在阀门上。 c. 六氟化硫气瓶与其他气瓶不得混放。 4）六氟化硫气体的充注应符合下列要求： a. 六氟化硫气体的充注应设专人负责抽真空和充注。 b. 充注前，充气设备及管路应洁净、无水分、无油污；管路连接部分应无渗漏。 c. 气体充入前应按产品技术文件要求对设备内部进行真空处理，真空度及保持时间应符合产品技术文件要求；真空泵或真空机组应有防止突然停止或因误操作而引起真空泵油倒灌的措施。 d. 当气室已充有六氟化硫气体，且含水量检验合格时，可直接补气。 e. 对柱式断路器进行充注时，应对六氟化硫气体进行称重，充入六氟化硫气体重量应符合产品技术文件要求。 f. 充注时应排除管路中的空气。 5）设备内六氟化硫气体的含水量和漏气率应符合 GB 50150《电气装置安装工程　电气设备交接试验标准》的规定		

续表

作业顺序	质量控制重点	安全控制重点	监理作业重点
工程交接验收	（1）在验收时，应进行下列检查： 1）断路器应固定牢靠，外表应清洁完整；动作性能应符合产品技术文件的要求。 2）螺栓紧固力矩应达到产品技术文件的要求。 3）电气连接应可靠且接触良好。 4）断路器及其操动机构的联动应正常，无卡阻现象；分、合闸指示应正确；辅助开关动作应正确可靠。 5）密度继电器的报警、闭锁值应符合产品技术文件的要求，电气回路传动应正确。 6）六氟化硫气体压力、泄漏率和含水量应符合 GB 50150《电气装置安装工程　电气设备交接试验标准》及产品技术文件的规定。 7）瓷套应完整无损，表面应清洁。 8）所有柜、箱防雨防潮性能应良好，本体电缆防护应良好。 9）接地应良好，接地标识清楚。 10）交接试验应合格。 11）设备引下线连接应可靠且不应使设备接线端子承受超过允许的应力。 12）油漆应完整，相色标志应正确。 （2）在验收时应提交下列技术文件： 1）设计变更的证明文件。 2）制造厂提供的产品说明书、装箱单、试验记录、合格证明文件及安装图纸等技术文件。 3）检验及质量验收资料。 4）试验报告。 5）备品、备件、专用工具及测试仪器清单		（1）总监理工程师组织分部工程验收，签署分部工程质量报验申请单。 （2）专业监理工程师编写工程施工强制性条文执行检查表。 （3）采集数码照片（按国网基建安质〔2016〕56 号文要求）

互感器安装

作业顺序	质量控制重点	安全控制重点	监理作业重点
施工准备阶段	（1）互感器到达现场后安装前的保管，除应符合产品技术文件要求外，尚应作下列外观检查： 1）互感器外观应完整，附件应齐全，无锈蚀或机械损伤。 2）油浸式互感器油位应正常，密封应严密，无渗油现象。 3）电容式电压互感器的电磁装置和谐振阻尼器的铅封应完好。 4）气体绝缘互感器内的气体压力，应符合产品技术文件的要求。 5）气体绝缘互感器所配置的密度继电器、压力表等，应经校验合格，并有检定证书。 （2）互感器可不进行器身检查，但在发现有异常情况时，应在厂家技术人员指导下按产品技术文件要求进行下列检查： 1）螺栓应无松动，附件完整， 2）铁芯应无变形，且清洁紧密，无锈蚀。 3）绕组绝缘应完好，连接正确、紧固。 4）绝缘夹件及支持物应牢固，无损伤，无分层开裂。 5）内部应清洁，无污垢杂物。	（1）互感器安装前应依据安装使用说明书编写施工安全技术措施。 （2）技术人员经过计算确定各构件吊点位置，防止作业人员重复试吊来找吊点位置。 （3）按作业项目区域定置平面图要求进行施工作业现场布置。起重区域设置安全警戒区。 （4）安全员、质检员、起重负责人、起重工、起重司索、起重指挥、电焊工、高处作业人员等特种作业人员持证上岗。 （5）吊车、手扳葫芦、卸扣、吊绳（带）、双钩紧线器、传递绳、白棕绳、临时拉线等起重工器具，经检验、试运行、检查，性能完好，满足使用要求	（1）参加开箱验收工作。检查开箱设备是否与供货合同相符，配件齐全。 （2）核查施工项目部编制的施工方案是否已经审批。审查点：高空作业、起重作业。 （3）核查主要施工机械/工器具/安全用具与审批文件是否一致。 （4）收集相关资料。 （5）采集数码照片（按国网基建安质〔2016〕56号文要求）

续表

作业顺序	质量控制重点	安全控制重点	监理作业重点
施工准备阶段	6）穿心螺栓的绝缘应符合产品技术文件的要求。 7）制造厂有其他特殊要求时，尚应符合产品技术文件的要求。 （3）110kV及以上互感器应真空注油		
安装工程	（1）互感器安装时应进行下列检查： 1）互感器的变比分接头的位置和极性应符合规定。 2）二次接线板应完整，引线端子应连接牢固，标志清晰，绝缘应符合产品技术文件的要求。 3）油位指示器、瓷套与法兰连接处、放油阀均应无渗油现象。 4）隔膜式储油柜的隔膜和金属膨胀器应完好无损，顶盖螺栓紧固。 5）气体绝缘的互感器应检查气体压力或密度符合产品技术文件的要求，密封检查合格后方可对互感器充SF_6气体至额定压力，静置24h后进行SF_6气体含水量测賈并合格。气体密度表、继电器必须经核对性检查合格。 （2）互感器支架封顶板安装面应水平；并列安装的应排列整齐，同一组互感器的极性方向应一致。	（1）运输、放置、安装、就位应按产品技术要求执行，期间应防止倾倒或遭受机械损伤。 （2）高处作业注意事项： 1）按照GB 3608《高处作业分级》的规定，凡在距坠落高度基准面2m及以上有可能坠落的高度进行的作业均称为高处作业。 高处作业应设专责监护人。 2）高处作业人员应衣着灵便，衣袖、裤脚应扎紧，穿软底防滑鞋，并正确佩戴个人防护用具。 3）遇有六级及以上风或暴雨、雷电、冰雹、大雪、大雾、沙尘暴等恶劣气候时，应停止露天高处作业。 4）高处作业下方危险区内禁止人员停留或穿行，高处作业的危险区应设围栏及“禁止靠近”的安全标志牌。在夜间或光线不足的地方进行高处作业，应设充足的照明。	（1）检查安装完成后瓷瓶是否有破损。 （2）在安装时进行巡视检查。 （3）验收施工项目部报审的已完成分项工程。 （4）签署分项工程质量报验申请单。 （5）检查强制性条文执行情况，签署输变电工程施工强制性条文执行记录表。 （6）采集数码照片（按国网基建安质〔2016〕56号文要求）

作业顺序	质量控制重点	安全控制重点	监理作业重点
安装工程	（3）电容式电压互感器应根据产品成套供应的组件编号进行安装，不得互换。组件连接处的接触面，应除去氧化层，并涂以电力复合脂。 （4）具有均压环的互感器，均压环应安装水平、牢固，且方向正确。安装在环境温度及以下地区的均压环应在最低处打放水孔。具有保护间隙的，应按产品技术文件的要求调好距离。 （5）零序电流互感器的安装，不应使构架或其他导磁体与互感器铁芯直接接触，或与其构成磁回路分支。 （6）互感器的下列各部位应可靠接地： 1）分级绝缘的电压互感器，其一次绕组的接地引出端子；电容式电压互感器的接地应符合产品技术文件的要求。 2）电容型绝缘的电流互感器，其一次绕组末屏的引出端子、铁芯引出接地端子。 3）互感器的外壳。 4）电流互感器的备用二次绕组端子应先短路后接地。 5）倒装式电流互感器二次绕组的金属导管。 6）应保证工作接地点有两根与主接地网不同地点连接的接地引下线。 （7）互感器需补油时，应按产品技术文件要求进行。 （8）运输中附加的防爆膜临时保护措施应予拆除	5）高空作业车（包括绝缘型高空作业车、车载垂直升降机）和高处作业吊篮应分别按GB/T 9465《高空作业车》和GB 19155《高处作业吊篮》的规定使用、试验、维护与保养。 （3）起重作业。 1）起重机械操作人员应持证上岗，建立起重机械操作人员台账，并进行动态管理。 2）起重作业应由专人指挥，分工明确。 3）起重作业前应进行安全技术交底，使全体人员熟悉起重搬运方案和安全措施。 4）操作室内禁止堆放有碍操作的物品，非操作人员禁止进入操作室；起重作业应划定作业区域并设置相应的安全标志，禁止无关人员进入。 5）在露天有六级及以上大风或大雨、大雪、大雾、雷暴等恶劣天气时，应停止起重吊装作业。雨雪过后作业前，应先试吊，确认制动器灵敏可靠后方可进行作业。 6）吊物体应绑扎牢固，吊钩应有防止脱钩的保险装置。若物体有棱角或特别光滑的部位时，在棱角和滑面与绳索（吊带）接触处应加以包垫。起重吊钩应挂在物件的重心线上。 7）含瓷件的组合设备不得单独采用瓷质部件作为吊点，产品特别许可的小型瓷质组件除外。瓷质组件吊装时应使用不危及瓷质安全的吊索，例如尼龙吊带等	

续表

作业顺序	质量控制重点	安全控制重点	监理作业重点
工程交接验收	（1）在验收时，应进行下列检查： 1）设备外观应完整无缺损伤 2）互感器应无渗漏，油位、气压、密度应符合产品技术文件的要求。 3）保护间隙的距离应符合设计要求。 4）油漆应完整，相色应正确。 5）接地应可靠。 （2）在验收时，应移交下列资料和文件： 1）安装技术记录、质量检验及评定资料、电气交接试验报告等。 2）施工图纸及设计变更说明文件。 3）制造厂产品说明书、试验记录、合格证件及安装图纸等产品技术文件。 4）备品、备件、专用工具及测试仪器清单		（1）总监理工程师组织分部工程验收，签署分部工程质量报验申请单。 （2）专业监理工程师编写工程施工强制性条文执行检查表。 （3）采集数码照片（按国网基建安质〔2016〕56 号文要求）

电容器安装

作业顺序	质量控制重点	安全控制重点	监理作业重点
工程施工准备	（1）审查作业指导书，指明作业过程中的危险点，布置防范措施，接受交底人员必须在交底记录上签字。 （2）按作业项目区域定置平面图要求进行施工作业现场布置。 （3）设备到货检查：产品包装完好，规格符合设计要求，数量与运输清单一致	（1）施工负责人，技术人员，安全员，质检员，起重负责人，起重工、电焊工，高空作业人员、安装人员等特种作业人员持证上岗。 （2）吊车、U 形环、吊绳（带）、绞磨或卷扬机、切割机、氩弧焊机、钻床（手提钻）、坡口机、滚轮、卡具、支架、传递绳、粗棕绳、溜绳、道木、升降车（升降平台）、爬梯等主要机具及材料配置到位，并经检查试验合格	（1）核查特殊工种/特殊作业人员与审批文件是否一致。 （2）核查主要测量计量器具/试验设备与审批文件是否一致。 （3）核查主要施工机械/工器具/安全用具与审批文件是否一致。 （4）核查施工项目部编制的施工方案是否已经审批。 （5）签署主要设备开箱申请表，组织或参加设备的开箱检查。重点检查：设备的数量、外观质量、内部附件、备品备件、专用工具、出厂技术文件、质量证明文件等。采集数码照片。发现设备缺陷时，由施工项目部填写工程材料/构配件/设备缺陷通知单，缺陷处理完，由供货单位和施工项目部填写设备（材料/构配件）缺陷处理报验表，监理复检。 （6）对使用的起重机进行安全检查签证。 （7）核查土建工程已完工并验收合格。 （8）进行安全巡视检查。重点检查：现场安全文明施工措施落实情况，并采集数码照片

续表

作业顺序	质量控制重点	安全控制重点	监理作业重点
电容器安装	（1）金属构件物明显变形、锈蚀，油漆应完整，户外安装的应采用热镀锌支架。 （2）绝缘子无破损，金属法兰无锈蚀。 （3）支架安装水平允许偏差为3mm/m。 （4）支架立柱间距离允许偏差为5mm。 （5）支架链接络酸的禁锢，应符合产品技术文件要求。构件间垫片不得多于1片，厚度不应大于3mm。 （6）三相电容量的差值宜调配到最小，其最大与最小的差值不应超过三相平均电容值得5%；设计有要求时，应符合设计的规定。 （7）电容器的配置应使其铭牌面向通道一侧，并有顺序标号。 （8）接地开关操作应灵活。 （9）避雷器在线监测仪接线应正确	（1）对经过带电运行和试验的电容器组充分放电后方可进行安装和试验。 （2）交流（直流）滤波器安装应遵守下列规定： 1）支撑式电容器组安装前，绝缘子支撑调节完成并锁定。悬挂式电容器组安装前，结构紧固螺栓复查完成。 2）起吊用的用品、用具应符合要求，单层滤波器整体吊装应在两端系绳控制，防止摆动过大，设备开始吊离地面约100mm时，应仔细检查吊点受力和平衡，起吊过程中保持滤波器层架平衡。 3）吊车、升降车、链条葫芦的使用应在专人指挥下进行。 4）安装就位高处组件时应有高处作业防护措施。 5）高处作业工器具应使用专用工具袋（箱）并放置可靠，以免晃动过大致使工具滑落。 6）高处平台对接时，平台区域内下方不得有人员进入。 （3）电动机具的电源采用便携式电源盘时，要加装漏电保安器，漏电保安器要定期进行检验	（1）对电容器基础的复核进行巡视检查。重点检查：混凝土基础及埋件表面平整度应符合标准；基础槽钢与主接地网可靠连接。 （2）对电容器支架安装进行巡视检查。重点检查：金属构件无明显变形、锈蚀，油漆应完整；瓷瓶无破损，金属法兰无锈蚀；构件间垫片不得多于1片，厚度不应大于3mm。 （3）对单个电容器容量测量及三相电容器组的配对进行巡视检查。重点检查：电容器组三相容量差值应符合标准。 （4）对电容器组一次连线进行巡视检查。重点检查：电容器一次接线应正确，中性汇流母线刷淡蓝色漆。电容器的硬母线连接满足膨胀要求，放电线圈或互感器的接线端子和电缆头应采取防雨水进入的保护措施，电容器的接线螺栓紧固后应设置标记漆线；电容器的接线端子与连接线采用不同材料金属时，应采取增加过渡接头的措施等。签署电容器组安装签证。 （5）填写监理检查记录表、安全旁站监理记录表、监理日志。 （6）采集数码照片（按国网基建安质〔2016〕56号文要求）

作业顺序	质量控制重点	安全控制重点	监理作业重点
工程验收	（1）电容器验收。 1）电容器组的布置与接线正确，电容器组的保护回路应完整，检验一次接线同具有极性的二次保护回路关系正确。 2）三相电容量偏差值应符合设计要求。 3）放电线圈瓷套应无损伤、相色正确、接线牢固美观，放电回路完整，接地刀闸操作应灵活。 4）交接试验应合格。 5）电容器室内的通风装置应良好。 （2）在验收时，应提交下列资料和文件： 1）设计变更部分的实际施工图； 2）设计变更的证明文件； 3）制造厂提供的产品说明书、试验记录、合格证件、安装图纸等技术文件； 4）安装技术记录； 5）质量验收记录及签证； 6）电气试验记录； 7）备品备件清单		（1）验收施工项目部报审的已完成分项工程。主要内容：专业监理工程师应审查分项工程质量是否合格。 （2）质量验收记录是否完整、规范。 （3）施工质量是否符合规范和工程设计文件的要求；签署分项工程质量报验申请单。 （4）检查强制性条文执行情况，签署输变电工程强制性条文执行记录表

软母线安装

作业顺序	质量控制重点	安全控制重点	监理作业重点
工程施工准备	（1）审查施工方案，指明作业过程中的危险点，布置防范措施，接受交底人员必须在交底记录上签字。 （2）按作业项目区域定置平面图要求进行施工作业现场布置	（1）施工负责人，技术人员，安全员，质检员，起重负责人，起重工、压接工，高空作业人员、安装人员等特种作业人员持证上岗。 （2）吊车、U形环、吊绳（带）、绞磨或卷扬机、切割机、氩弧焊机、钻床（手提钻）、压接机、滚轮、卡具、支架、传递绳、粗棕绳、溜绳、道木、升降车（升降平台）、爬梯等主要机具及材料配置到位，并经检查试验合格。 （3）母线档距测量，应选择无风或微风的天气进行。 （4）测量人员在横梁上测量时，除系好安全带外还应系水平安全绳，拉尺人员用力不要过猛	（1）核查特殊工种/特殊作业人员与审批文件是否一致。 （2）核查主要测量计量器具/试验设备与审批文件是否一致。 （3）核查主要施工机械/工器具/安全用具与审批文件是否一致。 （4）核查施工项目部编制的施工方案是否已经审批。 （5）签署工程材料/构配件/设备进场报审表，组织或参加材料进场检查。重点检查：管形母线、电力金具、绝缘子、焊丝的规格、型号应符合设计要求；质量证明文件应齐全有效。采集数码照片。发现缺陷时，由施工项目部填写工程材料/构配件/设备缺陷通知单，缺陷处理完，由供货单位和施工项目部填写设备（材料/构配件）缺陷处理报验表，监理复检。 （6）对使用的起重机进行安全检查签证。 （7）核查土建工程已完工并验收合格。 （8）进行安全巡视检查。重点检查：现场安全文明施工措施落实情况，并采集数码照片（按国网基建安质〔2016〕56号文要求）

续表

作业顺序	质量控制重点	安全控制重点	监理作业重点
软母线下料	（1）软母线不得有扭结、松股、断股、严重腐蚀或其他明显的损伤；扩径导线不得有明显凹陷和变形。 （2）同一截面处损伤面积不得超过导电部分总截面积的5%	（1）放线应统一指挥，线盘应架设平稳，导线应从盘的上方引出，放线人员不得站在线盘的前面，当放到最后几圈时，应采取措施防止导线突然蹦出伤人。 （2）截取导线时，严禁使用无齿锯切割，应使用手锯或切割器，防止导线产生倒钩伤手。 （3）剥铝股及穿耐张线夹时，宜两人作业，应用手锯进行切割。使用手锯作业时，作业人员应精神集中，避免伤手	（1）对导线下料进行巡视检查。 （2）重点检查：导线外观应完好，无断股、严重腐蚀和明显损伤；导线展放时采取防止导线磨损措施与施工方案是否一致
压接	（1）耐张线夹压接前应对每种规格的导线取试件两件进行试压，并应在试压合格后再施工。 （2）采用液压压接导线时，应符合下列规定： 1）压接用的钢模应与被压管配套，液压钳应与钢模匹配； 2）扩径导线与耐张线夹压接时，应用相应的衬料将扩径导线中心的空隙填满； 3）导线的端头伸入耐张线夹或设备线夹的长度应达到规定的长度； 4）压接时应保持线夹的正确位置，不得歪斜，相邻两模间重叠不应小于5mm； 5）压接时应以压力值达到规定值为判断压力合格的标准； 6）压接后六角形对边尺寸应为压接管外径的0.866倍，当任何一个对边尺寸超过压接管外径的0.866倍加0.2mm时，应更换钢模； 7）压接管口应刷防锈漆	（1）压接前，仔细检查压接机及软管是否完好，或外加保护胶管，防止液压油喷出伤人。 （2）压接导线时，模具的上模盖板必须放置到位，压钳的端盖必须拧满扣且与本体对齐，防止施压时端盖蹦出、盖板弹出伤人。 （3）使用电动液压机时，其外壳必须接地可靠牢固。停止作业、离开现场时应切断电源，并挂上“严禁合闸”的标志牌。 （4）操作人员必须熟知其性能，操作熟练。使用时，应设专人操作、专人维护。严禁跨越液压管，操作人员应避开管接头正前方操作	（1）对导线压接进行巡视检查。 （2）重点检查： 1）线夹规格与导线相符；压接钢模及压接钳规格与被压接管匹配； 2）导线与连接线夹接触面涂电力复合脂； 3）扩径导线与耐张线夹压接中心空隙填满相应的衬料； 4）压接应从线夹根部向端口依次压接，相邻两模间重叠大于5mm； 5）压接后六角形对边尺寸不大于0.866D+0.2mm（D为接续管外径）； 6）压接后耐张线夹外观光滑、无裂纹、无扭曲变形，导线无明显隆起及散股。 （3）采集数码照片（按国网基建安质〔2016〕56号文要求）

续表

作业顺序	质量控制重点	安全控制重点	监理作业重点
母线安装	（1）具有可调金具的母线，在导线安装调整完毕之后，应将可调金具的调节螺母锁紧。 （2）母线弛度应符合设计要求，其允许偏差为+5%～2.5%，同一档距内三相母线的弛度应一致；相同布置的分支线，宜有同样的弯曲度和弛度	（1）架线前应先将滑轮分别悬挂在横梁的主材及固定在构架根部，横梁的主材及构架根部与钢丝绳接触部分应有防护措施。 （2）滑轮的直径不应小于钢丝绳直径的16倍，滑轮应无裂纹、破损等情况。 （3）悬挂横梁上滑轮时，高处作业人员应系好安全带，衣袖裤角应扎紧，并应穿布鞋或胶底鞋。遇有六级以上大风、雷雨、浓雾等恶劣天气，应停止高处作业。 （4）采用电动卷扬机牵引，应控制好其速度和张力，在接近挂线点时必须停止牵引，应注意不要过牵引。 （5）严禁使用卷扬机直接挂线连接，避免横梁因过牵引而变形。 （6）使用绞磨时，磨绳在磨芯上缠绕圈数不得少于5圈，拉磨尾绳人员不得少于2人，并且距绞磨距离不得小于2.5m。 （7）两台绞磨同时作业时应统一指挥，绞磨操作人员应精神集中。 （8）整个挂线过程中，母线下及钢丝绳内侧严禁站人或通过	（1）对母线安装进行巡视检查。 （2）重点检查：同档距内三相母线弛度应一致；母线安装过程中注意导线不得与地面摩擦，登高架设作业安全措施与施工方案是否一致

续表

作业顺序	质量控制重点	安全控制重点	监理作业重点
母线跳线安装、设备引下线安装	（1）软母线引下线与设备连接前应进行临时固定，不得任意悬空摆动。 （2）分支母线、引下线及设备连接线应对称一致、横平竖直、整齐美观	（1）母线跳线安装： 1）应进行跳线长度测量，测量人员在使用竹竿骑行作业时，应将安全绳系在横梁上，严禁测量人员不借用任何物件只身骑瓶测量。 2）安装跳线时，宜用升降车或骑杆作业，此时作业人员应带工具袋和传递绳，严禁上下抛物。 （2）设备引下线安装： 1）引下线长度的测量时，作业人员宜采用升降车或梯子作业。 2）测量人员严禁攀爬设备瓷瓶，对升降车不能到达的地方，测量人员可采取骑杆作业，但一定要做好安全防范措施	（1）对引线、连线安装进行巡视检查。 （2）重点检查。 1）安装过程中注意导线不得与地面摩擦； 2）引下线及跳线走向自然、美观，弧度适当； 3）软导线压接线夹口向上 30°～90° 安装时，应在线夹底部打直径不超过ϕ8mm 的泄水孔。 （3）采集数码照片（按国网基建安质〔2016〕56 号文要求）
工程验收	（1）软母线验收。 （2）导线外观：无断股、松散及损伤，扩径导线无凹陷、变形。 （3）金具型号及规格：与连接导线相匹配。 （4）金具及紧固件外观：光洁，无裂纹、毛刺及凹凸不平。 （5）扩径导线与耐张线夹压接：中心空隙填满相应的材料。 （6）导线插入线夹长度：等于线夹长度。 （7）管端导线外观：无隆起、松股。 （8）六角形对边尺寸：≤0.866D+0.2（D为接续管外径）。		（1）验收施工项目部报审的已完成分项工程。主要内容：专业监理工程师应审查分项工程质量是否合格。 （2）质量验收记录是否完整、规范。 （3）施工质量是否符合规范和工程设计文件的要求；签署分项工程质量报验申请单。 （4）检查强制性条文执行情况，签署输变电工程强制性条文执行记录表

续表

作业顺序	质量控制重点	安全控制重点	监理作业重点
工程验收	（9）压接试件试验：合格。 （10）跳线和引下线线间及对构架距离：按GB 50149—2010《电气装置安装工程　母线装置施工及验收规范》规定。 （11）固定线夹间距误差：≤±3%。 （12）在验收时，应提交下列资料和文件： 1）设计变更部分的实际施工图； 2）设计变更的证明文件； 3）制造厂提供的产品说明书、试验记录、合格证件、安装图纸等技术文件； 4）安装技术记录； 5）质量验收记录及签证； 6）电气试验记录； 7）备品备件清单		

硬母线（母排）安装

作业顺序	质量控制重点	安全控制重点	监理作业重点
施工准备阶段	（1）审查作业指导书，指明作业过程中的危险点，布置防范措施，接受交底人员必须在交底记录上签字。 （2）按作业项目区域定置平面图要求进行施工作业现场布置。 （3）母线表面应光洁平整，不应有裂纹、折皱、夹杂物及变形和扭曲现象。 （4）成套供应的金属封闭母线、母线槽的各段应标志清晰、附件齐全，外壳应无变形，内部应无损伤。螺栓连接的母线搭接面应平整，其镀层应均匀，不应有麻面、起皮及未覆盖部分。 （5）各种金属构件的安装螺孔，不得采用气焊或电焊割孔	（1）施工负责人，技术人员，安全员，质检员，起重负责人，起重工、压接工，高空作业人员、安装人员等特种作业人员持证上岗。 （2）吊车、U 形环、吊绳（带）、绞磨或卷扬机、切割机、氩弧焊机、钻床（手提钻）、压接机、滚轮、卡具、支架、传递绳、粗棕绳、溜绳、道木、升降车（升降平台）、爬梯等主要机具及材料配置到位，并经检查试验合格。 （3）测量人员在横梁上测量时，除系好安全带外还应系水平安全绳，拉尺人员用力不要过猛	（1）核查特殊工种/特殊作业人员与审批文件是否一致。 （2）核查主要测量计量器具/试验设备与审批文件是否一致。 （3）核查主要施工机械/工器具/安全用具与审批文件是否一致。 （4）核查施工项目部编制的施工方案是否已经审批。 （5）签署工程材料/构配件/设备进场报审表，组织或参加材料进场检查。重点检查：硬母线、电力金具、绝缘子、型号应符合设计要求；质量证明文件应齐全有效。采集数码照片。发现缺陷时，由施工项目部填写工程材料/构配件/设备缺陷通知单，缺陷处理完，由供货单位和施工项目部填写设备（材料/构配件）缺陷处理报验表，监理复检。 （6）对使用的起重机进行安全检查签证。 （7）核查土建工程已完工并验收合格。 （8）进行安全巡视检查。重点检查：现场安全文明施工措施落实情况，并采集数码照片（按国网基建安质〔2016〕56 号文要求）

续表

作业顺序	质量控制重点	安全控制重点	监理作业重点
硬母线加工	（1）支柱绝缘子底座、套管的法兰，保护网（罩）等不带电的金属构件，应按 GB 50149《电气装置安装工程　母线装置施工及验收规范》的有关规定进行接地。接地线应排列整齐、连接可靠。 （2）母线与设备接线端子连接时，不应使接线端子承受过大的侧向应力。 （3）母线与母线、母线与分支线、母线与电器接线端搭接，其搭接面的处理应符合下列规定： 1）经镀银处理的搭接面可直接连接； 2）铜与铜的搭接面，室外、高温且潮湿或对母线有腐蚀性气体的室内应搪锡；在干燥的室内可直接连接； 3）铝与铝的搭接面可直接连接； 4）钢与钢的搭接而不得直接连接，应搪锡或镀锌后连接； 5）铜与铝的搭接面，在干燥的室内，铜#体应搪锡；室外或空气相对湿度接近 100%的室内，应采用铜铝过渡板，铜端应搪锡； 6）铜搭接面应搪锡，钢搭接面应采用热镀锌； 7）钢搭接面应采用热镀锌。 （4）母线的相序排列，当设计无要求时应符合下列规定：	（1）截取导线时，严禁使用无齿锯切割，应使用手锯或切割器，防止导线产生倒钩伤手。 （2）使用手锯作业时，作业人员应精神集中，避免伤手	对导线下料进行巡视检查。重点检查：严重腐蚀和明显损伤；搭接面是否经过相应处理，满足规范要求；措施与施工方案是否一致

续表

作业顺序	质量控制重点	安全控制重点	监理作业重点
硬母线加工	1）上、下布置时，交流母线应由上到下排列为 A、B、C 相，直流母线应正极在上、负极在下； 2）水平布置时，交流母线应由盘后向盘排列为 A、B、C 相，直流母线应由盘后向盘面排列为正极、负极； 3）由盘后向盘面看，交流母线的引下线应从左至右排列为 A、B、C 相，直流母线应正极在左、负极在右。 （5）母线标识颜色应符合下列规定： 1）三相交流母线，A 相应为黄色，B 相应为绿色，C 相应为红色；单相交流母线应与引出相的颜色相同； 2）直流母线.正极应为棕色，负极应为蓝色； 3）三相电路的零线或中性线及直流电路的接地线均应为淡蓝色。 （6）涂刷母线相色标识应符合下列规定： 1）室外软母线、金属封闭母线外壳、管形母线应在两端做相色标识； 2）单片、多片母线及槽形母线的可见面应涂相色； 3）钢母线应镀锌，可见面应涂相色； 4）相色涂刷应均匀，不应脱落，不得有起层、皱皮等缺陷，并应整齐一致。		

作业顺序	质量控制重点	安全控制重点	监理作业重点
硬母线加工	（7）母线在下列各处不应涂刷相色： 1）母线的螺栓连接处及支撑点处、母线与电器的连接处，以及距所有连接处 10mm 以内的地方； 2）供携带式接地线连接用的接触面上，以及距接触面长度为母线的宽度或直径的地方，且不应小于 50mm。 （8）盘柜内交、直流小母线安装应穿绝缘管。 （9）母线安装，室内配电装置的安全净距离应符合 GB 50149—2010《电力装置安装工程　母线装置施工及验收规范》 （10）相同布置的主母线、分支母线、引下线及设备连接线应对称一致、横平竖直、整齐美观。 （11）矩形母线应进行冷弯，不得进行热弯。 （12）母线弯制应符合： 1）母线开始弯曲处与最近绝缘子的母线支持夹板边缘的距离不应大于 0.25 倍，但不得小于 50mm； 2）母线开始弯曲处距母线连接位置不应小于 50mm； 3）矩形母线应减少直角弯，弯曲处不得有裂纹及显著的折皱，母线的最小弯曲半径应符合 GB 50149—2010《电力装置安装工程　母线装置施工及验收规范》；		

续表

作业顺序	质量控制重点	安全控制重点	监理作业重点
硬母线加工	4）多片母线的弯曲度、间距应一致。 （13）矩形母线采用螺栓同定搭接时，连接处距支柱绝缘子的支持夹板边缘不应小于50mm；上片母线端头与下片母线平弯开始处的距离不应小于50mm （14）矩形母线扭转90°时，其扭转部分的长度应为母线宽度的2.5～5倍。 （15）母线的接触面应平整、无氧化膜。经加工后其截面减少值，铜母线不应超过原截面的3%；铝母线不应超过原截面的5%。 （16）具有镀银层的母线搭接面，不得进行锉磨。 （17）铝合金管形母线的加工制作应符合下列规定： 1）切断的管口应平整，且与轴线应垂直； 2）管形母线的坡口应用机械加工，坡口应光滑、均匀、无毛刺； 3）母线对接焊口距母线支持器夹板边缘距离不应小于50mm		
母线安装	（1）硬母线的连接应符合下列规定：硬母线的连接应采用焊接、贯穿螺栓连接或夹板及夹持螺栓搭接； （2）母线与母线或母线与设备接线端的连接应符合下列要求： 1）母线连接接触面间应保持清洁，并应涂以电力复合脂；	（1）硬母线焊接时应通风良好，作业人员应穿戴个人防护装备。 （2）硬母线预拱或弯制时，作业人员禁止站在设备顶进方向侧。 （3）硬母线切割后断口应进行倒角，毛刺应进行平整处理。	（1）对母线安装进行巡视检查。 （2）重点检查：螺栓是否紧固、金具是否匹配、搭接面是否经过相应处理，登高架设作业安全措施与施工方案是否一致

续表

作业顺序	质量控制重点	安全控制重点	监理作业重点
母线安装	2）母线平置时，螺栓应由下往上穿，螺母应在上方，其余情况下，螺母应置于维护侧，螺栓长度宜露出螺母2～3扣； 3）螺栓与母线紧固面间均应有平垫圈，母线多颗螺栓连接时，相邻螺栓垫圈间应有3mm以上的净距.螺母侧应装有弹簧垫圈或锁紧螺母； 4）母线接触面应连接紧密，连接螺栓应用力矩扳手紧固，钢制螺栓紧固力矩值应符规范的规定.非钢制螺栓紧固力矩值应符合产品技术文件要求。 （3）母线与螺杆形接线端子连接时，母线的孔径不应大于螺杆形接线端子直径1mm。丝扣的氧化膜应除净，螺母接触面应平整，螺母与母线间应加铜质搪锡平垫圈，并应有锁紧螺母，但不得加弹簧垫。 （4）母线在支柱绝缘子上固定时应符合下列要求： 1）母线固定金具与支柱绝缘子间的固定应平整牢固，不应使其所支持的母线受到额外应力； 2）交流母线的固定金具或其他支持金具不应成闭合铁磁回路； 3）当母线平置时，母线支持夹板的上部压板应与母线保持1～1.5mm的间隙；当母线立置时，上部压板应与母线保持1.5～2mm的间隙；	（4）绝缘子及母线不得作为施工时承重的支持点。 （5）管形母线放置应采取防止滚动和隔离警示的措施。 （6）大跨距管形母线吊装时宜采用吊车多点吊装并制订安全技术措施。 （7）新安装的硬母线与带电母线邻近或平行时应接地	

续表

作业顺序	质量控制重点	安全控制重点	监理作业重点
母线安装	4）母线在支柱绝缘子上的固定死点，每一段应设置 1 个，并宜位于全长或两母线伸缩节中点； 5）管形母线安装在滑动式支持器上时，支持器的轴座与管母线之间应有 1～2mm 的间隙； 6）母线固定装置应无棱角和毛刺。 （5）多片矩形母线间，应保持不小于母线厚度的间隙；相邻的间隔垫边缘间距离应大于 5mm。 （6）母线伸缩节不得有裂纹、断股和折皱现象；母线伸缩节的总截面不应小于母线截面的 1.2 倍。 （7）终端或中间采用拉紧装置的车间低压母线的安装，当设计无要求时，应符合下列规定： 1）终端或中间拉紧固定支架宜装有调节螺栓的拉线，拉线的固定点应能承受拉线张力； 2）同一档距内，母线的各相弛度最小偏差应小于 10%。 （8）母线长度超过 300～400m 而需换位时，换位不应小于 1 个循环。槽形母线换位段处可用矩形母线连接，换位段内各相母线的弯曲程度应对称一致。		

续表

作业顺序	质量控制重点	安全控制重点	监理作业重点
母线安装	（9）插接母线槽的安装应符合下列要求： 1）悬挂式母线槽的吊钩应有调整螺栓，固定点间距离不得大于3m； 2）母线槽的端头应装封闭罩，引出线孔的盖应完整； 3）各段母线槽外壳的连接应可拆，外壳之间应有跨接线，并应接地可靠。 （10）重型母线的安装应符合下列规定： 1）母线与设备连接处宜采用软连接，连接线的截面不应小于母线截面； 2）母线的紧固螺栓，铝母线宜用铝合金螺栓，铜母线宜用铜螺栓；紧固螺栓时应用力矩扳手； 3）在运行温度高的场所，母线不应有铜铝过渡接头； 4）母线在固定点的活动滚杆应无卡阻，部件的机械强度及绝缘电阻值应符合设计要求。 （11）铝合金管形母线的安装应符合下列规定： 1）管形母线应采用多点吊装，不得伤及母线； 2）母线终端应安装防电晕装置，其表面应光滑、无毛刺或凹凸不平； 3）同相管段轴线应处于一个垂直面上，三相母线管段轴线应互相平行； 4）水平安装的管形母线，宜在安装前采取预拱措施		

续表

作业顺序	质量控制重点	安全控制重点	监理作业重点
工程验收	（1）硬母线验收。 1）金具型号及规格：与连接导线相匹配。 2）金具及紧固件外观：光洁，无裂纹、毛刺及凹凸不平。 3）导线插入线夹长度：等于线夹长度。 （2）在验收时，应提交下列资料和文件： 1）设计变更部分的实际施工图； 2）设计变更的证明文件； 3）制造厂提供的产品说明书、试验记录、合格证件、安装图纸等技术文件； 4）安装技术记录； 5）质量验收记录及签证； 6）电气试验记录； 7）备品备件清单		（1）验收施工项目部报审的已完成分项工程。主要内容：专业监理工程师应审查分项工程质量是否合格。 （2）质量验收记录是否完整、规范。 （3）施工质量是否符合规范和工程设计文件的要求；签署分项工程质量报验申请单。 检查强制性条文执行情况，签署输变电工程强制性条文执行记录表

绝缘子与穿墙套管安装

作业顺序	质量控制重点	安全控制重点	监理作业重点
施工准备阶段	（1）绝缘子与穿墙套管安装前应进行检查，瓷件、法兰应完整无裂纹，胶合处填料应完整，结合应牢固定。 （2）绝缘子与穿墙套管安装前应按 GB 50150《电气装置安装工程电气设备交接试验标准》的有关规定试验合格	（1）绝缘子与穿墙套管安装前应编写施工安全技术措施。 （2）技术人员经过计算确定各构件吊点位置，防止作业人员重复试吊来找吊点位置。 （3）按作业项目区域定置平面图要求进行施工作业现场布置。起重区域设置安全警戒区。 （4）安全员、质检员，起重负责人、起重工、起重司索、起重指挥、电焊工，高处作业人员等特种作业人员持证上岗。 （5）吊车、手扳葫芦、卸扣、吊绳（带）、双钩紧线器、传递绳、白棕绳、临时拉线等起重工器具，经检验、试运行、检查，性能完好，满足使用要求	（1）参加材料进场验收工作。检查进场材料是否符合设计要求。 （2）核查施工项目部编制的施工方案是否已经审批。审查点：高空作业、起重作业。 （3）质量证明文件包括产品出厂合格证、检验、试验报告等。 （4）在现场经监理工程师见证，进行取样送试验，将试验报告报监理项目部查验。 （5）收集相关资料。 （6）采集数码照片（按国网基建安质〔2016〕56 号文要求）
安装工程	（1）安装在同一平面或垂直面上的支柱绝缘子或穿墙套管的顶面，应位于同一平面上；其中心线位置应符合设计要求。 母线直线段的支柱绝缘子的安装中心线应在同一直线上。	（1）220kV 及以上穿墙套管安装前应依据安装使用说明书编写施工安全技术措施。 （2）大型穿墙套管安装吊具应使用产品专用吊具或制造厂认可的吊具。	（1）检查安装完成后绝缘子是否有破损。 （2）在安装时进行巡视检查。 （3）验收施工项目部报审的已完成分项工程。 （4）签署分项工程质量报验申请单。

续表

作业顺序	质量控制重点	安全控制重点	监理作业重点
安装工程	（2）支柱绝缘子和穿墙套管安装时，其底座或法兰盘不得埋入混凝土或抹灰层内，且紧固件应齐全，固定应牢固。支柱绝缘子叠装时，中心线应一致。 （3）三角锥形组合支柱绝缘子的安装，除应符合 GB 50149—2010《电气装置安装工程　母线装置施工及验收规范》的有关规定外，并应符合产品技术要求。 （4）无底座和顶帽的内胶装式低压支柱绝缘子与金属固定件固定时，接触面间应垫以厚度不小于 1.5mm 的缓冲垫圈。 （5）绝缘子串的安装应符合下列要求： 1）绝缘子串组合时，连接金具的螺栓、销钉及锁紧销等应完整，且其穿向应一致，耐张绝缘子串的碗口应向下，绝缘子串的球头挂环、碗头挂板及锁紧销等应互相匹配； 2）弹簧销应有足够弹性，闭口销应分开，并不得有折断或裂纹，不得用线材代替； 3）均压环、屏蔽环等保护金具应安装牢固，位置应正确； 4）多串绝缘子并联时，每串所受的张力应均匀； 5）绝缘子串吊装前应擦拭干净。	（3）大型穿墙套管吊装、就位过程应平衡、平稳，两侧联系应通畅，应统一指挥；高处作业人员使用的高处作业机具或作业平台应安全可靠。 （4）高处作业注意事项： 1）按照 GB 3608《高处作业分级》的规定，凡在距坠落高度基准面 2m 及以上有可能坠落的高度进行的作业均称为高处作业。 高处作业应设专责监护人。 2）高处作业人员应衣着灵便，衣袖、裤脚应扎紧，穿软底防滑鞋，并正确佩戴个人防护用具。 3）遇有六级及以上风或暴雨、雷电、冰雹、大雪、大雾、沙尘暴等恶劣气候高处作业下方危险区内禁止人员停留或穿行，高处作业的危险区应设围栏及“禁止靠近”的安全标志牌。 4）在夜间或光线不足的地方进行高处作业，应设充足的照明。 5）高空作业车（包括绝缘型高空作业车、车载垂直升降机）和高处作业吊 GB/T 9465《高空作业车》和 GB 19155《高处作业吊篮》的规定使用、试验、维护与保养。	（5）检查强制性条文执行情况，签署输变电工程施工强制性条文执行记录表。 （6）采集数码照片（按国网基建安质〔2016〕56 号文要求）

续表

作业顺序	质量控制重点	安全控制重点	监理作业重点
安装工程	（6）穿墙套管的安装应符合下列要求： 1）安装穿墙套管的孔径应比嵌入部分大5mm以上，混凝土安装板的最大厚度不得超过50mm； 2）穿墙套管直接固定在钢板上时，套管周围不得形成闭合磁路； 3）穿墙套管垂直安装时，其法兰应在上方，水平安装时，法兰应在外侧； 4）600A及以上母线穿墙套管端部的金属夹板（紧固件除外）应采用非磁性材料，其与母线之间应有金属相连，接触应稳固；金属夹板厚度不应小于3mm；当母线为两片及以上时，母线与母线间应予固定； 5）充油套管水平安装时，储油柜及取油样管路应采用铜或不锈钢材质，且不得渗漏；油位指示应清晰；注油和取样阀位置应装设于巡视侧；注入套管内的油应合格； 6）套管接地端子及不用的电压抽取端应可靠接地	（5）起重作业。 1）起重机械操作人员应持证上岗，建立起重机械操作人员台账，并进行动态管理。 2）起重作业应由专人指挥，分工明确。 3）起重作业前应进行安全技术交底，使全体人员熟悉起重搬运方案和安全措施。 4）操作室内禁止堆放有碍操作的物品，非操作人员禁止进入操作室；起重作业应划定作业区域并设置相应的安全标志，禁止无关人员进入。 5）在露天有六级及以上大风或大雨、大雪、大雾、雷暴等恶劣天气时，应停止起重吊装作业。雨雪过后作业前，应先试吊，确认制动器灵敏可靠后方可进行作业。 6）吊物体应绑扎牢固，吊钩应有防止脱钩的保险装置。若物体有棱角或特别光滑的部位时，在棱角和滑面与绳索（吊带）接触处应加以包垫。起重吊钩应挂在物件的重心线上。 7）含瓷件的组合设备不得单独采用瓷质部件作为吊点，产品特别许可的小型瓷质组件除外。瓷质组件吊装时应使用不危及瓷质安全的吊索，例如尼龙吊带等	

续表

作业顺序	质量控制重点	安全控制重点	监理作业重点
工程交接验收	（1）在验收时，应进行下列检查： 1）金属构件加工_、配制、螺栓连接、焊接等应符合 GB 50149—2010《电气装置安装工程　母线装置施工及验收规范》的规定，并应符合设计和产品技术文件的要求； 2）所有螺栓、垫圈、闭口销、锁紧销、弹簧垫圈、锁紧螺母等应齐全，可靠； 3）瓷件应完整、清洁，铁件和瓷件胶合处均应完整无损，充油套管应无渗油，油位应正常； 4）油漆应完好，相色应正确，接地应良好。 （2）在验收时，应提交下列资料和文件： 1）设计变更部分的实际施工图； 2）设计变更的证明文件； 3）制造厂提供的产品说明书、试验记录、合格证件、安装图纸等技术文件； 4）安装技术记录； 5）质量验收记录及签证； 6）电气试验记录； 7）备品备件清单		（1）总监理工程师组织分部工程验收，签署分部工程质量报验申请单。 （2）专业监理工程师编写工程施工强制性条文执行检查表。 （3）采集数码照片（按国网基建安质〔2016〕56 号文要求）

隔离开关及接地开关安装

作业顺序	质量控制重点	安全控制重点	监理作业重点
施工准备阶段	隔离开关、负荷开关及高压熔断器的开箱检查，应符合下列要求： （1）产品技术文件应齐全；到货设备、附件、备品备件应与装箱单一核对设备型号、规格应与设计图纸相符。 （2）设备应无损伤变形和锈蚀、漆层完好。 （3）镀锌设备支架应无变形、镀锌层完好、无锈蚀、无脱落、色泽一致。 （4）瓷件应无裂纹、破损；绝缘子与金属法兰胶装部位应牢固密实，并应涂有性能良好的防水胶；法兰结合面应平整、无外伤或铸造砂眼；支柱绝缘子外观不得有裂纹、损伤；绝缘子垂直度符合 GB 8287.1《高压支柱瓷绝缘子　第 1 部分：技术条件》的规定。 （5）导电部分可挠连接应无折损，接线端子（或触头）镀银层应完好	（1）110kV 及以上隔离开关及接地开关安装前应依据安装使用说明书编写施工安全技术措施。 （2）技术人员经过计算确定各构件吊点位置，防止作业人员重复试吊来找吊点位置。 （3）按作业项目区域定置平面图要求进行施工作业现场布置。起重区域设置安全警戒区。 （4）安全员、质检员、起重负责人、起重工、起重司索、起重指挥、电焊工、高处作业人员等特种作业人员持证上岗。 （5）吊车、手扳葫芦、卸扣、吊绳（带）、双钩紧线器、传递绳、白棕绳、临时拉线等起重工器具，经检验、试运行、检查，性能完好，满足使用要求	（1）参加开箱验收工作。检查开箱设备是否与供货合同相符，配件齐全。 （2）核查施工项目部编制的施工方案是否已经审批。审查点：高空作业、起重作业。 （3）核查主要施工机械/工器具/安全用具与审批文件是否一致。 （4）收集相关资料。 （5）采集数码照片（按国网基建安质〔2016〕56 号文要求）

续表

作业顺序	质量控制重点	安全控制重点	监理作业重点
安装工程	（1）安装前的基础检查，应符合产品技术文件要求。 （2）设备支架的检查及安装，应符合产品技术文件要求，且应符合下列规定： 1）设备支架外形尺寸符合要求。封顶板及铁件无变形、扭曲，水平偏差符合产品技术文件要求。 2）设备支架安装后，检查支架柱轴线，行、列的定位轴线允许偏差为5mm，支架顶部标高允许偏差为5mm，同相根开允许偏差为10mm。 （3）在室内间隔墙的两面，以共同的双头螺栓安装隔离开关时，应保证其中一组隔离开关拆除时，不影响另一侧隔离开关的固定。 （4）隔离开关、负荷开关及高压熔断器安装时的检查，应符合下列要求： 1）隔离开关相间距离允许偏差：220kV及以下10mm。相间连杆应在同一水平线上。 2）接线端子及载流部分应清洁，且应接触良好，接线端子（或触头）镀银层无脱落。 3）绝缘子表面应清洁、无裂纹、破损、焊接残留斑点等缺陷，绝缘子与金属法兰胶装部位应牢固密实。 4）支柱绝缘子不得有裂纹、损伤，并不得修补。外观检查有疑问时，应作探伤试验。	（1）在隔离开关、闸刀型开关的刀闸在断开位置时下不得搬运。 （2）高处作业注意事项： 1）按照GB 3608《高处作业分级》的规定，凡在距坠落高度基准面2m及以上有可能坠落的高度进行的作业均称为高处作业。 高处作业应设专责监护人。 2）高处作业人员应衣着灵便，衣袖、裤脚应扎紧，穿软底防滑鞋，并正确佩戴个人防护用具。 3）遇有六级及以上风或暴雨、雷电、冰雹、大雪、大雾、沙尘暴等恶劣气候时，应停止露天高处作业。 4）高处作业下方危险区内禁止人员停留或穿行，高处作业的危险区应设围栏及“禁止靠近”的安全标志牌。 5）在夜间或光线不足的地方进行高处作业，应设充足的照明。 6）高空作业车（包括绝缘型高空作业车、车载垂直升降机）和高处作业吊GB/T 9465《高空作业车》和GB 19155《高处作业吊篮》的规定使用、试验、维护与保养。 （3）起重作业。 1）起重机械操作人员应持证上岗，建立起重机械操作人员台账，并进行动态管理。	（1）检查安装完成后绝缘子是否有破损。 （2）在安装时进行巡视检查。 （3）验收施工项目部报审的已完成分项工程。 （4）签署分项工程质量报验申请单。 （5）检查强制性条文执行情况，签署输变电工程施工强制性条文执行记录表。 （6）采集数码照片（按国网基建安质〔2016〕56号文要求）

作业顺序	质量控制重点	安全控制重点	监理作业重点
安装工程	5）支柱绝缘子应垂直于底座平面（V形隔离开关除外），且连接牢固；同一绝缘子柱的各绝缘子中心线应在同一垂直线上；同相各绝缘子柱的中心线应在同一垂直平面内。 6）隔离开关的各支柱绝缘子间应连接牢固；安装时可用金属垫片校正其水平或垂直偏差，使触头相互对准、接触良好。 7）均压环和屏蔽环应安装牢固、平正，检查均压环和屏蔽环无划痕、毛刺；均压环和屏蔽环宜在最低处打排水孔。 8）安装螺栓宜由下向上穿入，隔离开关组装完毕，应用力矩扳手检查所有安装部位的螺栓，其力矩值应符合产品技术文件要求。 9）隔离开关的底座传动部分应灵活，并涂以适合当地气候条件的润滑脂。 10）操动机构的零部件应齐全，所有固定连接部件应紧固，转动部分应涂以适合当地气候条件的润滑脂。 （5）传动装置的安装调整应符合下列要求： 1）拉杆与带电部分的距离应符合GB 50149《电气装置安装工程母线装置施工及验收规范》的有关规定。 2）拉杆的内径应与操动机构轴的直径相配合，两者间的间隙不应大于1mm；连接部分的销子不应松动。	2）起重作业应由专人指挥，分工明确。 3）起重作业前应进行安全技术交底，使全体人员熟悉起重搬运方案和安全措施。 4）操作室内禁止堆放有碍操作的物品，非操作人员禁止进入操作室；起重作业应划定作业区域并设置相应的安全标志，禁止无关人员进入。 5）在露天有六级及以上大风或大雨、大雪、大雾、雷暴等恶劣天气时，应停止起重吊装作业。雨雪过后作业前，应先试吊，确认制动器灵敏可靠后方可进行作业。 6）吊物体应绑扎牢固，吊钩应有防止脱钩的保险装置。若物体有棱角或特别光滑的部位时，在棱角和滑面与绳索（吊带）接触处应加以包垫。起重吊钩应挂在物件的重心线上。 7）含瓷件的组合设备不得单独采用瓷质部件作为吊点，产品特别许可的小型瓷质组件除外。瓷质组件吊装时应使用不危及瓷质安全的吊索，例如尼龙吊带等	

续表

作业顺序	质量控制重点	安全控制重点	监理作业重点
安装工程	3）当拉杆损坏或折断可能接触带电部分而引起事故时，应加装保护环。 4）延长轴、轴承、联轴器、中间轴承及拐臂等传动部件，其安装位置应正确，固定应牢靠；传动齿轮啮合应准确，操作应轻便灵活。 5）定位螺钉应按产品技术文件要求进行调整并加以固定。 6）所有传动摩擦部位，应涂以适合当地气候条件的润滑脂。 7）隔离开关、接地开关平衡弹簧应调整到操作力矩最小并加以固定；接地开关垂直连杆上应涂以黑色油漆标识。 （6）操动机构的安装调整，应符合下列要求： 1）操动机构应安装牢固，同一轴线上的操动机构安装位置应一致。 2）电动操作前，应先进行多次手动分、合闸，机构动作应正确。 3）电动机的转向应正确，机构的分、合闸指示应与设备的实际分、合闸位置相符。 4）机构动作应平稳、无卡阻、冲击等异常情况。 5）限位装置应准确可靠，到达规定分、合极限位置时，应可靠地切除电源；辅助开关动作应与隔离开关动作一致、接触准确可靠。		

续表

作业顺序	质量控制重点	安全控制重点	监理作业重点
安装工程	6）隔离开关过死点、动静触头间相对位置、备用行程及动触头状态，应符合产品技术文件要求。 7）隔离开关分合闸定位螺钉，应按产品技术文件要求进行调整并加以固定。 8）操动机构在进行手动操作时，应闭锁电动操作。 9）机构箱应密闭良好、防雨防潮性能良好，箱内安装有防潮装置时，加热装置应完好，加热器与各元件、电缆及电线的距离应大于 50mm；机构箱内控制和信号回路应正确并应符合 GB 50171《电气装置安装工程　盘、柜及二次回路结线施工及验收规范》的有关规定。 （7）当拉杆式手动操动机构的手柄位于上部或左端的极限位置，或涡轮蜗杆式机构的手柄位于顺时针方向旋转的极限位置时，应是隔离开关或负荷开关的合闸位置；反之，应是分闸位置。 （8）隔离开关合闸状态时触头间的相对位置、备用行程，分闸状态时触头间的净距或拉开角度，应符合产品技术文件要求。 （9）具有引弧触头的隔离开关由分到合时，在主动触头接触前，引弧触头应先接触；从合到分时，触头的断开顺序相反。		

续表

作业顺序	质量控制重点	安全控制重点	监理作业重点
安装工程	（10）三相联动的隔离开关，触头接触时，不同期数值应符合产品技术文件要求。当无规定时，最大值不得超过 20mm。 （11）隔离开关、负荷开关的导电部分，应符合下列规定： 1）触头表面应平整、清洁，并应涂以薄层中性凡士林；载流部分的可挠连接不得有折损；连接应牢固，接触应良好；载流部分表面应无严重的凹陷及锈蚀。 2）触头间应接触紧密，两侧的接触压力应均匀且符合产品技术文件要求，当采用插入连接时，导体插入深度应符合产品技术文件要求。 3）设备连接端子应涂以薄层电力复合脂.连接螺栓应齐全、紧固，紧固力矩符合 GB 50149《电气装置安装工程　母线装置施工及验收规范》的规定引下线的连接不应使设备接线端子受到超过允许的承受应力。 4）合闸直流电阻测试应符合产品技术文件要求。 （12）隔离开关的闭锁装置应动作灵活、准确可靠；带有接地刀的隔离开关，接地刀与主触头间的机械或电气闭锁应准确可靠。 （13）隔离开关及负荷开关的辅助开关应安装牢固、动作准确、接触良好，其安装位置便于检查；装于室外时，应有防雨措施。		

续表

作业顺序	质量控制重点	安全控制重点	监理作业重点
安装工程	（14）人工接地开关的安装及调整，除应符合上述有关规定外，尚应符合下列要求： 1）人工接地开关的动作应灵活可靠，其合闸时间应符合产品技术文件和继电保护规定。 2）人工接地开关的缓冲器应经详细检查，其压缩行程应符合产品技术文件要求		
工程交接验收	（1）在验收时，应进行下列检查： 1）操动机构、传动装置、辅助开关及闭锁装置应安装牢固、动作灵活可靠、位置指示正确。 2）合闸时三相不同期值，应符合产品技术文件要求。 3）相间距离及分闸时触头打开角度和距离，应符合产品技术文件要求。 4）触头接触应紧密良好，接触尺寸应符合产品技术文件要求。 5）隔离开关分合闸限位应正确。 6）垂直连杆应无扭曲变形。 7）螺栓紧固力矩应达到产品技术文件和相关标准要求。 8）合闸直流电阻测试应符合产品技术文件要求。		（1）总监理工程师组织分部工程验收，签署分部工程质量报验申请单。 （2）专业监理工程师编写工程施工强制性条文执行检查表。 （3）采集数码照片（按国网基建安质〔2016〕56号文要求）

续表

作业顺序	质量控制重点	安全控制重点	监理作业重点
工程交接验收	9）交接试验应合格。 10）隔离开关、接地开关底座及垂直连杆、接地端子及操动机构箱应接地可靠。 11）油漆应完整、相色标识正确，设备应清洁。 （2）在验收时应提交下列技术文件： 1）设计变更的证明文件。 2）制造厂提供的产品说明书、装箱单、试验记录、合格证明文件及安装图纸等技术文件。 3）检验及质量验收资料。 4）试验报告。 5）备品、备件、专用工具及测试仪器清单		

避雷器安装

作业顺序	质量控制重点	安全控制重点	监理作业重点
施工准备阶段	（1）避雷器在运输存放过程中应正置立放，不得倒置和受到冲击与碰撞，复合外套的避雷器，不得与酸碱等腐蚀性物品放在同一车厢内运输。 （2）避雷器不得任意拆开、破坏密封。 （3）复合外套金属氧化物避雷器应存放在环境温度为–40～+40℃的无强酸碱及其他有害物质的库房中，产品水平放置时，需避免让伞裙受力。 （4）制造厂有具体存放要求时，应按产品技术文件要求执行	（1）避雷器安装前应依据安装使用说明书编写施工安全技术措施。 （2）技术人员经过计算确定各构件吊点位置，防止作业人员重复试吊来找吊点位置。 （3）按作业项目区域定置平面图要求进行施工作业现场布置。起重区域设置安全警戒区。 （4）安全员、质检员、起重负责人、起重工、起重司索、起重指挥、电焊工、高处作业人员等特种作业人员持证上岗。 （5）吊车、手扳葫芦、卸扣、吊绳（带）、双钩紧线器、传递绳、白棕绳、临时拉线等起重工器具，经检验、试运行、检查，性能完好，满足使用要求	（1）参加开箱验收工作。检查开箱设备是否与供货合同相符，配件齐全。 （2）核查施工项目部编制的施工方案是否已经审批。审查点：高空作业、起重作业。 （3）核查主要施工机械/工器具/安全用具与审批文件是否一致。 （4）收集相关资料。 （5）采集数码照片（按国网基建安质〔2016〕56号文要求）
安装工程	（1）避雷器安装前，应进行下列检查： 1）采用瓷外套时，瓷件与金属法兰胶装部位应结合牢固、密实，并应涂有性能良好的防水胶；瓷套外观不得有裂纹、损伤；采用硅橡胶外套时，外观不得有裂纹、损伤和变形，金属法兰结合面应平整，无外伤或铸造砂眼，法兰泄水孔应通畅。	（1）运输、放置、安装、就位应按产品技术要求执行，期间应防止倾倒或遭受机械损伤。 （2）高处作业注意事项： 1）按照GB 3608《高处作业分级》的规定，凡在距坠落高度基准面2m及以上有可能坠落的高度进行的作业均称为高处作业。	（1）检查安装完成后瓷瓶是否有破损。 （2）在安装时进行巡视检查。 （3）验收施工项目部报审的已完成分项工程。 （4）签署分项工程质量报验申请单。 （5）检查强制性条文执行情况，签署输变电工程施工强制性条文执行记录表。 （6）采集数码照片（按国网基建安质〔2016〕56号文要求）

续表

作业顺序	质量控制重点	安全控制重点	监理作业重点
安装工程	2）各节组合单元应经试验合格，底座绝缘应良好。 3）应取下运输时用以保护避雷器防爆膜的防护罩，或按产品技术文件要求执行；防爆膜应完好、无损。 4）避雷器的安全装置应完整、无损。 5）带自闭阀的避雷器宜进行压力检查，压力值应符合产品技术文件要求。 （2）避雷器组装时，其各节位置应符合产品出厂标志的编号。 （3）避雷器吊装，应符合产品技术文件要求。 （4）避雷器的绝缘底座安装应水平。 （5）避雷器各连接处的金属接触表面应洁净、没有氧化膜和油漆、导通良好。 （6）并列安装的避雷器三相中心应在同一直线上，相间中心距离允许偏差为10mm；铭牌应位于易于观察的同一侧。 （7）避雷器安装应垂直，其垂直度应符合制造厂的要求。 （8）避雷器的排气通道应通畅，排气通道口不得朝向巡检通道，排出的气体不致引起相间或对地闪络，并不得喷及其他电气设备。 （9）均压环应无划痕、毛刺，安装应牢固、平整、无变形；在最低处宜打排水孔。	高处作业应设专责监护人。 2）高处作业人员应衣着灵便，衣袖、裤脚应扎紧，穿软底防滑鞋，并正确佩戴个人防护用具。 3）遇有六级及以上风或暴雨、雷电、冰雹、大雪、大雾、沙尘暴等恶劣气候时，应停止露天高处作业。 4）高处作业下方危险区内禁止人员停留或穿行，高处作业的危险区应设围栏及“禁止靠近”的安全标志牌。 5）在夜间或光线不足的地方进行高处作业，应设充足的照明。 6）高空作业车（包括绝缘型高空作业车、车载垂直升降机）和高处作业吊 GB/T 9465《高空作业车》和 GB 19155《高处作业吊篮》的规定使用、试验、维护与保养。 （3）起重作业。 1）起重机械操作人员应持证上岗，建立起重机械操作人员台账，并进行动态管理。 2）起重作业应由专人指挥，分工明确。 3）起重作业前应进行安全技术交底，使全体人员熟悉起重搬运方案和安全措施。 4）操作室内禁止堆放有碍操作的物品，非操作人员禁止进入操作室；起重作业应划定作业区域并设置相应的安全标志，禁止无关人员进入。	

续表

作业顺序	质量控制重点	安全控制重点	监理作业重点
安装工程	（10）监测仪应密封良好、动作可靠，并应按产品技术文件要求连接；安装位置应一致、便于观察；接地应可靠；监测仪计数器应调至同一值。 （11）所有安装部位螺栓应紧固，力矩值应符合产品技术文件要求。 （12）避雷器的接地应符合设计要求，接地引下线应连接、固定牢靠。 （13）设备接线端子的接触表面应平整、清洁、无氧化膜、无凹陷及毛刺，并应涂以薄层电力复合脂；连接螺栓应齐全、紧固，紧固力矩应符合现行国家标准的要求。避雷器引线的连接不应使设备端子受到超过允许的承受应力	5）在露天有六级及以上大风或大雨、大雪、大雾、雷暴等恶劣天气时，应停止起重吊装作业。雨雪过后作业前，应先试吊，确认制动器灵敏可靠后方可进行作业。 6）吊物体应绑扎牢固，吊钩应有防止脱钩的保险装置。若物体有棱角或特别光滑的部位时，在棱角和滑面与绳索（吊带）接触处应加以包垫。起重吊钩应挂在物件的重心线上。 7）含瓷件的组合设备不得单独采用瓷质部件作为吊点，产品特别许可的小型瓷质组件除外。瓷质组件吊装时应使用不危及瓷质安全的吊索，例如尼龙吊带等	
工程交接验收	（1）在验收时，应进行下列检查： 1）现场制作件应符合设计要求。 2）避雷器密封应良好，外表应完整无缺损。 3）避雷器应安装牢固，其垂直度应符合产品技术文件要求，均压环应水平。 4）放电计数器和在线监测仪密封应良好，绝缘垫及接地应良好、牢固。 5）中性点放电间隙应固定牢固、间隙距离符合设计要求，接地应可靠。		（1）总监理工程师组织分部工程验收，签署分部工程质量报验申请单。 （2）专业监理工程师编写工程施工强制性条文执行检查表。 （3）采集数码照片（按国网基建安质〔2016〕56号文要求）

续表

作业顺序	质量控制重点	安全控制重点	监理作业重点
工程交接验收	6）油漆应完整、相色正确。 7）交接试验应合格。 8）产品有压力检测要求时，压力检测应合格。 （2）在验收时应提交下列技术文件： 1）设计变更的证明文件。 2）制造厂提供的产品说明书、装箱单、试验记录、合格证明文件及安装图纸等技术文件。 3）检验及质量验收资料。 4）试验报告。 5）备品、备件、专用工具及测试仪器清单		

高压开关柜安装

作业顺序	质量控制重点	安全控制重点	监理作业重点
施工准备阶段	（1）基础钢梁检查。 1）间隔布置，按设计规定； 2）垂直度＜1.5mm/m； 3）水平误差，相邻两柜顶部＜2mm；成列柜顶部＜5mm； 盘面误差，相邻两柜边＜1mm；成列柜面＜5mm。 （2）开关柜开箱检查。 1）检查附件是否齐全； 2）质量证明文件包括：产品出厂合格证、检验、试验报告等	（1）高压开关柜安装前应编写施工安全技术措施。 （2）技术人员经过计算确定各构件吊点位置，防止作业人员重复试吊来找吊点位置。 （3）按作业项目区域定置平面图要求进行施工作业现场布置。起重区域设置安全警戒区。 （4）安全员、质检员、起重负责人、起重工、起重司索、起重指挥、电焊工、高处作业人员等特种作业人员持证上岗。 （5）吊车、手扳葫芦、卸扣、吊绳（带）、双钩紧线器、传递绳、白棕绳、临时拉线等起重工器具，经检验、试运行、检查，性能完好，满足使用要求	（1）参加开箱验收工作。检查开箱设备是否与供货合同相符，配件齐全。 （2）核查施工项目部编制的施工方案是否已经审批。审查点：高空作业、起重作业。 （3）核查主要施工机械/工器具/安全用具与审批文件是否一致。 （4）收集相关资料。 （5）采集数码照片（按国网基建安质〔2016〕56号文要求）
安装工程	（1）机械闭锁、电气闭锁应动作准确、可靠。 （2）动触头与静触头的中心线应一致，触头接触应紧密。 （3）二次回路辅助开关的切换接点应动作准确，接触应可靠。	（1）应在土建条件满足要求时，方可进行盘、柜安装。 （2）柜在安装地点拆箱后，应立即将箱板等杂物清理干净，以免阻塞通道或钉子扎脚，并将盘、柜搬运至安装地点摆放或安装，防止受潮、雨淋。	（1）检查安装完成后绝缘子是否有破损。 （2）在安装时进行巡视检查。 （3）验收施工项目部报审的已完成分项工程。 （4）签署分项工程质量报验申请单。

续表

作业顺序	质量控制重点	安全控制重点	监理作业重点
安装工程	（4）一次回路符合 GB 50147—2010《电气装置安装工程　高压电器施工及验收规范》	（3）柜就位要防止倾倒伤人和损坏设备，撬动就位时人力应足够，指挥应统一。狭窄处应防止挤伤。 （4）柜底加垫时不得将手伸入底部，防止安装时挤轧手脚。 （5）柜在安装固定好以前，应有防止倾倒的措施，特别是重心偏在一侧的盘柜。对变送器等稳定性差的设备，安装就位后应立即将全部安装螺栓紧好，禁止浮放。 （6）柜内的各式熔断器，凡直立布置者应上口接电源，下口接负荷。 （7）施工区周围的孔洞应采取措施可靠的遮盖，防止人员摔伤。 （8）高压开关柜需要部分带电时，应符合下列规定： 1）需要带电的系统，其所有设备的接线确已安装调试完毕，并应设立临时运行设备名称及编号标志。 2）带电系统与非带电系统应有明显可靠的隔断措施，并应设带电安全标志。 3）部分带电的装置应遵守运行的有关管理规定，并设专人管理	（5）检查强制性条文执行情况，签署输变电工程施工强制性条文执行记录表。 （6）采集数码照片（按国网基建安质〔2016〕56号文要求）

续表

作业顺序	质量控制重点	安全控制重点	监理作业重点
工程交接验收	（1）柜体接地： 1）底架与基础连接，牢固，导通良好。 2）有防振垫的柜体接地，每段柜有两点以上明显接触。 3）装有电器可开启屏门的接地，用软铜导线可靠接地。 （2）柜体检查。 1）柜面检查，平整、齐全； 2）设备附件清点，齐全； 3）柜内照明装置，齐全； 4）电气“五防”装置，齐全，灵活可靠； 5）盘柜前后标识，齐全、清晰； （3）开关柜电气部件检查： 1）设备型号及规格，按设计规定； 2）设备外观检查，完好，瓷件无掉瓷、裂纹； 3）电气连锁触点接触，紧密，导通良好； 4）动触头与静触头的中心线一致； 5）动触头与静触头接触要紧密，可靠； 6）仪表继电器防振措施可靠。 （4）柜孔洞及电缆管应封堵严密，可能结冰的地区还应采取防止电缆管内积水结冰的措施。 （5）备品备件及专用工具等应移交齐全。 （6）在验收时，应提交下列技术文件： 1）变更设计的证明文件。 2）安装技术记录、设备安装调整试验记录。 3）质量验收记录。 4）制造厂提供的产品技术文件。 5）备品备件及专用工具等清单		（1）总监理工程师组织分部工程验收，签署分部工程质量报验申请单。 （2）专业监理工程师编写工程施工强制性条文执行检查表。 （3）采集数码照片（按国网基建安质〔2016〕56号文要求）

二次系统安装

作业顺序	质量控制重点	安全控制重点	监理作业重点
施工准备阶段	（1）编制施工方案，详细列出本施工过程中的组织措施、安全措施、技术措施和质量控制措施。 （2）认真检查本项目施工过程所需材料、设备、配件是否符合设计要求。 （3）配置本项目施工过程所需人员	（1）认真检查施工人员个人防护用品、个人工具是否合格齐全。 （2）组织学习施工方案	（1）参加开箱验收工作。检查开箱设备是否与供货合同相符，配件齐全。 （2）核查施工项目部编制的施工方案是否已经审批。 （3）核查主要施工机械/工器具/安全用具与审批文件是否一致。 （4）收集相关资料。 （5）采集数码照片（按国网基建安质〔2016〕56号文要求）
盘柜作业前准备及运输	（1）基础型钢安装不直度和水平度允许误差均为：每米<1mm，全场<5mm； （2）位置误差及不平整度<5mm； （3）接地点数不小于2点并接地牢固、导通良好	（1）现场技术负责人应向所有参加施工作业人员进行安全技术交底，指明作业过程中的危险点，布置防范措施，接受交底人员必须在交底记录上签字。 （2）施工负责人，技术人员，安全员，质检员，起重负责人，起重工，电焊工，安装人员等特种作业人员或特殊作业人员持证上岗。 （3）吊车、U形环、钢丝绳、钻床、母线平（立）弯机、电焊机、滚杠、运输平台、木撬棍、砂轮切割机、常用扳手、力矩扳手、手锯、梯子等主要机具及材料配置到位，经检验合格，满足使用要求。	（1）检查基础接地应符合规范要求。 （2）检查施工方案和现场施工机械、工器具、安全用具报审情况。 （3）签署工程材料/构配件/设备进场报审表和主要设备开箱申请表。 （4）对使用的起重机械进行安全检查签证

续表

作业顺序	质量控制重点	安全控制重点	监理作业重点
盘柜作业前准备及运输		（4）运输过程中，行走应平稳匀速，速度不宜太快，车速应小于15km/h，并应有专人指挥，避免开关柜、屏在运输过程中发生倾倒现象。 （5）拆箱时作业人员应相互协调，严禁野蛮作业，防止损坏盘面，及时将拆下的木板清理干净，避免钉子扎脚。 （6）使用吊车时，吊车必须支撑平稳，必须设专人指挥，其他作业人员不得随意指挥吊车司机，在起重臂的回转半径内，严禁站人或有人经过	
盘柜就位	（1）柜、屏安装位置符合设计规定；垂直度误差＜1.5mm/m；相邻两盘顶部水平误差＜2mm、盘面误差＜1mm，成列盘顶部水平误差＜5mm、盘面误差＜5mm；盘间接缝＜2mm。 （2）柜、屏底架与基础连接牢固、导通良好；屏门用软铜导线可靠接地。 （3）柜、屏设备及附件符合设计规定；设备完好、无损伤；电器元件固定牢固；盘上标志正确整齐、清晰、不易脱色；柜内两导体间、导体与裸露不带电导体间安全距离符合表3–4。	（1）开关柜、屏就位前，作业人员应将就位点周围的孔洞用铁板或结实的木板盖严，避免作业人员摔伤。 （2）组立屏、柜或端子箱时，应保证有足够的作业人员，设专人指挥，作业人员必须服从指挥，统一行动，防止屏、柜倾倒伤人，钻孔时使用的电钻应检查是否漏电，电钻的电源线应采用便携式电源盘，并加装漏电保安器。 （3）开关柜、屏找正时，作业人员不可将手、脚伸入柜底，避免挤压手脚。屏、柜顶部作业人员，应有防护措施，防止从屏柜上坠落。	（1）对盘柜就位进行巡视检查，填写监理检查记录表。 （2）签署分项工程质量报验申请表。 （3）检查强制性条文执行情况，签署输变电工程强制性条文执行记录表

作业顺序	质量控制重点	安全控制重点	监理作业重点
盘柜就位	（4）小母线安装检查铜管或铜棒直径≥6mm；安装间距电气间隙≥12mm、爬电距离≥20mm；安装牢固、无局部扭曲、接触面搪锡、母线标志正确清晰且不易脱色。 （5）保护屏应装有接地端子，并用截面不小于 4mm^2 的多股铜线和接地网直接连通。 （6）装设静态保护的保护屏，应装设连接控制电缆屏蔽层的专用接地铜排。各盘的专用接地铜排互相连接成环，与控制室的屏蔽接地网连接。 （7）用截面不小于 100mm^2 的绝缘导线或电缆将屏蔽电网与一次接地网直接相连	（4）用电焊固定开关柜时，作业人员必须将电缆进口用铁板盖严，防止焊渣将电缆烫坏，应设专人进行监护。 （5）应在作业面附近配备消防器材	
电缆敷设	（1）控制电缆弯曲半径≥10D（D 为 10 倍）。 （2）敷设路径符合设计要求。 （3）电缆之间，电缆与其他管道、道路、建筑物等之间平行和交叉时的最小净距，应符合表 3–5 的规定。 （4）电缆敷设时应排列整齐，不宜交叉，加以固定，并及时装设标志牌。 （5）电缆进入电缆沟、隧道、竖井、建筑物、盘（柜）以及穿入管子时，出入口应封闭，管口应密封。 （6）控制电缆在普通支架上，不宜超过 1 层；桥架上不宜超过 3 层，且不应和电力电缆配置在同一层支架上。	（1）电缆敷设时应设专人统一指挥，指挥人员指挥信号应明确、传达到位。 （2）敷设人员戴好安全帽、手套，严禁穿塑料底鞋，必须听从统一口令，用力均匀协调。 （3）拖拽人员应精力集中，要注意脚下的设备基础、电缆沟支撑物、土堆等，避免绊倒摔伤。在电缆层内作业时，动作应轻缓，防止电缆支架划伤身体。 （4）拐角处施工人员应站在电缆外侧，避免电缆突然带紧将作业人员摔倒。 （5）电缆通过孔洞时，出口侧的人员不得在正面接引，避免电缆伤及面部。	（1）对电缆敷设进行巡视检查，填写监理检查记录表。 （2）签署分项工程质量报验申请表。 （3）检查强制性条文执行情况，签署输变电工程强制性条文执行记录表

续表

作业顺序	质量控制重点	安全控制重点	监理作业重点
电缆敷设	（7）在下列地方应将电缆加以固定： 1）垂直敷设或超过 45°倾斜敷设的电缆在每个支架上；桥架上每隔 2m 处； 2）水平敷设的电缆，在电缆首末两端及转弯、电缆接头的两端处；当对电缆间距有要求时，每隔 5～10m 处； 3）单芯电缆的固定应符合设计要求。 （8）交流系统的单芯电缆或分相后的分相铅套电缆的固定夹具不应构成闭合磁路。 （9）应在电缆终端、中间接头处装设电缆标志牌，且挂装牢靠、一致	（6）操作电缆盘人员要时刻注意电缆盘有无倾斜现象，特别是在电缆盘上剩下几圈时，应防止电缆突然蹦出伤人	
电缆终端制作	（1）电缆在盘下入口处排列整齐、少交叉；上盘时弯度一致；铠装剥切位置在盘下侧且一致。 （2）芯线绝缘层外观检查完好、无损伤；屏蔽电缆的屏蔽接地和钢铠接地符合设计规定		签署分项工程质量报验申请表
二次接线	（1）按图施工，接线正确。 （2）导线与电气元件间采用螺栓连接、插接、焊接或压接等，均应牢固可靠。 （3）盘、柜内的导线不应有接头，导线芯线应无损伤。 （4）电缆芯线和所配导线的端部均应标明其回路编号，编号应正确，字迹清晰且不易脱色。	临时打开的沟盖、孔洞应设立警示牌、围栏，每天完工后应立即封闭	（1）对电缆敷设进行巡视检查，填写监理检查记录表。 （2）签署分项工程质量报验申请表

作业顺序	质量控制重点	安全控制重点	监理作业重点
二次接线	（5）配线应整齐、清晰、美观，导线绝缘应良好，无损伤。 （6）每个接线端子的每侧接线宜为 1 根，不得超过 2 根。对于插接式端子，不同截面的两根导线不得接在同一端子上；对于螺栓连接端子，当接两根导线时，中间应加平垫片。 （7）二次回路接地应设专用螺栓。 （8）盘、柜内的配线电流回路应采用电压不低于 500V 的铜芯绝缘导线，其截面不应小于 $2.5mm^2$；其他回路截面不应小于 $1.5mm^2$；对电子元件回路、弱电回路采用锡焊连接时，在满足载流量和电压降及有足够机械强度的情况下，可采用不小于 $0.5mm^2$ 截面的绝缘导线。 （9）用于可动部位的导线应选择多股软铜线。 （10）引入盘、柜的电缆应排列整齐，编号清晰，避免交叉，并应固定牢固，不得使所接的端子排受到机械应力。 （11）铠装电缆在进入盘、柜后，应将钢带切断，切断处的端部应扎紧，并应将钢带接地。 （12）使用于静态保护、控制等逻辑回路的控制电缆，应采用屏蔽电缆。其屏蔽层应按设计要求的接地方式接地。		

续表

作业顺序	质量控制重点	安全控制重点	监理作业重点
二次接线	（13）橡胶绝缘的芯线应外套绝缘管保护。 （14）盘、柜内的电缆芯线，应按垂直或水平有规律地配置，不得任意歪斜交叉连接。备用芯长度应留有适当余量。 （15）强、弱电回路不应使用同一根电缆，并应分别成束分开排列。 （16）裸露部分对地距离应符合表 3-4 规定。 （17）备用芯线预留适当的长度，套标有电缆编号的号码管，且线芯不得裸露。 （18）屏蔽芯在一个接地螺栓上安装不得超过 2 个接地线鼻，每个接地线鼻最多压 5 根屏蔽线		
直流装置安装	（1）安装垂直度＜1.5mm/m。 （2）柜体接地良好。 （3）盘柜正面应设置直流系统的模拟图，能清晰指出直流系统的接线。 （4）柜上设备检查元件规格及数量符合设计规定，且附件备件齐全；接触簧片弹性充足；焊接导线无脱焊、碰壳、短路；整流元件固定牢固，在散热器接触面上涂硅脂；导线连接牢固，无松动、短路		（1）对直流盘柜安装进行巡视检查，填写监理检查记录表。 （2）签署分项工程质量报验申请表

续表

作业顺序	质量控制重点	安全控制重点	监理作业重点
蓄电池安装	（1）台架安装符合制造厂规定，固定牢靠，水平误差≤±5mm。 （2）蓄电池安装前应进行外观检查：外壳无裂纹变形、槽盖密封良好；电池极性正确；极板无严重受潮和变形。 （3）同一排、列蓄电池安装高低一致，排列整齐，平稳，间距均匀。 （4）连接排与端子连接正确、紧固、接触部位涂有电力复合脂。 （5）蓄电池电缆引出极性正确，正极为赭色（棕色），负极为蓝色。 （6）安装接线工艺符合标准	（1）蓄电池就位时严禁将手指伸入螺孔找正，避免挤伤手部。 （2）注意防止蓄电池正负极短路，不可撞击正负极柱。 （3）装卸导电连接条时，应使用绝缘工具，尤其是金属工具的尾部一定要绝缘。 （4）使用扳手紧固螺栓时，开口要适当，防止使用中滑脱伤人。 （5）在拧紧极柱上螺栓的同时应避免用力过大而导致螺栓纹路损坏；极柱变形、断裂。 （6）连接时可能会有瞬间的小充放电火花出现，对此不要惊慌，以免动作失态引发事故。 （7）开关电源与蓄电池组接线时应注意电源的“正、负”极性，防止接错。通电前要仔细核对接线“电源极性”是否正确，无误后方可加电试运行。 （8）蓄电池安装过程中以及安装后室内严禁烟火	（1）对蓄电池安装进行巡视检查，填写监理检查记录表。 （2）签署分项工程质量报验申请表
充放电及容量测定	（1）确定蓄电池组安装结束，单体电池的采样装置开通并运行正常，能检测到整组及单体电池的电压，合上蓄电池组的充电熔丝，对电池进行充电。 （2）对于免维护蓄电池现场只进行电池容量的校核，以0.1×C10的恒定放电电流进行放电，放电容量不得低于10h放电率容量的95%。 （3）对放电过程中不合格的电池进行更换，并重新进行放电容量的校核	（1）充电期间，充电电源应可靠，不得断电。 （2）环境温度应为5～35℃。 （3）室内不得有明火，通风良好。 （4）防止过放电、过充电	对蓄电池充放电进行巡视，签署蓄电池组充放电检查签证

续表

作业顺序	质量控制重点	安全控制重点	监理作业重点
工程交接验收	（1）在验收时，应进行下列检查： 1）屏、柜的固定及接地应可靠，屏、柜漆层应完好、清洁、整齐。 2）屏、柜内所装电器元件应齐全完好，安装位置正确，固定牢固。 3）所有二次回路接线应准确，连接可靠，标志齐全清晰，绝缘符合要求。 4）手车或抽屉式开关柜在推入或拉出时应灵活，机械闭锁可靠，照明装置齐全。 5）柜内一次设备的安装质量验收要求应符合现行国家有关标准规范的规定。 6）用于热带地区的屏、柜应具有防潮、抗霉和耐热性能，按 JB/T 4159《热带电工产品通用技术》要求验收。 7）屏、柜及电缆管道安装完后，应做好封堵；可能结冰的地区还应有防止管内积水结冰的措施。 8）二次回路抗干扰应符合设计要求。 9）光缆连接可靠。 10）操作及联动试验正确，符合设计要求。 11）交接试验应合格。 （2）在验收时，应提供下列资料： 1）施工图和工程变更文件。 2）制造厂提供的产品说明书、安装图纸、装箱单、试验记录、产品合格证件等技术文件。 3）安装技术记录。 4）质量验收评定记录。 5）交接试验报告。 6）备品备件、专用工具及测试仪器清单		（1）总监理工程师组织分部工程验收，签署分部工程质量报验申请单。 （2）专业监理工程师编写工程施工强制性条文执行检查表。 （3）采集数码照片（按国网基建安质〔2016〕56 号文要求）

表 3-4　　允许最小电气间隙及爬电距离　　（mm）

额定电压（V）	电气间隙		爬电距离	
	额定工作电流		额定工作电流	
	≤63A	＞63A	≤63A	＞63A
≤60	3.0	5.0	3.0	5.0
60＜U≤300	5.0	6.0	6.0	8.0
300＜U≤500	8.0	10.0	10.0	12.0

表 3-5　　电缆与其他管道、道路、建筑物等之间平行和交叉时的最小净距　　（m）

项　目		平行	交叉
电力电缆间及其与控制电缆间	10kV 及以下	0.10	0.50
	10kV 以上	0.25	0.50
控制电缆间			0.50
不同使用部门的电缆间		0.50	0.50
热管道（管沟）及热力设备		2.00	0.50
油管道（管沟）		1.00	0.50
可燃气体及易燃液体管道（沟）		1.00	0.50
其他管道（管沟）		0.50	0.50

续表

项　　目		平行	交叉
铁路路轨		3.00	1.00
电气化铁路路轨	交流	3.00	1.00
	直流	10.0	1.00
公路		1.50	1.00
城市街道路面		1.00	0.70
杆基础（边线）		1.00	
建筑物基础（边线）		0.60	
排水沟		1.00	0.50

远动、通信装置安装

作业顺序	质量控制重点	安全控制重点	监理作业重点
施工准备阶段	（1）编制施工方案，详细列出本施工过程中的组织措施、安全措施、技术措施和质量控制措施。 （2）认真检查本项目施工过程所需材料、设备、配件是否符合设计要求	（1）认真检查施工人员个人防护用品、个人工具是否合格齐全。 （2）进行安全技术交底	（1）参加开箱验收工作。检查开箱设备是否与供货合同相符，配件齐全。 （2）核查施工项目部编制的施工方案是否已经审批。 （3）核查主要施工机械/工器具/安全用具与审批文件是否一致。 （4）收集相关资料。 （5）采集数码照片（按国网基建安质〔2016〕56号文要求）
通信系统一次设备安装	（1）室内通信设备安装：屏柜基础槽钢尺寸偏差满足规范要求，不直度和水平度均＜1mm/m、5mm/全长。 （2）根据设计屏柜布置图进行光端机、光配架、音频配线架、数字配线架、载波机、微波设备、电源屏等安装。 （3）利用螺栓将屏柜和基础槽钢牢固连接。 （4）屏柜安装结束后对内部设备进行检查、安装子架、插件、网管等，插件安装位置正确、接触良好、排列整齐。 （5）户外通信设备安装：耦合电容器、阻波器、结合滤波器的型号和参数符合设计要求，外观检查良好无损伤。	（1）现场技术负责人应向所有参加施工作业人员进行安全技术交底，指明作业过程中的危险点，布置防范措施，接受交底人员必须在交底记录上签字。 （2）施工负责人，技术人员，安全员，质检员，起重负责人，起重工，电焊工，安装人员等特种作业人员或特殊作业人员持证上岗。 （3）吊车、U形环、钢丝绳、钻床、母线平（立）弯机、电焊机、滚杠、运输平台、木撬棍、砂轮切割机、常用扳手、力矩扳手、手锯、梯子等主要机具及材料配置到位，经检验合格，满足使用要求	（1）重点检查屏柜安装位置正确，屏门用软铜线可靠接地，内部设备符合设计要求。 （2）户外设备间连接正确、安装牢固

续表

作业顺序	质量控制重点	安全控制重点	监理作业重点
通信系统一次设备安装	（6）耦合电容器密封良好、无渗漏；法兰螺栓连接紧固；引线连接良好。 （7）阻波器支柱绝缘子完好、受力均匀；内部电容器、避雷器接触良好、固定牢靠。 （8）结合滤波器安装固定牢靠、端正。 （9）耦合电容器至接地刀闸、接地刀闸至结合滤波器的连接线必须采用截面不小于$16mm^2$的铜导体		
微波通信设备安装	（1）微波天线安装：天线与底架安装位置正确、安装牢固；天线方位角、俯仰角调整符合设计要求；拼装式天线主反射面组装接缝平齐、均匀；防尘罩安装牢固；天线聚焦正确，接收场强调制符合设计要求。 （2）微波馈线安装：馈线平直无扭曲、裂纹；敷设整齐美观、无交叉；加固受力点位置在波导法兰盘上，加固间距符合规定；馈线弯曲半径和扭转符合规定；可调波导节焊接垂直、平整牢固、焊锡均匀；馈线气闭试验≤20kPa，气压试验24h后大于5kPa；馈线接地符合规定。 （3）载波机、光端、微波设备安装：机架安装垂直误差和机架间隙均≤3mm，固定牢靠；子架插接件接触良好；光纤连接线弯曲半径≤40mm；电缆芯线焊接端正、牢固。 （4）程控交换机安装：终端设备安装完整，标识齐全、正确；配线架安装牢固，位置符合设计；音频电缆、电源线布放正确	（1）开关柜、屏就位前，作业人员应将就位点周围的孔洞用铁板或结实的木板盖严，避免作业人员摔伤。 （2）组立屏、柜或端子箱时，应保证有足够的作业人员，设专人指挥，作业人员必须服从指挥，统一行动，防止屏、柜倾倒伤人，钻孔时使用的电钻应检查是否漏电，电钻的电源线应采用便携式电源盘，并加装漏电保安器。 （3）开关柜、屏找正时，作业人员不可将手、脚伸入柜底，避免挤压手脚。屏、柜顶部作业人员，应有防护措施，防止从屏柜上坠落。 （4）用电焊固定开关柜时，作业人员必须将电缆进口用铁板盖严，防止焊渣将电缆烫坏，应设专人进行监护。 （5）应在作业面附近配备消防器材	

续表

作业顺序	质量控制重点	安全控制重点	监理作业重点
通信系统免维护蓄电池安装	（1）盘柜安装：垂直度误差≤1.5mm、成列盘顶水平误差≤3mm、成列盘间盘面误差≤2mm、盘间接缝间隙≤2mm，盘面平整、无脱漆锈蚀。 （2）蓄电池组型号规格符合设计；蓄电池外观清洁、无渗漏；安全阀完好、无脱落；电池安装极性连接正确；正负极螺栓连接紧固、接触良好；导电连接面处理涂电力复合脂；引出线相色正—赭色，负—蓝色；电瓶编号正确、字迹工整	蓄电池安装过程中以及安装后室内严禁烟火	重点检查蓄电池组充放电应符合产品技术文件要求，签署通信蓄电池组充放电质量验收签证
通信系统接地	（1）防雷接地：避雷针与引下线连接、引下线与均压带连接牢靠，接触良好；接地电阻符合设计规定值。 （2）工作及保护接地：机房接地母线与接地网边接点至少 2 处；直流电源正极在电源侧和通信设备侧、机房直流馈电线屏蔽层均直接接地，在电源屏侧接地时采用不低于 25mm^2 的铜绞线，在负载侧接地时采用不低于 2.5mm^2 的接地线；电缆屏蔽层两端接地；铠装电缆进入机房前铠装与屏蔽同时接地；交换机、调度总机金属机架、总配线架、保安配线箱、通信用交直流屏及整流器金属架接地良好；各台设备与接地母线单独直接连接；微波站接地母线、通信站接地母线与接地网就近单独连接；音频电缆备用线在配线架上接地	（1）通信机房的屏位下应敷设专用的环形接地网，并与变电站的主接地网有不少于两点的可靠连接，接地网一般采用不小于 90mm^2 的铜排或 120mm^2 的镀锌扁钢。 （2）电缆的屏蔽层应两端接地。铠装电缆进入机房前，应将铠带和屏蔽同时接地；通信设备的金属机架、屏柜的金属骨架、电缆的金属护套等保护接地应统一接在柜内的接地母线上，并必须用独立的接地线接在机房内的环形接地母线上，严禁串接接地。 （3）通信设备直流电源的正极，在电源侧和通信设备侧均应直接接地，在电源屏侧接地时采用不低于 25mm^2 的铜绞线，在负载侧接地时采用不低于 2.5mm^2 的接地线。 （4）接地线整齐、美观	检查通信系统接地情况应符合强制性条文要求

续表

作业顺序	质量控制重点	安全控制重点	监理作业重点
施工验收阶段	(1)在验收时，应进行下列检查： 1)屏、柜的固定及接地应可靠，屏、柜漆层应完好、清洁、整齐。 2)屏、柜内所装电器元件应齐全完好，安装位置正确，固定牢固。 3)所有接线应准确，连接可靠，标志齐全清晰，绝缘符合要求。 4)屏、柜及电缆管道安装完后，应做好封堵；可能结冰的地区还应有防止管内积水结冰的措施。 5)回路抗干扰应符合设计要求。 6)光缆连接可靠。 7)操作及联动试验正确，符合设计要求。 8)交接试验应合格。 (2)在验收时，应提供下列资料： 1)施工图和工程变更文件。 2)制造厂提供的产品说明书、安装图纸、装箱单、试验记录、产品合格证件等技术文件。 3)安装技术记录。 4)质量验收评定记录。 5)交接试验报告。 6)备品备件、专用工具及测试仪器清单		(1)总监理工程师组织分部工程验收，签署分部工程质量报验申请单； (2)专业监理工程师编写工程施工强制性条文执行检查表。 (3)采集数码照片（按国网基建安质〔2016〕56号文要求）

变电站试验及调试

作业内容	质量重点	安全重点	监理作业重点
施工准备阶段	（1）编制施工方案，详细列出本施工过程中的组织措施、安全措施、技术措施和质量控制措施。 （2）认真检查本项目施工过程所需材料、仪器、仪表、设备、配件是否符合设计要求。 （3）配置本项目实施过程所需人员	（1）试验人员应具有试验专业知识，充分了解被试设备和所用试验设备、仪器的性能。试验设备应合格有效，不得使用有缺陷及有可能危及人身或设备安全的设备。 （2）进行系统调试作业前，应全面了解系统设备状态。对与运行设备有联系的系统进行调试应办理工作票，同时采取隔离措施，并设专人监护。 （3）通电试验过程中，试验和监护人员不得中途离开。 （4）试验电源应按电源类别、相别、电压等级合理布置，并在明显位置设立安全标志。试验场所应有良好的接地线，试验台上及台前应根据要求铺设橡胶绝缘垫	（1）检查特殊工种/特殊作业人员与审批文件是否一致。 （2）核查主要测量计量器具/试验设备与审批文件是否一致。 （3）核查主要施工机械/工器具/安全用具与审批文件是否一致。 （4）核查施工项目部编制的施工方案是否已经审批。 （5）进行安全巡视检查。重点检查：现场安全文明施工措施落实情况，并采集数码照片
变压器试验	（1）变压器交流耐压试验，应符合下列规定：容量为8000kVA以下、绕组额定电压在110kV以下的变压器，线端试验应按规范中规定电压进行交流耐压试验；容量为8000kVA及以上、绕组额定电压在110kV以下的变压器按规定试验电压标准，进行线端交流耐压试验；绕组额定电压为110kV及以	（1）填写作业票，编写作业控制卡、质量控制卡，办理工作许可手续，向工作班组人员交待危险点告知，交代工作内容、人员分工、带电部位，并履行确认手续后开工。 （2）进行高压试验时，应明确试验负责人，试验人员不得少于两人，试验负责人是作业的安全责任人，对试验作业的安全全面负责。	（1）查验作业票，明确作业的时间以及范围。 （2）检查试验人员穿着是否符合规范要求。 （3）检查试验现场安全防护措施是否到位。 （4）检查变压器外观。检查渗漏情况、阀门位置、油位、接地等应符合要求。

续表

作业内容	质量重点	安全重点	监理作业重点
变压器试验	上的变压器，其中性点应进。交流耐压试验，试验耐受电压标准为出厂试验电压值的80%。 （2）电压等级为 220kV 变压器在新安装时，应进行现场局部放电试验。电压等级为110kV 的变压器，当对绝缘有怀疑时，应进行局部放电试验；局部放电试验方法及判断方法，应按 GB 1094.3《电力变压器　第 3 部分：绝缘水平、绝缘试验和外绝缘空隙间隙》中的有关规定执行。 （3）额定电压下的冲击合闸试验，应符合下列规定：在额定电压下对变压器的冲击合闸试验，应进行 5 次，每次间隔时间宜为5min，应无异常现象；冲击合闸宜在变压器高压侧进行，对中性点接地的电力系统试验时变压器中性点应接地。 （4）油浸式变压器中绝缘油及 SF_6 气体的试验，应符合下列规定：电压等级在 66kV及以上的变压器，应在注油静置后、耐压和局部放电试验 24h 后冲击合闸及额定电压下运行 24h 后各进行一次变压器器身内绝缘油的油中溶解气体的色谱分析，各次测得气体含量应无明显差别。 （5）变压器油中水含量的测量，应符合下列规定：电压等级为 110kV 时，油中水含量不应大于 20mg/L；电压等级为 220kV 时，油中水含量不应大于 15mg/L。	（3）高压试验设备和被试验设备的接地端或外壳应可靠接地，低压回路中应有过载自动保护装置的开关并串用双极刀闸。接地线应采用多股编织裸铜线或外覆透明绝缘层铜质软绞线或铜带，接地线的截面应能满足相应试验项目要求。 （4）现场高压试验区域应设置遮栏或围栏，向外悬挂“止步，高压危险！”的安全标志牌，并设专人看护，被试设备两端不在同一地点时，另一端应同时派人看守。 （5）高压试验操作人员应穿绝缘靴或站在绝缘台（垫）上，并戴绝缘手套。 （6）试验用电源应采用三相五线制，有断路明显的开关和电源指示灯。更改接线或试验结束时，应首先断开试验电源，再进行充分放电，并将升压设备的高压部分短路接地。 （7）对高压试验设备和试品放电应使用接地棒，接地棒绝缘长度按安全作业的要求选择，但最小长度不得小于 1000mm，其中绝缘部分不得小于 700mm。试验后被试设备应充分放电。从接地棒接触高压试验设备和试品高压端至试验人员能接触的时间不短于 3min，对大容量试品的放电时间应大于5min。放电后应将接地棒挂在高压端，保持接地状态，再次试验前取下。	（5）对变压器局部放电试验进行旁站，并填写旁站记录表，主要内容：核查试验过程与试验方案是否一致。 （6）对交流耐压试验进行安全旁站，主要内容：专职安全员是否到岗，试验现场的安全措施与施工方案是否一致。采集数码照片并填写旁站记录表。 （7）对交接试验进行巡视检查。重点检查：施工项目部是否按 GB 50150—2016《电气装置安装工程　电气设备交接试验标准》完成了交接试验，试验项目是否齐全、结论是否合格。审查调试报告报审表

作业内容	质量重点	安全重点	监理作业重点
变压器试验	（6）变压器的直流电阻，与同温下产品出厂实测数值比较，相应变化不应大于2%	（8）遇有雷电、雨、雪、雹、雾和六级以上大风时应停止高压试验。 （9）试验中如发生异常情况，应立即断开电源，并经充分放电、接地后方可检查。 （10）试验结束后，应将电荷放净，接地装置拆除。检查被试设备上有无遗忘的工具、导线及其他物品，拆除临时围栏或标志旗绳，并将被试验设备恢复原状	
GIS耐压试验	（1）试验程序和方法，应按产品技术条件或DL/T 555《气体绝缘封闭开关设备现场耐压及绝缘试验导则》的有关规定执行，试验电压值应为出厂试验电压的80%。 （2）进行组合电器的操动试验时，连锁与闭锁装置动作应准确可靠；电动、气动或液压装置的操动试验，应按产品技术条件的规定进行。 （3）在充气过程中检查气体密度继电器及压力动作阀的动作值，应符合产品技术条件的规定	（1）耐压试验应将GIS与主变压器断开，与进、出线断开，同时还应将电压互感器、避雷器断开，试验后再安装恢复原状态。 （2）进入地下施工现场时，要随时查看气体检测仪是否正常，并检查通风装置运转是否良好、空气是否流通。如有异常，立即停止作业，组织施工人员撤离现场。 （3）高压试验设安全围栏，向外悬挂“止步，高压危险！”的标识牌，设立警戒。 （4）高压试验设备的外壳必须接地，接地必须良好可靠。高压试验时，高压引线长度适当，不可过长，引线用绝缘支架固定	（1）现场检查设备，重点检查：设备应安装牢靠、外观清洁；联动正常、无卡阻现象；分、合闸指示正确；辅助开关及电气闭锁正确；瓷套应完整无损、表面清洁；接地应良好；带电显示装置显示正确等。 （2）对设备导电电阻测试进行巡视检查。 （3）对现场交流耐压试验进行安全旁站。主要内容：专职安全员是否到岗，试验现场的安全技术措施与试验方案是否一致。采集数码照片，并填写旁站记录表。 （4）对交接试验进行巡视检查。重点检查：施工项目部是否按GB 50150—2006《电气装置安装工程　电气设备交接试验标准》完成了交接试验，试验项目是否齐全、结论是否合格。审查调试报告报审表

续表

作业内容	质量重点	安全重点	监理作业重点
电抗器及消弧线圈试验	（1）测量绕组连同套管的直流电阻，应符合下列规定：测量应在各分接的所有位置上进行；实测值与出厂值的变化规律应一致；三相电抗器绕组直流电阻值相互间差值不应大于三相平均值的 2%；电抗器和消弧线圈的直流电阻，与同温下产品出厂值比较相应变化不应大于 2%；对于立式布置的干式空芯电抗器绕组直流电阻值，可不进行三相间的比较。 （2）在额定电压下，对变电站及线路的并联电抗器连同线路的冲击合闸试验应进行 5 次，每次间隔时间应为 5min，应无异常现象	（1）耐压试验用的电源，根据试验容量选择开关容量、导线截面、站用变压器跌落保险值。 （2）作业人员应与供电部门联系，避免在试验过程中突然停电，给试验人员和设备带来危害。 （3）试验电源应采用三相五线制，其开关应采用有明显断点的双刀开关和电源指示灯，并设专线，应有专人负责维护。 （4）试验区域应装设门形组装式安全围栏，挂接地线，专人监护。 （5）试验结束后，应将电荷放净，接地装置拆除	（1）对电抗器交流耐压试验进行安全旁站。主要内容：专职安全员是否到岗，试验现场的安全技术措施试验方案是否一致。采集数码照片，并填写旁站记录表。 （2）对交接试验进行巡视检查。重点检查：是否按 GB 50150—2006《电气装置安装工程　电气设备交接试验标准》完成了交接试验，试验项目是否齐全、结论是否合格。审查调试报告报审表
互感器试验	（1）测量绕组的绝缘电阻，应符合下列规定：应测量一次绕组对二次绕组及外壳、各二次绕组间及其对外壳的绝缘电阻；绝缘电阻值不宜低于 1000Ω；测量电流互感器一次绕组段间的绝缘电阻，绝缘电阻值不宜低于 1000Ω；测量电容型电流互感器的末屏及电压互感器接地端对外壳的绝缘电阻，绝缘电阻值不宜小于 1000Ω；测量绝缘电阻应使用 2500V 绝缘电阻表。 （2）互感器的局部放电测量，应符合下列规定：	（1）耐压试验用的电源，根据试验容量选择开关容量、导线截面、站用变压器跌落保险值。 （2）作业人员应与供电部门联系，避免在试验过程中突然停电，给试验人员和设备带来危害。 （3）试验电源应采用三相五线制，其开关应采用有明显断点的双刀开关和电源指示灯，并设专线，应有专人负责维护。 （4）试验区域应装设门形组装式安全围栏，挂接地线，专人监护。 （5）试验结束后，应将电荷放净，接地装置拆除	（1）对互感器交流耐压试验进行安全旁站。主要内容：专职安全员是否到岗，试验现场的安全技术措施试验方案是否一致。采集数码照片并填写旁站记录表。 （2）对交接试验进行巡视检查。重点检查：是否按 GB 50150—2006《电气装置安装工程　电气设备交接试验标准》完成了交接试验，试验项目是否齐全、结论是否合格。审查调试报告报审表

续表

作业内容	质量重点	安全重点	监理作业重点
互感器试验	局部放电测量宜与交流耐压试验同时进行；电压等级为35、110kV互感器的局部放电测量可按10%进行抽测；电压等级220kV及以上互感器在绝缘性能有怀疑时宜进行局部放电测量； 局部放电测量时，应在高压侧（包括电磁式电压互感器感应电压）监测施加的一次电压。 （3）互感器交流耐压试验，应符合下列规定：应按出厂试验电压的80%进行，并应在高压侧监视施加电压；电压等级66kV及以上的油浸式互感器，交流耐压前后宜各进行一次绝缘油色谱分析；电磁式电压互感器（包括电容式电压互感器的电磁单元）感应耐压试验前后，应各进行一次额定电压时的空载电流测晕，两次测得值相比不应有明显差别；对电容式电压互感器的中间电压变压器进行感应耐压试验时，应将耦合电容分压器、阻尼器及限幅装置拆开。由于产品结构原因现场无条件拆开时，可不进行感应耐压试验。 （4）绕组直流电阻测量，应符合下列规定： 电压互感器：一次绕组直流电阻测量值，与换算到同一温度下的出厂值比较，相差不宜大于10%。二次绕组直流电阻测量值，与换算到同一温度下的出厂值比较，相差不宜大于15%；电流互感器：同型号、同规格、		

续表

作业内容	质量重点	安全重点	监理作业重点
互感器试验	同批次电流互感器绕组的直流电阻和平均值的差异不宜大于10%，一次绕组有串、并联接线方式时，对电流互感器的一次绕组的直流电阻测量应在正常运行方式下测量，或同时测量两种接线方式下的一次绕组的直流电阻，倒立式电流互感器单匝一次绕组的直流电阻之间的差异不宜大于30%		
断路器试验	（1）应在断路器合闸及分闸状态下分别进行交流耐压试验。 （2）当在合闸状态下进行时，真空断路器的交流耐受电压应符合规范要求。 （3）当在分闸状态下进行时，真空灭弧室断口间的试验电压应按产品技术条件的规定，当产品技术文件没有特殊规定时，真空断路器的交流耐受电压应符合规范要求。 （4）测量断路器主触头的分、合闸时间，测量分、合闸的同期性，测量合闸过程中触头接触后的弹跳时间，应符合下列规定：合闸过程中触头接触后的弹跳时间，40.5kV以下断路器不应大于2ms，40.5kV及以上断路器不应大于3ms；对于电流3kA及以上的10kV真空断路器，弹跳时间不大于2ms。 （5）测量分、合闸线圈及合闸接触器线圈的直流电阻值与产品出厂试验值相比应无明显差别	（1）进入地下施工现场时，要随时查看气体检测仪是否正常，并检查通风装置运转是否良好、空气是否流通。如有异常，立即停止作业，组织施工人员撤离现场。 （2）高压试验设安全围栏，向外悬挂“止步，高压危险！”的标识牌，设立警戒。 （3）高压试验设备的外壳必须接地，接地必须良好可靠。高压试验时，高压引线长度适当，不可过长，引线用绝缘支架固定。 （4）试验结束后，应将电荷放净，接地装置拆除	（1）对断路器一次绝缘电阻、主导电回路电阻测量进行巡视检查。重点检查：测试结果应符合产品技术文件要求。 （2）对断路器交流耐压试验进行安全旁站。主要内容：专职安全员是否到岗，试验现场的安全技术措施试验方案是否一致。采集数码照片并填写旁站记录表。 （3）对断路器交接试验进行巡视检查。重点检查：是否按GB 50150—2006《电气装置安装工程　电气设备交接试验标准》完成了交接试验，试验项目是否齐全、结论是否合格。签署断路器调整记录。审查调试报告报审表

续表

作业内容	质量重点	安全重点	监理作业重点
隔离开关试验	（1）三相同一箱体的负荷开关，应按相间及相对地进行耐压试验，还应按产品技术条件规定进行每个断口的交流耐压试验。 （2）操动机构的试验，应符合下列规定：动力式操动机构的分、合闸操作，当其电压或气压在正常范围内，应保证隔离开关的主闸刀或接地闸刀可靠地分闸和合闸；隔离开关、负荷开关的机械或电气闭锁装置应准确可靠	（1）高压试验设安全围栏，向外悬挂“止步，高压危险！”的标识牌，设立警戒。 （2）高压试验设备的外壳必须接地，接地必须良好可靠。高压试验时，高压引线长度适当，不可过长，引线用绝缘支架固定。 （3）试验结束后，应将电荷放净，接地装置拆除	（1）对隔离开关交流耐压试验进行安全旁站。主要内容：专职安全员是否到岗，试验现场的安全技术措施试验方案是否一致。采集数码照片并填写旁站记录表。 （2）对隔离开关交接试验进行巡视检查。重点检查：是否按GB 50150—2006《电气装置安装工程　电气设备交接试验标准》完成了交接试验，试验项目是否齐全、结论是否合格。审查调试报告报审表
换流站直流高压试验	（1）高压直流系统带线路空载加压试验前，应确认对侧换流站相应的直流线路接地刀闸、极母线出线隔离开关、金属回线隔离开关在拉开状态。 （2）单极金属回线运行时，不应对停运极进行空载加压试验。 （3）背靠背高压直流系统一侧进行空载加压试验前，应检查另一侧换流变压器是否处于冷备用状态	（1）进行晶闸管（可控硅）高压试验前，应停止区域内其他作业，撤离无关人员。进行低压通电试验时，试验人员应与试验带电体保持0.7m以上的安全距离，试验人员不得接触阀塔屏蔽罩。 （2）地面试验人员与阀体层人员应保持联系，防止误加压。阀体作业层应设专责监护人（在与阀体作业层平行的升降车上监护、指挥），加压过程中应有人监护并复述。 （3）换流变压器高压试验前应通知阀厅内高压穿墙套管侧无关人员撤离，并派专人监护	（1）对耐压试验进行安全旁站。主要内容：专职安全员是否到岗，试验现场的安全技术措施试验方案是否一致。采集数码照片并填写旁站记录表。 （2）对试验进行巡视检查。重点检查：是否按GB 50150—2006《电气装置安装工程　电气设备交接试验标准》完成了交接试验，试验项目是否齐全、结论是否合格。审查调试报告报审表

续表

作业内容	质量重点	安全重点	监理作业重点
二次回路传动试验	（1）对电磁感应式电流互感器一次侧进行通电试验时，二次回路禁止开路，短路接地应使用短接片或短接线，禁止用导线缠绕。 （2）对电压互感器二次回路做通电试验时，二次回路应于电压互感器断开，一次回路应于系统隔离，拉开隔离开关或取下高压侧熔断器。 （3）进行与已运行系统有关的继电保护、自动装置及监控系统调试时，应将有关部分断开或隔离，申请退出运行，做一、二次传动或一次通电时应事先通知，必要时应有运维人员和有关人员配合作业，严防误操作。 （4）运行屏上拆接线时应在端子排外侧进行，拆开的线应包好，并注意防止误碰其他运行回路，禁止将运行中的电流互感器二次回路开路及电压互感器二次回路短路、接地。拆除与运行设备有关联回路时，应先拆运行设备端，后拆另一端。其余回路一般先拆电源端，后拆另一端。二次回路接线时，应先接扩建设备侧，后接运行设备侧	（1）测量二次回路的绝缘电阻时，被试系统内应切断电源，其他作业应暂停。 （2）使用钳形电流表时，其电压等级应与被测电压相符。测量时应戴绝缘手套、站在绝缘垫上。 （3）在光纤回路测试时应采取相应的防护措施，防止激光对人眼造成伤害。 （4）做断路器、隔离开关、有载调压装置等主设备远方传动试验时，主设备处应设专人监视，并应有通信联络及相应应急措施	（1）对试验进行安全旁站。主要内容：专职安全员是否到岗，试验现场的安全技术措施试验方案是否一致。采集数码照片并填写旁站记录表。 （2）对试验进行巡视检查。重点检查：是否按 GB 50150—2006《电气装置安装工程　电气设备交接试验标准》完成了交接试验，试验项目是否齐全、结论是否合格。审查调试报告报审表

续表

作业内容	质量重点	安全重点	监理作业重点
智能变电站调试	（1）试验人员应熟悉智能变电站技术特点，熟悉本站网络结构、本站SCD文件及待校验装置配置、涉及的交换机连接及VLAN划分方式。 （2）试验仪器应符合DL/T 624《继电保护微机型试验装置技术条件》的规定，并检验合格。 （3）试验前应确保待校验装置的检修压板处于投入状态，并确认装置输出报文带检修位。 （4）对智能终端和合并单元进行试验时，应明确其影响范围。在影响范围内的保护装置应退出相应间隔，必要时可以申请保护装置和一次设备退出运行。 （5）智能化保护设备功能的投退皆由软压板实现。装置校验时，装置内远方修改定值、远方修改软压板、远方修改定值区功能应退出，保证校验过程中软压板不会误投退。 （6）校验结束后，应按记录、标识恢复每个端口的光纤，并核对其与校验前一致，检查装置通信恢复情况，确认所有装置连接正确无断链告警高。 （7）传动前，应将合并单元、控制保护装置、智能终端设备的检修压板合上。试验完成后，将所有检修压板退出	（1）试验人员应熟悉待校验装置与运行设备（包括交换机等）的隔离点，做好安全隔离措施，必要时可以拔出保护跳闸出口的光纤，盖上护套并做好记录、标识。 （2）试验中应核对停役设备的范围，不得投入运行中合并单元的检修压板。 （3）试验过程中禁止将随身携带的笔记本等未经过网络安全检验的设备直接接入变电站网络交换机	（1）对调试进行安全旁站。主要内容：专职安全员是否到岗，试验现场的安全技术措施试验方案是否一致。采集数码照片并填写旁站记录表。 （2）对调试进行巡视检查。重点检查：是否按GB 50150—2006《电气装置安装工程　电气设备交接试验标准》完成了交接试验，试验项目是否齐全、结论是否合格。审查调试报告报审表

续表

作业内容	质量重点	安全重点	监理作业重点
报警与消防水系统联合调试	（1）调试人员在调试中对变电站运行设备应明晰，施工人员不得触碰运行设备。 （2）操作程序符合设计要求。 （3）电源可靠，有保护措施和备用电源。电气设备绝缘和接地良好、电气开关均处于断开位置，并有明显的电源指示，电机正反转标识明晰，相序正确。 （4）水源已达到设计标准，管道气体排空。在变压器处和消火栓处应安排专人值守	（1）变压器器身和储油柜上热敏电缆敷设时，作业人员应系好安全带，并设专人监护。 （2）各种设备标识清楚，带电的控制设备应挂警示标牌。 （3）参加调试人员应明确带电设备状况，与带电设备保持一定的安全距离。 （4）操作控制设备的调试人员应着工作装和绝缘鞋。设备功能标识应醒目	（1）对调试进行安全旁站。主要内容：专职安全员是否到岗，试验现场的安全技术措施试验方案是否一致。采集数码照片并填写旁站记录表。 （2）对调试进行巡视检查。重点检查：是否按 GB 50150—2006《电气装置安装工程　电气设备交接试验标准》完成了交接试验，试验项目是否齐全、结论是否合格。审查调试报告报审表
施工验收阶段	（1）做好试验记录。 （2）填写试验报告。 （3）试验报告移交和归档		（1）专业监理工程师编写工程施工强制性条文执行检查表。 （2）采集数码照片（按国网基建安质〔2016〕56 号文要求）

辅控（安防、消防、视频等）系统安装

作业顺序	质量控制重点	安全控制重点	监理作业重点
施工准备阶段	（1）核查图纸是否满足监控系统要求，有无漏项目。 （2）核查施工埋管位置高度是否满足监控系统安装要求，是否符合设计。 （3）检查进场材料是否符合设计要求。 （4）提前协助业主沟通厂家进场时间	（1）编写施工安全技术措施 （2）审查登高作业防护用具及报审 （3）检查登高作业人员证件	（1）参加开箱验收工作。检查开箱设备是否与供货合同相符，配件齐全。 （2）核查施工项目部编制的施工方案是否已经审批。 （3）核查主要施工机械/工器具/安全用具与审批文件是否一致。 （4）检查现场安装位置是否符合图纸要求并提前协调厂家核查是否漏项。 （5）收集相关资料。 （6）采集数码照片（按国网基建安质〔2016〕56号文要求）
电子围栏安装工程	（1）脉冲电子围栏应能响应前端探测设备的短路、断路状态发出入侵报警信号，联动声光报警器，并将报警信号上传到（室内入侵）报警控制主机。 （2）脉冲电子围栏前端探测设备包括安装在围墙四周的电子围栏和（或）变电站大门上下方安装的红外对射探测器，技术要求如下： 1）前端围栏采用四线制或六线制； 2）前端围栏的金属导线选用ϕ2mm专用多股合金导线，抗氧化、耐腐蚀、高强度、低阻抗，每100m的电阻值不超过2.5Ω；	（1）脉冲电子围栏金属导线与带电部分的最小安全距离： 1）10kV及以下水平距离2.5m，垂直距离2m。 2）35～110kV水平距离5m，垂直距离3m。 3）220kV水平距离7m，垂直距离4m。 （2）高处作业注意事项： 1）按照GB 3608《高处作业分级》的规定，凡在距坠落高度基准面2m及以上有可能坠落的高度进行的作业均称为高处作业。	对间隔层、站控层设备安装进行巡视检查。 重点检查：屏柜安装位置应正确，屏柜框架和底座接地良好

续表

作业顺序	质量控制重点	安全控制重点	监理作业重点
电子围栏安装工程	3）前端金属导线之间的距离应在20±2cm，最下面一根导线与墙顶之间的距离应≤15cm； 4）地面至围栏前端最下面一根导线之间的高度不低于2.3m； 5）如果墙墩较宽，应将围栏导线安装靠近墙体中心偏外，即底座偏外安装，保证无盲区情况下，防止从墙顶跨过围栏翻越； 6）围栏立杆间距一般为3m，最大不超过5m； 7）终端杆采用防静电、防锈、耐腐蚀热镀锌的金属管，直径≥ϕ32mm，壁厚≥2mm，杆间距≤50m； 8）承力杆采用防静电、防锈、耐腐蚀热镀锌的金属管，直径≥ϕ25mm，壁厚≥2mm，一般每30m布置1根； 9）中间过线杆采用ϕ12mm以上的实心玻璃纤维杆； 10）绝缘子抗脉冲电压应≥15kV。 （3）警示牌采用绝缘材料，字迹清晰，夜间荧光： 1）前端围栏支架上每隔10m悬挂“高压危险、禁止攀爬”警示牌，规格100mm×200mm。 2）围墙外立面距地面明显处每隔20m悬挂或喷涂“高压危险、禁止攀爬”警示标志，规格300mm×400mm。	高处作业应设专责监护人。 2）高处作业人员应衣着灵便，衣袖、裤脚应扎紧，穿软底防滑鞋，并正确佩戴个人防护用具。 3）遇有六级及以上风或暴雨、雷电、冰雹、大雪、大雾、沙尘暴等恶劣气候时，应停止露天高处作业。 4）高处作业下方危险区内禁止人员停留或穿行，高处作业的危险区应设围栏及“禁止靠近”的安全标志牌。 5）在夜间或光线不足的地方进行高处作业，应设充足的照明	

续表

作业顺序	质量控制重点	安全控制重点	监理作业重点
电子围栏安装工程	3）高压绝缘线导电部分应与前端金属导体采用一致的材质，耐15kV的脉冲电压。 4）主动红外探测器警戒距离≥50m，采用长波段四光束红外LED光源，IC继电器接点报警输出，安装在变电站大门口上侧、下侧里面各1对，保证入侵探测无盲区。 （4）声光报警装置宜采用一体化设备。 1）每防区安装1个声光报警器，声强级80～100dB，由脉冲电子围栏主机直接驱动。 2）城市或人口密集地区的变电站，可仅在室内安装1个声光报警器。 3）地处偏远地区的变电站，可在室外安装1个高分贝警号，声强级100～120dB。 （5）变电站进出线下方围栏的安装要求，变电站出线或进线下方围墙上安装的前端围栏，应符合下列规定： 1）围栏立杆适当加密，档距不宜大于3m； 2）用承力杆替代中间过线杆； 3）多股合金线应与绝缘子固定，布置时收线不宜过紧。 （6）脉冲电子围栏与其他物体的间距：围栏前端安装在其他物体上时，应与其他物体保持高于10cm的间距；围栏和植物间的最小距离为20cm（从植物摇摆时取最近位置计算）。		

作业顺序	质量控制重点	安全控制重点	监理作业重点
电子围栏安装工程	（7）供电要求脉冲电子围栏供电设计应满足： 1）电源应接入变电站交流屏，设单独空气开关，保证可靠供电。 2）前端围栏导线不能与脉冲电子围栏供电电源或其他电源相连接。 3）当装置故障时，应保证围栏前端导线不带交流电。 4）应设置单独的脉冲电子围栏主机备用电源，可支持独立供电 8h 以上。 5）脉冲电子围栏的蓄电池应置放在设备箱内，不宜在设备箱外单独设置蓄电池箱		
视频监控安装工程	（1）视频安防监控系统应对监控区域内的人员和机动车的出入、活动情况及治安秩序进行 24h 视频监控并录像，显示图像应能编程、自动或手动切换，图像上应有摄像机编号、地址、时间、日期显示和前端设备控制等功能。 （2）视频安防监控系统技术要求还应符合 GB 50395《视频安防监控系统工程设计规范》和 GA/T367《视频安防监控系统技术要求》的相关规定。 （3）摄像机安装要求。 1）镜头应避免强光直射，保证摄像管靶面不受损伤；镜头视场内，不应有遮挡监视目标的物体。	（1）视频监控系统与带电部分的最小安全距离： 1）10kV 及以下水平距离 2.5m，垂直距离 2m。 2）35～110kV 水平距离 5m，垂直距离 3m。 3）220kV 水平距离 7m，垂直距离 4m。 （2）高处作业注意事项： 1）高处作业应设专责监护人。 2）高处作业人员应衣着灵便，衣袖、裤脚应扎紧，穿软底防滑鞋，并正确佩戴个人防护用具。	（1）参加开箱验收工作。检查开箱设备是否与供货合同相符，配件齐全。 （2）核查施工项目部编制的施工方案是否已经审批。 （3）核查主要施工机械/工器具/安全用具与审批文件是否一致。 （4）检查现场安装位置是否符合图纸要求并提前协调厂家核查是否漏项。 （5）收集相关资料。 （6）采集数码照片（按国网基建安质〔2016〕56 号文要求）

续表

作业顺序	质量控制重点	安全控制重点	监理作业重点
视频监控安装工程	2）摄像机镜头应从光源方向对准监视目标，避免逆光安装；当需要逆光安装时，应降低监视区域的对比度。 3）摄像机不能安装在避雷针上，如果无法避免，应与避雷针绝缘隔离。 4）防护罩进线口要密封，防止苍蝇、虫子进入防护罩内。 5）安装室外摄像机时，线缆应自下往上进入，并留有滴水余兜。 6）摄像机及其配套装置，应牢固安装，运转灵活。 7）在强电磁干扰环境下，摄像机安装应与地绝缘隔离。 （4）支架应与现场环境相协调： 1）支架应稳定牢固，保证摄像机的视野范围满足监视要求。 2）摄像机设置的高度，室内距地面不宜低于 2.5m，室外距地面不宜低于 3.5m。 3）室外立杆为钢制结构时，其底部应与接地网可靠连接	3）遇有六级及以上风或暴雨、雷电、冰雹、大雪、大雾、沙尘暴等恶劣气候时，应停止露天高处作业。 4）高处作业下方危险区内禁止人员停留或穿行，高处作业的危险区应设围栏及“禁止靠近”的安全标志牌。 5）在夜间或光线不足的地方进行高处作业，应设充足的照明	
火灾报警安装工程	（1）变电站火灾报警系统工程设计应符合 GB 50116《火灾自动报警系统设计规范》、GB 50229《火力发电厂与变电站设计防火规范》、DL 5027《电力设备典型消防规程》。 （2）火灾报警信号、火灾报警装置故障信号通过无源输出接点接入变电站综合自动化系统，并传输到调度监控平台。	（1）火灾报警系统与带电部分的最小安全距离： 1）10kV 及以下水平距离 2.5m，垂直距离 2m。 2）35～110kV 水平距离 5m，垂直距离 3m。	（1）参加开箱验收工作。检查开箱设备是否与供货合同相符，配件齐全。 （2）核查施工项目部编制的施工方案是否已经审批。 （3）核查主要施工机械/工器具/安全用具与审批文件是否一致。

续表

作业顺序	质量控制重点	安全控制重点	监理作业重点
火灾报警安装工程	（3）变压器固定式灭火装置的火灾报警信号应直接上传到调控中心。 （4）变电站建筑物用火灾报警控制器应单独设置，不宜与变压器固定式灭火装置所用火灾报警控制器合用。 （5）火灾报警信息、装置故障信息宜接入变电站安全防范信息管理系统	3）220kV水平距离7m，垂直距离4m。 （2）高处作业注意事项： 1）高处作业应设专责监护人。 2）高处作业人员应衣着灵便，衣袖、裤脚应扎紧，穿软底防滑鞋，并正确佩戴个人防护用具。 3）高处作业下方危险区内禁止人员停留或穿行，高处作业的危险区应设围栏及“禁止靠近”的安全标志牌。 4）在夜间或光线不足的地方进行高处作业，应设充足的照明	（4）检查现场安装位置是否符合图纸要求并提前协调厂家核查是否漏项。 （5）收集相关资料。 （6）采集数码照片（按国网基建安质〔2016〕56号文要求）
工程交接验收	（1）在验收时，应进行下列检查： 1）设备外观应完整无缺损伤。 2）设备安装是否满足施工验收规范。 3）接地应可靠。 （2）在验收时，应移交下列资料和文件： 1）施工图纸及设计变更说明文件。 2）制造厂产品说明书、合格证件及使用说明书等产品技术文件。 3）备品、备件		（1）进行系统验收并签署变电站安全防范系统工程验收表。 （2）采集数码照片（按国网基建安质〔2016〕56号文要求）

改扩建工程

作业顺序	质量控制重点	安全控制重点	监理作业重点
施工准备阶段	（1）严格执行工作票制度。作业前，施工单位的工作负责人应按规定办理第一种或第二种工作票。 （2）工作负责人可由施工单位担任，工作票签发人和工作许可人必须由运行单位担任。 （3）按作业项目区域定置平面图要求进行施工作业现场布置，规范作业人员的活动范围和机械设备的站位。 （4）其他同相应施工分项工作	（1）进入运行变电站工作前，应提前一周向建设单位或运行单位报出施工计划、施工组织、技术、安全措施、人员安全考试等资料。经建设单位或运行单位审查合格后，发放允许进入变电站的工作证件。 （2）进入变电站的作业人员应统一着装，并佩戴进站标志牌。 （3）必须设专职安全人员，进行施工全过程的安全监护，不得脱岗，严禁只设兼职安全员。 （4）所用的吊车司机和指挥人员，应有在带电区域作业经验。施工作业人员必须听从指挥。 （5）安全技术交底必须详细全面，对作业的每一个细节都应向作业人员交代清楚，必要时应带领作业人员到现场进行实地交底。对迟到人员，工作负责人应单独进行安全技术交底，必须详细不得漏项	（1）参加开箱验收工作。检查开箱设备是否与供货合同相符，配件齐全。 （2）核查施工项目部编制的施工方案是否已经审批。 （3）核查主要施工机械/工器具/安全用具与审批文件是否一致。 （4）检查现场安装位置是否符合图纸要求并提前协调厂家核查是否漏项。 （5）收集相关资料。 （6）采集数码照片（按国网基建安质〔2016〕56号文要求）

续表

作业顺序	质量控制重点	安全控制重点	监理作业重点
土建间隔扩建施工	同相应施工分项工作	（1）机械开挖采用一机一指挥的组织方式。 （2）机械设备与带电设备必须保持安全距离。 （3）机械挖土须单独作业，在挖掘机旋转范围内，不允许有其他作业。 （4）挖掘机装土时，应待车辆停稳后进行，挖斗严禁从驾驶室上方越过；开动挖掘机前应发出规定的音响信号，确认车厢内无人后方可装土。挖掘机暂停工作时，应将挖斗放至地面，不得使其悬空	同相应施工分项工作
材料、设备搬运	同相应施工分项工作	（1）搬运前，作业人员应规划出搬运路径，对较高大的设备要测算出对电距离。 （2）安全距离小于规定的要求时，作业人员应在运行人员的指导监督下，作出可靠的安全防护措施。 （3）搬运过程中作业人员严禁站在设备顶部，能卧式运输的设备严禁站立搬运。 （4）使用吊车卸车和吊装时，吊车司机和指挥人员应熟悉作业环境，并计算出吊臂伸出的长度、角度及回转半径，防止触电及感电事故的发生。 （5）搬运梯子及较长物体时，应由两人放倒抬运	同相应施工分项工作

续表

作业顺序	质量控制重点	安全控制重点	监理作业重点
邻近带电作业	同相应施工分项工作	（1）在带电区域作业时，应避开阴雨及大风天气。 （2）作业人员严禁进入正在运行的间隔，应在规定的范围内作业。 （3）严禁作业人员不执行工作票制度，擅自扩大工作范围。 （4）安装断路器、隔离开关、电流互感器、电压互感器等较大设备时，作业人员应在设备底部捆绑控制绳，防止设备摇摆。 （5）拆装端子上两端设备连接线时，宜用升降车或梯子进行，拆掉后的设备连接线用尼龙绳固定，防止设备连接线摆动造成母线损坏。 （6）在母线和横梁上作业或新增设母线与带电母线靠近、平行时，母线应接地，还应制定严格的防静电措施，作业人员应穿屏蔽服作业。 （7）采用升降车作业时，应两人进行，一人作业，一人监护，升降车应可靠接地。 （8）拆挂母线时，应有防止钢丝绳和母线弹到邻近带电设备或母线上的措施	同相应施工分项工作

续表

作业顺序	质量控制重点	安全控制重点	监理作业重点
设备安装	同相应施工分项工作	（1）在运行变电站的主控楼作业时，施工作业人员必须经值班人员许可后进入作业区域，并且在值班人员做好隔离措施后方可作业，楼内严禁吸烟、非作业人员严禁入内。 （2）拆装盘、柜等设备时，作业人员应动作轻慢，防止振动。 （3）拆解盘、柜内二次电缆时，作业人员必须确定所拆电缆确实已退出运行，并在监护人员监护下进行作业。 （4）在加装盘顶小母线时，作业人员必须做好相邻盘、柜上小母线的防护工作，严防因放置工具或其他物品导致小母线短路。 （5）在楼内动用电焊、气焊等明火时，除按规定办理动火工作票外，还应制订完善的防火措施，设置专人监护，配备足够的消防器材，所用的隔离板必须是防火阻燃材料，严禁用木板	同相应施工分项工作
运行盘柜上二次接线	（1）二次接线时，应先接新安装盘、柜侧的电缆，后接运行盘、柜的电缆。 （2）接线人员在盘、柜内的动作幅度要尽可能的小，避免碰撞正在运行的电气元件，同时应将运行的端子排用绝缘胶带黏住，经用万用表校验所接端子无电后，在值班人员和技术人员的监护下进行接线。 （3）其他部分，同相应施工分项工作	（1）进行二次接线时，应进行安全技术交底。作业人员在二次接线过程中应熟悉图纸和回路，遇有疑问应立即向设计人员或技术人员提出，不得擅自更改图纸。 （2）二次接线接入带电屏柜时，必须在监护人监护下进行。 （3）电缆头地线焊接时，电烙铁使用完毕后不要随意乱放，以免烫伤正在运行的电缆，造成运行事故	同“二次系统安装”分项工作

续表

作业顺序	质量控制重点	安全控制重点	监理作业重点
二次接入带电系统	（1）严格按设计图纸施工，如有问题应及时与有关技术人员联系，不可随意处置。 （2）其他部分，同相应新建工程施工分项工作	（1）工作负责人根据设计图纸认真交代分配工作地点和工作内容，工作范围严禁私自更换工作地点和私自调换工作内容。 （2）开始施工前，由运行人员在施工的相邻保护屏上悬挂“运行设备”醒目标识，施工过程中要积极配合运行人员的工作，确定工作范围及工作位置。施工人员严禁误碰或误动其他运行设备。 （3）监护人认真负责，坚守岗位，不得擅离职守	同“二次系统安装”分项工作
施工验收阶段	（1）做好试验记录。 （2）填写试验报告。 （3）试验报告移交和归档		（1）专业监理工程师编写工程施工强制性条文执行检查表。 （2）采集数码照片（按国网基建安质〔2016〕56号文要求）

注 本表适用于供配电工程项目。

投 产 送 电

作业顺序	质量控制重点	安全控制重点	监理作业重点
施工准备阶段	（1）投入系统的建筑工程和生产区域的全部设备和设施，变电站的内外道路、上下水、防火工程等均已按设计完成并经验收合格； （2）生产区域的场地平整，道路畅通，影响安全运行的施工临时设施已全部拆除，平台栏杆和沟道盖板齐全、脚手架、障碍物、易燃物、建筑垃圾等已经清除，带电区域已设明显标志； （3）电气设备的各项试验全部完成且合格，有关记录齐全完整； （4）验收发现的缺陷已经消除，已具备投入运行条件；各种测量、计量装置、仪表齐全，符合设计要求并经校验合格； （5）所用电源、照明、通信、采暖、通风等设施按设计要求安装试验完毕，能正常使用；备品备件及工具已备齐	（1）带电部位的接地线已全部拆除，所有设备及其保护（包括通道）、调度自动化、安全自动装置、微机监控装置以及相应的辅助设施均已安装齐全，调试整定合格且调试记录齐全； （2）消防设施齐全，并经消防部门验收合格，能投入使用	（1）监理项目部审核监理初检申请表，对施工项目部三级自检验收结果进行审查。 （2）监理项目部进行监理初检合格后，编制监理初检报告，填写工程竣工预验收申请表，报业主项目部审核、确认，向建设管理单位申请工程竣工预验收。 （3）总监理工程师组织编制工程质量评估报告。 （4）做好变电站建筑工程施工强制性条文执行汇总表、变电站电气工程施工强制性条文执行汇总表。 （5）数码照片归档。 （6）监理项目部编写投运前质量监督检查监理汇报材料，由总监理工程师向质监站汇报监理工作情况。 （7）监理项目部参加建设管理单位组织设计、施工、监理、运行人员进行的竣工预验收

续表

作业顺序	质量控制重点	安全控制重点	监理作业重点
试运行阶段	（1）对带电试运行进行巡视检查。重点检查：各装置设备应正常，测量、信号指示正确。 （2）记录带电试运行开始时间、完成时间。开始到结束时间应为24h。 （3）冲击前是否按照启动调试大纲（方案）投入相应保护，冲击合闸试验应进行5次，每次间隔时间宜为5min，应无异常现象，冲击合闸宜在变压器高压侧进行；二次回路接线检查正确。 （4）冲击合闸试验完成后对变压器、电抗器进行噪声测量，其测量方法和要求应按GB/T 7328《变压器和电抗器的声级测定》的规定进行。 （5）相位测量，检查变压器的相位，必须与电网相位一致。 （6）电容器冲击合闸试验：冲击前是否按照启动调试大纲（方案）投入相应保护，在额定电压下对电力电容器组的冲击合闸试验进行3次，熔断器不应熔断；二次回路接线检查正确。 （7）系统合环：自动、手动同期回路应正确动作。	（1）严格执行试运行方案。 （2）无关人员撤离试运行区域。 （3）严格执行调度命令。 （4）试运行过程中发生异常，处理前应办理工作票。 （5）试运行过程中一旦发生事故，应立即停止试运行，转入事故处理应急状态	（1）对带电试运行进行巡视检查。 （2）记录带电试运行开始时间、完成时间。 （3）总监理工程师签署各设备带电试运行分部工程质量报验申请单及带电试运行签证。 （4）总监理工程师签署单位工程验收报审表及单位工程质量验收评定表。 （5）做好监理检查记录表

续表

作业顺序	质量控制重点	安全控制重点	监理作业重点
试运行阶段	（8）带负荷校验保护：母线差动保护、主变压器差动保护、具有方向性的线路保护需要进行带负荷校验，系统合环带负荷后检测各侧电流、二次接线及极性是否正确，校验完成后将保护投入；相应仪表指示正确。 （9）低压配电装置带电试运行：按照启动调试大纲（方案）步骤将低压配电装置切换为站用变压器供电		

注 本表适用于供配电工程项目。

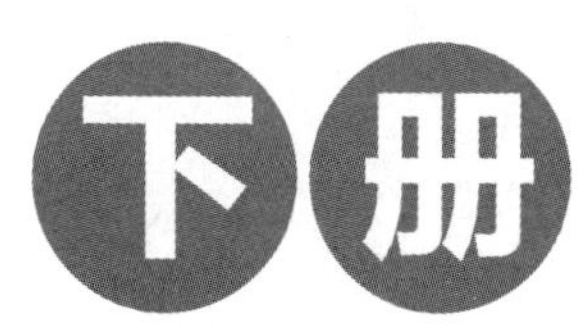

第四章　线路工程

线 路 复 测

作业顺序	质量控制重点	安全控制重点	监理作业重点
线路复测	（1）杆（塔）位置应符合施工图的平、断面要求。复核重要跨越物间的安全距离，对新增加的跨越物应及时通知设计单位校核。 （2）线路方向桩、转角桩、杆塔中心桩应有可靠的保护措施，防止丢失和移动。 （3）线路途经山区时，应校核边导线在风偏状态下对山体的距离	（1）砍伐通道上的树时，应控制其倾倒方向，砍伐人员应向倾倒的相反方向躲避。 （2）多人在同一处对向砍伐或在安全距离不足的相邻处砍伐时，应保持的安全距离，为树高度的 1.2 倍。 （3）砍伐工具在使用前应作检查，砍刀手柄应安装牢固。 （4）在茂密的林中或路边砍伐时应设监护人，树木倾倒前应呼叫警告。 （5）上树砍伐树梢或树枝应使用安全带，不得攀扶脆弱、枯死的树枝或已砍过但尚未断的树木，并应注意蜂窝。 （6）在有毒蛇、野兽、毒蜂的地区施工或外出时，应携带必要的保卫器械、防护用具及药品。 （7）在人烟稀少、有野兽活动的大山区施工时，应取得当地群众的配合，并采取防范措施。 （8）提前对施工道路进行调查、修复，必要时应采取措施。 （9）在深山密林中施工应防止误踩深沟、陷井（落水洞）；施工人员不得单独远离作业场所；作业完毕，施工负责人应清点人数；地形复杂时，施工人员应携带必要的加通信工具	（1）对线路复测进行巡视检查。重点检查：测量员的资格及使用的仪器与审批文件是否一致，施工项目部在线路复测前是否复核了设计给定的杆塔位中心桩位置，并采集数码照片。 （2）对线路复测成果进行审查。重点审查：审查线路复测是否符合规范及设计文件要求、数据记录是否准确。专业监理工程师签署线路复测报审表，总监理工程师签署审批意见。 （3）记录内容。 1）监理检查记录表； 2）监理日志。 （4）数码照片（按国网基建安质〔2016〕56 号文要求）

土石方工程

作业顺序	质量控制重点	安全控制重点	监理作业重点
施工准备阶段	（1）场地清理。包括清理地面及地下各种障碍。 （2）做好土方工程测量、放线工作。 （3）修筑好临时道路及供水、供电等临时设施。 （4）做好材料、机具及土方机械的进场工作。 （5）根据土方施工设计做好土方工程的辅助工作，如边坡稳定、基坑支护、降低地下水等。 （6）排除地面水。场地内低洼地区的积水必须排除，同时应注意雨水的排除，使场地保持干燥，以利于土石方施工。 （7）施工单位编制施工方案，特殊基坑开挖编制特殊施工方案并报审。 （8）土方开挖的顺序、方法必须与设计工程概况相一致，并遵循“开槽支撑，先撑后挖，分层开挖，严禁超挖”的原则	（1）作业前必须开展现场初堪确定本工序固有风险，并编制施工安全风险识别、评估、预控措施清册，对三级及以上作业风险进行复测并填写施工作业风险现场复测单报送监理审核。 （2）土石方开挖前应熟悉周围环境、地形地貌，施工必须有安全技术措施，并在施工前进行交底和做好现场监护工作。已交底的措施，未经审批人同意，不得擅自变更。 （3）施工人员必须熟悉和严格遵守电力建设安全工作规程等相关规定，并经考试合格后上岗，对新入厂人员必须进行三级安全教育培训，经考试合格后持证上岗。 （4）按作业项目区域定置平面布置图要求进行施工作业现场布置。 （5）施工用机械、工器具经试运行、检查性能完好，满足使用要求。 （6）所有设备及工器具要进行定期维护保养。 （7）主要受力工器具应符合技术检验标准，并附有许用荷载标志；使用前必须进行检查，不合格者严禁使用，严禁以小代大，严禁超载使用	（1）核查施工项目部编制的施工方案是否已经审批。如有达到一定规模、超过一定规模的危险性较大的分部、分项工程，应核查安全专项施工方案或专家论证是否已经审批。 （2）核查特殊工种/特殊作业人员与审批文件是否一致。 （3）核查主要测量计量器具/试验设备与审批文件是否一致。 （4）核查主要施工机械/工器具/安全用具与审批文件是否一致。 （5）对大型施工起重机进行安全检查签证。 （6）进行安全巡视检查。重点检查：现场安全文明施工措施落实情况，并采集数码照片（按国网基建安质〔2016〕56 号文要求）

续表

<table>
<tr><th>作业顺序</th><th>质量控制重点</th><th>安全控制重点</th><th>监理作业重点</th></tr>
<tr><td>一般土石方开挖</td><td>（1）基础放样时要核实边坡稳定，控制点在自然地面以下，并保证基础埋深不小于设计值。
（2）土石方开挖应按设计施工，减少需开挖以外地面的破坏，合理选择弃土的堆放点，以保护自然植被及环境。铁塔基础施工基面的开挖应以设计图纸为准，按不同地质条件规定开挖边坡。基面开挖后应平整，不应积水，边坡不应坍塌。
（3）杆塔基础（不含掏挖基础和岩石基础）坑深允许偏差为+100mm，−50mm，坑底应平整。同基基础坑在允许偏差范围内按最深基坑操平。
（4）杆塔基础的坑深应以设计施工基面为基准。当设计施工基面为零时，杆塔基础坑深应以设计中心桩处自然地面标高为基准。拉线基础坑深以拉线基础中心的地面标高为基准。
（5）普通基础偏差标准
<table><tr><th>序号</th><th>检查项目</th><th>检验标准（允许偏差）</th></tr><tr><td>1</td><td>基础坑中心、根开及对角线尺寸（%）</td><td>±0.2</td></tr><tr><td>2</td><td>基础坑深（mm）</td><td>+100，−50</td></tr></table></td><td>（1）作业前编写专项施工方案，经施工单位论证、审查后，向施工人员进行安全交底。
（2）填写安全施工作业票，作业前通知监理。
（3）基坑顶部按规范要求设置截水沟。
（4）一般土质条件下弃土堆底至基坑顶边距离≥1.2m，弃土堆高≤1.5m，垂直坑壁边坡条件下弃土堆底至基坑顶边距离≥3m，软土场地的基坑边则不应在基坑边堆土。
（5）土方开挖过程中必须观测基坑周边土质是否存在裂缝及渗水等异常情况，适时进行监测。
（6）规范设置弃土提升装置，确保弃土提升装置安全性、稳定性。
（7）规范设置供作业人员上下基坑的安全通道（梯子），基坑边缘按规范要求设置安全护栏。
（8）挖土区域设警戒线，各种机械、车辆严禁在开挖的基础边缘 2m 内行驶、停放。
（9）制订雨天、防洪应急预案，认真做好地面排水、边坡渗导水以及槽底排水措施</td><td>（1）对线路复测进行巡视检查。重点检查：测量员的资格及使用的仪器与审批文件是否一致，施工项目部在线路复测前是否复核了设计给定的杆塔位中心桩位置，并采集数码照片。
（2）对基础分坑进行巡视检查。重点检查：分坑时基础边坡距离是否满足设计文件要求，施工安全技术措施与施工方案是否一致。
（3）对一般基坑开挖进行安全巡视检查。重点检查：基坑开挖及支护方式与施工方案是否一致，施工人员安全用具是否配备齐全、安全防护措施和安全监护人员是否到位。并采集数码照片。
（4）对监理工作进行记录，记录文件包括：
1）监理检查记录表；
2）监理日志；
3）采集数码照片（按国网基建安质〔2016〕56 号文要求）</td></tr>
</table>

作业顺序	质量控制重点	安全控制重点	监理作业重点
掏挖基础基坑开挖	（1）施工过程中应妥善保护好场地的中心桩、辅助桩。 （2）桩孔上口应做好挡土及排水措施，防止孔壁坍塌。 （3）开挖过程中应随时对桩孔进行校核，确保桩孔尺寸。 （4）已挖好的桩孔应及时吊放钢筋笼，并及时浇筑混凝土。 （5）人工掏挖应有安全保证措施。为防止开挖过程中坑口土、石粒掉落坑中，伤及坑中作业人员安全；保证掏挖桩基坑开挖后，坑口保持设计尺寸，桩体上下口径一致，外露部分模板安装稳定，在基坑开挖之前、基础各腿顶面降到设计基面标高后，首先制作坑口护圈，采取护壁措施。 （6）护圈制作前，四腿基面高度符合设计要求，基面要修理平整；桩中心位置准确。护圈高度、厚度一般为200mm，混凝土强度不得低于 C20。护圈内壁直径和桩体直径一致，且圆弧平顺。制作好后用草帘或塑料薄膜覆盖养护，一般48h后开始桩体开挖。 （7）成孔保护控制要点：人工挖孔桩施工现场必须有良好的排水设施，严防地面雨水流入桩孔内，浸泡桩孔	（1）孔口施工：作业前交底、工作票中要明确规定基坑内不许多人同时作业；在二人同时作业时不得面对面作业。 （2）渣土提升：应安排安全监护人，密切观察绑扎点情况。 （3）深度大于5m的开挖： 1）必须有专项施工方案。 2）配备良好通风设备。 3）上、下基坑时使用梯子。 4）设置安全监护人和上、下通信设备。 5）设置盖板或安全防护网，防止落物伤人。 （4）底盘扩底基坑清理。 1）底盘扩底及基坑清理时应遵守掏挖基础的有关安全要求。 2）填写安全施工作业票B，作业前通知监理。 3）在扩孔范围内的地面上不得堆积土方。 4）坑模成型后，应及时浇灌混凝土，否则应采取防止土体塌落的措施。 （5）泥沙流沙坑开挖：泥沙坑、流沙坑施工中容易塌方。严格按照方案采取挡泥沙板措施，以上这两种情况施工时，应派专人安全监护，随时检查坑边是否有裂纹出现，做好安全监护	（1）对基础分坑进行巡视检查。重点检查：分坑时基础边坡距离是否满足设计文件要求，施工安全技术措施与施工方案是否一致。 （2）对一般基坑开挖进行安全巡视检查。重点检查：基坑开挖及支护方式与施工方案是否一致，施工人员安全用具是否配备齐全、安全防护措施和安全监护人员是否到位。 （3）对深坑基础（超过5m）、易坍塌等特殊基础开挖、支护进行安全旁站。主要内容：基坑开挖及支护方式与施工方案是否一致，施工人员安全用具是否配备齐全、安全防护措施和安全监护人员是否到位，并采集数码照片。 （4）对监理工作进行记录，记录文件包括： 1）监理检查记录表； 2）监理日志； 3）数码照片（按国网基建安质〔2016〕56号文要求）

续表

作业顺序	质量控制重点	安全控制重点	监理作业重点
岩石基坑开挖	（1）岩石边坡开挖爆破施工应采取避免边坡及邻近建（构）筑物震害的工程措施。 （2）岩石基础的施工允许偏差应符合下列规定： 1）成孔深度不应小于设计值； 2）成孔尺寸： 对嵌固式应大于设计值，且应保证设计锥度；对钻孔式的孔径允许偏差：±20mm。 （3）爆破作业人员应按爆破设计进行装药，当需调整时，应征得现场技术负责人员同意并作好变更记录。在装药和填塞过程中，应保护好爆破网线；当发生装药阻塞，严禁用金属杆（管）倒捅药包。爆前应进行网路检查，在确认无误的情况下再起爆。 （4）起爆后应立即切断电源，并将主线短路。使用瞬发电雷管起爆时应在切断电源后再保持短路 5min 后再进入现场检查；采用延期雷管时，应在切断电源后再保持短路 15min 后进入现场检查。 （5）拆除爆破施工前，应调查了解被拆物的结构性能，查明附近建构筑物种类、各种管线和其他设施的分布情况和安全要求等情况。地下管网及设施，应做好记录并绘制相关位置关系图	（1）人工成孔：人工打孔时扶锤人员带防护手套和防尘罩采取手臂保护措施，打锤人员和扶锤人员密切配合。 （2）机械钻孔：进场前对机械设备进行全面保养检测合格后投入使用，钻孔时持钻人员戴防护手套和防尘罩、劳保眼镜。 （3）爆破作业。 1）爆破施工前必须编写施工方案，制定安全措施，并向施工人员进行安全交底，没参加交底人员严禁参加施工。 2）导火索使用前应作燃速试验。使用时其长度必须保证操作人员能撤至安全区。但不得少于 1.2m。遵守民用爆破物品管理处罚条例，无证人员严禁爆破作业。 3）在民房、电力线附近爆破施工时应采取放小炮、放闷炮或在炮眼上加覆盖物等安全措施。 4）当天剩余的爆破器材必须点清数量，及时退库。炸药和雷管必须分库存放，雷管应在内有防震软垫的专用箱内存放。 5）爆破前应在路口派人安全警戒.。 6）爆破点距民房较近的，爆破前应通知民房内人员撤离爆破危险区。 7）坑内点炮时坑上设专人安全监护，坑深超过 1.5m 以上时坑内应备梯子，保证点炮人员上下坑的安全。 8）使用火雷管的应在30分钟后进入现场处理。 9）使用电雷管要在切断电源 5 分钟后进行现场检查。处理哑炮时严禁从炮孔内掏取炸药和雷管，重新打孔时新孔应与原孔平行，新孔距哑炮孔不得小于 0.3m，距药壶边缘不得小于 0.5m	（1）检查现场施工项目部是否按已批准的施工方案施工，爆破专项施工方式是否审批，安全措施是否到位。 （2）检查现场特殊施工人员是否持证上岗。施工人员是否参加技术交底，安全交底。 （3）核查主要施工机械/工器具/安全用具与审批文件是否一致。 （4）巡视现场安全文明施工措施履行情况。 （5）对电缆敷设进行巡视检查。 （6）对岩石爆破作业进行旁站。 （7）对监理工作进行记录，记录文件包括： 1）监理检查记录表； 2）监理日志； 3）数码照片（按国网基建安质〔2016〕56 号文要求）； 4）工程施工强制性条文执行检查表； 5）监理通知单； 6）监理联系单

续表

作业顺序	质量控制重点	安全控制重点	监理作业重点
机械钻孔灌注桩基础作业	（1）利用全站仪或经纬仪对桩位进行现场复核，对中心桩和方向桩浇灌素混凝土进行保护。 （2）通常采用钢制护筒。钢护筒厚 6～8mm。护筒上部一般设 1 个溢浆孔，护筒的内径比钻孔桩设计直径稍大。用回转钻机钻孔的宜加大 200～300mm。埋置深度一般情况为 2～3m，特殊情况应加深。护筒顶端高程应满足孔内水位设置高度的要求。 （3）泥浆池质量要求： 1）水：水的 pH 值为 7～8，不含杂质。 2）黏土（或膨润土）：塑性指数大于 25，粒径小于 0.005mm 颗粒含量多于总量的 50%，相对密度为 1.1～1.5。 3）泥浆池尺寸为 10m×4m×2m，其中设沉淀池 1 个、净浆池一个，泥浆池中间隔墙用砂袋垒砌，泥浆池四周采用钢管进行防护，钢管高 1.2m，横向钢管连接，外包围安全网防护。 4）开钻时必须测量泥浆比重，比重应该大于 1.2。 （4）钻架与钻机质量要求： 1）能够承受钻具和其他辅助设备的重量，具有一定的刚度，具有足够的高度。	（1）设护筒：护筒应按规定埋设，以防塌孔和机械设备倾倒。 （2）桩机就位：井机的井架应由专人负责支戗杆，打拉线，以保证井架的稳定。 （3）其他伤害、坍塌：钻机支架必须牢固，护筒支设必须有足够的水压，对地质条件要掌握注意观察钻机周围的土质变化。 （4）清孔及换浆：泥浆池必须设围栏，将泥浆池、已浇注桩围栏好并挂上警示标志，防止人员掉入泥浆池中。 （5）钢筋笼制作与吊放：施工人员必须听从统一指挥，吊杆下面不准站人，钢筋笼子在起吊过程中要有人用绳索溜着，使钢筋笼子能按预想的方向或位置移动。 （6）导管安装与下放：施工人员必须听从统一指挥，吊杆下面不准站人，导管在起吊过程中要有人用绳索溜着，使导管能按预想的方向或位置移动	（1）检查现场施工项目部是否按已批准的施工方案施工，安全措施是否到位。 （2）检查现场特殊施工人员是否持证上岗。施工人员是否参加技术交底，安全交底。 （3）核查主要施工机械/工器具/安全用具与审批文件是否一致。 （4）巡视现场安全文明施工措施履行情况。 （5）对泥浆进行检查，钻机接地情况进行巡视检查。 （6）对钻孔位置进行检查，孔径和孔深符合设计要求。 （7）钻孔完成后进行测量并检查清孔情况。 （8）对监理工作进行记录，记录文件包括： 1）监理检查记录表； 2）监理日志； 3）数码照片（按国网基建安质〔2016〕56 号文要求）； 4）工程施工强制性条文执行检查表； 5）监理通知单、监理联系单

续表

作业顺序	质量控制重点	安全控制重点	监理作业重点
机械钻孔灌注桩基础作业	2）钻孔过程中，成孔中心必须对准桩位中心，钻架必须保持平稳，不发生位移、倾斜和沉陷。 3）钻架安装就位时，应详细测量，底座应用枕木垫实、塞紧，顶端用缆风绳固定平稳，并在钻进过程中经常检查。 4）钻机就位后，严格检查钻机水平、对中，保证钻头中心与基桩中心重合。 （5）钻孔质量要求。 1）开钻时慢速钻进，以防钻头偏位，待钻头或导向部位全部进入地层后，方可加速钻进。 2）采用减压钻进，即钻机的主吊钩始终要承受部分钻具的重力，而孔底承受的钻压不超过钻具重力之和（扣除浮力）的80%。 3）在钻进过程中，时刻关注桩位处的地层变化，并按要求收集不同地质情况渣样，准确、及时的记录好施工情况，如发现钻孔过程中地质结构与设计地质资料有出入时，应及时通知监理及设计代表，以便重新核对地质资料，调整桩长，确定基底标高。 4）钻孔要一次完成，遇有事故要立即处理。 （6）钻孔后清孔，使灌注的混凝土与地层或岩层紧密结合，保证桩的承载能力		

续表

<table>
<tr><th>作业顺序</th><th>质量控制重点</th><th>安全控制重点</th><th>监理作业重点</th></tr>
<tr>
<td>土方回填</td>
<td>（1）土方回填前应清除基底的垃圾、树根等杂物，抽除坑穴积水、淤泥，验收基底标高。如在耕植土或松土上填方，应在基底压实后再进行。
（2）对填方土料应按设计要求验收后方可填入。
（3）填方施工过程中应检查排水措施，每层填筑厚度、含水量控制、压实程度。填筑厚度及压实遍数应根据土质，压实系数及所用机具确定。如无试验依据，应符合表中的规定。

填土施工时的分层厚度及压实遍数
<table><tr><th>压实机具</th><th>分层厚度（mm）</th><th>每层压实遍数</th></tr><tr><td>平碾</td><td>250～300</td><td>6～8</td></tr><tr><td>振动压实机</td><td>250～350</td><td>3～4</td></tr><tr><td>柴油打夯机</td><td>200～250</td><td>3～4</td></tr><tr><td>人工打夯</td><td><200</td><td>3～4</td></tr></table>
（4）杆塔基础回填，应符合设计要求。一般应分层夯实，每回填 300mm 厚度夯实一次。坑口的地面上应筑防沉层，防沉层的上部边宽不得小于坑口边宽。其高度视土质夯实程度确定，基础验收时宜为 300～500mm。经过沉降后应及时补填夯实。工程移交时坑口回填土不应低于地面。</td>
<td>（1）基坑回填时，应有防止坑外建筑物、设备基础、沟道、管线沉降、裂缝等情况出现的措施。
（2）基坑回填土应分层回填夯实。
（3）回填应有专人指挥。
（4）回填应做好成品保护，避免机器回填造成损伤。
（5）回填完成后，对场地进行清理，做到“工完、料尽、场地清”</td>
<td>（1）回填前应组织建设管理单位、勘察、设计单位相关人员对基槽、基坑进行验收，并采集数码照片。
（2）对基坑回填进行巡视检查。重点检查：基坑回填方式与施工方案是否一致，基坑回填前是否对基础断面尺寸、外观进行了检查，隐蔽工程验收记录是否齐全，并采集数码照片。
（3）检查回填后是否设有防沉层。
（4）对场地清理进行安全巡视检查。重点检查：是否按规范和环保、水保要求做好场地平整、余土处理工作，做到“工完、料尽、场地清”，并采集数码照片。
（5）对监理工作进行记录，记录文件包括：
1）监理检查记录表；
2）监理日志；
3）数码照片（按国网基建安质〔2016〕56 号文要求）；
4）工程施工强制性条文执行检查表</td>
</tr>
</table>

续表

作业顺序	质量控制重点	安全控制重点	监理作业重点
土方回填	（5）石坑回填应以石子与土按 3:1 掺和后回填夯实		
验收阶段	（1）基础坑深及地基处理情况； （2）基础坑尺寸符合设计要求，放坡符合规范要求； （3）岩石及掏挖基础的成孔尺寸、孔深； （4）灌注桩基础的成孔后测量孔径、孔深，并清孔； （5）回填前做好隐蔽工程签证	（1）人员上下基坑的安全通道（梯子），基坑边缘按规范要求设置安全护栏。 （2）挖土区域设警戒线，各种机械、车辆严禁在开挖的基础边缘 2m 内行驶、停放。 （3）制订雨天、防洪应急预案，认真做好地面排水、边坡渗导水以及槽底排水措施	（1）对土石方工程强制性条文执行情况进行检查，专业监理工程师签署《输变电工程施工强制性条文执行检查表》。 （2）对本分项工程、单元工程进行质量评定检查。主要内容：线路复测数据；基础坑的中心根开及对角线尺寸、基础坑深、基础坑底板尺寸、基础坑立柱尺寸。对不符合项下发监理通知单，并采集数码照片，消缺和纠偏后施工项目部报监理工程师通知回复单，专业监理工程师进行复查，签署审查意见，同时采集数码照片，保证数码照片前后闭环。专业监理工程师签署施工项目部报审的评级记录。 （3）对监理工作进行记录，记录文件包括： 1）输变电工程施工强制性条文执行检查表； 2）监理通知单； 3）监理日志、数码照片（按国网基建安质〔2016〕56 号文要求）

基 础 工 程

作业顺序	质量控制重点	安全控制重点	监理作业重点
施工准备阶段	（1）场地清理。包括清理地面及地下各种障碍。 （2）做好土方工程测量、放线工作。 （3）修筑好临时道路及供水、供电等临时设施。 （4）做好材料、机具及土方机械的进场工作。 （5）根据土方施工设计做好土方工程的辅助工作，如边坡稳定、基坑支护、降低地下水等。 （6）排除地面水。场地内低洼地区的积水必须排除，同时应注意雨水的排除，使场地保持干燥，以利于土石方施工。 （7）施工单位编制施工方案，特殊基坑开挖编制特殊施工方案并报审。 （8）土方开挖的顺序、方法必须与设计工程概况相一致，并遵循“开槽支撑，先撑后挖，分层开挖，严禁超挖”的原则	（1）作业前必须开展现场初堪确定本工序固有风险，并编制施工安全风险识别、评估、预控措施清册，对三级及以上作业风险进行复测并填写施工作业风险现场复测单报送监理审核。 （2）土石方开挖前应熟悉周围环境、地形地貌，施工必须有安全技术措施，并在施工前进行交底和做好现场监护工作。已交底的措施，未经审批人同意，不得擅自变更。 （3）施工人员必须熟悉和严格遵守 DL 5009《电力建设安全工作规程》等相关规定，并经考试合格后上岗，对新入厂人员必须进行三级安全教育培训，经考试合格后持证上岗。 （4）按作业项目区域定置平面布置图要求进行施工作业现场布置。 （5）施工用机械、工器具经试运行、检查性能完好，满足使用要求。 （6）所有设备及工器具要进行定期维护保养。 （7）主要受力工器具应符合技术检验标准，并附有许用荷载标志；使用前必须进行检查，不合格者严禁使用，严禁以小代大，严禁超载使用	（1）核查施工项目部编制的施工方案是否已经审批。如有达到一定规模、超过一定规模的危险性较大的分部、分项工程，应核查安全专项施工方案或专家论证是否已经审批。 （2）核查特殊工种/特殊作业人员与审批文件是否一致。 （3）核查主要测量计量器具/试验设备与审批文件是否一致。 （4）核查主要施工机械/工器具/安全用具与审批文件是否一致。 （5）对大型施工起重机进行安全检查签证。 （6）进行安全巡视检查。重点检查：现场安全文明施工措施落实情况，并采集数码照片

作业顺序	质量控制重点	安全控制重点	监理作业重点
基础开挖及修整	（1）遇特殊地质条件（如：流沙、泥水、稻田、山地等），开挖前应将杆塔中心桩引出。辅助桩应采取可靠保护措施，基础浇制完后，必须恢复塔位中心桩。 （2）拉线（杆）基础分坑时应以中心桩高程为准，其主杆、拉线坑埋深应符合设计要求。 （3）基坑开挖应设专人检查基础坑的深度，及时测量，防止出现超深或欠挖现象。 （4）掏挖基础如需放炮时，应采用多点放小炮的方式，严禁放大爆破，避免破坏原地质结构。 （5）基坑开挖完成后要及时进行下道工序施工，当温度降至 0℃以下时应采取防冻措施，严禁坑底受冻。雨、雪天气后，必须把坑内积水（雪）和淤泥清理干净方可进行后续施工	（1）填写《安全施工作业票 A》。 （2）施工前必须编制施工作业指导书，编审批手续齐全，并在施工前进行交底和做好现场监护工作。已交底的措施，未经审批人同意，不得擅自变更。 （3）施工人员必须熟悉和严格遵守电力建设安全工作规程等相关规定，并经考试合格后上岗，对新入厂人员必须进行三级安全教育培训，经考试合格后持证上岗。 （4）按作业项目区域定置平面布置图要求进行施工作业现场布置	（1）核查施工项目部编制的施工方案是否已经审批。如有达到一定规模、超过一定规模的危险性较大的分部、分项工程，应核查安全专项施工方案或专家论证是否已经审批。 （2）核查现场施工准备阶段与已审批实施的施工方案是否一致
阶梯基础施工	（1）地脚螺栓及钢筋规格、数量应符合设计要求且制作工艺良好。 （2）混凝土密实、表面平整、光滑，棱角分明，一次成型。 （3）基础几何尺寸偏差	（1）挖坑前，应与有关地下管道、电缆等地下设施的主管单位取得联系，明确地下设施的确切位置，做好防护措施。组织外来人员施工时，应将安全注意事项交待清楚，并加强监护。 （2）挖坑时，应及时清除坑口附近浮土、石块，坑边禁止外人逗留。在超过 1.5m 深的基坑内作业时，向坑外抛掷土石应防止土石回落坑内，并做好临边防护措施。作业人员不准在坑内休息。	（1）核查施工项目部编制的施工方案是否已经审批。如有达到一定规模、超过一定规模的危险性较大的分部、分项工程，应核查安全专项施工方案或专家论证是否已经审批。 （2）核查特殊工种/特殊作业人员与审批文件是否一致。 （3）核查主要测量计量器具/试验设备与审批文件是否一致。

作业顺序	质量控制重点	安全控制重点	监理作业重点
阶梯基础施工		（3）在土质松软处挖坑，应有防止塌方措施，如加挡板、撑木等。不准站在挡板、撑木上传递土石或放置传土工具。禁止由下部掏挖土层。 （4）在下水道、煤气管线、潮湿地、垃圾堆或有腐质物等附近挖坑时，应设监护人。在挖深超过 2m 的坑内工作时，应采取安全措施，如戴防毒面具、向坑中送风和持续检测等。监护人应密切注意挖坑人员，防止煤气、沼气等有毒气体中毒。 （5）在居民区及交通道路附近开挖的基坑，应设坑盖或可靠遮栏，加挂警告标示牌，夜间挂红灯。 （6）塔脚检查，在不影响铁塔稳定的情况下，可以在对角线的两个塔脚同时挖坑。 （7）进行石坑、冻土坑打眼或打桩时，应检查锤把、锤头及钢钎。作业人员应戴安全帽。扶钎人应站在打锤人侧面。打锤人不准戴手套。钎头有开花现象时，应及时修理或更换。 （8）变压器台架的木杆打帮桩时，相邻两杆不准同时挖坑。承力杆打帮桩挖坑时，应采取防止倒杆的措施。使用铁钎时，注意上方导线。 （9）线路施工需要进行爆破作业应遵守国务院令第 466 号《民用爆炸物品安全管理条例》等国家有关规定	（4）核查主要施工机械/工器具/安全用具与审批文件是否一致。 （5）对大型施工起重机进行安全检查签证。 （6）进行安全巡视检查。重点检查：现场安全文明施工措施落实情况，并采集数码照片（按国网基建安质〔2016〕56 号文要求）

续表

作业顺序	质量控制重点	安全控制重点	监理作业重点
直柱大板基础施工	（1）地脚螺栓及钢筋规格、数量应符合设计要求且制作工艺良好。 （2）混凝土密实、表面平整、光滑，棱角分明，一次成型。 （3）允许偏差： 1）基础埋深：100mm，0mm。 2）立柱及各底座断面尺寸：–0.8%。 3）钢筋保护层厚度：–5mm。 4）基础根开及对角线：一般塔±1.6‰，高塔±0.6‰。 5）基础顶面高差：5mm。 6）同组地脚螺栓对立柱中心偏移：8mm。 7）整基基础中心位移：顺线路方向24mm，横线路方向24mm。 8）整基基础扭转：一般8′，高塔4′。 9）地脚螺栓露出混凝土面高度：10mm，–5mm	同阶梯基础施工	（1）核查施工项目部编制的施工方案是否已经审批。如有达到一定规模、超过一定规模的危险性较大的分部、分项工程，应核查安全专项施工方案或专家论证是否已经审批。 （2）核查特殊工种/特殊作业人员与审批文件是否一致。 （3）核查主要测量计量器具/试验设备与审批文件是否一致。 （4）核查主要施工机械/工器具/安全用具与审批文件是否一致。 （5）对大型施工起重机进行安全检查签证。 （6）进行安全巡视检查。重点检查：现场安全文明施工措施落实情况，并采集数码照片（按国网基建安质〔2016〕56号文要求）
角钢插入基础施工	（1）地脚螺栓及钢筋规格、数量应符合设计要求且制作工艺良好。 （2）混凝土密实、表面平整、光滑，棱角分明，一次成型。 （3）基础几何尺寸偏差： 1）基础埋深：100mm，0mm。 2）立柱及各底座断面尺寸：–0.8%。 3）钢筋保护层厚度：–5mm。 4）基础根开及对角线：一般塔±1.6‰，高塔±0.6‰。	同阶梯基础施工	（1）核查施工项目部编制的施工方案是否已经审批。如有达到一定规模、超过一定规模的危险性较大的分部、分项工程，应核查安全专项施工方案或专家论证是否已经审批。 （2）核查特殊工种/特殊作业人员与审批文件是否一致。 （3）核查主要测量计量器具/试验设备与审批文件是否一致。 （4）核查主要施工机械/工器具/安全用具与审批文件是否一致。

续表

作业顺序	质量控制重点	安全控制重点	监理作业重点
角钢插入基础施工	5）基础顶面高差：5mm。 6）同组地脚螺栓对立柱中心偏移：8mm。 7）整基基础中心位移：顺线路方向24mm，横线路方向24mm。 8）整基基础扭转：一般8′，高塔4′。 9）地脚螺栓露出混凝土面高度：10mm，−5mm		（5）对大型施工起重机进行安全检查签证。 （6）进行安全巡视检查。重点检查：现场安全文明施工措施落实情况，并采集数码照片（按国网基建安质〔2016〕56号文要求）
冻土地质锥柱式基础施工	（1）地脚螺栓及钢筋规格、数量应符合设计要求且制作工艺良好。 （2）混凝土密实、表面平整、光滑，棱角分明，一次成型。 （3）允许偏差	同阶梯基础施工	（1）核查施工项目部编制的施工方案是否已经审批。如有达到一定规模、超过一定规模的危险性较大的分部、分项工程，应核查安全专项施工方案或专家论证是否已经审批。 （2）核查特殊工种/特殊作业人员与审批文件是否一致。 （3）核查主要测量计量器具/试验设备与审批文件是否一致。 （4）核查主要施工机械/工器具/安全用具与审批文件是否一致。 （5）对大型施工起重机进行安全检查签证。 （6）进行安全巡视检查。重点检查：现场安全文明施工措施落实情况，并采集数码照片（按国网基建安质〔2016〕56号文要求）
冻土地质装配式基础施工	（1）预制件应有厂家资质、出厂合格证、混凝土强度试验报告。 （2）预制件的规格、数量，预制件强度应符合设计要求。 （3）基础几何尺寸偏差：	同阶梯基础施工	（1）核查施工项目部编制的施工方案是否已经审批。如有达到一定规模、超过一定规模的危险性较大的分部、分项工程，应核查安全专项施工方案或专家论证是否已经审批。

续表

作业顺序	质量控制重点	安全控制重点	监理作业重点
冻土地质装配式基础施工	1）基础埋深：100mm，0。 2）立柱倾斜：0.8%。 3）整基基础中心桩位移：横线路 24mm，顺线路 24mm。 4）整基基础扭转：一般塔为 8′，高塔为 4′。 5）基础根开及对角线尺寸：一般塔±1.6‰；高塔±0.6‰。 6）基础顶面高差：5mm		（2）核查特殊工种/特殊作业人员与审批文件是否一致。 （3）核查主要测量计量器具/试验设备与审批文件是否一致。 （4）核查主要施工机械/工器具/安全用具与审批文件是否一致。 （5）对大型施工起重机进行安全检查签证。 （6）进行安全巡视检查。重点检查：现场安全文明施工措施落实情况，并采集数码照片（按国网基建安质〔2016〕56 号文要求）
楔形基础施工	（1）地脚螺栓及钢筋规格、数量应符合设计要求且制作工艺良好。 （2）混凝土密实、表面平整、光滑，棱角分明，一次成型。 （3）基础几何尺寸偏差： 1）基础埋深：100mm，0mm。 2）立柱及各底座断面尺寸：–0.8%。 3）钢筋保护层厚度：–5mm。 4）基础根开及对角线：一般塔±1.6‰，高塔±0.6‰。 5）基础顶面高差：5mm。 6）同组地脚螺栓对立柱中心偏移：8mm。 7）整基基础中心位移：顺线路方向 24mm，横线路方向 24mm。 8）整基基础扭转：一般 8′，高塔 4′。 9）地脚螺栓露出混凝土面高度：10mm，–5mm	同阶梯基础施工	（1）核查施工项目部编制的施工方案是否已经审批。如有达到一定规模、超过一定规模的危险性较大的分部、分项工程，应核查安全专项施工方案或专家论证是否已经审批。 （2）核查特殊工种/特殊作业人员与审批文件是否一致。 （3）核查主要测量计量器具/试验设备与审批文件是否一致。 （4）核查主要施工机械/工器具/安全用具与审批文件是否一致。 （5）对大型施工起重机进行安全检查签证。 （6）进行安全巡视检查。重点检查：现场安全文明施工措施落实情况，并采集数码照片（按国网基建安质〔2016〕56 号文要求）

续表

作业顺序	质量控制重点	安全控制重点	监理作业重点
地脚螺栓式斜柱基础施工	（1）地脚螺栓及钢筋规格、数量应符合设计要求且制作工艺良好。 （2）混凝土密实、表面平整、光滑，棱角分明，一次成型。 （3）基础几何尺寸偏差： 1）基础埋深：100mm，0mm。 2）立柱及各底座断面尺寸：–0.8%。 3）钢筋保护层厚度：–5mm。 4）基础根开及对角线：一般塔±1.6‰；高塔±0.6‰。 5）基础顶面高差：5mm。 6）同组地脚螺栓对立柱中心偏移：8mm。 7）整基基础中心位移：顺线路方向24mm；横线路方向24mm。 8）整基基础扭转：一般塔8′；高塔4′。 9）地脚螺栓露出混凝土面高度：10mm，–5mm	同阶梯基础施工	（1）核查施工项目部编制的施工方案是否已经审批。如有达到一定规模、超过一定规模的危险性较大的分部、分项工程，应核查安全专项施工方案或专家论证是否已经审批。 （2）核查特殊工种/特殊作业人员与审批文件是否一致。 （3）核查主要测量计量器具/试验设备与审批文件是否一致。 （4）核查主要施工机械/工器具/安全用具与审批文件是否一致。 （5）对大型施工起重机进行安全检查签证。 （6）进行安全巡视检查。重点检查：现场安全文明施工措施落实情况，并采集数码照片（按国网基建安质〔2016〕56号文要求）
岩石锚杆基础施工	（1）锚杆及钢筋规格、数量应符合设计要求且制作工艺良好。 （2）锚孔内细石混凝土（砂浆）振捣密实。 （3）承台混凝土密实、表面平整、光滑，棱角分明，一次成型。 基础几何尺寸偏差： 1）基础埋深：100mm，0mm。 2）立柱及各底座断面尺寸：–0.8%。 3）钢筋保护层厚度：–5mm。	同阶梯基础施工	（1）核查施工项目部编制的施工方案是否已经审批。如有达到一定规模、超过一定规模的危险性较大的分部、分项工程，应核查安全专项施工方案或专家论证是否已经审批。 （2）核查特殊工种/特殊作业人员与审批文件是否一致。 （3）核查主要测量计量器具/试验设备与审批文件是否一致。

续表

作业顺序	质量控制重点	安全控制重点	监理作业重点
岩石锚杆基础施工	4）基础根开及对角线：一般塔±1.6‰，高塔±0.6‰。 5）基础顶面高差：5mm。 6）同组地脚螺栓对立柱中心偏移：8mm。 7）整基基础中心位移：顺线路方向24mm，横线路方向24mm。 8）整基基础扭转：一般8′，高塔4′。 9）地脚螺栓露出混凝土面高度：10mm，–5mm		（4）核查主要施工机械/工器具/安全用具与审批文件是否一致。 （5）对大型施工起重机进行安全检查签证。 （6）进行安全巡视检查。重点检查：现场安全文明施工措施落实情况，并采集数码照片（按国网基建安质〔2016〕56号文要求）
岩石嵌固基础施工	（1）地脚螺栓及钢筋规格、数量应符合设计要求且制作工艺良好。 （2）混凝土密实、外露部分表面平整、光滑，棱角分明，一次成型。严禁二次抹面。 （3）基础几何尺寸偏差： 1）孔深不应小于设计值。 2）成孔尺寸应大于设计值，且应保证设计锥度。 3）立柱及承台断面尺寸：–0.8%。 4）钢筋保护层厚度：–5mm。 5）基础根开及对角线：一般塔±1.6‰；高塔±0.6‰。 6）基础顶面高差：5mm。 7）同组地脚螺栓对立柱中心偏移：8mm。 8）整基基础中心位移：顺线路方向24mm；横线路方向24mm。 9）整基基础扭转：一般塔8′；高塔4′。 10）地脚螺栓露出混凝土面高度：10mm，–5mm	同阶梯基础施工	（1）核查施工项目部编制的施工方案是否已经审批。如有达到一定规模、超过一定规模的危险性较大的分部、分项工程，应核查安全专项施工方案或专家论证是否已经审批。 （2）核查特殊工种/特殊作业人员与审批文件是否一致。 （3）核查主要测量计量器具/试验设备与审批文件是否一致。 （4）核查主要施工机械/工器具/安全用具与审批文件是否一致。 （5）对大型施工起重机进行安全检查签证。 （6）进行安全巡视检查。重点检查：现场安全文明施工措施落实情况，并采集数码照片（按国网基建安质〔2016〕56号文要求）

续表

作业顺序	质量控制重点	安全控制重点	监理作业重点
掏挖基础施工	（1）地脚螺栓及钢筋规格、数量应符合设计要求且制作工艺良好。 （2）混凝土密实、表面平整、光滑，棱角分明，一次成型。 （3）基础几何尺寸偏差： 1）孔深不应小于设计值。 2）成孔尺寸应不小于设计值，且底部应保证设计锥度和高度。 3）立柱及承台断面尺寸：–0.8%。 4）钢筋保护层厚度：–5mm。 5）基础根开及对角线：一般塔±1.6‰；高塔±0.6‰。 6）基础顶面高差：5mm。 7）同组地脚螺栓对立柱中心偏移：8mm。 8）整基基础中心位移：顺线路方向24mm；横线路方向 24mm。 9）整基基础扭转：一般塔 8′；高塔 4′。 10）地脚螺栓露出混凝土面高度：10mm，–5mm	同阶梯基础施工	（1）核查施工项目部编制的施工方案是否已经审批。如有达到一定规模、超过一定规模的危险性较大的分部、分项工程，应核查安全专项施工方案或专家论证是否已经审批。 （2）核查特殊工种/特殊作业人员与审批文件是否一致。 （3）核查主要测量计量器具/试验设备与审批文件是否一致。 （4）核查主要施工机械/工器具/安全用具与审批文件是否一致。 （5）对大型施工起重机进行安全检查签证。 （6）进行安全巡视检查。重点检查：现场安全文明施工措施落实情况，并采集数码照片（按国网基建安质〔2016〕56 号文要求）
螺旋锚基础施工	（1）螺旋锚应具有产品出厂质量检验合格证书；应具有符合国家现行标准的各项质量检验资料； （2）螺旋锚施工钻进： 1）施工钻进中应严格控制锚杆倾斜，其锚杆钻进倾斜角不大于 1/50。锚杆施钻深度应符合设计要求，其深度偏差应控制–50mm 之内。	同阶梯基础施工	（1）核查施工项目部编制的施工方案是否已经审批。如有达到一定规模、超过一定规模的危险性较大的分部、分项工程，应核查安全专项施工方案或专家论证是否已经审批。 （2）核查特殊工种/特殊作业人员与审批文件是否一致。

续表

作业顺序	质量控制重点	安全控制重点	监理作业重点
螺旋锚基础施工	2）锚杆不应在已扰动的土壤中进行施工钻进，原状土发生扰动时，应更换钻杆位置。当锚杆钻入深度大于设计深度的 50%时，锚杆不允许反向旋转。 （3）基础浇筑： 1）护面浇筑必须与基础浇筑同步实施。如有护面，厚度不得小于 100mm。 2）混凝土密实、表面平整、光滑，棱角分明，一次成型		（3）核查主要测量计量器具/试验设备与审批文件是否一致。 （4）核查主要施工机械/工器具/安全用具与审批文件是否一致。 （5）对大型施工起重机进行安全检查签证。 （6）进行安全巡视检查。重点检查：现场安全文明施工措施落实情况，并采集数码照片（按国网基建安质〔2016〕56 号文要求）
人工挖孔桩基础施工	（1）地脚螺栓及钢筋规格、数量应符合设计要求且制作工艺良好。 （2）混凝土密实，外露部分表面平整、光滑，棱角分明，一次成型。 （3）基础几何尺寸偏差。 1）孔径不小于设计值。 2）桩垂直度一般不应超过桩长的 3‰，且最大不超过 50mm。 3）立柱及承台断面尺寸：–0.8%。 4）钢筋保护层厚度：–5mm。 5）钢筋笼直径：±10mm。 6）主筋间距：±10mm。 7）箍筋间距：±20mm。 8）钢筋笼长度：±50mm。 9）基础根开及对角线：一般塔±1.6‰；高塔±0.6‰。 10）基础顶面高差：5mm。	同阶梯基础施工	（1）核查施工项目部编制的施工方案是否已经审批。如有达到一定规模、超过一定规模的危险性较大的分部、分项工程，应核查安全专项施工方案或专家论证是否已经审批。 （2）核查特殊工种/特殊作业人员与审批文件是否一致。 （3）核查主要测量计量器具/试验设备与审批文件是否一致。 （4）核查主要施工机械/工器具/安全用具与审批文件是否一致。 （5）对大型施工起重机进行安全检查签证。 （6）进行安全巡视检查。重点检查：现场安全文明施工措施落实情况，并采集数码照片（按国网基建安质〔2016〕56 号文要求）

续表

作业顺序	质量控制重点	安全控制重点	监理作业重点
人工挖孔桩基础施工	11）同组地脚螺栓对立柱中心偏移：8mm。 12）整基基础中心位移：顺线路方向 24mm；横线路方向 24mm。 13）整基基础扭转：一般塔 8′；高塔 4′。 14）地脚螺栓露出混凝土面高度：10mm，–5mm		
钻孔灌注桩基础施工	（1）孔底沉渣端承桩不大于 50mm，摩擦桩不大于 100mm。 （2）混凝土密实、表面平整，一次成型。 （3）基础几何尺寸偏差： 1）孔径：–50mm。 2）孔深大于设计深度。 3）孔垂直度偏差小于桩长的 1%。 4）立柱及承台断面尺寸：–0.8%。 5）桩钢筋保护层厚度水下：–16mm，非水下：–8mm。 6）钢筋笼直径：±10mm。 7）主筋间距：±10mm。 8）箍筋间距：±20mm。 9）钢筋笼长度±50mm。 10）基础根开及对角线：一般塔±1.6‰；高塔±0.6‰。 11）基础顶面高差：5mm。 12）同组地脚螺栓对立柱中心偏移：8mm。 13）整基基础中心位移：顺线路方向 24mm；横线路方向 24mm。	同阶梯基础施工	（1）核查施工项目部编制的施工方案是否已经审批。如有达到一定规模、超过一定规模的危险性较大的分部、分项工程，应核查安全专项施工方案或专家论证是否已经审批。 （2）核查特殊工种/特殊作业人员与审批文件是否一致。 （3）核查主要测量计量器具/试验设备与审批文件是否一致。 （4）核查主要施工机械/工器具/安全用具与审批文件是否一致。 （5）对大型施工起重机进行安全检查签证。 （6）进行安全巡视检查。重点检查：现场安全文明施工措施落实情况，并采集数码照片（按国网基建安质〔2016〕56 号文要求）

续表

作业顺序	质量控制重点	安全控制重点	监理作业重点
钻孔灌注桩基础施工	14）整基基础扭转：一般塔 8′；高塔 4′。 15）地脚螺栓露出混凝土面高度：10mm，−5mm		
预制贯入桩沉桩施工	预制桩要有厂家资质、出厂合格证、强度试验报告。允许偏差： （1）桩垂直度偏差：＜0.5%。 （2）桩位中心偏差：±50mm	同阶梯基础施工	（1）核查施工项目部编制的施工方案是否已经审批。如有达到一定规模、超过一定规模的危险性较大的分部、分项工程，应核查安全专项施工方案或专家论证是否已经审批。 （2）核查特殊工种/特殊作业人员与审批文件是否一致。 （3）核查主要测量计量器具/试验设备与审批文件是否一致。 （4）核查主要施工机械/工器具/安全用具与审批文件是否一致。 （5）对大型施工起重机进行安全检查签证。 （6）进行安全巡视检查。重点检查：现场安全文明施工措施落实情况，并采集数码照片（按国网基建安质〔2016〕56 号文要求）
承台及连梁浇筑	（1）地脚螺栓及钢筋规格、数量应符合设计要求且制作工艺良好。 （2）混凝土密实、表面平整、光滑，棱角分明。 （3）基础几何尺寸偏差。 1）各断面尺寸：−0.8%。 2）钢筋保护层厚度：−5mm。	同阶梯基础施工	（1）核查施工项目部编制的施工方案是否已经审批。如有达到一定规模、超过一定规模的危险性较大的分部、分项工程，应核查安全专项施工方案或专家论证是否已经审批。 （2）核查特殊工种/特殊作业人员与审批文件是否一致。

续表

作业顺序	质量控制重点	安全控制重点	监理作业重点
承台及连梁浇筑	3）基础根开及对角线：一般塔±1.6‰；高塔±0.6‰。 4）基础顶面高差：5mm。 5）同组地脚螺栓对立柱中心偏移：8mm。 6）整基基础中心位移：顺线路方向24mm；横线路方向 24mm。 7）整基基础扭转：一般塔 8′；高塔 4′。 8）地脚螺栓露出混凝土面高度：10mm，–5mm		（3）核查主要测量计量器具/试验设备与审批文件是否一致。 （4）核查主要施工机械/工器具/安全用具与审批文件是否一致。 （5）对大型施工起重机进行安全检查签证。 （6）进行安全巡视检查。重点检查：现场安全文明施工措施落实情况，并采集数码照片（按国网基建安质〔2016〕56 号文要求）
拉线塔基础浇筑及拉线基础施工	（1）地脚螺栓及钢筋规格、数量应符合设计要求且制作工艺良好。 预制件的规格、数量，预制件强度应符合设计要求。 （2）混凝土密实、表面平整、光滑，棱角分明，一次成型。 （3）拉线塔基础几何尺寸偏差。 1）基础埋深：100mm，0mm。 2）立柱断面尺寸：–0.8%。 3）钢筋保护层厚度：–5mm。 4）基础根开：±1.6‰。 5）基础预埋钢球面顶面高差：5mm。 6）基础预埋钢球面中心与基础立柱中心偏移：不大于 8mm。 7）预埋钢球面的外露高度，应满足设计要求，误差不超过±5mm，使铁塔腿部球面钢板与基础预埋球面贴合紧密。	同阶梯基础施工	（1）核查施工项目部编制的施工方案是否已经审批。如有达到一定规模、超过一定规模的危险性较大的分部、分项工程，应核查安全专项施工方案或专家论证是否已经审批。 （2）核查特殊工种/特殊作业人员与审批文件是否一致。 （3）核查主要测量计量器具/试验设备与审批文件是否一致。 （4）核查主要施工机械/工器具/安全用具与审批文件是否一致。 （5）对大型施工起重机进行安全检查签证。 （6）进行安全巡视检查。重点检查：现场安全文明施工措施落实情况，并采集数码照片（按国网基建安质〔2016〕56 号文要求）

续表

作业顺序	质量控制重点	安全控制重点	监理作业重点
拉线塔基础浇筑及拉线基础施工	（4）拉线基础偏差。 1）基础尺寸：断面尺寸：–1%；拉环中心与设计位置的偏移：20mm。 2）基础位置：拉环中心在拉线方向前、后、左、右与设计位置的偏移：1%L（L 为拉环中心至杆塔拉线固定点的水平距离）。 3）X 型拉线基础位置应符合设计规定，并保证铁塔组立后交叉点的拉线不磨碰		
混凝土电杆基础施工	（1）预制件的规格、数量，预制件强度以及拉环、拉棒及卡盘抱箍规格和数量应符合设计要求。 （2）混凝土电杆底盘：埋深允许偏差 100mm、–0mm。 （3）拉线盘的埋深允许偏差 100mm、–0mm；埋设方向应符合设计规定，其安装位置允许偏差应满足下列规定： 1）沿拉线方向的左、右偏差不应超过拉线盘中心至相对应电杆中心水平距离的 1%。 2）沿拉线安装方向，其前后允许位移值：当拉线安装后其对地夹角值与设计值之差不应超过 1°，个别特殊地形需超过 1°时，应由设计提出具体规定。 3）X 型拉线的拉线盘安装位置，应满足拉线交叉处留有足够的空隙，避免互相磨碰。 4）整基基础中心位移，顺线路方向不大于 24mm，横线路方向不大于 24mm。 5）拉线棒回头方向一致、整齐	同阶梯基础施工	（1）核查施工项目部编制的施工方案是否已经审批。如有达到一定规模、超过一定规模的危险性较大的分部、分项工程，应核查安全专项施工方案或专家论证是否已经审批。 （2）核查特殊工种/特殊作业人员与审批文件是否一致。 （3）核查主要测量计量器具/试验设备与审批文件是否一致。 （4）核查主要施工机械/工器具/安全用具与审批文件是否一致。 （5）对大型施工起重机进行安全检查签证。 （6）进行安全巡视检查。重点检查：现场安全文明施工措施落实情况，并采集数码照片（按国网基建安质〔2016〕56 号文要求）

续表

作业顺序	质量控制重点	安全控制重点	监理作业重点
基础回填	（1）基础坑回填宜优先利用基坑土及黏性土，但不应含有有机杂质，不宜使用淤泥质土，含水率应符合规定。 （2）基础坑口的地面上应筑有防沉层，防沉层应高于原始地面，低于基础表面。其高度视土质夯实程度确定，基础验收时宜为300～500mm，工程移交时坑口回填土不应低于地面，防沉层的上部边宽不得小于坑口边宽，平整规范。 （3）接地沟回填后应筑有防沉层，其高度宜为100～300mm，工程移交时回填土不得低于地面		（1）核查施工项目部编制的施工方案是否已经审批。如有达到一定规模、超过一定规模的危险性较大的分部、分项工程，应核查安全专项施工方案或专家论证是否已经审批。 （2）核查特殊工种/特殊作业人员与审批文件是否一致。 （3）核查主要测量计量器具/试验设备与审批文件是否一致。 （4）核查主要施工机械/工器具/安全用具与审批文件是否一致。 （5）对大型施工起重机进行安全检查签证。 （6）进行安全巡视检查。重点检查：现场安全文明施工措施落实情况，并采集数码照片（按国网基建安质〔2016〕56号文要求）

续表

作业顺序	质量控制重点	安全控制重点	监理作业重点
验收阶段	（1）基础坑深及地基处理情况； （2）基础坑尺寸符合设计要求，放坡符合规范要求； （3）岩石及掏挖基础的成孔尺寸、孔深； （4）灌注桩基础的成孔后测量孔径、孔深，并清孔； （5）回填前做好隐蔽工程签证	（1）人员上下基坑的安全通道（梯子），基坑边缘按规范要求设置安全护栏。 （2）挖土区域设警戒线，各种机械、车辆严禁在开挖的基础边缘 2m 内行驶、停放。 （3）制订雨天、防洪应急预案，认真做好地面排水、边坡渗导水以及槽底排水措施	（1）对土石方工程强制性条文执行情况进行检查，专业监理工程师签署输变电工程施工强制性条文执行检查表。 （2）对本分项工程、单元工程进行质量评定检查。主要内容：线路复测数据；基础坑的中心根开及对角线尺寸、基础坑深、基础坑底板尺寸、基础坑立柱尺寸。对不符合项下发监理通知单，并采集数码照片，消缺和纠偏后施工项目部报监理工程师通知回复单，专业监理工程师进行复查，签署审查意见，同时采集数码照片，保证数码照片前后闭环。专业监理工程师签署施工项目部报审的评级记录。 （3）对监理工作进行记录，记录文件包括： 1）输变电工程施工强制性条文执行检查表； 2）监理通知单； 3）监理日志； 4）数码照片（按国网基建安质〔2016〕56 号文要求）

钢 筋 工 程

作业顺序	质量控制重点	安全控制重点	监理作业重点
施工准备阶段	（1）编制施工方案，详细列出本施工过程中的组织措施、安全措施、技术措施和质量控制措施。 （2）认真检查本项目施工过程所需材料、设备、配件是否符合设计要求。 （3）配置本项目施工过程所需人员	（1）认真检查施工人员个人防护用品、个人工具是否合格齐全。 （2）组织学习施工方案	（1）参加开箱验收工作。检查开箱设备是否与供货合同相符，配件齐全。 （2）核查施工项目部编制的施工方案是否已经审批。 （3）核查主要施工机械/工器具/安全用具与审批文件是否一致。 （4）收集相关资料。 （5）采集数码照片（按国网基建安质〔2016〕56号文要求）
钢筋进场	（1）对钢筋品种、型号、规格及外观等按照国家有关现行标准进行核对检查（用卡尺检查外径，观察钢材的剪断面有无裂纹、夹渣层和大于1mm的缺棱），结果必须符合有关国家、行业现行标准，收集有效的出厂质量证明文件等资料，上报监理工程师，会同监理工程师抽样送检，经复检确认符合有关国家、行业现行标准及工程要求，并经监理工程师认可后，签订订货合同，投入使用。 （2）钢材检验的要求为：对不同厂家、不同规格、不同炉号的钢材，每60t做一组试验。	（1）作业前必须开展现场初堪确定本工序固有风险等级，对动态评估为三级及以上作业风险进行复测，并填写《施工作业风险现场复测单》报送监理审核。 （2）施工必须有安全技术措施，并在施工前进行交底和做好现场监护工作。已交底的措施，未经审批人同意，不得擅自变更。 （3）施工人员必须熟悉和严格遵守电力建设安全工作规程相关规定，并经考试合格后上岗，对新入厂人员必须进行三级安全教育培训，经考试合格后持证上岗。 （4）按作业项目区域定置平面布置图要求进行施工作业现场布置。	（1）签署《主要设备（材料/构配件）开箱申请表》。 （2）组织或参加到场材料/构配件（地脚螺栓）开箱检查，重点检查：材料/构配件的数量、外观质量、出厂技术文件、质量保证文件等，并采集数码照片。 （3）审查钢筋进场工程材料的质量证明文件，按规定进行复试见证取样，并采集数码照片。签署材料试验委托单，专业监理工程师审查工程材料的数量清单、质量证明文件、自检结果及复试报告，符合要求后签署试品/试件试验报告报验表、工程材料/构配件/设备进场报审表。

续表

作业顺序	质量控制重点	安全控制重点	监理作业重点
钢筋进场	（3）基础钢筋的材质、规格及数量等必须符合国家标准和设计质量要求，入库前应进行外观检查，不得有夹渣、分层、严重锈蚀及直径超标等缺陷。钢筋保管应按品种规格分类，放置干燥通风处并与地面隔离15cm以上。 （4）到货的钢筋应有出厂质量证明书及试验报告单，钢筋表面或每捆（盘）钢筋均应有标志。按其直径分批检验的内容包括：查对标志、外观检查和抽样做力学性能试验，合格后方可加工、使用。除特殊说明外，基础钢筋的规格及级别必须严格按照基础施工图中的要求进行使用。基础施工图中的钢筋尺寸仅供统计材料用，准确尺寸以放样为准。 （5）地脚螺栓的材质、规格、长度、丝扣部分长度必须符合设计要求，螺栓中心距偏差不超过±2mm，对角线偏差不超过±2mm。 （6）现场的钢筋堆放场地应平整干燥。钢筋应按其使用顺序堆放并用垫木等支起离地15cm以上或用彩条布衬垫	（5）施工用机械、工器具经试运行、检查性能完好，满足使用要求。 （6）所有设备及工器具要进行定期维护保养。 （7）主要受力工器具应符合技术检验标准，并附有许用荷载标志；使用前必须进行检查，不合格者严禁使用，严禁以小代大，严禁超载使用。 （8）机械设施安装稳固，机械的安全防护装置齐全有效，传动部分有（完好）防护罩。 （9）机械设备的控制开关应安装在操作人员附近，并保证电气绝缘性能可靠	（4）核查特殊工种/特殊作业人员与审批文件是否一致。 （5）核查主要测量计量器具/试验设备与审批文件是否一致。 （6）核查主要施工机械/工器具/安全用具与审批文件是否一致 （7）监理工作记录文件，记录文件包括： 1）监理检查记录表； 2）平行检验记录表； 3）平行检验统计表； 4）监理日志； 5）数码照片（按国网基建安质〔2016〕56号文要求）
钢筋绑扎与焊接	（1）施工前准备。 1）基坑经监理工程师签证。 2）对运到塔位的钢筋、地脚螺栓的规格型号和数量严格检查，按照施工图核对，钢筋表面应洁净，在使用前应将油污及用锤敲就能剥落的浮皮、铁锈等清除干净。绑扎前认真核对钢筋的规格、长度、数量，确认无误后方可绑扎，尤其是底板上盖筋，应按加工图纸序号、长短分类堆放，防止绑扎时混淆。	（1）钢筋应按规格、品种分类，设置明显标识，整齐堆放。 （2）手工加工前检查板扣、大锤等工具是否完好，在工作台上弯钢筋时应防止铁屑飞溅伤眼，工作台上的铁屑应及时清理。 （3）拉直调直钢筋时，卡头要卡牢，地锚要结实牢固，拉筋沿线2m区域内禁止行人。卷扬机棚前应设置挡板防止钢筋拉断伤人。	（1）对进场钢筋进行巡视检查。重点检查：该批钢筋的产品合格证和出场检验报告。 （2）对钢筋制作进行巡视检查。重点检查：钢筋的制作是否符合标准和设计文件的要求。对钢筋焊接、钢筋机械连接接头进行见证取样，并采集数码照片。监理员签署材料试验委托单，专业监理工程师审查工复试报告，符合要求后签署试品/试件试验报告报验表。

续表

作业顺序	质量控制重点	安全控制重点	监理作业重点
	3）校对基坑各部尺寸，修理并操平基坑。 （2）质量要求。 1）钢筋如有弯曲应予调直。 2）主筋须焊接接头时，应将其错开布置， 3）钢筋加工及安装的允许误差：钢筋长度误差：±10mm；箍筋内净距尺寸±5mm；主筋间距及每排主筋间距的误差：±10mm；箍筋间距误差：±20mm。 4）凡钢筋交叉点均以双股 18 号铁丝绑扎，要求钢筋位置、尺寸准确，分布均匀，绑扎牢固。 5）基础主筋下弯钩应朝立柱外侧，并放在下底板筋的上面。 6）钢筋需焊接时，其焊接质量必须符合 JGJ18—2012《钢筋焊接及验收规范》要求，采用双面焊，搭接长度不小于钢筋直径的 5 倍（焊缝宽度不小于 $0.8d$；高度不小于 $0.3d$），焊接接头距钢筋弯曲处的距离不应小于钢筋直径的 35 倍。 7）从事钢筋焊接施工的焊工必须持有钢筋焊工考试合格证，才能按照合格证规定的范围上岗操作。 8）凡施焊的各种钢筋、钢板均应有质量证明书；焊条、焊丝、氧气、乙炔、液化石油气、二氧化碳、焊剂应有产品合格证。	（4）切断长度小于 300mm 的钢筋必须用钳子夹牢，且钳柄不得短于 500mm，严禁直接用手把持。 （5）钢筋搬运、制作、堆放时与电气设施应保持安全距离。绑扎线头应压向钢骨架内侧。 （6）从事焊接或切割操作人员，必须持证上岗。 （7）进行焊接或切割工作时，操作人员应穿戴专用工作服、绝缘鞋、防护手套等符合专业防护要求的劳动保护用品。衣着不得敞领卷袖。 （8）焊接与切割的工作场所应有良好的照明（50～100lm/m^2）应采取措施排除有害气体、粉尘和烟雾等，使之符合 GBZ 1—2015《工业企业设计卫生标准》的要求。在人员密集的场所进行焊接工作时，宜设挡光屏 （9）进行焊接或切割工作时，应有防止触电、爆炸和防止金属飞溅引起火灾的措施，并应防止灼伤。进行焊接或切割工作，必须经常检查并注意工作地点周围的安全状态，有危及安全的情况时，必须采取防护措施。 （10）在高处进行焊接与切割工作，除应遵守本规程中高处作业的有关规定外，还应遵守下列规定： 1）工作开始前应清除下方的易燃物，或采取可靠的隔离、防护措施，并设专人监护。	（3）对钢筋安装进行巡视检查。质量方面重点检查：钢筋的规格数量、安装间距、安装方式等是否符合规范和设计文件要求；安全方面重点检查：操作面、临时步道搭设是否符合安全措施要求，操作人员的安全防护用品是否配置和正确使用。采集数码照片。 （4）隐蔽工程验收：对现浇基础中钢筋和预埋件的规格、尺寸、数量、位置、底座断面尺寸、混凝土的保护层厚度等进行验收，并采集数码照片。专业监理工程师签署隐蔽工程（基础浇前、支模）签证记录表。 （5）监理工作记录文件，记录文件包括： 1）监理检查记录表； 2）平行检验记录表； 3）平行检验统计表； 4）监理日志； 5）数码照片（按国网基建安质〔2016〕56 号文要求）

续表

作业顺序	质量控制重点	安全控制重点	监理作业重点
	9）钢筋闪光对焊接头、电弧焊接头、电渣压力焊接头、气压焊接头、箍筋闪光对焊接头、预埋件钢筋 T 形接头的拉伸试验结果符合下列条件之一，评定为合格。 a. 3 个试件均断于钢筋母材，延性断裂，抗拉强度大于等于钢筋母材抗拉强度标准值。 b. 2 个试件断于钢筋母材，延性断裂，抗拉强度大于等于钢筋母材抗拉强度标准值；1 个试件断于焊缝，或热影响区，脆性断裂，或延性断裂，抗拉强度大于等于钢筋母材抗拉强度标准值。 （3）底板钢筋绑扎好后找正，用 60mm×100m×100mm 的水泥垫块支垫，垫块强度为 C20	2）不得随身带着电焊导线或气焊软管登高或从高处跨越。此时，电焊导线、软管应在切断电源或气源后用绳索提吊。 3）在高处进行电焊工作时，宜设专人进行拉合闸和调节电流等工作。 （11）严禁在储存或加工易燃、易爆物品的场所周围 10m 范围内进行焊接或切割工作。 （12）在焊接、切割地点周围 5m 范围内，应清除易燃、易爆物品；确实无法清除时，必须采取可靠的隔离或防护措施。 （13）不宜在雨、雪及大风天气进行露天焊接和切割作业。如确实需要时，应采取遮蔽雨雪、防止触电和火花飞溅等措施 （14）气焊与气割应使用乙炔瓶供气。 （15）焊接或切割工作结束后，必须切断电源或气源，整理好器具，仔细检查工作场所周围及防护设施，确认无起火危险后方可离开	
验收阶段	（1）钢筋型号、数量、规格符合设计要求。 （2）钢筋绑扎符合规范要求。 （3）钢筋焊接符合规范要求。 （4）检查钢筋锈蚀情况	（1）参加验收人员做好安全防护。 （2）基坑周围要有安全围栏。 （3）钢筋工程完工够清理基坑	（1）对现浇基础中钢筋和预埋件的规格、尺寸、数量、位置等进行验收，并采集数码照片。专业监理工程师签署隐蔽工程（基础浇前、支模）签证记录表。 （2）监理工作记录文件，记录文件包括： 1）平行检验记录表； 2）监理检查记录表； 3）监理日志、数码照片（按国网基建安质〔2016〕56 号文要求）

杆 塔 工 程

施工顺序	质量控制重点	安全控制重点	监理作业重点
施工准备阶段	（1）核查施工项目部编制的施工方案是否已经审批。 （2）核查现场施工准备阶段是否与已审批的施工方案一致。 （3）签署主要设备（材料/构配件）开箱申请表。组织或参加到场材料/构配件（塔材）开箱检查。重点检查：材料/构配件的数量、外观质量、出厂技术文件、质量保证文件等，并采集数码照片。会同参与开箱各方共同签署设备材料开箱检查记录表。发现缺陷时，由施工项目部填写工程材料/构配件/设备缺陷通知单，缺陷处理完，由供货单位和施工项目部填写设备（材料/构配件）缺陷处理报验表，监理复检。 （4）审查高强螺栓的质量证明文件，按规定进行复试见证取样，并采集数码照片。监理员签署材料试验委托单，专业监理工程师审查工程材料的数量清单、质量证明文件、自检结果及复试报告，符合要求后签署试品/试件试验报告报验表、工程材料/构配件/设备进场报审表	（1）核查施工项目部编制的施工方案是否已经审批。如有达到一定规模、超过一定规模的危险性较大的分部、分项工程，应核查安全专项施工方案或专家论证是否已经审批。 （2）审查工程项目分包计划和分包商资质、业绩和拟签订的分包合同、安全协议，并对拟进场的分包商主要人员、施工机械、工器具、施工技术能力等条件进行入场验证并动态核查。 （3）核查特殊工种/特殊作业人员与审批文件是否一致。 （4）核查主要测量计量器具/试验设备与审批文件是否一致。 （5）核查主要施工机械/工器具/安全用具与审批文件是否一致。 （6）对大型施工起重机械进行安全检查签证。 （7）进行安全巡视检查。 （8）对基础交付杆塔组立工序转接进行安全检查签证工作。 （9）检查杆塔工程开工前强制性条文执行情况。签署杆塔工程开工前强制性条文执行记录表	（1）审查施工单位报审资料。 （2）组织或参加到场材料/构配件（塔材）开箱检查。 （3）审查施工项目部编制的施工安全固有风险识别、评估、预控清册，作业风险现场复测单和三级及以上施工安全固有风险识别、评估和预控清册，并审查动态风险计算结果，填写文件审查记录

续表

施工顺序	质量控制重点	安全控制重点	监理作业重点
抱杆组立	（1）杆塔各构件的组装应牢固，交叉处有空隙者，应装设相应厚度的垫圈或垫板。 （2）当采用螺栓连接构件时，应符合下列规定： 1）螺栓应与构件平面垂直，螺栓头与构件间的接触处不应有空隙； 2）螺母拧紧后，螺杆露出螺母的长度：对单螺母，不应小于两个螺距；对双螺母，可与螺母相平； 3）螺杆必须加垫者，每端不宜超过两个垫圈； 4）螺栓的防卸、防松应符合设计要求。 （3）螺栓的穿入方向应符合下列规定： 1）对立体结构： a. 水平方向由内向外； b. 垂直方向由下向上； c. 斜向者宜由斜下向斜上穿，不便时应在同一斜面内取统一方向。 2）对平面结构： a. 顺线路方向，按线路方向穿入或按统一方向穿入； b. 横线路方向，两侧由内向外，中间由左向右（按线路方向）或按统一方向穿入； c. 垂直地面方向者由下向上； d. 斜向者宜由斜下向斜上穿，不便时应在同一斜面内取统一方向。	（1）进场工器具是否为报审过的合格材料。 （2）现场特殊工种/特殊作业人员与审批文件是否一致； （3）现场安全文明施工及平面布置是否与施工方案一致；现场分区（组片、吊装、工器具及材料摆放）是否合理；牵引系统（绞磨）设置是否合理。 （4）地锚坑的位置及深度、回填土防沉层、防雨措施，是否符合施工方案要求；牵引系统固定措施是否符合规范要求； （5）现场安全监护、指挥人员是否到位，通信及指挥信号是否畅通准确； （6）遇大风、雷雨等恶劣天气应停止作业。 （7）地脚螺帽、临时接地是否及时安装到位。 （8）高处作业人员安全防护用品配置是否齐全，佩戴是否正确、安全防护措施是否到位；外拉线用绳卡固定链接时，绳卡压板及数量应符合规定要求；外拉线距离电力线路、通信线路较近时，应采取防反弹措施。 （9）现场施工是否与所报审的施工方案一致	（1）杆塔组立过程监理的工作重点是现场安全巡视。 （2）对以下要进行旁站： 1）质量旁站点：全高在100m以上高塔平口以上部分组立、大跨越铁塔组立。 2）安全旁站点：全高在80m以上高塔平口以上部分组立，临近带电体施工等；吊装塔头。 3）其他：新技术试验试点等。 （3）使用吊车作业时检查吊车检验合格证及吊车司机的操作证。 （4）严格控制三级及以上风险作业，作业过程必须进行旁站监理。 （5）对电网工程安全施工作业票中施工作业风险控制流程执行情况进行重点监督和检查，对存在问题及时提出整改意见并实现闭环管理。 （6）检查强制性条文执行情况，签署输变电工程施工强制性条文执行记录表。 （7）重点检查：现场安全文明施工措施落实情况。 （8）采集数码照片（按国网基建安质〔2016〕56号文要求）

施工顺序	质量控制重点	安全控制重点	监理作业重点
抱杆组立	注：个别螺栓不易安装时，穿入方向允许变更处理。 （4）杆塔部件组装有困难时应查明原因，严禁强行组装。个别螺孔需扩孔时，扩孔部分不应超过 3mm，当扩孔需超过 3mm 时，应先堵焊再重新打孔，并应进行防锈处理。严禁用气割进行扩孔或烧孔。 （5）防松及防盗装置安装必须达到设计要求。 （6）底部吊装完成后检查底座与基础顶面是否存在缝隙。 （7）杆塔部件、构件的规格及组装质量；杆塔节点间主材弯曲；杆塔结构倾斜；螺栓的紧固程度、穿向和防松、防盗等		
吊车组立	（1）起重机作业前应对起重机进行全面检查并空载试运转。 （2）起重机作业必须按起重机操作规程操作；起重臂及吊件下方必须划定作业区，地面应设安全监护人。 （3）起重机工作位置的地基必须稳固，附近的障碍物应清除。 （4）在电力线附近组塔时，起重机必须接地良好。与带电体的最小安全距离应符合安规要求。	（1）检查起重设备是否有检验检测机构发放的检验合格证且在有效期内。 （2）起重司机是否持有特殊作业操作证。 （3）项目部对司机及施工人员进行安全技术交底。 （4）施工过程是否与方案相符。 （5）钢管杆施工应填写安全施工作业票 B，作业前通知监理。 （6）起吊大件或不规则组件时，应在吊件上拴以牢固的溜绳。	（1）杆塔组立过程监理的工作重点是现场安全巡视。 （2）对以下要进行旁站： 1）质量旁站点：全高在 100m 以上高塔平口以上部分组立、大跨越铁塔组立。 2）安全旁站点：全高在 80m 以上高塔平口以上部分组立，临近带电体施工等；吊装塔头。 3）其他：新技术试验试点等。 （3）使用吊车作业时检查吊车检验合格证及吊车司机的操作证。

续表

施工顺序	质量控制重点	安全控制重点	监理作业重点
吊车组立	（5）使用两台起重机抬吊同一构件时，必须编写专项施工方案，起重机承担的构件重量应考虑不平衡系数后且不应超过该机额定起吊重量的 80%；两台起重机应互相协调，起吊速度应基本一致。 （6）起吊物应绑牢，并有防止倾倒措施。吊钩悬挂点应与吊物的重心在同一垂直线上，吊钩钢丝绳应保持垂直，严禁偏拉斜吊。落钩时，应防止吊物局部着地引起吊绳偏斜，吊物未固定好，严禁松钩。吊索（千斤绳）的夹角一般不大于 90°，最大不得超过 120°，起重机吊臂的最大仰角不得超过制造厂铭牌规定。 （7）在抬吊过程中，各台起重机的吊钩钢丝绳应保持垂直，升降行走应保持同步。各台起重机所承受的载荷，不得超过各自的允许起重量。 （8）如达不到上述要求时，应降低额定起重能力至 80%，也可由总工程师根据实际情况，降低额定起重能力使用。但吊运时，总工程师应在场	（7）起重工作区域内无关人员不得停留或通过。在伸臂及吊物的下方，严禁任何人员通过或逗留。 （8）起重机吊运重物时应走吊运通道，严禁从有人停留场所上空越过；对起吊的重物进行加工、清扫等工作时，应采取可靠的支承措施，并通知起重机操作人员。 （9）吊起的重物不得在空中长时间停留。在空中短时间停留时，操作人员和指挥人员均不得离开工作岗位。起吊前应检查起重设备及其安全装置；重物吊离地面约 10cm 时应暂停起吊并进行全面检查，确认良好后方可正式起吊。 （10）起重机在工作中如遇机械发生故障或有不正常现象时，放下重物、停止运转后进行排除，严禁在运转中进行调整或检修。如起重机发生故障无法放下重物时，必须采取适当的保险措施，除排险人员外，严禁任何人进入危险区。 （11）遇有大雪、大雾、雷雨、六级及以上大风等恶劣气候，或夜间照明不足，使指挥人员看不清工作地点、操作人员看不清指挥信号时，不得进行起重作业	（4）严格控制三级及以上风险作业，作业过程必须进行旁站监理。 （5）对电网工程安全施工作业票中施工作业风险控制流程执行情况进行重点监督和检查，对存在问题及时提出整改意见并实现闭环管理。 （6）检查强制性条文执行情况，签署输变电工程施工强制性条文执行记录表。 （7）重点检查：现场安全文明施工措施落实情况。 （8）采集数码照片（按国网基建安质〔2016〕56 号文要求）

续表

<table>
<tr><th>施工顺序</th><th>质量控制重点</th><th>安全控制重点</th><th>监理作业重点</th></tr>
<tr>
<td>验收阶段</td>
<td>（1）螺栓的穿入方向应符合上面要求；
对杆塔连接螺栓紧固情况进行验收，4.8 级螺栓的扭紧力矩不应小于下表的规定。4.8 级以上的螺栓扭矩标准值由设计规定，若设计无规定时，宜按 4.8 级螺栓的扭紧力矩标准执行。

螺栓紧固扭矩标准
<table><tr><th>螺栓规格</th><th>扭矩值（N·m）</th></tr><tr><td>M12</td><td>40</td></tr><tr><td>M16</td><td>80</td></tr><tr><td>M20</td><td>100</td></tr><tr><td>M24</td><td>250</td></tr></table>
螺杆与螺母的螺纹有滑牙或螺母的棱角磨损以致扳手打滑的螺栓必须更换。
（2）杆塔是否按设计要求使用防卸、防松螺栓时不再涂漆。
（3）自立式转角塔、终端塔应组立在倾斜平面的基础上，向受力反方向预倾斜，预倾斜值应视塔的刚度及受力大小由设计确定。架线挠曲后，塔顶端仍不应超过铅垂线而偏向受力侧。架线后铁塔的挠曲度超过设计规定时，应会同设计处理。</td>
<td>（1）登高验收人员应正确使用施工安全工器具和劳动防护用品，并在使用前进行外观是否有变形、破裂等情况，禁止使用不合格的安全带。
（2）高处作业人员应衣着灵便，衣袖、裤脚应扎紧，穿软底防滑鞋，并正确佩戴个人防护用具。
（3）高处作业人员应正确使用安全带，宜使用全方位防冲击安全带，杆塔组立、高处作业时，应采用速差自控器等后备保护设施。安全带及后备防护设施应高挂低用。高处作业过程中，应随时检查安全带绑扎的牢靠情况。
（4）高处验收人员的工具用绳索拴在牢固的安全带上。
（5）高处作业人员上下杆塔等设施应沿脚钉或爬梯攀登，在攀登或转移作业位置时不得失去保护。杆塔上水平转移时应使用水平绳或设置临时扶手，垂直转移时应使用速差自控器或安全自锁器等装置。禁止使用绳索或拉线上下杆塔，不得顺杆或单根构件下滑或上爬</td>
<td>（1）总监理工程师组织分部工程验收，签署分部工程质量报验申请单；
（2）专业监理工程师编写工程施工强制性条文执行检查表。
（3）采集数码照片（按国网基建安质〔2016〕56 号文要求）</td>
</tr>
</table>

续表

<table>
<tr><th>施工顺序</th><th>质量控制重点</th><th>安全控制重点</th><th>监理作业重点</th></tr>
<tr><td>验收阶段</td><td>（4）转角杆、终端杆、导线不对称布置的拉线直线单杆，在架线后拉线点处的杆身不应向受力侧挠倾。向受力反侧（或轻载侧）的偏斜不应超过拉线点高的 3‰。
（5）角钢铁塔塔材的弯曲度，应按 GB 2694《输电线路铁塔制造技术条件》的规定验收。对运至桩位的个别角钢，当弯曲度超过长度的 2‰，但未超过下表的变形限度时，可采用冷矫正法进行矫正，但矫正的角钢不得出现裂纹和锌层剥落。

采用冷矫正法的角钢变形限度
<table><tr><th>角钢宽度（mm）</th><th>变形限度（‰）</th><th>角钢宽度（mm）</th><th>变形限度（‰）</th></tr><tr><td>40</td><td>35</td><td>90</td><td>15</td></tr><tr><td>45</td><td>31</td><td>100</td><td>14</td></tr><tr><td>50</td><td>28</td><td>110</td><td>12.7</td></tr><tr><td>56</td><td>25</td><td>125</td><td>11</td></tr><tr><td>63</td><td>22</td><td>140</td><td>10</td></tr><tr><td>70</td><td>20</td><td>160</td><td>9</td></tr><tr><td>75</td><td>19</td><td>180</td><td>8</td></tr><tr><td>80</td><td>17</td><td>200</td><td>7</td></tr></table></td><td></td><td></td></tr>
</table>

架线（含光缆）工程

作业顺序	质量控制重点	安全控制重点	监理作业重点
施工准备阶段	（1）审查施工项目部报审的质量管理组织机构、专职质量管理人员和特种作业人员的资格证书。 （2）审查施工项目部委托的第三方试验（检测）单位的资质等级及试验范围、计量认证等内容。 （3）审查施工项目部报审的主要测量、计量器具的规格、型号、数量、证明文件等内容。 （4）导线或架空地线，必须使用合格的电力金具配套接续管及耐张线夹进行连接。连接后的握着强度，应在架线施工前进行试件试验。试件不得少于3组（允许接续管与耐张线夹合为一组试件）。其试验握着强度对液压及爆压都不得小于导线或架空地线设计使用拉断力的95%。 （5）对小截面导线采用螺栓式耐张线夹及钳压管连接时，其试件应分别制作。螺栓式耐张线夹的握着强度不得小于导线设计使用拉断力的90%。钳压管直线连接的握着强度，不得小于导线设计使用拉断力的95%。架空地线的连接强度应与导线相对应。 （6）采用液压连接，工期相近的不同工程，当采用同制造厂、同批量的导线、架空地线、接续管、耐张线夹及钢模完全没有变化时，可以免做重复性试验	（1）审查施工项目部项目经理、专职安全生产管理人员和特种作业人员的资格条件。 （2）审查施工项目部主要施工机械、工器具、安全防护用品（用具）的安全性能证明文件。 （3）审查施工项目部编制的施工安全固有风险识别、评估、预控清册，作业风险现场复测单和三级及以上施工安全固有风险识别、评估和预控清册，填写文件审查记录表。 （4）四级风险作业时，监理单位相关管理人员、项目总监理工程师、安全监理工程师应现场检查、监督；五级风险作业时，分管领导及相关人员到现场审查并旁站监督措施的落实	（1）审查施工项目部报审相关资料。 （2）组织或参加到场材料/构配件（绝缘子、金具、导线、地线、光缆）开箱检查，重点检查：材料/构配件的数量、外观质量、出厂技术文件、质量保证文件等。 （3）导地线压接试验。 （4）架线：10kV及以上带电搭设和拆除跨越架（架体平齐带电线路至封顶阶段），导引绳通过铁路、高速公路、不停电跨越架（10kV及以上电力线路）等进行安全旁站。 （5）采集数码照片（按国网基建安质〔2016〕56号文要求）

续表

作业顺序	质量控制重点	安全控制重点	监理作业重点
放线滑车悬挂	（1）轮槽尺寸及所用材料应与导线或架空地线相适应； （2）导线放线滑车轮槽底部的轮径：应符合 DL/T 685《放线滑轮基本要求检验规定及测试方法》的规定。展放镀锌钢绞线架空地线时，其滑车轮槽底部的轮径与所放钢绞线直径之比不宜小于 15； （3）对严重上扬、下压或垂直档距很大处的放线滑车应进行验算，必要时应采用特制的结构； （4）应采用滚动轴承滑轮，使用前应进行检查并确保转动灵活	（1）作业人员必须对专用工具和安全用具进行外观检查，确认合格后方可使用。 （2）进行安全巡视，随时提醒作业人员不得在吊物下方停留或通过，防止物体打击。 （3）使用放线滑车应遵守下列规定： 1）放线滑车允许荷载应满足放线的强度要求，安全系数不得小于 3。 2）放线滑车悬挂应根据计算对导引绳、牵引绳的上扬严重程度，选择悬挂方法及挂具规格。 3）转角塔（包括直线转角塔）的预倾滑车及上扬处的压线滑车应设专人监护	进行安全巡视检查。重点检查：滑车悬挂完毕后，防坠落措施是否到位，滑车悬挂点与塔材连接处是否采取衬垫措施，双滑车是否采取加固措施
现场布置	严格按要求开展安全文明施工标准化工作，规范现场管理	（1）牵、张场所必须设置安全围栏和安全警示标志。 （2）警示标志应符合有关标准和要求。 （3）现场施工人员使用工器具时要再次认真检查确认，不合格者严禁使用。 （4）牵张机、吊车等大型机械进场前必须经过相关部门的检查验证	检查现场布置是否按审批的施工方案进行布置
导引绳展放	（1）检查进场的牵引绳是否有生锈的现象； （2）检查导引绳规格是否与施工方案相符	（1）人工展放过程中应注意废弃的机井、深坑等； （2）严禁在跨越架上临时锚固导引绳等； （3）处理被刮住的导地绳时，作业人员必须站在线弯的外侧并用工具处理，严禁用手推拽。	（1）进行安全巡视检查，现场安全文明施工措施落实情况；导引绳规格、数量与外观质量，是否符合施工方案要求。所有跨越设施位置是否设有安全监护人员。

续表

作业顺序	质量控制重点	安全控制重点	监理作业重点
导引绳展放		（4）展放余线的人员不得站在线圈内或线弯的内角侧。 （5）导引绳连接： 1）导、牵引绳的抗弯连接器、旋转连接器的规格要符合技术要求。 2）使用前进行检查、试验。 3）在应该使用旋转连接器的地方一定要按规定使用旋转连接器。 （6）在展放牵引绳时重要跨越设信号员。导引绳或牵引绳连接应用专用连接工具；牵引绳与导线、避雷线（光缆）连接应使用专用连接网套	（2）对导引绳连接进行安全旁站。主要内容：导引绳连接方式是否符合施工方案要求；抗弯连接器型号、强度等级是否与之匹配；检查导引绳无损伤且连接可靠。 （3）导引绳是否展放完毕，进行巡视检查，全线是否处于腾空状态；导引绳的锚固是否牢靠，是否采取防跑线措施。 （4）采集数码照片（按国网基建安质〔2016〕56号文要求）
张力放线	（1）放线时应保证线轴出线与张力机进线导向轮在一条直线上，导线不得与线轴边沿摩擦。换线轴时，应防止导线与张力机、线轴架的硬、锐部件接触。 （2）余线回盘时，若连接网套被盘进线轴，应在连接网套和其他导线间垫一层隔离物。张力机前、后的压接和更换线轴时地面必须采须保护措施，禁止导线直接与地面接触。 （3）完成牵张放线作业、各子导线临锚后，子导线驰度应相互错位，防止子导线鞭击。 （4）卡线器不得在导线上滑动，卡线器后侧导线应套橡胶管保护。	（1）放线滑车使用前应进行外观检查。带有开门装置的放线滑车，应有关门保险。 （2）线盘架应稳固，转动灵活，制动可靠。必要时打上临时拉线固定。 （3）穿越滑车的引绳应根据导、地线的规格选用。引绳与线头的连接应牢固。穿越时，作业人员不得站在导线、地线的垂直下方。 架线时，除应在杆塔处设监护人外，对被跨越的房屋、路口、河塘、裸露岩石及跨越架和人畜较多处均应派专人监护。 （4）导线、地线（光缆）被障碍物卡住时，作业人员应站在线弯的外侧，并应使用工具处理，不得直接用手推拉。	（1）对大型施工起重机进行安全检查签证。 （2）对牵引绳通过特殊/重要跨越设施进行安全旁站。 （3）对导线牵引绳展放进行巡视检查。重点检查：现场安全文明施工措施落实情况，地线牵引绳展放方式与施工方案是否一致，牵引绳与导、地线连接是否可靠，防跑线措施是否到位。 （4）进行巡视检查。重点检查：导线是否处于腾空状态；导线的锚固是否牢靠，是否采取防跑线措施。 （5）直线管压接旁站。 （6）采集数码照片（按国网基建安质〔2016〕56号文要求）

续表

作业顺序	质量控制重点	安全控制重点	监理作业重点
张力放线	（5）如导线在同一处的损伤同时符合下列情况时可不作补修，只将损伤处棱角与毛刺用0#砂纸磨光。 1）铝、铝合金单股损伤深度小于股直径的1/2； 2）钢芯铝绞线及钢芯铝合金绞线损伤截面积为导电部分截面积的5%及以下。且强度损失小于4%； 3）单金属绞线损伤截面积为4%及以下。 注：1. 同一处损伤截面积是指该损伤处在一个节距内的每股铝丝沿铝股损伤最严重处的深度换算出的截面积总和。 2. 损伤深度达到直径的1/2时，按断股考虑。 （6）导线在同一处损伤需要补修时，按GB 50233—2014《110kV～500kV架空输电线路施工及验收规范》7.2.3、7.2.4的规定予以处理 （7）作为架空地线的镀锌钢绞线，按GB 50233—2014《110kV～500kV架空输电线路施工及验收规范》7.2.5的规定予以处理。 （8）110kV线路工程的导线展放宜采用张力放线。 （9）张力展放导线用的多轮滑车除应符合DL/T 685《放线滑轮基本要求检验规定及测试方法》的规定外，其轮槽宽应能顺利通过接续管及其护套。轮槽应采用挂胶或其他韧性材料。滑轮的磨阻系数不应大于1.015。	（5）机械牵引放线时导引绳或牵引绳的连接应用专用连接工具。牵引绳与导线、地线（光缆）连接应使用专用连接网套或专用牵引头，网套夹持导线、地线的长度不得少于导线、地线直径的30倍。网套末端应用铁丝绑扎，绑扎不得少于20圈。 （6）使用牵引机和张力机时应遵守下列规定： 1）操作人员应严格依照使用说明书要求进行各项功能操作，禁止超速、超载、超温、超压或带故障运行。 2）使用前应对设备的布置、锚固、接地装置以及机械系统进行全面的检查，并做运转试验。 3）牵引机、张力机进出口与邻塔悬挂点的高差及与线路中心线的夹角应满足设备的技术要求。 4）牵引机牵引卷筒槽底直径不得小于被牵引钢丝绳直径的25倍；对于使用频率较高的钢丝绳卷筒应定期检查槽底磨损状态，及时维修。 （7）使用导线、地线连接网套时应遵守下列规定： 1）导线、地线连接网套的使用应与所夹持的导线、地线规格相匹配。 2）导线、地线穿入网套应到位。网套夹持导线、地线的长度不得少于导线、地线直径的30倍。	

续表

作业顺序	质量控制重点	安全控制重点	监理作业重点
张力放线	（10）张力机放线主卷筒槽底直径 $D \geqslant 40d-100$mm（d 为导线直径）。张力机尾线轴架的制动力与反转力应与张力机匹配。 （11）张力放线区段的长度不宜超过 20 个放线滑轮的线路长度，当难以满足规定时，必须采取有效的防止导线在展放中受压损伤及接续管出口处导线损伤的特殊施工措施。 （12）张力放线通过重要跨越地段时，宜适当缩短张力放线区段长度。 （13）张力放线时，直线接续管通过滑车应防止接续管弯曲超过规定，达不到要求时应加装保护套。 （14）一般情况下牵引场应顺线路布置。当受地形限制时，牵引场可通过转向滑车进行转向布置。张力场不宜转向布置，特殊情况下须转向布置时，转向滑车的位置及角度应满足张力架线的要求。 （15）每相导线放完，应在牵张机前将导线临时锚固，为了防止导线因风振而引起疲劳断股，锚线的水平张力不应超过导线保证计算拉断力的 16%，锚固时同相子导线间的张力应稍有差异，使子导线在空间位置上下错开。与地面净空距离不应小于 5m。 （16）张力放线、紧线及附件安装时，应防止导线损伤，在容易产生损伤处应采取有效的防止措施。导线损伤的处理应符合 GB 50233—2014《110kV～500kV 架空输电线路施工及验收规范》7.2.3 条 4 款的规定。	3）网套末端应用铁丝绑扎，绑扎不得少于 20 圈。 4）导线、地线连接网套每次使用前，应逐一检查，发现有断丝者不得使用。 5）较大截面的导线穿入网套前，其端头应做坡面梯节处理；施工过程中需要导线对接时宜使用双头网套。 （8）使用卡线器时应遵守下列规定： 1）卡线器的使用应与所夹持的线（绳）规格相匹配。 2）卡线器有裂纹、弯曲、转轴不灵活或钳口斜纹磨平等缺陷的禁止使用。 （9）使用抗弯连接器时应遵守下列规定： 1）抗弯连接器表面应平滑，与连接的绳套相匹配。 2）抗弯连接器有裂纹、变形、磨损严重或连接件拆卸不灵活时禁止使用。 3）旋转连接器的横销应拧紧到位。与钢丝绳或网套连接时应安装滚轮并拧紧横销。 4）旋转连接器不应直接进入牵引轮或卷筒。 5）旋转连接器不宜长期挂在线路中。 （10）牵引场转向布设时应遵守下列规定： 1）使用专用的转向滑车，锚固应可靠。 2）各转向滑车的荷载应均衡，不得超过允许承载力。 3）牵引过程中，各转向滑车围成的区域内侧禁止有人。	

续表

作业顺序	质量控制重点	安全控制重点	监理作业重点
张力放线	（17）有下列情况之一时定为严重损伤： 1）强度损失超过保证计算拉断力的8.5%； 2）截面积损伤超过导电部分截面积的12.5%； 3）损伤的范围超过一个补修管允许补修的范围； 4）钢芯有断股； 5）金钩、破股已使钢芯或内层线股形成无法修复的永久变形。 （18）达到严重损伤时，应将损伤部分全部锯掉，用接续管将导线重新连接。 （19）直线管压接操作人员必须经过培训及考试合格、持有操作许可证连接完成并自检合格后，应在压接管上打上操作人员的钢印。 （20）不同金属、不同规格、不同绞制方向的导线或架空地线。严禁在一个耐张段内连接。 （21）导线切割及连接应符合下列规定： 1）切割导线铝股时严禁伤及钢芯； 2）切口应整齐； 3）导线及架空地线的连接部分不得有线股绞制不良、断股、缺股等缺陷； 4）连接后管口附近不得有明显的松股现象。	（11）导引绳、牵引绳的安全系数不得小于3。特殊跨越架线的导引绳、牵引绳安全系数不得小于3.5。 （12）导引绳、牵引绳的端头连接部位在使用前应由专人检查，有钢丝绳损伤等情况不得使用。 （13）展放的绳、线不应从带电线路下方穿过，若必须从带电线路下方穿过时，应制定专项安全技术措施并设专人监护。 （14）张力放线前由专人检查下列工作： 1）牵引设备及张力设备的锚固应可靠，接地应良好。 2）牵张段内的跨越架结构应牢固、可靠。 3）通信联络点不得缺岗，通信应畅通。 4）转角杆塔放线滑车的预倾措施和导线上扬处的压线措施应可靠。 5）交叉、平行或邻近带电体的放线区段接地措施应符合施工作业指导书的安全规定。 （15）张力放线应具有可靠的通信系统。牵引场、张力场应设专人指挥。 （16）牵引过程中，牵引绳进入的主牵引机高速转向滑车与钢丝绳卷车的内角侧禁止有人。 （17）牵引时接到任何岗位的停车信号均应立即停止牵引，停止牵引时应先停牵引机，再停张力机。恢复牵引时应先开张力机，再开牵引机。	

续表

作业顺序	质量控制重点	安全控制重点	监理作业重点
张力放线	（22）采用钳压或液压连接导线时，导线连接部分外层铝股在洗擦后应薄薄地涂上一层电力复合脂，并应用细钢丝刷清刷表面氧化膜，应保留电力复合脂进行连接。 （23）各种接续管、耐张管及钢锚连接前必须测量管的内、外直径及管壁厚度，其质量应符合 GB 2314《电力金具通用技术条件》规定。不合格者，严禁使用。 （24）接续管及耐张线夹压接后应检查外观质量，并应符合下列规定： 1）用精度不低于 0.1mm 的游标卡尺测量压后尺寸，其允许偏差必须符合 SDJ 276《架空电力线路外爆压接施工工艺规程》或 SDJ 226《架空送电线路导线及避雷线液压施工工艺规程（试行）》的规定； 2）飞边、毛刺及表面未超过允许的损伤，应锉平并用 O 号砂纸磨光； 3）爆压管爆后外观有下列情形之一者，应割断重接： 4）管口外线材明显烧伤，断股； 5）管体穿孔、裂缝。 6）弯曲度不得大于 2%，有明显弯曲时应校直；	（18）牵引过程中，牵引机、张力机进出口前方不得有人通过。 （19）牵引过程中发生导引绳、牵引绳或导线跳槽、走板翻转或平衡锤搭在导线上等情况时，应停机处理。 （20）导线的尾线或牵引绳的尾绳在线盘或绳盘上的盘绕圈数均不得少于 6 圈。 （21）导线或牵引绳带张力过夜应采取临锚安全措施。 （22）导引绳、牵引绳或导线临锚时，其临锚张力不得小于对地距离为 5m 时的张力，同时应满足对被跨越物距离的要求。 （23）导线、地线升空作业应与紧线作业密切配合并逐根进行，导线、地线的线弯内角侧不得有人。 （24）升空作业应使用压线装置，禁止直接用人力压线。 （25）压线滑车应设控制绳，压线钢丝绳回松应缓慢。 （26）升空场地在山沟时，升空的钢丝绳应有足够长度	

续表

作业顺序	质量控制重点	安全控制重点	监理作业重点
张力放线	7）校直后的接续管如有裂纹，应割断重接； 8）裸露的钢管压后应涂防锈漆。 （25）在一个档距内每根导线或架空地线上只允许有一个接续管和三个补修管，当张力放线时不应超过两个补修管，并应满足下列规定： 1）各类管与耐张线夹出口间的距离不应小于15m； 2）接续管或补修管与悬垂线夹中心的距离不应小于5m； 3）接续管或补修管与间隔棒中心的距离不宜小于0.5m； 4）宜减少因损伤而增加的接续管。 （26）液压的压口位置及操作顺序应符合规程要求。 （27）液压管压口数及压后尺寸的数值S=0.886×0.993D+0.2mm（D为管外径，S为对边距）。压后尺寸允许偏差应为±0.5mm。 （28）采用液压导线或架空地线的接续管、耐张线夹及补修管等连接时，必须符合SDJ 226《架空送电线路导线及避雷线液压施工工艺规程（试行）》的规定		

续表

作业顺序	质量控制重点	安全控制重点	监理作业重点
紧线	（1）紧线施工应在基础混凝土强度达到设计规定，全紧线段内杆塔已经全部检查合格后方可进行。 （2）紧线施工前应根据施工荷载验算耐张、转角型杆塔强度，必要时应装设临时拉线或进行补强。采用直线杆塔紧线时，应采用设计允许的杆塔做紧线临锚杆塔。 （3）弧垂观测档的选择应符合 GB 50233—2014《110kV～750kV 架空送电线路施工及验收规范》7.5.3 规定。 （4）观测弧垂时的实测温度应能代表导线或架空地线的温度，温度应在观测档内实测。 （5）挂线时对于孤立档、较小耐张段及大跨越的过牵引长度应符合设计要求；设计无要求时，应符合 GB 50233—2014《110kV～500kV 架空送电线路施工及验收规范》规 7.5.5 定。 （6）紧线弧垂在挂线后应随即在该观测档检查，各相间的弧垂应力求一致，其允许偏差应符合 GB 50233—2014《110kV～500kV 架空送电线路施工及验收规范》7.5.6 规定。 （7）架线后应测量导线对被跨越物的净空距离，计入导线蠕变伸长换算到最大弧垂时必须符合设计规定	（1）紧线的准备工作应遵守下列规定： 1）杆塔的部件应齐全，螺栓应紧固。 2）紧线杆塔的临时拉线和补强措施以及导线、地线的临锚应准备完毕。 （2）牵引地锚距紧线杆塔的水平距离应满足安全施工要求。地锚布置与受力方向一致，并埋设可靠。 （3）紧线前应具备下列条件： 1）紧线档内的通信应畅通。 2）埋入地下或临时绑扎的导线、地线应挖出或解开，并压接升空。 3）障碍物以及导线、地线跳槽等应处理完毕。 4）分裂导线不得相互绞扭。 5）各交叉跨越处的安全措施可靠。 6）冬季施工时，导线、地线被冻结处应处理完毕。 （4）紧线过程中监护人员应遵守下列规定： 1）不得站在悬空导线、地线的垂直下方。 2）不得跨越将离地面的导线或地线。 3）监视行人不得靠近牵引中的导线或地线。 4）传递信号应及时、清晰，不得擅自离岗。	（1）进行安全巡视检查，现场安全文明施工措施落实情况； （2）紧线施工方式及紧线次序与施工方案是否一致；各种接续管位置是否符合规范要求； （3）弧垂观测档设置是否符合规范和设计文件的要求；弧垂观测时所取温度与实际温度是否一致。 （4）导线弧垂是否符合设计文件要求；导地线有无绞线、钩挂树枝杂物等异常情况。 （5）采集数码照片（按国网基建安质〔2016〕56 号文要求）

续表

作业顺序	质量控制重点	安全控制重点	监理作业重点
紧线		（5）展放余线的人员不得站在线圈内或线弯的内角侧。 （6）导线、地线应使用卡线器或其他专用工具，其规格应与线材规格匹配，不得代用。 （7）耐张线夹安装应遵守下列规定： 1）高处安装螺栓式线夹时，应将螺栓装齐拧紧后方可回松牵引绳。 2）高处安装耐张线夹时，应采取防止跑线的可靠措施。 3）在杆塔上割断的线头应用绳索放下。 4）地面安装耐张线夹时，导线、地线的锚固应可靠。 （8）挂线时，当连接金具接近挂线点时应停止牵引，然后作业人员方可从安全位置到挂线点操作。挂线后应缓慢回松牵引绳，在调整拉线的同时应观察耐张金具串和杆塔的受力变形情况。 （9）分裂导线的锚线作业应遵守下列规定： 1）导线在完成地面临锚后应及时在操作塔设置过轮临锚。 2）导线地面临锚和过轮临锚的设置应相互独立，工器具应满足各自能承受全部紧线张力的要求	

续表

作业顺序	质量控制重点	安全控制重点	监理作业重点
导地线连接	（1）不同金属、不同规格、不同绞制方向的导线或架空地线。严禁在一个耐张段内连接。 （2）当导线或架空地线采用液压或爆压连接时，操作人员必须经过培训及考试合格、持有操作许可证。连接完成并自检合格后，应在压接管上打上操作人员的钢印。 （3）导线切割及连接应符合下列规定： 1）切割导线铝股时严禁伤及钢芯； 2）切口应整齐； 3）导线及架空地线的连接部分不得有线股绞制不良、断股、缺股等缺陷； 4）连接后管口附近不得有明显的松股现象。 （4）采用钳压或液压连接导线时，导线连接部分外层铝股在洗擦后应薄薄地涂上一层电力复合脂，并应用细钢丝刷清刷表面氧化膜，应保留电力复合脂进行连接。 （5）各种接续管、耐张管及钢锚连接前必须测量管的内、外直径及管壁厚度，其质量应符合 GB 2314《电力金具通用技术条件》规定。不合格者，严禁使用。 （6）接续管及耐张线夹压接后应检查外观质量，并应符合下列规定： 用精度不低于 0.1mm 的游标卡尺测量压后尺寸，其允许偏差必须符合 SDJ 276《架空电力线路外爆压接施工工艺规程》或 SDJ226《架空送电线路导线及避雷线液压施工工艺规程（试行）》的规定；	（1）平衡挂线时，不得在同一相邻耐张段的同相（极）导线上进行其他作业。 （2）待割的导线应在断线点两端事先用绳索绑牢，割断后应通过滑车将导线松落至地面。 （3）高处断线时，作业人员不得站在放线滑车上操作。割断最后一根导线时，应注意防止滑车失稳晃动。 （4）割断后的导线应在当天挂接完毕，不得在高处临锚过夜。 （5）高空锚线应有二道保护措施。 （6）液压机压接除应遵守 DL/T 5285《输变电工程架空导线及地线液压压接工艺工程》的有关规定外，还应符合下列规定： 1）使用前检查液压钳体与顶盖的接触口，液压钳体有裂纹者不得使用。 2）液压机起动后先空载运行，检查各部位运行情况，正常后方可使用。压接钳活塞起落时，人体不得位于压接钳上方。 3）放入顶盖时，应使顶盖与钳体完全吻合，不得在未旋转到位的状态下压接。 4）液压泵操作人员应与压接钳操作人员密切配合，并注意压力指示，不得过荷载。 5）液压泵的安全溢流阀不得随意调整，且不得用溢流阀卸荷。 （7）高空压接应遵守以下规定：	（1）对割线进行旁站。主要内容：割线方法与施工方案是否一致；割线切勿伤及导线钢芯。 （2）对导、地线压接进行旁站。主要内容：压接操作人员与审批文件是否一致，压接施工机械及方法与施工方案是否一致，压接质量是否符合规范及施工方案要求。 （3）隐蔽工程验收：液压连接接续管前，对接续管的内、外径，长度；管及线的清洗情况；钢管在铝管中的位置；钢芯与铝线端头在连接管中的位置等进行验收。 （4）专业监理工程师签署隐蔽工程（导线液压）签证记录表、隐蔽工程（地线液压）签证记录表。 （5）采集数码照片（按国网基建安质〔2016〕56 号文要求）

作业顺序	质量控制重点	安全控制重点	监理作业重点
导地线连接	1）飞边、毛刺及表面未超过允许的损伤，应锉平并用O号砂纸磨光； 2）弯曲度不得大于2%，有明显弯曲时应校直； 3）校直后的接续管如有裂纹，应割断重接； 4）裸露的钢管压后应涂防锈漆。 （7）在一个档距内每根导线或架空地线上只允许有一个接续管和三个补修管，当张力放线时不应超过两个补修管，并应满足下列规定： 1）各类管与耐张线夹出口间的距离不应小于15m； 2）接续管或补修管与悬垂线夹中心的距离不应小于5m； 3）接续管或补修管与间隔棒中心的距离不宜小于0.5m； 4）宜减少因损伤而增加的接续管。 （8）液压的压口位置及操作顺序应符合规程的要求。 （9）液压管压口数及压后尺寸的数值S=0.886×0.993D+0.2mm（D为管外径，S为对边距）。压后尺寸允许偏差应为±0.5mm。 （10）采用液压导线或架空地线的接续管、耐张线夹及补修管等连接时，必须符合SDJ 226《架空送电线路导线及避雷线液压施工工艺规程（试行）》的规定	1）压接前应检查起吊液压机的绳索和起吊滑轮完好，位置设置合理，方便操作。 2）液压机升空后应做好悬吊措施，起吊绳索为二道保险。 3）高空人员压接工器具及材料应做好防坠落措施。 4）导线应有防跑线措施。 （8）跳线应使用未过牵引导线，呈近似悬链状自然下垂，跳线与各类金具无碰磨，形状美观、顺畅。 （9）含有单串和双串绝缘子跳线横线路偏角不宜大于5°，横线路偏斜距离不宜大于0.7m。 （10）耐张管与引流连接板间应涂刷导电脂，连接面应平整、光洁，连接螺栓须紧固。 （11）跳线间隔棒（结构面）应垂直于跳线束，无明显扭曲现象。 （12）1跳线安装完毕后跳线弧垂及跳线与塔身最小间隙应符合设计及规程要求。 （13）作业前准备工作和条件跳线安装是在耐张塔两侧紧线及直线塔附件完毕，且各档弛度均符合设计及规范要求后方能进行	

续表

作业顺序	质量控制重点	安全控制重点	监理作业重点
附件安装	（1）绝缘子安装前应逐个表面清洗干净，并应逐个（串）进行外观检查。安装时应检查碗头、球头与弹簧销子之间的间隙。在安装好弹簧销子的情况下球头不得自碗头中脱出。 （2）验收前应清除瓷（玻璃）表面的污垢。有机复合绝缘子伞套的表面不允许有开裂、脱落、破损等现象，绝缘子的芯棒与端部附件不应有明显的歪斜。 （3）金具的镀锌层有局部碰损、剥落或缺锌，应除锈后补刷防锈漆。 （4）为了防止导线或架空地线因风振而受损伤，弧垂合格后应及时安装附件。附件（包括间隔棒）安装时间不应超过5d。大跨越永久性防振装置难于立即安装时，应会同设计单位采用临时防振措施。 （5）附件安装时应采取防止工器具碰撞有机复合绝缘子伞套的措施，在安装中严禁踩踏有机复合绝缘子上下导线。 （6）悬垂线夹安装后，绝缘子串应垂直地平面，个别情况其顺线路方向与垂直位置的偏移角不应超过5°，且最大偏移值不应超过200mm。连续上、下山坡处杆塔上的悬垂线夹的安装位置应符合设计规定。	（1）附件安装前，作业人员应对专用工具和安全用具进行外观检查，不符合要求者不得使用。 （2）相邻杆塔不得同时在同相（极）位安装附件，作业点垂直下方不得有人。 （3）提线工器具应挂在横担的施工孔上提升导线；无施工孔时，承力点位置应满足受力计算要求，并在绑扎处衬垫软物。 （4）附件安装时，安全绳或速差自控器应拴在横担主材上。安装间隔棒时，安全带应挂在一根子导线上，后备保护绳应拴在整相导线上。 （5）在跨越电力线、铁路、公路或通航河流等的线段杆塔上安装附件时，应采取防止导线或地线坠落的措施。 （6）在带电线路上方的导线上测量间隔棒距离时，应使用干燥的绝缘绳，禁止使用带有金属丝的测绳、皮尺。 （7）拆除多轮放线滑车时，不得直接用人力松放。 （8）直线塔附件安装方式是否符合施工方案要求；现场安全监护、指挥人员是否到位，通信及指挥信号是否畅通准确；高处作业人员安全防护用品配置是否齐全，佩戴是否正确、安全防护措施是否到位；作业区域两端是否按要求挂设工作接地线，作业点垂直下方不得有人；遇大风、雷雨等恶劣天气应停止作业。	（1）现场安全监护、指挥人员是否到位，通信及指挥信号是否畅通准确；现场特殊工种/特殊作业人员与审批文件是否一致；高处作业人员安全防护用品配置是否齐全，佩戴是否正确、安全防护措施是否到位；遇大风、雷雨等恶劣天气应停止作业。 （2）对导、地线压接管测量进行旁站，质检人员测量压接后的尺寸、压接管弯曲度等数据是否真实、准确、合理。 （3）审查施工项目部填写的导地线压接施工检查及评级记录，保证数据真实、可靠、合理性，符合要求后签字。 （4）对耐张塔平衡挂线导、地线压接进行旁站。主要内容：压接操作人员与审批文件是否一致，压接施工机械及方法与施工方案是否一致，压接质量是否符合规范及施工方案要求。 （5）隐蔽工程验收：液压耐张线夹前，对耐张线夹的内、外径，长度；管及线的清洗情况；钢管在铝管中的位置；等进行验收。 （6）隐蔽工程验收：液压引流管前，对引流管的内、外径，长度；管及线的清洗情况；钢管在铝管中的位置；等进行验收。采集数码照片。专业监理工程师签署隐蔽工程验收（导、地线压接）报审表。 （7）对重要跨越档附件安装进行安全巡视检查。重点检查：重要跨越档安全监护人员是否到位

作业顺序	质量控制重点	安全控制重点	监理作业重点
附件安装	（7）绝缘子串、导线及架空地线上的各种金具上的螺栓、穿钉及弹簧销子，除有固定的穿向外，其余穿向应统一，并应符合下列规定： 1）单、双悬垂串上的弹簧销子均按线路方向穿入。使用W弹簧销子时，绝缘子大口均朝线路后方。使用R弹簧销子时，大口均朝线路前方。螺栓及穿钉凡能顺线路方向穿入者均按线路方向穿入，特殊情况两边线由内向外，中线由左向右穿入； 2）耐张串上的弹簧销子、螺栓及穿钉均由上向下穿；当使用W弹簧销子时，绝缘子大口均应向上；当使用R弹簧销子时，绝缘子大口均向下，特殊情况可由内向外，由左向右穿入； 3）分裂导线上的穿钉、螺栓均由线束外侧向内穿； 4）当穿入方向与当地运行单位要求不一致时，可按运行单位的要求，但应在开工前明确规定。 （8）金具上所用的闭口销的直径必须与孔径相配合，且弹力适度。 （9）各种类型的铝质绞线，在与金具的线夹夹紧时，除并沟线夹及使用预绞丝护线条外，安装时应在铝股外缠绕铝包带，缠绕时应符合下列规定： 1）铝包带应缠绕紧密，其缠绕方向应与外层铝股的绞制方向一致；	（9）使用飞车应遵守下列规定： 1）携带重量及行驶速度不得超过飞车铭牌规定。 2）每次使用前应进行检查，飞车的前后活门应关闭牢靠，刹车装置应灵活可靠。 3）行驶中遇有接续管时应减速。 4）安装间隔棒时，前后轮应卡死（刹牢）。 5）随车携带的工具和材料应绑扎牢固。 6）导线上有冰霜时应停止使用。 7）飞车越过带电线路时，飞车最下端（包括携带的工具、材料）与电力线的最小安全距离应在DL 5009《电力建设安全工作规程》规定的安全距离基础上加1m，并设专人监护	

续表

作业顺序	质量控制重点	安全控制重点	监理作业重点
附件安装	2）所缠铝包带应露出线夹，但不超过10mm，其端头应回缠绕于线夹内压住。 （10）安装预绞丝护线条时，每条的中心与线夹中心应重合，对导线包裹应紧固。 （11）安装于导线或架空地线上的防振锤及阻尼线应与地面垂直，设计有特殊要求时应按设计要求安装。其安装距离偏差不应大于±30mm。 （12）分裂导线间隔棒的结构面应与导线垂直，安装时应测量次档距。杆塔两侧第一个间隔棒的安装距离偏差不应大于端次档距的±1.5%，其余不应大于次档距的±3%。各相间隔棒安装位置应相互一致。 （13）绝缘架空地线放电间隙的安装距离偏差，不应大于±2mm。 （14）柔性引流线应呈近似悬链线状自然下垂，其对杆塔及拉线等的电气间隙必须符合设计规定。使用压接引流线时其中间不得有接头。刚性引流线的安装应符合设计要求。 （15）铝制引流连板及并沟线夹的连接面应平整、光洁，安装应符合下列规定： 1）安装前应检查连接面是否平整，耐张线夹引流连板的光洁面必须与引流线夹连板的光洁面接触。 2）应用汽油洗擦连接面及导线表面污垢，并应涂上一层电力复合脂。用细钢丝刷清除有电力复合脂的表面氧化膜。 3）保留电力复合脂，并应逐个均匀地拧紧连接螺栓。螺栓的扭矩应符合该产品说明书的要求		

续表

作业顺序	质量控制重点	安全控制重点	监理作业重点
光缆工程	（1）光缆盘运到现场后，应进行下列检查和验收： 1）光缆的品种、型号、规格； 2）光缆盘号； 3）光缆长度； 4）光纤衰减值（由指定的专业人员检测）； 5）光缆端头密封的防潮封口有无松脱现象。 （2）光缆盘应直立装卸、运输及存放，不得平放。 （3）光缆架线施工必须符合下列规定： 1）光缆架线施工必须采用张力放线方法； 2）选择放线区段长度应与光缆长度相适应。 （4）张力放线机主卷筒槽底直径不应小于光缆直径的 70 倍，且不得小于 1m。设计另有要求的除外。 （5）放线滑轮槽底直径不应小于光缆直径的 40 倍，且不得小于 500mm。滑轮槽应采用挂胶或其他韧性材料。滑轮的磨阻系数不应大于 1.015。设计另有要求的除外。 （6）光纤的熔接应由专业人员操作。	（1）光缆展放过程，应控制放线张力。在满足对交叉跨越物及地面距离时的情况下，尽量低张力展放。 （2）牵张设备必须可靠接地。牵引过程中导引绳和光纤复合架空地线必须挂接地滑车。 （3）牵张场临锚时光缆落地处必须有隔离保护措施，以保证光缆不得与地面接触。收余线时，禁止拖放。 （4）紧线时，必须使用专用夹具。 （5）牵张场的位置应保证进出线仰角满足制造厂要求。一般不宜大于 25°，其水平偏角应小于 7°。 （6）放线滑车在放线过程中，其包络角不得大于 60°。 （7）牵引绳与光纤复合架空地线的连接宜通过旋转连接器、防捻走板、专用编织套或出厂说明书要求连接。 （8）张力牵引过程中，初始速度应控制在 5m/min 以内。正常运转后牵引速度不宜超过 60m/min。 （9）施工全过程中，光纤复合架空地线的曲率半径不得小于设计和制造厂的规定	（1）对光纤熔接后数据测量进行旁站。主要内容：测试仪同步测试光纤熔接接头衰耗值符合规范和设计文件的要求。 （2）审查施工项目部填写的光纤熔接施工检查及评级记录，审查表格中数据均应填写齐全、完整，同时也应有可追溯性，空格应划“/”。保证数据真实、可靠、合理性，符合要求后签字。 （3）对光缆附件安装进行巡视检查，检查光缆附件安装方式和工艺是否符合施工方案要求；现场安全监护、指挥人员是否到位，高处作业人员安全防护用品配置是否齐全，佩戴是否正确、安全防护措施是否到位； （4）遇大风、雷雨等恶劣天气应停止作业。 （5）采集数码照片（按国网基建安质〔2016〕56 号文要求）

续表

作业顺序	质量控制重点	安全控制重点	监理作业重点
光缆工程	（7）光纤的熔接应符合下列要求： 1）剥离光纤的外层套管、骨架时不得损伤光纤； 2）防止光纤接线盒内有潮气或水分进入，安装接线盒时螺栓应紧固，橡皮封条必须安装到位； 3）光纤熔接后应进行接头光纤衰减值测试，不合格者应重接； 4）雨天、大风、沙尘或空气湿度过大时不应熔接。 （8）光缆引下线夹具的安装应保证光缆顺直、圆滑，不得有硬弯、折角。 （9）紧完线后，光缆在滑车中的停留时间不宜超过 48h。附件安装后，当不能立即接头时，光纤端头应做密封处理。 （10）附件安装前光缆必须接地。提线时与光缆接触的工具必须包橡胶或缠绕铝包带，不得以硬质工具接触光缆表面。 （11）光纤复合架空地线在同一处损伤、强度损失不超过总拉断力的 17%时，应用光纤复合架空地线专用预绞丝补修		

续表

作业顺序	质量控制重点	安全控制重点	监理作业重点
质量验收阶段	（1）导线及架空地线的弧垂； （2）绝缘子的规格、数量，绝缘子的清洁，悬垂绝缘子串的倾斜； （3）金具的规格、数量及连接安装质量，金具螺栓或销钉的规格、数量、穿向； （4）杆塔在架线后的挠曲； （5）引流线安装连接质量、弧垂及最小电气间隙； （6）绝缘架空地线的放电间隙； （7）接头、修补的位置及数量； （8）防振锤的安装位置、规格、数量及安装质量； （9）间隔棒的安装位置及安装质量； （10）导线换位情况； （11）导线对地及跨越物的安全距离； （12）线路对接近物的接近距离； （13）光缆有否受损，引下线及接续盒的安装质量	（1）登高验收人员应正确使用施工安全工器具和劳动防护用品，并在使用前进行外观是否有变形、破裂等情况，禁止使用不合格的安全带。 （2）高处作业人员应衣着灵便，衣袖、裤脚应扎紧，穿软底防滑鞋，并正确佩戴个人防护用具。 （3）高处作业人员应正确使用安全带，宜使用全方位防冲击安全带，杆塔组立、高处作业时，应采用速差自控器等后备保护设施。安全带及后备防护设施应高挂低用。高处作业过程中，应随时检查安全带绑扎的牢靠情况。 （4）高处验收人员的工具用绳索拴在牢固的安全带上。 （5）上下绝缘子串，必须使用下线爬梯和速差自控器。 （6）上线验收时，必须挂设保安接地线将绝缘子串短接，防止感应电伤害，挂设保安接地线时，先挂接地端后挂导线端	（1）对架线工程强制性条文执行情况进行检查，专业监理工程师签署输变电工程施工强制性条文执行检查表。 （2）对本分部工程所含的分项工程、单元工程进行质量评定检查。主要内容： 1）导线及架空地线的弧垂；绝缘子的规格、数量，绝缘子的清洁，悬垂绝缘子串的倾斜； 2）金具的规格、数量及连接安装质量，金具螺栓或销钉的规格、数量、穿向； 3）杆塔在架线后的挠曲； 4）引流线安装连接质量、弧垂及最小电气间隙； 5）绝缘架空地线的放电间隙； 6）接头、修补的位置及数量； 7）防振锤的安装位置、规格、数量及安装质量； 8）间隔棒的安装位置及安装质量； 9）导线换位情况； 10）导线对地及跨越物的安全距离； 11）线路对接近物的接近距离； 12）光缆有否受损，引下线及接续盒的安装质量。 （3）采集数码照片（按国网基建安质〔2016〕56 号文要求）

跨越架工程

作业顺序	质量控制重点	安全控制重点	监理作业重点
施工准备阶段	（1）编制的施工方案。如有达到一定规模、超过一定规模的危险性较大的分部、分项工程，应编制安全专项施工方案或专家论证是否已经审批。 （2）编制交叉跨越统计表与设计文件是否一致。 （3）办理特殊跨越物（跨越铁路、高速公路、通航江河、带电线路等设施）施工相关主管部门的许可手续。 （4）搭设跨越架所需物资、材料、机械、设备进场。 （5）设跨越架所需人力到场并进行安全教育和施工方案学习	（1）核查施工项目部编制的施工方案是否已经审批。如有达到一定规模、超过一定规模的危险性较大的分部、分项工程，应核查安全专项施工方案或专家论证是否已经审批。 （2）核查施工项目部编制交叉跨越统计表与设计文件是否一致。 （3）核查特殊跨越物（跨越铁路、高速公路、通航江河、带电线路等设施）施工是否取得相关主管部门的许可。 （4）核查特殊工种/特殊作业人员与审批文件是否一致。 （5）核查主要施工机械/工器具/安全用具与审批文件是否一致。 （6）核查主要测量计量器具/试验设备与审批文件是否一致	（1）核查施工项目部编制的施工方案是否已经审批。如有达到一定规模、超过一定规模的危险性较大的分部、分项工程，应核查安全专项施工方案或专家论证是否已经审批。 （2）核查特殊工种/特殊作业人员与审批文件是否一致。 （3）核查主要施工机械/工器具/安全用具与审批文件是否一致

续表

作业顺序	质量控制重点	安全控制重点	监理作业重点
一般跨越架搭设和拆除	（1）使用木质、毛竹、钢管跨越架应遵守下列规定： 1）木质跨越架所使用的立杆有效部分的小头直径不得小于 70mm，60～70mm 的可双杆合并或单杆加密使用。横杆有效部分的小头直径不得小于 80mm。 2）木质跨越架所使用的杉木杆，出现木质腐朽、损伤严重或弯曲过大等情况的不得使用。 3）毛竹跨越架的立杆、大横杆、剪刀撑和支杆有效部分的小头直径不得小于 75mm，50～75mm 的可双杆合并或单杆加密使用。小横杆有效部分的小头直径不得小于 50mm。 4）毛竹跨越架所使用的毛竹，如有青嫩、枯黄、麻斑、虫蛀以及裂纹长度超过一节以上等情况的不得使用。 （2）钢管跨越架宜用外径 48～51mm 的钢管，立杆和大横杆应错开搭接，搭接长度不得小于 0.5m。 （3）钢管跨越架所使用的钢管，如有弯曲严重、磕瘪变形、表面有严重腐蚀、裂纹或脱焊等情况的不得使用	（1）编制作业指导书，由有资质的专业队伍施工进行施工。 （2）跨越架的立杆应垂直、埋深不应小于 50cm，跨越架的支杆埋深不得小于 30cm，水田松土等搭跨越架应设置扫地杆。 （3）跨越架两端及每隔 6～7 根立杆应设剪刀撑杆、支杆或拉线，确保跨越架整体结构的稳定。 （4）应悬挂醒目的安全警告标志和搭设、验收标志牌。 （5）跨越架搭设完应打临时拉线，拉线与地面夹角不得大于 60°。 （6）跨越架应经现场监理及使用单位验收合格后方可使用。 （7）强风、暴雨过后应对跨越架进行检查，确认合格后方可使用。 （8）当拆跨越架的撑杆时，需要在原撑杆的位置绑手溜绳，避免因撑杆撤掉后跨越架整片倒落。 （9）拆除跨越架时应保留最下层的撑杆，待横杆都拆除后，利用支撑杆放倒立杆，做好现场安全监护。 （10）拆跨越架时应自上而下逐根进行，架片、架杆应有人传递或绳索吊送，不得抛扔。 （11）拆跨越架严禁将跨越架整体推倒	（1）对一般跨越设施安装进行安全巡视检查。 （2）采集数码照片（按国网基建安质〔2016〕56 号文要求）

作业顺序	质量控制重点	安全控制重点	监理作业重点
跨越10kV及以上带电运行电力线路、铁路、二级及以上公路等特殊跨越架搭设和拆除	（1）使用木质、毛竹、钢管跨越架应遵守下列规定： 1）木质跨越架所使用的立杆有效部分的小头直径不得小于70mm，60～70mm的可双杆合并或单杆加密使用。横杆有效部分的小头直径不得小于80mm。 2）木质跨越架所使用的杉木杆，出现木质腐朽、损伤严重或弯曲过大等情况的不得使用。 3）毛竹跨越架的立杆、大横杆、剪刀撑和支杆有效部分的小头直径不得小于75mm，50～75mm的可双杆合并或单杆加密使用。小横杆有效部分的小头直径不得小于50mm。 4）毛竹跨越架所使用的毛竹，如有青嫩、枯黄、麻斑、虫蛀以及裂纹长度超过一节以上等情况的不得使用。 （2）钢管跨越架宜用外径48～51mm的钢管，立杆和大横杆应错开搭接，搭接长度不得小于0.5m。 （3）钢管跨越架所使用的钢管，如有弯曲严重、磕瘪变形、表面有严重腐蚀、裂纹或脱焊等情况的不得使用	（1）编制专项施工方案。 （2）严格按批准的施工方案执行。 （3）跨越架的施工搭设和拆除由有资质的专业队伍施工。 （4）安装完毕后经检查验收合格后方准使用。 （5）各类型金属格构式跨越架架顶应设置挂胶滚筒或挂胶滚动横梁。 （6）跨越架上应悬挂醒目的警告标志及夜间警示装置。 （7）跨越架应经现场监理及使用单位验收合格后方可使用。 （8）强风、暴雨过后应对跨越架进行检查，确认合格后方可使用。 （9）跨越公路的跨越架，应在公路前方距跨越架适当距离设置提示标志。 （10）使用金属格构式跨越架应遵守下列规定： 1）新型金属格构式跨越架架体应经载荷试验，具有试验报告及产品合格证后方可使用。 2）跨越架架体宜采用倒装分段组立或起重机整体组立。 3）跨越架的拉线位置应根据现场地形情况和架体组立高度确定。跨越架的各个立柱应有独立的拉线系统，立柱的长细比一般不应大于120	（1）对距离带电体较近的跨越架架体平齐带电线路至封顶阶段搭设过程进行安全旁站。 （2）检查跨越设施安装是否符合规范和施工方案要求； （3）现场安全监护、指挥人员是否到位，跨越设施拉线设置是否符合施工方案要求。 （4）强风、暴雨过后应对跨越架进行检查，确认合格后方可使用。 （5）采集数码照片（按国网基建安质〔2016〕56号文要求）

作业顺序	质量控制重点	安全控制重点	监理作业重点
停电跨越作业	（1）使用木质、毛竹、钢管跨越架应遵守下列规定： 1）木质跨越架所使用的立杆有效部分的小头直径不得小于 70mm，60～70mm 的可双杆合并或单杆加密使用。横杆有效部分的小头直径不得小于 80mm。 2）木质跨越架所使用的杉木杆，出现木质腐朽、损伤严重或弯曲过大等情况的不得使用。 3）毛竹跨越架的立杆、大横杆、剪刀撑和支杆有效部分的小头直径不得小于 75mm，50～75mm 的可双杆合并或单杆加密使用。小横杆有效部分的小头直径不得小于 50mm。 4）毛竹跨越架所使用的毛竹，如有青嫩、枯黄、麻斑、虫蛀以及裂纹长度超过一节以上等情况的不得使用。 （2）钢管跨越架宜用外径 48～51mm 的钢管，立杆和大横杆应错开搭接，搭接长度不得小于 0.5m。 钢管跨越架所使用的钢管，如有弯曲严重、磕瘪变形、表面有严重腐蚀、裂纹或脱焊等情况的不得使用	（1）按要求办理停电工作票，并严格按照程序进行操作，严禁约时、口头停送电。 （2）绝缘工具必须定期进行绝缘试验，其绝缘性能必须符合 DL 5009.2—2013《电力建设安全工作规程　第 2 部分：电力线路》中附录 B.11 的规定，每次使用前应进行外观检查，绝缘绳、网有严重磨损、断股、污秽及受潮时不得使用。 （3）施工结束后，现场作业负责人必须对现场进行全面检查，待全部作业人员（包括工具、材料）撤离杆塔后方可下令拆除接地线，工作接地线一经拆除，该线路即视为带电，严禁任何人再登杆塔进行任何作业。 （4）张力放线过程中，要在停电区域附近设专人监护，做到通信畅通，指挥统一，并设立警戒标志，避免意外事故发生。 （5）展放的导引绳不得从带电线路下方穿过，若要穿过时，必须采取可靠的压线措施	（1）检查跨越设施安装是否符合规范和施工方案要求； （2）现场安全监护、指挥人员是否到位，跨越设施拉线设置是否符合施工方案要求。 （3）强风、暴雨过后应对跨越架进行检查，确认合格后方可使用。 （4）采集数码照片（按国网基建安质〔2016〕56 号文要求）

续表

作业顺序	质量控制重点	安全控制重点	监理作业重点
不停电跨越作业	（1）使用木质、毛竹、钢管跨越架应遵守下列规定： 1）木质跨越架所使用的立杆有效部分的小头直径不得小于 70mm，60～70mm 的可双杆合并或单杆加密使用。横杆有效部分的小头直径不得小于 80mm。 2）木质跨越架所使用的杉木杆，出现木质腐朽、损伤严重或弯曲过大等情况的不得使用。 3）毛竹跨越架的立杆、大横杆、剪刀撑和支杆有效部分的小头直径不得小于 75mm，50～75mm 的可双杆合并或单杆加密使用。小横杆有效部分的小头直径不得小于50mm。 4）毛竹跨越架所使用的毛竹，如有青嫩、枯黄、麻斑、虫蛀以及裂纹长度超过一节以上等情况的不得使用。 （2）钢管跨越架宜用外径 48～51mm 的钢管，立杆和大横杆应错开搭接，搭接长度不得小于 0.5m。 钢管跨越架所使用的钢管，如有弯曲严重、磕瘪变形、表面有严重腐蚀、裂纹或脱焊等情况的不得使用	（1）重要和特殊跨越架的搭拆应由施工技术部门提出搭拆方案，经审批后实施。跨越架搭设前应进行安全技术交底。 （2）跨越架同排立杆每 6～7 根应设剪刀撑，每隔 2 根立杆应设一支杆，跨越架两端及中间应装设可靠的拉线，且与地面的夹角不得大于 60°。支杆埋入地下的深度不得小于 0.3m。 （3）组立钢格构式带电跨越架后，应及时做好接地措施。 （4）必须指定专职监护人，明确工作负责人。 （5）拆除跨越架应自上而下逐根进行，架材应有人传递，不得抛扔；严禁上下同时拆架或将架体整体推倒。 （6）严格按照规程要求的安全距离搭设，监护人必须随时检查搭设情况，发现不符合规定要求必须立即整改。 （7）所有跨越架均应设拉线，拉线设置必须符合施工方案的要求，拉线的绑扎工作必须由有经验的技工担任。 （8）跨越架、操作人员、工器具与带电体之间的最小安全距离必须符合 DL 5009.2—2013 中的规定。	（1）对距离带电体较近的跨越架架体平齐带电线路至封顶阶段搭设过程进行安全旁站。 （2）检查跨越设施安装是否符合规范和施工方案要求； （3）现场安全监护、指挥人员是否到位，跨越设施拉线设置是否符合施工方案要求。 （4）强风、暴雨过后应对跨越架进行检查，确认合格后方可使用。 （5）采集数码照片（按国网基建安质〔2016〕56 号文要求）

续表

作业顺序	质量控制重点	安全控制重点	监理作业重点
不停电跨越作业		（9）跨越不停电线路时，施工人员严禁在跨越架内侧攀登或作业，并严禁从封顶架上通过。 （10）跨越不停电线路时，新建线路的导引绳通过跨越架时，应用绝缘绳做引绳。 （11）跨越不停电线路时，新建线路的导引绳通过跨越架时，应用绝缘绳做引绳。 （12）按规定办理退重合闸等手续，并征得运行单位同意，施工期间应请运行单位派人现场监督。 （13）在带电线路附近施工或不停电跨越施工时，要设定警戒区，设立警示牌，并制定安全补充措施，按程序审批后执行	
拆除		（1）附件安装完毕后，方可拆除跨越架。钢管、木质、毛竹跨越架应自上而下逐根拆除，并应有人传递，不得抛扔。不得上下同时拆架或将跨越架整体推倒。 （2）采用提升架拆除金属格构式跨越架架体时，应控制拉线并用经纬仪监测垂直度	进行安全巡视，检查跨越架的拆除是否按审批过的施工方案进行拆除
验收		参加对跨越设施的验收，对验收合格的设施悬挂验收合格牌	（1）验收搭设完成的跨越架是否与审批合格的施工方案一致。 （2）验收合格进行安全检查签证悬挂验收合格牌。 （3）采集数码照片（按国网基建安质〔2016〕56 号文要求）

电缆敷设工程

作业顺序	质量控制重点	安全控制重点	监理作业重点
施工准备阶段	（1）核查施工项目部编制的施工方案是否已经审批，质量控制部分是否符合《电气装置安装工程电缆线路施工及验收规范》要求。 （2）组织或参加材料进场检查： 1）产品的技术文件应齐全； 2）电缆型号、规格、长度应符合订货要求； 3）电缆外观不应受损，电缆封端应严密。当外观检查有怀疑时，应进行受潮判断或试验； 4）附件部件应齐全，材质质量应符合产品技术要求； 5）充油电缆的压力油箱、油管、阀门和压力表应符合产品技术要求且完好无损	（1）核查施工项目部编制的施工方案是否已经审批，安全部分是否符合 DL 5009.2《电力建设安全工作规程　第 2 部分：电力线路》要求。 （2）核查特殊工种/特殊作业人员与审批文件是否一致。 （3）核查主要施工机械/工器具/安全用具与审批文件是否一致。 （4）现场技术负责人应向所有参加施工作业人员进行安全技术交底，指明作业过程中的危险点，布置作业时的安全防范措施，接受交底人员必须在交底记录上签字。 （5）施工作业现场布置是否符合安全文明施工要求，现场安全文明施工措施落实情况	（1）核查施工项目部编制的施工方案是否已经审批。 （2）核查特殊工种/特殊作业人员与审批文件是否一致。 （3）核查主要测量计量器具/试验设备与审批文件是否一致。 （4）核查主要施工机械/工器具/安全用具与审批文件是否一致。 （5）组织或参加材料进场检查。发现缺陷时，由施工项目部填写工程材料/构配件/设备缺陷通知单，缺陷处理完，由供货单位和施工项目部填写设备（材料/构配件）缺陷处理报验表，监理复检。 （6）对使用的起重机进行安全检查签证。 （7）核查土建工程已完工并验收合格。 （8）进行安全巡视检查。重点检查：现场安全文明施工措施落实情况，并采集数码照片（按国网基建安质〔2016〕56 号文要求）

续表

<table>
<tr><th>作业顺序</th><th>质量控制重点</th><th>安全控制重点</th><th>监理作业重点</th></tr>
<tr>
<td>电缆敷设</td>
<td>（1）电缆敷设时，不应损坏电缆沟、隧道、电缆井和人井的防水层。
（2）三相四线制系统中应采用四芯电力电缆，不应采用三芯电缆另加一根单芯电缆或以导线、电缆金属护套作中性线。
（3）并联使用的电力电缆其长度、型号、规格应相同。
（4）电力电缆在终端头与接头附近宜留有备用长度。
（5）电缆各支持点间的距离应符合设计规定。
（6）电缆的最小弯曲半径应符合下表规定：
<table>
<tr><th colspan="2">电缆型式</th><th>多芯</th><th>单芯</th></tr>
<tr><td rowspan="3">控制电缆</td><td>非铠装型、蔽型软电缆</td><td>$6D$</td><td rowspan="3">—</td></tr>
<tr><td>铠装型、铜屏蔽型</td><td>$12D$</td></tr>
<tr><td>其他</td><td>$10D$</td></tr>
<tr><td rowspan="3">橡皮绝缘电力电缆</td><td>无铅包、钢铠护套</td><td colspan="2">$10D$</td></tr>
<tr><td>裸铅包护套</td><td colspan="2">$15D$</td></tr>
<tr><td>钢铠护套</td><td colspan="2">$20D$</td></tr>
</table>
</td>
<td>（1）电缆敷设时应设专人统一指挥，指挥人员指挥信号应明确、传达到位。
（2）敷设人员戴好安全帽、手套，严禁穿塑料底鞋，必须听从统一口令，用力均匀协调。
（3）拖拽人员应精力集中，要注意脚下的设备基础、电缆沟支撑物、土堆等，避免绊倒摔伤。在电缆层内作业时，动作应轻缓防止电缆支架划伤身体。
（4）拐角处施工人员应站在电缆外侧，避免电缆突然带紧将作业人员摔倒。
（5）电缆通过孔洞时，出口侧的人员不得在正面接引，避免电缆伤及面部。
（6）操作电缆盘人员要时刻注意电缆盘有无倾斜现象，特别是在电缆盘上剩下几圈时，应防止电缆突然蹦出伤人。
（7）高压电缆敷设过程中必须设专人巡视，应采用一机一人的方式敷设，施工前作业人员应时刻保证通信畅通，在拐弯处应有专人看护，防止电缆脱离滚轮，避免出现电缆被压、磕碰及其他机械损伤等现象发生。
（8）高压电缆敷设采用人力敷设时，作业人员应听从指挥统一行动，抬电缆行走时要注意脚下，放电缆时要协调一致同时下放，避免扭腰砸脚和磕坏电缆外绝缘。
（9）用输送机敷设电缆时，所有敷设设备应固定牢固。作业人员应遵守有关操作规程，并站在安全位置，发生故障应停电处理。</td>
<td>（1）检查施工项目部的电缆敷设顺序表（排列布置图）。重点检查：电缆的设计编号，电缆敷设的顺序号、起点、终点、路径，电缆的型号规格、长度和所在电缆盘号等应符合设计要求。
（2）检查施工项目部的电缆布置设计。重点检查：电力电缆和控制电缆不应配置在同一层支架上；高低压电力电缆，强电、弱电控制电缆应按顺序分层配置。
（3）对电缆敷设进行巡视检查。重点检查：电缆应从盘的上端引出，不应使电缆在支架上及地面摩擦拖拉；电缆上不得有机械损伤；电缆的最小弯曲半径等应符合标准。
（4）检查现场施工项目部是否按已批准的施工方案施工。
（5）检查现场特殊施工人员是否持证上岗。
（6）核查主要施工机械/工器具/安全用具与审批文件是否一致。
（7）巡视现场安全文明施工措施履行情况。
（8）对电缆固定进行巡视检查。重点检查：电缆固定间距；交流单芯电力电缆固定夹具或材料不应构成闭合磁路，宜采用非磁性材料。
（9）对电缆就位进行巡视检查。重点检查：电缆从支架穿入端子箱时，在穿入口处应整齐一致。交流单芯电力电缆不得单独穿入钢管内。穿电缆时，不得损伤护层。</td>
</tr>
</table>

续表

<table>
<tr><th>作业顺序</th><th>质量控制重点</th><th>安全控制重点</th><th>监理作业重点</th></tr>
<tr>
<td>电缆敷设</td>
<td>
续表
<table>
<tr><td colspan="3">电缆型式</td><td>多芯</td><td>单芯</td></tr>
<tr><td rowspan="2">塑料绝缘电缆</td><td colspan="2">无铠装</td><td>15D</td><td>20D</td></tr>
<tr><td colspan="2">有铠装</td><td>12D</td><td>15D</td></tr>
<tr><td rowspan="3">油浸纸绝缘电力电缆</td><td colspan="2">铝套</td><td colspan="2">30D</td></tr>
<tr><td rowspan="2">铅套</td><td>有铠装</td><td>15D</td><td>20D</td></tr>
<tr><td>无铠装</td><td>20D</td><td>—</td></tr>
<tr><td colspan="3">自容式充油（铅包）电缆</td><td>—</td><td>20D</td></tr>
</table>
（7）电缆敷设时，电缆应从盘的上端引出，不应使电缆在支架上及地面摩擦拖拉。电缆上不得有铠装压扁、电缆绞拧、护层折裂等未消除的机械损伤。
用机械敷设电缆时的最大牵引强度宜符合下表的规定，充油电缆总拉力不应超过27kN。
电缆最大牵引强度（N/mm²）
<table>
<tr><td>牵引方式</td><td>受力部位</td><td>允许牵引强度</td></tr>
<tr><td rowspan="2">牵引头</td><td>铜芯</td><td>70</td></tr>
<tr><td>铝芯</td><td>40</td></tr>
<tr><td rowspan="3">钢丝网套</td><td>铅套</td><td>10</td></tr>
<tr><td>铝套</td><td>40</td></tr>
<tr><td>塑料护套</td><td>7</td></tr>
</table>
</td>
<td>
（10）用滑轮敷设电缆时，作业人员应站在滑轮前进方向，不得在滑轮滚动时用手搬动滑轮。
（11）电缆展放敷设过程中，转弯处应设专人监护。转弯和进洞口前，应放慢牵引速度，调整电缆的展放形态，当发生异常情况时，应立即停止牵引，经处理后方可继续作业。电缆通过孔洞或楼板时，两侧应设监护人，入口处应采取措施防止电缆被卡，不得伸手，防止被带入孔中。
（12）电缆敷设时，应在电缆盘处配有可靠的制动装置，应防止电缆敷设速度过快及电缆盘倾斜、偏移。
临时打开的沟盖、孔洞应设立警示牌、围栏，每天完工后应立即封闭。
（13）已建工井、排管改建作业应编制相关改建方案并经运维单位备案。改建施工时，使用电缆保护管对运行电缆进行保护，将运行电缆平移到临时支架上并做好固定措施，面层用阻燃布覆盖，施工部位和运行电缆做好安全隔离措施，确保人身和设备安全
</td>
<td>
（10）质量验收阶段：
1）验收施工项目部报审的已完成分项工程。主要内容：
a. 专业监理工程师应审查分项工程质量是否合格；
b. 质量验收记录是否完整、规范；
c. 施工质量是否符合规范和工程设计文件的要求；
d. 签署分项工程质量报验申请单；检查强制性条文执行情况，签署输变电工程强制性条文执行记录表。
2）验收施工项目部报审的已完成分部工程。主要内容：
a. 专业监理工程师应审查分部工程所含分项工程的质量是否均合格；
b. 质量控制资料是否完整；
c. 施工记录的填写是否正确、规范；
d. 有关安全及功能的检验和抽样检测结果是否符合有关规定；
e. 观感质量验收是否符合要求；
f. 分部工程的施工质量是否符合有关规范和工程设计文件的要求。
（11）总监理工程师组织分部工程验收，签署分部工程质量报验申请单。专业监理工程师填写工程施工强制性条文执行检查表，并由施工项目部签认。
（12）对监理工作进行记录，记录文件包括：
</td>
</tr>
</table>

续表

作业顺序	质量控制重点	安全控制重点	监理作业重点
电缆敷设	（8）机械敷设电缆的速度不宜超过15m/min，110kV 及以上电缆或在较复杂路径上敷设时，其速度应适当放慢。 （9）在使用机械敷设大截面电缆时，应在施工措施中确定敷设方法、线盘架设位置、电缆牵引方向，校核牵引力和侧压力，配备敷设人员和机具。 （10）机械敷设电缆时，应在牵引头或钢丝网套与牵引钢缆之间装设防捻器。 （11）110kV 及以上电缆敷设时，转弯处的侧压力应符合制造厂的规定；无规定时，不应大于3kN/m。 （12）油浸纸绝缘电力电缆在切断后，应将端头立即铅封；塑料绝缘电缆应有可靠的防潮封端；充油电缆在切断后尚应符合下列要求： 1）在任何情况下，充油电缆的任一段都应有压力油箱保持油压； 2）连接油管路时，应排除管内空气，并采用喷油连接； 3）充油电缆的切断处必须高于邻近两侧的电缆； 4）切断电缆时不应有金属屑及污物进入电缆。 （13）敷设电缆时，电缆允许敷设最低温度，在敷设前24h内的平均温度以及敷设现场的温度不应低于规定；当温度低于规定值时，应采取措施（若厂家有要求，按厂家要求执行）。		1）监理检查记录表； 2）监理日志、数码照片； 3）工程施工强制性条文执行检查表； 4）监理通知单、监理联系单

续表

作业顺序	质量控制重点	安全控制重点	监理作业重点
电缆敷设	（14）电力电缆接头的布置应符合下列要求： 1）并列敷设的电缆，其接头的位置宜相互错开； 2）电缆明敷时的接头，应用托板托置固定； 3）直埋电缆接头应有防止机械损伤的保护结构或外设保护盒。位于冻土层内的保护盒，盒内宜注入沥青。 （15）电缆敷设时应排列整齐，不宜交叉，加以固定，并及时装设标志牌。 （16）标志牌的装设应符合下列要求： 1）生产厂房及变电站内应在电缆终端头、电缆接头处装设电缆标志牌； 2）城市电网电缆线路应在下列部位装设电缆标志牌： a. 电缆终端及电缆接头处； b. 电缆管两端，人孔及工作井处； c. 电缆隧道内转弯处、电缆分支处、直线段每隔 50～100m； d. 标志牌上应注明线路编号。当无编号时，应写明电缆型号、规格及起讫地点；并联使用的电缆应有顺序号。标志牌的字迹应清晰不易脱落； e. 标志牌规格宜统一。标志牌应能防腐，挂装应牢固。 （17）在下列地方应将电缆加以固定：		

续表

作业顺序	质量控制重点	安全控制重点	监理作业重点
电缆敷设	1）垂直敷设或超过45°倾斜敷设的电缆在每个支架上； 2）水平敷设的电缆，在电缆首末两端及转弯、电缆接头的两端处；当对电缆间距有要求时，每隔5～10m处； 3）单芯电缆的固定应符合设计要求； 4）交流系统的单芯电缆或分相后的分相铅套电缆的固定夹具不应构成闭合磁路。 （18）沿电气化铁路或有电气化铁路通过的桥梁上明敷电缆的金属护层或电缆金属管道，应沿其全长与金属支架或桥梁的金属构件绝缘。 （19）电缆进入电缆沟、隧道、竖井、建筑物、盘（柜）以及穿入管子时，出入口应封闭，管口应密封。 （20）装有避雷针的照明灯塔，电缆敷设时尚应符合GB 50169《电气装置安装工程 接地装置施工及验收规范》的有关规定		
直埋电缆的敷设	（1）在电缆线路路径上有可能使电缆受到机械性损伤、化学作用、地下电流、振动、热影响、腐蚀物质、虫鼠等危害的地段，应采取保护措施。 （2）电缆埋置深度应符合下列要求： 1）电缆表面距地面的距离不应小于0.7m。穿越农田或在车行道下敷设时不应小于1m；在引入建筑物、与地下建筑物交叉及绕过地下建筑物处，可浅埋，但应采取保护措施；	（1）填写安全施工作业票A。 （2）施工前应对同沟敷设的运行电缆进行勘察，并对施工人员进行安全交底。 （3）对同沟敷设运行线路要先挖样洞，查明电缆位置。 （4）遇有土方松动、裂纹、涌水等情况应及时加设支撑，临时支撑要搭设牢固，严禁用支撑代替上下扶梯。	（1）检查现场施工项目部是否按已批准的施工方案施工， （2）检查现场特殊施工人员是否持证上岗，施工人员是否参加技术交底。 （3）核查主要施工机械/工器具/安全用具与审批文件是否一致。 （4）巡视现场安全文明施工措施履行情况。

续表

<table>
<tr><th>作业顺序</th><th>质量控制重点</th><th>安全控制重点</th><th>监理作业重点</th></tr>
<tr>
<td>直埋电缆的敷设</td>
<td>2）电缆应埋设于冻土层以下，当受条件限制时，应采取防止电缆受到损坏的措施。
3）电缆之间，电缆与其他管道、道路、建筑物等之间平行和交叉时的最小净距，应符合下表的规定。严禁将电缆平行敷设于管道的上方或下方。特殊情况应按下列规定执行：
电缆与管道、道路、建筑物之间平行和交叉时的最小净距（m）
<table>
<tr><th colspan="2" rowspan="2">项目</th><th colspan="2">最小净距</th></tr>
<tr><th>平行</th><th>交叉</th></tr>
<tr><td rowspan="2">电力电缆间及其与控制电缆间</td><td>10kV及以下</td><td>0.10</td><td>0.50</td></tr>
<tr><td>10kV以上</td><td>0.25</td><td>0.50</td></tr>
<tr><td colspan="2">控制电缆间</td><td>—</td><td>0.50</td></tr>
<tr><td colspan="2">不同使用部门的电缆间</td><td>0.50</td><td>0.50</td></tr>
<tr><td colspan="2">热管道（管沟）及热力设备</td><td>2.00</td><td>0.50</td></tr>
<tr><td colspan="2">油管道（管沟）</td><td>1.00</td><td>0.50</td></tr>
<tr><td colspan="2">可燃气体及易燃液体管道（沟）</td><td>1.00</td><td>0.50</td></tr>
<tr><td colspan="2">其他管道（管沟）</td><td>0.50</td><td>0.50</td></tr>
</table>
</td>
<td>（5）超过1.5m以上深度要进行放坡处理，沟的两边沿要清出0.5m以上的通道，防止落石伤人。
（6）开挖深度超过1.5m的沟槽，按标准设围栏防护和密目安全网封挡。
（7）超过1.5m的沟槽，搭设上下通道，危险处设红色标志灯。
（8）电缆中必须包含全部工作芯线和用作保护零线或保护线的芯线；需要三相四线制配电的电缆线路必须采用五芯电缆。
（9）电缆直接埋地敷设的深度不应小于0.7m。严禁沿地面明设，并应避免机械损伤和介质腐蚀。埋地电缆路径应设方位标志。
（10）埋地电缆的接头应设在地面上的接线盒内，接线盒应能水、防尘、防机械损伤，并应远离易燃、易爆、易腐蚀场所。
（11）电缆直埋敷设施工前应先查清图纸，再开挖足够数量的样洞和样沟，摸清地下管线分布情况，以确定电缆敷设位置及确保不损坏运行电缆和其他地下管线。
（12）为防止损伤运行电缆或其他地下管线设施，在城市道路红线范围内不应使用大型机械来开挖沟槽，硬路面面层破碎可使用小型机械设备，但应加强监护，不准深入土层。若要使用大型机械设备时，应履行相应的报批手续</td>
<td>（5）对开挖进行巡视，对超过1.5m以上深度要进行放坡。如遇有土方松动、裂纹、涌水等情况应加设支撑。
（6）对隐蔽工程施工进行旁站监理。
（7）对电缆敷设进行巡视检查。重点检查：电缆应从盘的上端引出，不应使电缆在支架上及地面摩擦拖拉；电缆上不得有机械损伤；电缆的最小弯曲半径等应符合标准。
（8）对直埋电缆回填土前，组织隐蔽工程验收，签署直埋电缆（隐蔽前）检查签证。采集数码照片（按国网基建安质〔2016〕56号文要求）。
（9）对监理工作进行记录，记录文件包括：
1）监理检查记录表；
2）监理日志；
3）数码照片；
4）工程施工强制性条文执行检查表；
5）监理通知单、监理联系单</td>
</tr>
</table>

续表

<table>
<tr><th>作业顺序</th><th>质量控制重点</th><th>安全控制重点</th><th>监理作业重点</th></tr>
<tr><td>直埋电缆的敷设</td><td>续表
<table>
<tr><td colspan="2" rowspan="2">项目</td><td colspan="2">最小净距</td></tr>
<tr><td>平行</td><td>交叉</td></tr>
<tr><td colspan="2">铁路路轨</td><td>3.00</td><td>1.00</td></tr>
<tr><td rowspan="2">电气化铁路路轨</td><td>交流</td><td>3.00</td><td>1.00</td></tr>
<tr><td>直流</td><td>10.0</td><td>1.00</td></tr>
<tr><td colspan="2">公路</td><td>1.50</td><td>1.00</td></tr>
<tr><td colspan="2">城市街道路面</td><td>1.00</td><td>0.70</td></tr>
<tr><td colspan="2">杆基础（边线）</td><td>1.00</td><td>—</td></tr>
<tr><td colspan="2">建筑物基础（边线）</td><td>0.60</td><td>—</td></tr>
<tr><td colspan="2">排水沟</td><td>1.00</td><td>0.50</td></tr>
</table>
（3）电缆与铁路、公路、城市街道、厂区道路交叉时，应敷设于坚固的保护管或隧道内。电缆管的两端宜伸出道路路基两边0.5m以上；伸出排水沟0.5m；在城市街道应伸出车道路面。
（4）直埋电缆的上、下部应铺以不小于100mm厚的软土砂层，并加盖保护板，其覆盖宽度应超过电缆两侧各50mm，保护板可采用混凝土盖板或砖块。软土或砂子中不应有石块或其他硬质杂物。
（5）直埋电缆在直线段每隔50～100m处、电缆接头处、转弯处、进入建筑物等处。应设置明显的方位标志或标桩。
（6）直埋电缆回填土前，应经隐蔽工程验收合格，并分层夯实</td><td></td><td></td></tr>
</table>

续表

作业顺序	质量控制重点	安全控制重点	监理作业重点
电缆导管内电缆的敷设	（1）在下列地点，电缆应有一定机械强度的保护管或加装保护罩： 1）电缆进入建筑物、隧道，穿过楼板及墙壁处； 2）从沟道引至电杆、设备、墙外表面或屋内行人容易接近处，距地面高度 2m 以下的一段； 3）可能有载重设备移经电缆上面的区段； 4）其他可能受到机械损伤的地方。 （2）管道内部应无积水，且无杂物堵塞。穿电缆时，不得损伤护层，可采用无腐蚀性的润滑剂（粉）。 （3）电缆排管在敷设电缆前，应进行疏通，清除杂物。 （4）穿入管中电缆的数量应符合设计要求；交流单芯电缆不得单独穿入钢管内	（1）三相或单相的交流单芯电缆，不得单独穿于钢导管内。 （2）金属电缆支架、电缆导管必须接地（PE）或接零（PEN）可靠。 （3）对易受外部影响着火的电缆密集场所或可能着火蔓延而酿成严重事故的电缆线路，必须按设计要求的防火阻燃措施施工。 （4）人工展放电缆、穿孔或穿导管时，作业人员手握电缆的位置应与孔口保持适当距离。 （5）电缆施工完成后应将穿越过的孔洞进行封堵	（1）检查现场施工项目部是否按已批准的施工方案施工。 （2）检查现场特殊施工人员是否持证上岗，施工人员是否参加技术交底。 （3）核查主要施工机械/工器具/安全用具与审批文件是否一致。 （4）巡视现场安全文明施工措施履行情况。 （5）对监理工作进行记录，记录文件包括： 1）监理检查记录表； 2）监理日志、数码照片（按国网基建安质〔2016〕56 号文要求）； 3）工程施工强制性条文执行检查表； 4）监理通知单、监理联系单
电缆构筑物中电缆的敷设	（1）电缆的排列，应符合下列要求： 1）电力电缆和控制电缆不宜配置在同一层支架上； 2）高低压电力电缆，强电、弱电控制电缆应按顺序分层配置，一般情况宜由上而下配置；但在含有 35kV 以上高压电缆引入柜盘时，为满足弯曲半径要求，可由下而上配置。	（1）检查现场的施工机械试运转是否正常和工器具是否完好。 （2）现场技术负责人和专职安全员应向所有参加施工作业人员进行安全技术交底，指明作业过程中的危险点及防范措施，接受交底人必须在交底记录和安全工作票上签字。 （3）加工区材料、半成品等应按品种、规格分别堆放整齐，并设置材料标识牌。场区运输通道应平整通畅，松软通道应铺垫板。	（1）检查现场施工项目部是否按已批准的施工方案施工。 （2）检查现场特殊施工人员是否持证上岗，施工人员是否参加技术交底。 （3）核查主要施工机械/工器具/安全用具与审批文件是否一致。 （4）巡视现场安全文明施工措施履行情况。

续表

作业顺序	质量控制重点	安全控制重点	监理作业重点
电缆构筑物中电缆的敷设	（2）并列敷设的电力电缆，其相互间的净距应符合设计要求。 （3）电缆在支架上的敷设应符合下列要求： 1）控制电缆在普通支架上，不宜超过 1 层；桥架上不宜超过 3 层； 2）交流三芯电力电缆，在普通支吊架上不宜超过 1 层；桥架上不宜超过 2 层； 3）交流单芯电力电缆，应布置在同侧支架上，并加以固定。当按紧贴正三角形排列时，应每隔一定的距离用绑带扎牢，以免其松散。 （4）电缆与热力管道、热力设备之间的净距，平行时应不小于 1m，交叉时应不小于 0.5m；当受条件限制时，应采取隔热保护措施。电缆通道应避开锅炉的看火孔和制粉系统的防爆门；当受条件限制时，应采取穿管或封闭槽盒等隔热防火措施。电缆不宜平行敷设于热力设备和热力管道的上部。 （5）明敷在室内及电缆沟、隧道、竖井内带有麻护层的电缆，应剥除麻护层，并对其铠装加以防腐。 （6）电缆敷设完毕后，应及时清除杂物，盖好盖板。必要时，尚应将盖板缝隙密封	（4）电缆沟道施工作业区设置安全围栏，并悬挂安全警示标志，标志应清晰、齐全。 （5）特种作业人员或特殊作业人员持证上岗	（5）对电缆敷设进行巡视检查。重点检查：电缆应从盘的上端引出，不应使电缆在支架上及地面摩擦拖拉；电缆上不得有机械损伤；电缆的最小弯曲半径等应符合标准。 （6）对监理工作进行记录，记录文件包括： 1）监理检查记录表； 2）监理日志、数码照片（按国网基建安质〔2016〕56 号文要求）； 3）工程施工强制性条文执行检查表； 4）监理通知单、监理联系单

续表

<table>
<tr><th>作业顺序</th><th>质量控制重点</th><th>安全控制重点</th><th>监理作业重点</th></tr>
<tr>
<td>电缆的架空敷设</td>
<td>（1）架空电缆悬吊点或固定的间距，应符合下表的规定。
（2）架空电缆与公路、铁路、架空线路交叉跨越时，应符合表中规定。

架空电缆与公路、铁路、架空线路交叉跨越时最小允许距离（m）
<table>
<tr><th>交叉设施</th><th>最小允许距离</th><th>备　注</th></tr>
<tr><td>铁路</td><td>7.5</td><td>—</td></tr>
<tr><td>公路</td><td>6</td><td>—</td></tr>
<tr><td>电车路</td><td>3/9</td><td>至承力索或接触线/至路面</td></tr>
<tr><td>弱电流线路</td><td>1</td><td>—</td></tr>
<tr><td>电力线路</td><td>1/2/3/4/5</td><td>电压（kV）1 以下/6～10/35～110/154～220/330</td></tr>
<tr><td>河道</td><td>6/1</td><td>五年一遇洪水位/至最高航行水位的最高船桅顶</td></tr>
<tr><td>索道</td><td>1</td><td>—</td></tr>
</table>
（3）架空电缆的金属护套、铠装及悬吊线均应有良好的接地，杆塔和配套金具均应进行设计，应满足规程及强度要求。</td>
<td>（1）应根据电缆盘的规格、材质、结构等情况选择合适的吊装方式，并在吊装施工时做好相关的安全措施。
（2）架空电缆应沿电杆、支架或墙壁敷设，并采用绝缘子固定，绑扎线必须采用绝缘线，固定点间距应保证电缆能承受自重所带来的荷载，最大弧垂距地不得小于 2m。
（3）架空电缆、竖井作业现场应设置围栏，对外悬挂安全标志。工具材料上下传递所用绳索应牢靠，吊物下方不得有人逗留。使用三脚架时，钢丝绳不得磨蹭其他井下设施。
（4）在进行高落差电缆敷设施工时，应进行相关验算，采取必要的措施防止电缆坠落。
（5）电缆吊装注意事项：
1）填写安全施工作业票 A。
2）起吊物应绑牢，并有防止倾倒措施。吊钩悬挂点应与吊物的重心在同一垂直线上，吊钩钢丝绳应保持垂直，严禁偏拉斜吊。落钩时，应防止吊物局部着地引起吊绳偏斜，吊物未固定好，严禁松钩。
3）吊索（千斤绳）的夹角一般不大于 90°，最大不得超过 120°，起重机吊臂的最大仰角不得超过制造厂铭牌规定。</td>
<td>（1）检查现场施工项目部是否按已批准的施工方案施工，吊装方案是否审批，安全措施是否到位。
（2）检查现场特殊施工人员是否持证上岗，施工人员是否参加技术交底。
（3）核查主要施工机械/工器具/安全用具与审批文件是否一致。
（4）巡视现场安全文明施工措施履行情况。
（5）对电缆敷设进行巡视检查。
（6）对电缆吊装进行旁站。
（7）对监理工作进行记录，记录文件包括：
1）监理检查记录表；
2）监理日志；
3）数码照片（按国网基建安质〔2016〕56 号文要求）；
4）工程施工强制性条文执行检查表；
5）监理通知单、监理联系单</td>
</tr>
</table>

续表

作业顺序	质量控制重点	安全控制重点	监理作业重点
电缆的架空敷设	(4) 对于较短且不便直埋的电缆可采用架空敷设，架空敷设的电缆截面不宜过大，考虑到环境温度的影响，架空敷设的电缆载流量宜按小一规格截面的电缆载流量考虑。 (5) 支撑架空电缆的钢绞线应满足荷载要求，并全线良好接地，在转角处需打拉线或顶杆。 (6) 架空敷设的电缆不宜设置电缆接头	4）起吊大件或不规则组件时，应在吊件上拴已牢固的溜绳。 5）起重工作区域内无关人员不得停留或通过。在伸臂及吊物的下方严禁任何人员通过或逗留。 6）起重机吊运重物时应走吊运通道，严禁从有人停留场所上空越过对起吊的重物进行加工、清扫等工作时，应采取可靠的支承措施，并通知起重机操作人员。 7）吊起的重物不得在空中长时间停留。在空中短时间停留时，操作人员和指挥人员均不得离开工作岗位。起吊前应检查起重设备及其安全装置；重物吊离地面约 10cm 时应暂停起吊并进行全面检查，确认良好后方可正式起吊。 8）电缆盘要放牢稳，随时注意电缆盘是否稳固，随时用千斤顶掌握平衡，电缆余度不能过多，应随时进行调整，必要时停止放线	

续表

作业顺序	质量控制重点	安全控制重点	监理作业重点
验收阶段	(1) 在工程验收时，应按下列要求进行检查： 1) 电缆型号、规格应符合设计规定；排列整齐，无机械损伤；标志牌应装设齐全、正确、清晰； 2) 电缆的固定、弯曲半径、有关距离和单芯电力电缆的金属护的接线等应符合本规范的规定；相序排列应与设备连接相序一致，并符合设计要求； 3) 电缆线路所有应接地的接点应与接地极接触良好，接地电阻值应符合设计要求； 4) 电缆终端的相色应正确，电缆支架等的金属部件防腐层应完好。电缆管口封堵应严密； 5) 电缆沟内应无杂物，无积水，盖板齐全；隧道内应无杂物，照明、通风、排水等设施应符合设计要求； 6) 直埋电缆路径标志，应与实际路径相符。路径标志应清晰、牢固； 7) 防火措施应符合设计，且施工质量合格。 (2) 隐蔽工程应在施工过程中进行中间验收，并做好签证。	(1) 进入现场验收人员正确佩戴安全帽，穿绝缘鞋。 (2) 进入电缆井或者电缆隧道时防碰伤擦伤，携带照明设备。 (3) 进入电缆隧道，应首先检查隧道内含氧量，防止对人身造成伤害	(1) 验收施工项目部报审的已完成分项工程。主要内容：专业监理工程师应审查分项工程质量是否合格；质量验收记录是否完整、规范；施工质量是否符合规范和工程设计文件的要求；签署分项工程质量报验申请单；检查强制性条文执行情况，签署输变电工程强制性条文执行记录表。 (2) 验收施工项目部报审的已完成分部工程。主要内容：专业监理工程师应审查分部工程所含分项工程的质量是否均合格；质量控制资料是否完整；施工记录的填写是否正确、规范；有关安全及功能的检验和抽样检测结果是否符合有关规定；观感质量验收是否符合要求；分部工程的施工质量是否符合有关规范和工程设计文件的要求。总监理工程师组织分部工程验收，签署分部工程质量报验申请单。专业监理工程师填写工程施工强制性条文执行检查表，并由施工项目部签认

续表

作业顺序	质量控制重点	安全控制重点	监理作业重点
验收阶段	（3）在电缆线路工程验收时，应提交下列资料和技术文件： 1）电缆线路路径的协议文件。 2）设计变更的证明文件和竣工图资料。 3）直埋电缆线路的敷设位置图比例宜为1:500。地下管线密集的地段不应小于1:100，在管线稀少、地形简单的地段可为1:1000；平行敷设的电缆线路宜合用一张图纸，图上必须标明各线路的相对位置，并有标明地下管线的剖面图。 4）制造厂提供的产品说明书、试验记录、合格证件及安装图纸等技术文件。 5）电缆线路的原始记录： a. 电缆的型号、规格及其实际敷设总长度及分段长度，电缆终端和接头的型式及安装日期； b. 电缆终端和接头中填充的绝缘材料名称、型号。 6）电缆线路的施工记录： a. 隐蔽工程隐蔽前检查记录或签证； b. 电缆敷设记录； c. 质量检验及评定记录。 7）试验记录		

电 缆 试 验

作业顺序	质量控制重点	安全控制重点	监理作业重点
试验准备阶段	电力电缆的试验项目，包括下列内容： （1）测量绝缘电阻。 （2）直流耐压试验及泄漏电流测量。 （3）交流耐压试验。 （4）测量金属屏蔽层电阻和导体电阻比。 （5）检查电缆线路两端的相位。 （6）充油电缆的绝缘油试验。 （7）交叉互联系统试验	（1）试验设备接完线后要认真检查，试验前要与工作人员联系好，电缆线路对端看护人员到位，清场后方可开始试验。 （2）所有电器设备保证接地牢固可靠，操作人员需两人以上。 （3）试验区要用红绳围挡，并悬挂警告牌，要派专人严格看守。 （4）电缆耐压前，加压端应做好安全措施，防止人员误入试验场所。另一端应设置围栏并挂上警告标示牌。如另一端是上杆的或是锯断电缆处，应派人看守。 （5）电缆试验前，应先对设备充分放电	（1）检查试验人员资质，与审批文件是否一致。 （2）核查主要测量计量器具/试验设备与审批文件是否一致。 （3）核查主要施工机械/工器具/安全用具与审批文件是否一致。 （4）核查试验过程是否符合规范要求
电缆绝缘耐压试验	（1）电力电缆线路的试验，应符合下列规定： 1）对电缆的主绝缘作耐压试验或测量绝缘电阻时，应分别在每一相上进行。对一相进行试验或测量时，其他两相导体、金属屏蔽或金属套和铠装层一起接地。 2）对金属屏蔽或金属套一端接地，另一端装有护层过电压保护器的单芯电缆主绝缘作耐压试验时，必须将护层过电压保护器短接，使这一端的电缆金属屏蔽或金属套临时接地。	（1）编制工程施工调试方案。 （2）填写安全施工作业票，作业前通知监理旁站。 （3）进入施工现场应正确配戴安全帽，正确使用安全防护用具，在 2m 以上高处作业时应系好安全带，使用有防滑的梯子并设专人监护。	（1）对高压电缆交流耐压试验进行旁站。主要内容：专职安全员是否到岗，试验现场的安全措施与施工方案是否一致。采集数码照片。 （2）审查调试报告报审表，重点审查：耐压值和试验结论应符合标准。 （3）对交接试验进行巡视检查。重点检查：施工项目部是否按 GB 50150—2016《电气装置安装工程　电气设备交接试验标准》完成了交接试验，试验项目是否齐全、结论是否合格。审查调试报告报审表。

作业顺序	质量控制重点	安全控制重点	监理作业重点
电缆绝缘耐压试验	3）对额定电压为0.6/1kV的电缆线路应用2500V绝缘电阻表测量导体对地绝缘电阻代替耐压试验，试验时间1min。 （2）测量各电缆导体对地或对金属屏蔽层间和各导体间的绝缘电阻，应符合下列规定： 1）耐压试验前后，绝缘电阻测量应无明显变化； 2）橡塑电缆外护套、内衬套的绝缘电阻不低于0.5MΩ/km； 3）测量绝缘用兆欧表的额定电压，宜采用如下等级： a. 0.6/1kV电缆：用1000V绝缘电阻表。 b. 0.6/1kV以上电缆：用2500V绝缘电阻表；6/6kV及以上电缆也可用5000V兆欧表。 c. 橡塑电缆外护套、内衬套的测量：用500V兆欧表。 （3）直流耐压试验及泄漏电流测量，应符合下列规定： 1）直流耐压试验电压标准： a. 纸绝缘电缆直流耐压试验电压 U_t 可采用下式计算： 对于统包绝缘（带绝缘）$U_t=5\times(U_o+U)/2$； 对于分相屏蔽绝缘 $U_t=5\times U_o$ 试验电压见下表中规定。	（4）核相工作前，认真检查核相器接线是否正确，操作人员要精神集中，听从读表人指挥。此项工作必须4人进行，2个人持核相杆，一人读表一人监护。发电、核相前认真核对路名开关号，检查电缆线路应无人工作，检查相位是否正确。 （5）在试验电缆时，施工人员严禁在电缆线路上做任何工作防止感应电伤人。 （6）电缆的试验过程中，更换试验引线时，应先对设备充分放电，作业人员应戴好绝缘手套并穿绝缘靴或站在绝缘垫上。 （7）在试验电缆时，施工人员严禁在电缆线路上做任何工作防止感应电伤人。 （8）试验电源必须经装有漏电保安器的专用电源盘控制，并有明显的断开点。 （9）更换试验接线必须先断开电源。 （10）高压试验设备及被试设备的外壳必须良好可靠接地。 （11）对非加压试验部位应可靠接地，并与加压部位有足够的安全距离，防止感应电压伤人。 （12）调试过程试验电源应从试验电源屏或检修电源箱取得，严禁使用破损不安全的电源线，用电设备与电源点距离超过3m的，必须使用带熔断器和漏电保护器的移动式电源盘，试验设备和电缆外皮应可靠接地，设备通电过程中，试验人员不得中途离开。工作结束后应及时将试验电源断开。	（4）对监理工作进行记录，记录文件包括： 1）监理检查记录表； 2）监理日志； 3）数码照片（按国网基建安质〔2016〕56号文要求）； 4）旁站监理记录表

<table>
<tr><th>作业顺序</th><th>质量控制重点</th><th>安全控制重点</th><th>监理作业重点</th></tr>
<tr><td>电缆绝缘耐压试验</td><td>

纸绝缘电缆直流耐压试验电压标准（kV）

电缆额定电压 U_0/U	直流试验电压
1.8/3	12
2.6/3	17
3.6/6	24
6/6	30
6/10	40
8.7/10	47
21/35	105
26/35	130

b. 18/30kV 及以下电压等级的橡塑绝缘电缆直流耐压试验电压应按下式计算 $U_t=4\times U_0$；

c. 充油绝缘电缆直流耐压试验电压，应符合下表中的规定。

充油绝缘电缆直流耐压试验电压标准（kV）

电缆额定电压 U_0/U	雷电冲击耐受电压	直流试验电压
48/66	325	165
	350	175

</td><td>

（13）电缆耐压试验分相进行时，另两相电缆应接地。

（14）电缆试验过程中发生异常情况时，应立即断开电源，经放电、接地后方可检查。

（15）电缆试验结束，应对被试电缆进行充分放电，并在被试电缆上加装临时接地线，待电缆尾线接通后才可拆除。

（16）电缆故障声测定点时，禁止直接用手触摸电缆外皮或冒烟小洞，以免触电。

（17）遇有雷雨及六级以上大风时应停止高压试验

</td><td></td></tr>
</table>

续表

<table>
<tr><th>作业顺序</th><th>质量控制重点</th><th>安全控制重点</th><th>监理作业重点</th></tr>
<tr><td>电缆绝缘耐压试验</td><td>续表
<table>
<tr><th>电缆额定电压 U_0/U</th><th>雷电冲击耐受电压</th><th>直流试验电压</th></tr>
<tr><td rowspan="2">64/110</td><td>450</td><td>225</td></tr>
<tr><td>550</td><td>275</td></tr>
<tr><td rowspan="3">127/220</td><td>850</td><td>425</td></tr>
<tr><td>950</td><td>475</td></tr>
<tr><td>1050</td><td>510</td></tr>
<tr><td rowspan="2">200/330</td><td>1175</td><td>585</td></tr>
<tr><td>1300</td><td>650</td></tr>
<tr><td rowspan="3">290/500</td><td>1425</td><td>710</td></tr>
<tr><td>1550</td><td>775</td></tr>
<tr><td>1675</td><td>835</td></tr>
</table>
注：U 为电缆额定线电压；U_0 为电缆导体对地或对金属屏蔽层间的额定电压。

2）试验时，试验电压可分 4～6 阶段均匀升压，每阶段停留 1min，并读取泄漏电流值。试验电压升至规定值后维持 15min，其间读取 1min 和 15min 时泄漏电流。测量时应消除杂散电流的影响。</td><td></td><td></td></tr>
</table>

续表

作业顺序	质量控制重点	安全控制重点	监理作业重点
电缆绝缘耐压试验	3）纸绝缘电缆泄漏电流的三相不平衡系数（最大值与最小值之比）不应大于 2；当 6/10kV 及以上电缆的泄漏电流小于 20μA 和 6kV 及以下电压等级电缆泄漏电流小于 10μA 时，其不平衡系数不作规定。泄漏电流值和不平衡系数只作为判断绝缘状况的参考，不作为是否能投入运行的判据。其他电缆泄漏电流值不作规定。 4）电缆的泄漏电流具有下列情况之一者，电缆绝缘可能有缺陷，应找出缺陷部位，并予以处理： a. 泄漏电流很不稳定； b. 泄漏电流随试验电压升高急剧上升； c. 泄漏电流随试验时间延长有上升现象。 （4）交流耐压试验，应符合下列规定： 1）橡塑电缆优先采用 20～300Hz 交流耐压试验。20～300Hz 交流耐压试验电压及时间见下表： **橡塑电缆 20～300Hz 交流耐压试验和时间** 额定电压 U_0/U（kV）：18/30 及以下；试验电压：$2.5U_0$（或 $2U_0$）；时间（min）：5（或 60）		

续表

<table>
<tr><th>作业顺序</th><th>质量控制重点</th><th>安全控制重点</th><th>监理作业重点</th></tr>
<tr><td>电缆绝缘耐压试验</td><td>续表
<table><tr><th>额定电压
U_o/U（kV）</th><th>试验电压</th><th>时间
（min）</th></tr><tr><td>21/35～64/110</td><td>$2U_o$</td><td>60</td></tr><tr><td>127/220</td><td>$1.7U_o$（或 $1.4U_o$）</td><td>60</td></tr><tr><td>190/330</td><td>$1.7U_o$（或 $1.3U_o$）</td><td>60</td></tr><tr><td>290/500</td><td>$1.7U_o$（或 $1.1U_o$）</td><td>60</td></tr></table>
2）不具备上述试验条件或有特殊规定时，可采用施加正常系统相对地电压 24h 方法代替交流耐压。
（5）测量金属屏蔽层电阻和导体电阻比。测量在相同温度下的金属屏蔽层和导体的直流电阻。
（6）检查电缆线路的两端相位应一致，并与电网相位相符合</td><td></td><td></td></tr>
<tr><td>验收阶段</td><td>试验完毕及时收集试验记录</td><td>高压电缆绝缘试验完毕后，作业人员必须及时将电缆对地放电</td><td>填写监理日志，采集数码照片（按国网基建安质〔2016〕56 号文要求）</td></tr>
</table>

电缆附件安装施工

作业顺序	质量控制重点	安全控制重点	监理作业重点
施工准备阶段	（1）核查施工项目部编制的施工方案是否已经审批。 （2）核查现场施工准备阶段是否与已审批的施工方案一致。 （3）认真检查本项目施工过程所需材料、设备、配件是否符合设计要求。 （4）配置本项目施工过程所需人员	（1）填写安全施工作业票 A。施工中，应定期检查电源。 （2）线路和设备的电器部件，确保用电安全	（1）核查特殊工种/特殊作业人员与审批文件是否一致。 （2）核查主要测量计量器具/试验设备与审批文件是否一致。 （3）核查主要施工机械/工器具/安全用具与审批文件是否一致。 （4）核查施工项目部编制的施工方案是否已经审批
支架安装	（1）电缆支架的层间垂直距离满足要求，同层支架敷设多根电缆时，应充分考虑更换或增设任意电缆的可能。 （2）采用型钢制作的支架应无毛刺，并采取防腐处理，并与接地线良好连接；采用复合材料的支架，应满足强度、安装及电缆敷设等相关要求	（1）填写安全施工作业票 A。施工中，应定期检查电源。 （2）线路和设备的电器部件，确保用电安全。 （3）支架安装应保持横平竖直，电力电缆支架弯曲半径应满足线径较大电缆的转弯半径。各支架的同层横档高低偏差不应大于 5mm，左右偏差不得大于 10mm。组装后的钢结构电缆竖井，其垂直偏差不应大于其长度的 2/1000。直线段钢制支架大于 30m 时，应有伸缩缝，跨越建筑物伸缩缝处应设伸缩缝。 （4）电缆支架全长都应有良好的接地。 （5）焊接设备应有完整的保护外壳，一、二次接线柱外应有防护罩，在现场使用的电焊机应防雨、防潮、防晒，并备有消防用品	（1）签署工程材料/构配件/设备进场报审表，组织或参加材料进场检查。重点检查：扁钢、角钢或电缆支架（吊架、桥架）等的规格、型号应符合设计要求；质量证明文件应齐全有效。采集数码照片。发现缺陷时，由施工项目部填写工程材料/构配件/设备缺陷通知单，缺陷处理完，由供货单位和施工项目部填写设备（材料/构配件）缺陷处理报验表，监理复检。 （2）核查土建工程已完工并验收合格。 （3）进行安全巡视检查。重点检查：现场安全文明施工措施落实情况，并采集数码照片（按国网基建安质〔2016〕56 号文要求）

续表

作业顺序	质量控制重点	安全控制重点	监理作业重点
电缆刚性固定	（1）水平敷设时在终端、接头或转弯处紧邻部位的电缆上设置不少于1处的刚性固定，垂直敷设时设置不少于2处的刚性固定。 （2）固定电缆用的夹具材料、形状、间距符合设计要求。 （3）固定夹具的螺栓、弹簧垫圈、垫片齐全，螺栓露出螺母长度适宜（2～3扣）	（1）填写安全施工作业票A。 （2）接电源需2人进行专人监护专人操作，电器设备要良好接地保护，电源出口必须安装漏电保安器。 （3）加热设备使用前应检查接线是否正确，暖风机和篷布不可接触，至少保持200mm。 （4）每个加热点应设2名看护人员24h看护，看护人员随时巡查现场。 （5）每个加热点应设两个灭火器到位。 （6）加热器加油时，应先停机，断开电源后，方可进行加油工作。 （7）加热现场要求油机分离，设专门区域放置加热用柴油。 （8）看护人员严禁在加热棚中滞留取暖。 （9）加热现场四周不应有易燃物，严禁人员在加热区域内吸烟。 （10）为防治中毒窒息事故，应采取下列安全措施： 1）进入有限空间作业前，必须申请办理好进出申请单。 2）进入前，先排风后检测。气体检测工作应实时进行。 3）有限空间监护人应持证上岗并佩戴袖标，有限空间监护应在有限空间外持续监护。 4）有限空间施工应打开两处井口，井口设专人看护，二级及以上环境，应进行强制通风。 5）井口围栏上应挂有限空间警示牌和信息牌。 6）工作人员应携带有限空间作业工作证。 7）如气体检测不合格，达到二级及以上环境指标时，作业人员必须马上撤出	（1）电缆固定间距；交流单芯电力电缆固定夹具或材料不应构成闭合磁路，宜采用非磁性材料。 （2）对电缆就位进行巡视检查。重点检查：电缆从支架穿入端子箱时，在穿入口处应整齐一致。交流单芯电力电缆不得单独穿入钢管内。穿电缆时，不得损伤护层。 （3）电力电缆和控制电缆不应配置在同一层支架上；高低压电力电缆，强电、弱电控制电缆应按顺序分层配置。 （4）电缆的设计编号，电缆敷设的顺序号、起点、终点、路径，电缆的型号规格、长度和所在电缆盘号等应符合设计要求

续表

作业顺序	质量控制重点	安全控制重点	监理作业重点
电缆挠性固定	（1）固定电缆用的夹具、扎带、捆绳或支托架等部件材料、形状、间距符合设计要求。 （2）市政桥梁敷设的电缆优先选用铝护套，固定电缆方式满足防震要求，桥梁伸缩缝处、上下桥梁处必须采取挠性固定并满足电缆热胀冷缩要求。 （3）电缆蛇形敷设的每一节距部位按设计进行挠性固定	（1）填写安全施工作业票 A。 （2）接电源需 2 人进行专人监护专人操作，电器设备要良好接地保护，电源出口必须安装漏电保安器。 （3）为防止中毒窒息事故，应采取下列安全措施： 1）进入有限空间作业前，必须申请办理好进出申请单。 2）进入前，先排风后检测。气体检测工作应实时进行。 3）有限空间监护人应持证上岗并佩戴袖标，有限空间监护应在有限空间外持续监护。 4）有限空间施工应打开两处井口，井口设专人看护，二级及以上环境，应进行强制通风。 5）井口围栏上应挂有限空间警示牌和信息牌。 6）工作人员应携带有限空间作业工作证。 7）如气体检测不合格，达到二级及以上环境指标时，作业人员必须马上撤出	（1）电缆固定间距；交流单芯电力电缆固定夹具或材料不应构成闭合磁路，宜采用非磁性材料。 （2）对电缆就位进行巡视检查。重点检查：电缆从支架穿入端子箱时，在穿入口处应整齐一致。交流单芯电力电缆不得单独穿入钢管内。穿电缆时，不得损伤护层。 （3）电力电缆和控制电缆不应配置在同一层支架上；高低压电力电缆，强电、弱电控制电缆应按顺序分层配置。 （4）电缆的设计编号，电缆敷设的顺序号、起点、终点、路径，电缆的型号规格、长度和所在电缆盘号等应符合设计要求

续表

作业顺序	质量控制重点	安全控制重点	监理作业重点
电缆蛇形布置	（1）电缆在电缆沟、隧道、共同沟或桥体箱梁内敷设时应采用蛇形布置，即在每个蛇形弧的顶部把电缆固定于支架上，靠近接头部位用夹具刚性固定。 （2）电缆蛇形敷设的节距、波幅满足设计要求。 （3）水平蛇形布置时在支撑蛇形弧的支架上设置滑板，三相品字垂直蛇形布置时应根据电动力核算结果增加必要的绑扎带绑扎	（1）填写安全施工作业票A。 （2）接电源需2人进行专人监护专人操作，电器设备要良好接地保护，电源出口必须安装漏电保安器。 （3）为防止中毒窒息事故，应采取下列安全措施： 1）进入有限空间作业前，必须申请办理好进出申请单。 2）进入前，先排风后检测。气体检测工作应实时进行。 3）有限空间监护人应持证上岗并佩戴袖标，有限空间监护应在有限空间外持续监护。 4）有限空间施工应打开两处井口，井口设专人看护，二级及以上环境，应进行强制通风。 5）井口围栏上应挂有限空间警示牌和信息牌。 6）工作人员应携带有限空间作业工作证。 7）如气体检测不合格，达到二级及以上环境指标时，作业人员必须马上撤出	（1）电缆固定间距；交流单芯电力电缆固定夹具或材料不应构成闭合磁路，宜采用非磁性材料。 （2）对电缆就位进行巡视检查。重点检查：电缆从支架穿入端子箱时，在穿入口处应整齐一致。交流单芯电力电缆不得单独穿入钢管内。穿电缆时，不得损伤护层。 （3）电力电缆和控制电缆不应配置在同一层支架上；高低压电力电缆，强电、弱电控制电缆应按顺序分层配置。 （4）电缆的设计编号，电缆敷设的顺序号、起点、终点、路径，电缆的型号规格、长度和所在电缆盘号等应符合设计要求

续表

作业顺序	质量控制重点	安全控制重点	监理作业重点
电缆保护管安装	（1）电缆在电缆沟、隧道、共同沟或桥体箱梁内敷设时应采用蛇形布置，即在每个蛇形弧的顶部把电缆固定于支架上，靠近接头部位用夹具刚性固定。 （2）电缆蛇形敷设的节距、波幅满足设计要求。 （3）水平蛇形布置时在支撑蛇形弧的支架上设置滑板，三相品字垂直蛇形布置时应根据电动力核算结果增加必要的绑扎带绑扎。 （4）切断口（管口）应光滑，无毛刺和尖锐棱角；弯曲部分应无裂缝及显著的凹瘪；电缆管的弯曲半径应不小于所穿入电缆的最小允许弯曲半径	（1）电缆隧道应有充足的照明，并有防火、防水、通风的措施。电缆井内工作时，禁止只打开一只井盖（单眼井除外）。 （2）进入电缆井、电缆隧道前，应先用吹风机排除浊气，再用气体检测仪检查井内或隧道内的易燃易爆及有毒气体的含量是否超标，并作好记录。 （3）电缆沟的盖板开启后，应自然通风一段时间，经测试合格后方可下井工作。 （4）电缆井、隧道内工作时，通风设备应保持常开，以保证空气流通。 （5）在通风条件不良的电缆隧（沟）道内进行长时间巡视或维护时，工作人员应携带便携式有害气体测试仪及自救呼吸器	电缆管位置、数量及埋地敷设时的深度应符合设计要求。每根电缆管的一般弯头不应超过3个，直角弯不应超过2个；电缆管内光滑，无积水、杂物；金属电缆管接地牢固，导通良好。采集数码照片（按国网基建安质〔2016〕56号文要求）
工程交接验收	（1）在验收时，应进行下列检查： 1）设备外观应完整无缺损伤； 2）设备安装是否满足施工验收规范； 3）接地应可靠。 （2）在验收时，应移交下列资料和文件： 1）施工图纸及设计变更说明文件； 2）制造厂产品说明书、合格证件及使用说明书等产品技术文件； 3）备品、备件		（1）进行系统验收并签署变电站安全防范系统工程验收表。 （2）采集数码照片（按国网基建安质〔2016〕56号文要求）

接 地 工 程

作业顺序	质量控制重点	安全控制重点	监理作业重点
施工准备阶段	（1）核查施工项目部编制的施工方案是否已经审批。 （2）核查现场施工准备阶段是否与已审批的施工方案一致。 （3）认真检查本项目施工过程所需材料、设备、配件是否符合设计要求。 （4）配置本项目施工过程所需人员	（1）填写安全施工作业票 A。施工中，应定期检查电源。 （2）保证与带电部位的安全距离，防止人身触电。 （3）检查手持电动工具和机械设备的安全情况。确保用电安全	（1）核查特殊工种/特殊作业人员与审批文件是否一致。 （2）核查主要测量计量器具/试验设备与审批文件是否一致。 （3）核查主要施工机械/工器具/安全用具与审批文件是否一致。 （4）核查施工项目部编制的施工方案是否已经审批
接地工程施工	（1）接地引下线材料、规格及连接方式要符合设计要求，引下线表面应进行热镀锌处理。 （2）接地引下线连板与杆塔的连接应接触良好，接地引下线应平敷于基础及保护帽表面。 （3）接地引下线引出方位与杆塔接地孔位置相对应。接地引下线应平直、美观。 （4）接地引下线与杆塔的连接应便于断开测量接地电阻。接地螺栓宜采用可拆卸的防盗螺栓。	（1）施工前应先熟悉图纸，摸清地下各种管线及设施的相对位置情况。开挖的沟道，应与地下各种管线及设施保持足够的安全距离。 （2）在有电缆、光缆及管道等地下设施的地方开挖时，应事先取得有关管理部门的同意，并有相应的安全措施及专人监护。不得使用冲击工具或机械挖掘。 （3）开挖工具应完好、牢固。 （4）作业人员相互之间应保持安全作业距离，横向间距不小于 2m，纵向间距不小于 3m；挖出的土石方应堆放在距坑边 1m 以外，高度不得超过 1.5m。	（1）对接地体埋设进行巡视检查。重点检查：接地体长度和沟槽深度是否符合设计要求，回填方式与施工方案是否一致；沟槽未经监理人员检查严禁埋设。 （2）隐蔽工程验收：接地装置的埋设情况进行验收，并采集数码照片（按国网基建安质〔2016〕56 号文要求）。专业监理工程师签署隐蔽工程（接地线埋设）签证记录表

续表

作业顺序	质量控制重点	安全控制重点	监理作业重点
接地工程施工	（5）接地板与引下线焊接应无气孔、砂眼、咬边和裂纹等缺陷，焊肉饱满，镀锌层均匀。 （6）应根据接地孔高度、保护帽和基础尺寸、接地沟埋深确定接地引下线总长度。 （7）接地引下线弯折应采用冷弯器，不得以铁塔眼孔和保护帽作为辅助弯折工具。 （8）用棉纱包垫枕木冷弯器弯折钩，用以对接地引下线镀锌层的保护措施。如因意外原因导致防止锌皮脱落、保护帽及基础棱边混凝土破损，则应予以补修。 （9）引下线不得浇制在混凝土保护帽内，应紧贴基础和保护帽制作，露出地表部分工艺要求自然美观。接地引下线与接地体的接头埋入地下尺寸一般不宜小于 80cm	（5）挖掘施工区域应设安全警示标志，夜间应有照明灯。 （6）机械挖掘接地网沟前必须对作业场区进行检查，在作业区域内不得有架空电缆、电线、杂物及障碍物。 （7）在施工前进行交底和做好现场监护工作。已交底的措施未经审批人同意，不得擅自变更。 （8）施工人员必须熟悉和严格遵守 DL 5009《电力建设安全工作规程》等相关规定，并经考试合格后上岗，对新入厂人员必须进行三级安全教育培训，经考试合格后持证上岗。 （9）开挖接地沟时，防止土石回落伤人。 （10）焊接时应有设专人监护，持证上岗	
工程交接验收	（1）在验收时，应进行下列检查： 1）设备外观应完整无缺损伤； 2）设备安装是否满足施工验收规范； 3）接地应可靠。 （2）在验收时，应移交下列资料和文件： 1）施工图纸及设计变更说明文件； 2）制造厂产品说明书、合格证件及使用说明书等产品技术文件； 3）备品、备件		（1）进行系统验收并签署变电站安全防范系统工程验收表。 （2）采集数码照片（按国网基建安质〔2016〕56 号文要求）

线路防护工程

作业顺序	质量控制重点	安全控制重点	监理作业重点
施工准备阶段	（1）施工现场备齐原材料和施工工器具，砌筑用块石尺寸不小于250mm，其余原材料符合基础施工使用原材料的要求。 （2）混凝土浇筑时，其控制要点与基础施工一致。 （3）航空标志牌、防护标志牌是否符合设计及运行要求	（1）审查施工方案应按规定进行审批，是否进行安全技术交底。 （2）进场的砂、石堆场应有适当的坡度，安全防护设施齐全规范。 （3）审查施工项目部主要施工机械、工器具、安全防护用品（用具）的安全性能证明文件。 （4）审查施工项目部专职安全生产管理人员和特种作业人员的资格条件。 （5）审查施工项目部编制的施工安全固有风险识别、评估、预控清册	（1）审查施工方案应按规定进行审批，是否进行安全技术交底。 （2）审查施工项目部主要施工机械、工器具、安全防护用品（用具）的安全性能证明文件。 （3）审查施工项目部专职安全生产管理人员和特种作业人员的资格条件。 （4）航空标志牌、防护标志牌是否符合设计及运行要求。 （5）审查施工项目部编制的施工安全固有风险识别、评估、预控清册
基础护坡、挡土墙	（1）根据设计要求定出护坡或挡土墙砌筑的位置。 （2）砌筑前，底部浮土必须清除，并应保证砌筑在稳固的地基上。 （3）砌筑用块石尺寸一般不小于250mm，石料应坚硬，不易风化。其余原材料应符合基础工程使用的原材料要求。 （4）用坐浆法分层砌筑，铺浆厚度宜为3～5cm，用砂浆填满砌缝，不得无浆直接贴靠，砌缝内砂浆应采用扁铁插捣密实。	（1）作业前，对被监护人员交待监护范围内的安全措施、告知危险点和安全注意事项。 （2）施工现场及周围的悬崖、陡坎、深坑等危险场所均应设可靠的防护设施及安全标志。 （3）在林区施工应采取防火措施	（1）检查砌筑质量和外观工艺是否符合规范和设计文件要求； （2）负责作业过程中的巡视、监督。 （3）及时纠正作业人员存在的不安全行为。 （4）采集数码照片（按国网基建安质〔2016〕56号文要求）

续表

作业顺序	质量控制重点	安全控制重点	监理作业重点
基础护坡、挡土墙	（5）下层砌石应错缝砌筑；砌体外露面应平整美观，外露面上的砌缝应预留约 4cm 深的空隙，以备勾缝处理；水平缝宽应不大于 2.5cm，竖缝宽应不大于 4cm。 （6）砌筑因故停顿，砂浆已超过初凝时间，应待砂浆强度达到 2.5MPa 后方可继续施工；在继续砌筑前，应将原砌体表面的浮渣清除；砌筑时应避免振动下层砌体。 （7）勾缝前必须清缝，用水冲净并保持槽内湿润，砂浆应分次向缝内填塞密实；勾缝砂浆标号应高于砌体砂浆；应按实有砌缝勾平缝，严禁勾假缝、凸缝；砌筑完毕后应保持砌体表面湿润做好养护。 （8）砂浆配合比、工作性能等，应按设计标号通过试验确定，施工中应在砌筑现场随机制取试件。 （9）护程、挡土墙按相关要求设置排水孔		
防洪堤	（1）设计文件，检查防洪堤砌筑的位置。 （2）砌筑前，底部浮土必须清除，并应保证砌筑在稳固的地基上。 （3）防洪堤的砌筑高度必须达到施工图要求值。 （4）堤采用混凝土浇筑时，其控制要点与基础施工一致。 施工现场备齐原材料和施工工器具，砌筑用块石尺寸不小于 250mm，其余原材料符合基础施工使用原材料的要求	（1）作业前，对被监护人员交待监护范围内的安全措施、告知危险点和安全注意事项。 （2）施工现场及周围的悬崖、陡坎、深坑等危险场所均应设可靠的防护设施及安全标志。 （3）在林区施工应采取防火措施	（1）砌筑质量和外观工艺是否符合规范和设计文件要求。 （2）负责作业过程中的巡视、监督。 （3）及时纠正作业人员存在的不安全行为。 （4）采集数码照片（按国网基建安质〔2016〕56 号文要求）

续表

作业顺序	质量控制重点	安全控制重点	监理作业重点
排水沟	（1）根据地形需要或设计要求确定需要开挖排水沟的桩号。 （2）砌筑前，底部浮土必须清除，并应保证砌筑在稳固的地基上。 （3）施工现场备齐原材料和施工工器具，原材料的选用标准与送电线路基础工程的要求一致。 （4）排水沟施工应按施工图进行。山地基础的排水沟一般沿基础的上山坡方向开挖浇制。 （5）混凝土的等级强度应达到设计要求。 （6）浇筑的控制要点和基础施工一致	（1）作业前，对被监护人员交待监护范围内的安全措施、告知危险点和安全注意事项。 （2）施工现场及周围的悬崖、陡坎、深坑等危险场所均应设可靠的防护设施及安全标志。 （3）在林区施工应采取防火措施	（1）砌筑质量和外观工艺是否符合规范和设计文件要求。 （2）负责作业过程中的巡视、监督。 （3）及时纠正作业人员存在的不安全行为。 （4）采集数码照片（按国网基建安质〔2016〕56号文要求）
保护帽	（1）熟悉设计图纸，查砌筑质量和外观工艺是否符合规范和设计要求。 （2）保护帽的强度应符合设计要求。 （3）保护帽的大小以盖住塔脚板为原则，一般其断面尺寸应超出塔脚板50mm以上，高度超过地脚螺栓50mm以上，对于建设单位有具体要求的按其要求执行。 （4）为使保护帽顶面不积水，顶面应有散水坡度。 （5）施工现场备齐原材料和施工工器具，原材料的选用标准按送电线路基础工程的要求进行	（1）保护帽浇筑前检查螺帽与螺杆是否匹配。 （2）检查铁塔地脚螺栓是否进行了紧固。 （3）是否对地脚螺栓丝扣进行了打毛处理或焊接处理。 （4）保护帽浇制前，应对地脚螺栓进行紧固检查	（1）保护帽浇筑前检查螺帽与螺杆是否匹配。 （2）检查铁塔地脚螺栓是否进行了紧固。 （3）是否对地脚螺栓丝扣进行了打毛处理或焊接处理。 （4）查砌筑质量和外观工艺是否符合规范和设计要求。 （5）采集数码照片（按国网基建安质〔2016〕56号文要求）

续表

作业顺序	质量控制重点	安全控制重点	监理作业重点
跨越高塔航空标志	（1）熟悉设计文件，检查航空标志的安装位置。 （2）警航灯、球必须安装在施工图指定的位置上。按照警航灯、球安装说明安装安全可靠。 （3）警航漆的喷、涂需按照施工图要求进行。可在工厂加工时喷、涂或现场喷、涂	（1）高处作业应设专责监护人。 （2）高处作业人员应衣着灵便，衣袖、裤脚应扎紧，穿软底防滑鞋，并正确佩戴个人防护用具。 （3）特殊高处作业宜设有与地面联系的信号或通信装置，并由专人负责。 （4）遇有六级及以上风或暴雨、雷电、冰雹、大雪、大雾、沙尘暴等恶劣气候时，应停止露天高处作业	（1）航空标志是否安装在设计文件指定的位置上，警航漆的喷、涂是否符合设计文件要求。 （2）高处作业人员安全防护用品配置是否齐全，佩戴是否正确、安全防护措施和安全监护人员是否到位。 （3）采集数码照片（按国网基建安质〔2016〕56号文要求）
线路防护标志	（1）熟悉设计文件，检查防护标志牌的安装位置。 （2）按建设单位和运行单位要求进行防护标志牌的制作，其材质应符合设计要求。 （3）防护标志牌的安装位置由设计确定。 （4）防护标志牌的安装必须牢固可靠。 （5）防护标志牌的安装需统一正确	（1）高处作业应设专责监护人。 （2）高处作业人员应衣着灵便，衣袖、裤脚应扎紧，穿软底防滑鞋，并正确佩戴个人防护用具	（1）防护标志牌安装工艺是否符合设计文件和施工方案要求。 （2）高处作业人员安全防护用品配置是否齐全，佩戴是否正确、安全防护措施和安全监护人员是否到位。 （3）采集数码照片（按国网基建安质〔2016〕56号文要求）
验收阶段	（1）基础护坡、挡土墙、防洪堤、排水沟、保护帽是否符合设计要求。 （2）护坡或挡土墙浇制完毕后，应及时清理现场多余的原材料，做好环境保护工作。 （3）航空标志牌、防护标志牌是否符合设计及运行要求	（1）高处作业应设专责监护人。 （2）高处作业人员应衣着灵便，衣袖、裤脚应扎紧，穿软底防滑鞋，并正确佩戴个人防护用具	（1）高处作业应设专责监护人。 （2）基础护坡、挡土墙、防洪堤、排水沟、保护帽质量情况。 （3）航空标志牌、防护标志牌安装工艺。 （4）采集数码照片（按国网基建安质〔2016〕56号文要求）

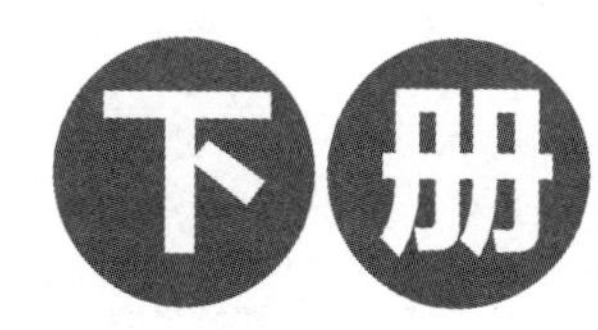

第五章　配电工程

台区工程

作业顺序	质量控制重点	安全控制重点	监理作业重点
施工准备阶段	（1）施工前所有工具，材料摆放整齐，检查是否符合要求。 （2）低压综合配电箱完好，符合设计要求。箱体外壳优先选用 304 不锈钢材料（厚度为 2mm），也可选用纤维增强型不饱和聚酯树脂材料。箱体尺寸（宽×深×高）为 1350mm×70mm×1200mm。 （3）低压综合配电箱电气采用单母线接线，出线 1—3 回。进出线开关选用熔断器式隔离开关、空气断路器，并配置计量、无功补偿、配电智能终端等模块，综合配电箱外壳接地端口留在箱体上部	（1）所有的铁横担、铁附件热镀锌无损伤，不得有锈蚀变形。 （2）绝缘子表面清洁无损伤。 （3）跌落式熔断器、线夹等配件完好，符合要求。 （4）现场装设围栏、警示标志。 （5）预应力混凝土电杆应无纵、横向裂缝。 （6）金属附件及螺栓表面不应有裂纹、砂眼、镀层剥落及锈蚀等现象。 （7）进入施工现场的工作人员必须穿棉质工作服，必须戴好安全帽，高空作业必须系好安全带，工作负责人必须佩戴“工作负责人”袖标	（1）审查施工项目部报审的管理人员资格。 （2）审查工程施工组织是否已落实到位。 （3）检查安全和技术交底记录。 （4）审查工程开工资料报审情况。 （5）查看变压器试验报告，核对变压器型号和容量，附件、备件应齐全。本体及附件外观检查无损伤及变形，油漆完好。邮箱封闭良好，无漏油、渗油现象，油标处油面高度符合要求。 （6）审查施工单位编制的施工方案和作业票是否符合相关规范要求。 （7）施工前应检查所有的工具、材料、设备，是否符合要求。 （8）应有该批产品出厂质量检验合格证书，设备应有铭牌。应有符合国家现行标准的各项质量检验资料

续表

作业顺序	质量控制重点	安全控制重点	监理作业重点
基坑开挖	（1）用经纬仪找准地面基准，做出杆位桩、中心桩和两侧方向桩，确定两杆坑的位置。 （2）确定杆坑位置，杆坑开挖应满足深度和工作要求。12m电杆埋深2.2m，15m电杆埋深2.5m；双杆中心与中心桩之间的横向位移不大于50mm，迈步不大于30mm；根开2.5m，误差不大于±30mm。 （3）12m电杆埋深2.2m，15m电杆埋深2.5m。 （4）挖坑前，应与有关地下管道、电缆等设施的主管单位取得联系，明确地下设施的确切位置，做好防护措施。 （5）挖坑时，应及时清除坑口附近浮土、石块，路面铺设材料和泥土应分别堆置，在堆置物堆起的斜坡上不得放置工具、材料等器物。 （6）塔脚检查，在不影响铁塔稳定的情况下，可以在对角线的两个塔脚同时挖坑。 （7）杆塔基础附近开挖时，应随时检查杆塔稳定性。若开挖影响杆塔的稳定性时，应在开挖的反方向加装临时拉线，开挖基坑未回填时禁止拆除临时拉线。 （8）在超过1.5m深的基坑内作业时，向坑外抛掷土石应防止土石回落坑内，并做好防止土层塌方的临边防护措施	（1）在土质松软处挖坑，应有防止塌方措施，如加挡板、撑木等。不得站在挡板、撑木上传递土石或放置传土工具。禁止由下部掏挖土层。 （2）在下水道、煤气管线、潮湿地、垃圾堆或有腐质物等附近挖坑时，应设监护人。在挖深超过2m的坑内工作时，应采取安全措施，如戴防毒面具、向坑中送风和持续检测等。监护人应密切注意挖坑人员，防止煤气、硫化氢等有毒气体中毒及沼气等可燃气体爆炸。 （3）在居民区及交通道路附近开挖的基坑，应设坑盖或可靠遮栏，加挂警告标示牌，夜间挂红灯	（1）检查基坑开挖及支护方式与施工方案是否一致，施工人员安全用具是否配备齐全、安全防护措施和安全监护人员是否到位。 （2）组织建设管理单位、勘察、设计单位相关人员对基坑、基槽等隐蔽工程进行验收。 （3）采集数码照片（按国网基建安质〔2016〕56号文要求）。 （4）检查“一票一案”

续表

作业顺序	质量控制重点	安全控制重点	监理作业重点
电杆组立	（1）电杆选用非预应力混凝土电杆，表面应光洁平整，壁厚均匀，无露筋、偏筋、漏浆、掉块等现象。杆身应无纵向裂纹，横向裂纹宽度不应大于 0.1mm，长度不允许超过 1/3 周长，且 1m 内横向裂纹不超过 3 处。 （2）在电杆埋深三分之一处设置卡盘，卡盘上表面距地面不应小于 600mm，卡盘弧面与电杆应接合紧密	（1）杆坑开挖应满足深度和工作要求，电杆基础坑深度的允许偏差应为+100mm、–50mm。 （2）按设计要求设置底盘，利用方向桩和吊坠校正底盘中心位置，找正后及时回填土，夯实底盘表面，并清扫浮土。 （3）采用吊车立杆，电杆吊绳应吊在电杆中心偏上位置。应在回填夯实并确保杆身稳固后松开起吊绳索。 （4）回填土，每回填 300mm 夯实一次。 （5）回填后留有不小于 300mm 的防沉土层	（1）现场安全监护、指挥人员是否到位，通信及指挥信号是否畅通准确。 （2）现场特殊工种/特殊作业人员与审批文件是否一致；高处作业人员安全防护用品配置是否齐全，佩戴是否正确、安全防护措施是否到位。 （3）检查进场的材料是否符合设计、规范要求。 （4）遇大风、雷雨等恶劣天气应停止作业。 （5）采集数码照片（按国网基建安质〔2016〕56 号文要求）
台架安装	（1）变压器台架托担，宜采用槽钢，槽钢厚度应大于 10mm，并经热镀锌处理。 （2）变压器台架安装高度距地面 3.4m。 （3）用水平尺测量，保证变压器台架平正。 （4）槽钢水平倾斜不应大于 25mm。 （5）双杆式配电变压器台架宜采用槽钢，槽钢厚度应大于 10mm，并经热镀锌处理，其强度应满足载重变压器的要求。 （6）台架离地面不应少于 2.5m；安置配电变压器的槽钢台架应保持水平，双杆式配电变压器台架水平倾斜不大于台架根开的 1/100	（1）变压器台架横担使用螺栓固定、托担抱箍支撑。 （2）电杆的组立按照架空线路施工杆塔工程相关部分的要求进行施工。 （3）钢圈连接的混凝土电杆焊接应符合规范要求，电杆组立后金属部分涂防锈漆做防腐蚀处理。 （4）容量为 315kVA 及其以上的变压器槽钢台架，应加装槽钢撑臂或顶桩支撑	（1）现场安全监护、指挥人员是否到位，通信及指挥信号是否畅通准确。 （2）现场特殊工种/特殊作业人员与审批文件是否一致。 （3）高处作业人员安全防护用品配置是否齐全，佩戴是否正确、安全防护措施是否到位。 （4）作业区域两端是否按要求挂设工作接地线。 （5）相邻杆塔不得同时在同相位安装附件，作业点垂直下方不得有人。 （6）遇大风、雷雨等恶劣天气应停止作业。 （7）采集数码照片（按国网基建安质〔2016〕56 号文要求）

续表

作业顺序	质量控制重点	安全控制重点	监理作业重点
横担安装	（1）安装杆顶支架和线路横担，螺栓紧固。横担水平倾斜不超过横担长度的2%。 （2）横担顺线路方向扭斜不得超过20mm。 （3）跌落式熔断器横担安装应平正牢固，安装高度距离台架2.6m。避雷器横担距离台架1.8m。 （4）12m电杆引线中间固定横担距离跌落式熔断器横担1.5m。15m电杆中间固定横担两条，距离跌落横担分别为1.6m和3.6m。 （5）安装低压出线横担，低压出线横担安装高度12m电杆距地面7.6m，15m电杆距地面9.6m	（1）所有螺栓安装应能有效锁紧，在运行中不松脱。 （2）螺杆应与构件面垂直，螺头平面与构件间不应有空隙，螺母与横担间应加垫片。 （3）螺栓紧好后，螺杆丝扣露出的长度：单螺母不应少于2扣。 （4）螺杆丝扣露出的长度：双螺母可平扣。 （5）螺栓的穿入方向：水平方向者由内向外（面向受电侧）。 （6）螺栓的穿入方向：垂直方向者由下向上。 （7）顺线路方向时，螺栓由送电侧向受电侧穿入	（1）现场安全监护、指挥人员是否到位，通信及指挥信号是否畅通准确。 （2）现场特殊工种/特殊作业人员与审批文件是否一致。 （3）高处作业人员安全防护用品配置是否齐全，佩戴是否正确、安全防护措施是否到位。 （4）作业区域两端是否按要求挂设工作接地线。 （5）相邻杆塔不得同时在同相位安装附件，作业点垂直下方不得有人。 （6）遇大风、雷雨等恶劣天气应停止作业。 （7）采集数码照片（按国网基建安质〔2016〕56号文要求）
低压综合配电箱的安装	（1）低压综合配电箱应安装牢固，下沿距离地面不低于2m，有防汛需求可适当加高。 （2）低压综合配电箱完好，符合设计要求，箱体外壳优先选用304不锈钢材料（厚度不小于2mm）。 （3）低压综合配电箱箱体尺寸（宽×深×高）分别为1350mm×700mm×1200mm	（1）低压综合配电箱采取悬挂式居中安装，吊装过程平稳，注意保护箱体，使其不受损伤。 （2）低压综合配电箱应配置带盖通用挂锁，有防止触电的警告并采取可靠的接地和防盗措施	（1）现场安全监护、指挥人员是否到位，通信及指挥信号是否畅通准确。 （2）现场特殊工种/特殊作业人员与审批文件是否一致。 （3）高处作业人员安全防护用品配置是否齐全，佩戴是否正确、安全防护措施是否到位。 （4）作业区域两端是否按要求挂设工作接地线。 （5）相邻杆塔不得同时在同相位安装附件，作业点垂直下方不得有人。 （6）遇大风、雷雨等恶劣天气应停止作业。 （7）采集数码照片（按国网基建安质〔2016〕56号文要求）

续表

作业顺序	质量控制重点	安全控制重点	监理作业重点
变压器安装	（1）变压器就位移动时，应缓慢移动，不得发生碰撞及不应有严重的冲击和震荡，以免损坏绝缘构件。 （2）变压器底部用枕木垫起，变压器在台架固定牢靠后，才能松开变压器顶的吊钩。 （3）变压器安装后，套管表面应光洁，不应有裂纹、破损等现象；套管压线螺栓等部件应齐全，且安装牢固；储油柜油位正常，外壳干净。 （4）采用起重机具装卸、就位时，起重机具的支撑腿必须稳固，受力均匀。应准确使用变压器油箱顶盖的吊环，吊钩应对准变压器重心，吊挂钢丝绳间的夹角不得大于 60°。起吊时必须试吊，防止钢索碰损变压器瓷套管。起吊过程中，在吊臂及吊物下方严禁任何人员通过或逗留，吊起的设备不得在空中长时间停留	（1）杆上变压器的台架紧固检查后，才能吊装变压器且就位固定。 （2）变压器在装卸、就位的过程中，设专人负责统一指挥，指挥人员发出的指挥信号必须清晰、准确。 （3）变压器吊装时，应注意保护瓷套管，使其不受损伤。变压器安装后，套管不应有裂纹、破损等现象。 （4）变压器安装后，油位窗口能够看到油标。 （5）台架安装后应进行紧固检查。 （6）变压器吊装时，钢丝绳应挂在油箱的吊钩上，上盘的吊环仅作吊芯用，不得用此吊环吊装整台变压器。变压器台架确保牢固，才能吊装变压器，吊起的变压器不得在空中长期停留。配电变压器在台架上居中安装，采用槽钢固定，应牢固可靠	（1）现场安全监护、指挥人员是否到位，通信及指挥信号是否畅通准确。 （2）现场特殊工种/特殊作业人员与审批文件是否一致。 （3）高处作业人员安全防护用品配置是否齐全，佩戴是否正确、安全防护措施是否到位。 （4）作业区域两端是否按要求挂设工作接地线。 （5）相邻杆塔不得同时在同相位安装附件，作业点垂直下方不得有人。 （6）遇大风、雷雨等恶劣天气应停止作业。 （7）采集数码照片（按国网基建安质〔2016〕56 号文要求）
跌落式熔断器安装	（1）跌落式熔断器水平相间距离不小于 500mm。 （2）跌落式熔断器合熔丝管时上触头应有一定的压缩行程。 （3）跌落式熔断器熔丝管轴线与铅垂线夹角为 15°～30°。 （4）跌落式熔断器上下引线应压紧、与线路导线的连接应紧密可靠。 （5）跌落式熔断器应进行试分合操作，转轴光滑灵活，操作时灵活可靠，接触紧密。 （6）跌落式熔断器安装牢固、排列整齐，高低一致	跌落式熔断器各部分零件完整，安装牢固，绝缘部分良好，熔丝管不应有吸潮膨胀或弯曲现象	（1）现场安全监护、指挥人员是否到位，通信及指挥信号是否畅通准确。 （2）现场特殊工种/特殊作业人员与审批文件是否一致。 （3）高处作业人员安全防护用品配置是否齐全，佩戴是否正确、安全防护措施是否到位。 （4）作业区域两端是否按要求挂设工作接地线。 （5）相邻杆塔不得同时在同相位安装附件，作业点垂直下方不得有人。 （6）遇大风、雷雨等恶劣天气应停止作业。 （7）采集数码照片（按国网基建安质〔2016〕56 号文要求）

续表

作业顺序	质量控制重点	安全控制重点	监理作业重点
避雷器安装	（1）避雷器应安装在靠近变压器侧，安装排列整齐，高低一致，相间距离不小于350mm。 （2）采用交流无间隙金属氧化锌避雷器，可使用普通型或可装卸式避雷器	避雷器安装在支架上固定可靠，螺栓应紧固，绝缘部分良好	（1）现场安全监护、指挥人员是否到位，通信及指挥信号是否畅通准确。 （2）现场特殊工种/特殊作业人员与审批文件是否一致。 （3）高处作业人员安全防护用品配置是否齐全，佩戴是否正确、安全防护措施是否到位。 （4）作业区域两端是否按要求挂设工作接地线。 （5）相邻杆塔不得同时在同相位安装附件，作业点垂直下方不得有人。 （6）遇大风、雷雨等恶劣天气应停止作业。 （7）采集数码照片（按国网基建安质〔2016〕56号文要求）
引线安装	（1）变压器高压引线采用交联聚乙烯绝缘软铜导线，截面不小于35mm²。 （2）高压引线在中间固定横担的柱式绝缘子上绑扎。 （3）绝缘导线绑扎线使用截面不小于2.5mm²的单股铜塑线。 （4）跌落式熔断器上引线对地距离不小于200mm。 （5）跌落式熔断器下引线对地距离不小于200mm。 （6）在高压引线处配置接地环，使用接地线夹连接。 （7）接地环裸露部分距离跌落式熔断器上桩头带电部分间距应大于700mm。	（1）引线绑扎应符合“前三后四双十字”工艺标准，绑扎牢固可靠。 （2）“前三”是指：绑扎完成后，扎线在绝缘子瓶颈朝向操作人员侧呈现“三圈”，最后在颈槽中拧2～3个绞绕的小辫收尾。“后四”是指：绑扎完成后，扎线在绝缘子瓶颈背向操作人员侧呈现“四圈”。 （3）“双十字”是指：“前三后四”完成后，用盘起来的绑线经过绝缘子顶部两次交叉压在导线上，形成两个“十字”压在导线上。 （4）变压器一、二次引线不应使变压器的套管直接承受应力。	（1）现场安全监护、指挥人员是否到位，通信及指挥信号是否畅通准确。 （2）现场特殊工种/特殊作业人员与审批文件是否一致。 （3）高处作业人员安全防护用品配置是否齐全，佩戴是否正确、安全防护措施是否到位。 （4）作业区域两端是否按要求挂设工作接地线。 （5）相邻杆塔不得同时在同相位安装附件，作业点垂直下方不得有人。 （6）遇大风、雷雨等恶劣天气应停止作业。 （7）采集数码照片（按国网基建安质〔2016〕56号文要求）

续表

作业顺序	质量控制重点	安全控制重点	监理作业重点
引线安装	（8）避雷器引线连接紧密，采用 $35mm^2$ 绝缘铜导线。 （9）可卸装式避雷器安装使用前检查避雷器元件与跌落式机构之间的松紧度，以保证接触良好并投卸灵活，且安装在电杆外侧。 （10）变压器高、低压引线相序正确。引线与变压器桩头连接应采用抱杆线夹连接。 （11）低压电缆沿变压器外侧采用电缆卡箍固定，向上引至低压横担。 （12）跌落式熔断器上、下桩头进出线采用铜镀锡压接型接线端子。 （13）跌落式熔断器安装牢固。三相引线排列整齐，弧度保持一致，平滑美观。 （14）避雷器上引线与避雷器连接，不应使避雷器产生外加应力。 （15）避雷器接地引下线使用绝缘铜导线，将三相避雷器接地端短接。不能利用避雷器角铁横担代替引线。 （16）避雷器引下线应尽量短而直，沿电杆内侧引下，使用不锈钢带绑扎固定。	（5）低压出线采用绝缘软铜导线，200kVA及以下的变压器导线截面为 $150mm^2$，400kVA及以下的变压器导线截面为 $300mm^2$。 （6）绝缘导线在出线支架蝶式绝缘子上固定后引入综合配电箱。 （7）低压综合配电箱侧面采用电缆出线，进出线均应采取有机防火材料封堵	

作业顺序	质量控制重点	安全控制重点	监理作业重点
引线安装	（17）12m 电杆每隔 1.5m 装设电缆卡箍。15m 电杆每隔 1.6m 装设电缆卡箍 （18）变压器采用全绝缘模式，高、低压引线均采用绝缘导线或电缆，变压器高、低压套管接头裸露部分加绝缘罩，引线安装后，应清洁套管。 （19）避雷器及跌落熔断器安装完毕后应加装绝缘罩。 （20）引线与架空线路连接采用高效节能型接续线夹（弹射楔形、螺栓 J 形、C 形线夹可选）。不同金属连接，应有过渡措施		
接地装置安装	（1）沿配电变压器台架开挖接地装置环形沟槽，接地装置设水平和垂直接地的复合接地网，接地体敷设成围绕变压器的闭合环形，接地电阻应不大于 4Ω。 （2）垂直接地体采用镀锌角钢，数量不少于两根。接地电阻、跨步电压、接触电压满足 GB/T 50064—2014《交流电气装置的过电压保护和绝缘配合设计规范》要求。 （3）水平接地体埋深不应小于 0.6m，且不应接近煤气管道及输水管道。	（1）水平接地体一般采用镀锌钢材，腐蚀性较高的地区宜采用铜包钢或者石墨。 （2）避雷器接地引线、中性点接地引线、变压器外壳接地引线、低压综合配电箱外壳接地引线汇集一点后可靠接地，接地线要安装在电杆内侧。螺栓、螺帽、扎带采用不锈钢材质。 （3）考虑防盗要求，接地体汇合点设置在主杆 3m 处	（1）接地体的连接、敷设与施工方案是否一致。 （2）接地体长度和沟槽是否符合设计。 （3）接地引下线安装工艺与施工方案是否一致。 （4）接地电阻测试仪表、测试方法及数值是否符合施工方案。 （5）采集数码照片（按国网基建安质〔2016〕56 号文要求）

续表

作业顺序	质量控制重点	安全控制重点	监理作业重点
接地装置安装	（4）接地体之间采用焊接连接，焊接应牢固、无虚焊。焊接后在反腐层损坏焊痕外100mm内再做防腐处理。 （5）接地装置安装完毕应回填土，回填土内不得夹有石块和建筑垃圾，外取的土壤不得有较强的腐蚀性，回填土应分层夯实。 （6）接地体涂黄绿漆，间隔宽度一致，顺序一致		
竣工验收	（1）电杆下部距地面300mm以上涂刷或粘贴防撞警示标识，警示标识为黑黄相间，高1.2m。 （2）准备并移交工程资料和试验报告	在配电变压器台架上两侧电杆上悬挂“禁止攀登，高压危险”标示。标示牌尺寸300×240mm。台架正面安装运行标识，白底红色黑体字	（1）审查材料出厂证件和试验资料是否齐全、合格；主要技术资料和施工记录是否齐全、合格；隐蔽工程验收记录是否齐全；工程质量验收是否齐全，工程质量事故及主要质量问题记录是否齐全。 （2）施工三级自检报告，工程质量验收记录是否齐全。 （3）参与工程中间验收。 （4）审查工程初检申请表，组织监理初检，重点检查施工质量、工艺是否满足国家、行业标准及有关规程规范、合同、设计文件等要求

户 表 工 程

作业顺序	质量控制重点	安全控制重点	监理作业重点
施工准备阶段	（1）施工前，项目负责人组织相关人员进行现场勘测，加强与客户沟通，核对客户信息，确定接线方式及表箱安装位置。 （2）根据批准的施工方案准备工器具、材料。 （3）施工前将所有工器具、材料、设备分类摆放整齐，并检查是否符合要求。 （4）检查导线型号、外观。 （5）检查绝缘子外观并逐个擦拭	（1）制订施工方案，确定施工方法。 （2）制订施工“四措一案”。 （3）报请主管领导批准。 （4）根据批准的施工方案办理工作票。 （5）工作负责人宣读工作票，根据批准的施工方案进行人员分工、技术交底、危险点分析，明确预控措施，并由工作人签名确认。 （6）办理作业票。 （7）核对线路名称及杆号，向工作负责人汇报并核对无误。 （8）在工作地点设置围栏，悬挂标示牌。 （9）作业人员个人工具和劳动防护用品应合格、齐全。进行“两穿一戴”。 （10）检查安全带的外观、试验标签及试验周期。 （11）检查绝缘手套的外观、试验标签及试验周期，做气密性试验。 （12）领取拆装所需工器具、设备、材料到所在工位，并在工作毯上摆放整齐	（1）审查施工项目部管理人员资格。 （2）审查施工项目部报审的项目管理实施规划。 （3）参加业主项目部组织的设计交底及施工图会检。 （4）检查施工的技术交底情况。 （5）审查施工项目部报审的施工方案。 （6）工程若有分包，审查施工分包申请表、分包计划报审表及相关资料。 （7）检查“一票一案”编制准备执行情况。 （8）审查施工单位工程开工资料报审表及相关资料

续表

作业顺序	质量控制重点	安全控制重点	监理作业重点
接户线负荷侧安装工作阶段	（1）以地面为基准，用尺子量出接户线支架安装高度并做标记，对地面的垂直距离应不小于 2.5m。用上述方法标识表箱、PVC 管安装位置，用水平尺找准水平后画一水平线。 （2）用电钻打孔，用膨胀螺栓固定，用水平尺校正，上下歪斜不应大于横担长度的 1%。 （3）绝缘子按“两平一弹单螺母”方式固定，螺栓应由下向上穿。 （4）安装绝缘子时应光面朝上，凹槽朝下。 （5）展放导线时不应损伤绝缘，不应出现金钩、绞绕，并按相序摆放整齐。 （6）绑扎线采用截面积不小于 $2.5mm^2$ 的单股绝缘铜线，绑扎时接户线不得自身缠绕。 （7）起头时，绑扎短头长度合适，为 200～250mm。 （8）绑扎开始位置应在距绝缘子中心 3 倍的绝缘子脖颈处。 （9）穿线时，不得损伤导线、折叠，不应出现金钩，并预留作滴水弯的导线。管内导线总截面积不应大于绝缘护管截面积的 40%。 （10）PVC 管固定牢固、横平竖直，附件与管体接触紧密，弯头及三通管口向下，防止进水	（1）落实保证安全的组织措施和技术措施，防止触电伤人。 （2）登杆过程中防止滑落伤人。 （3）高空作业时使用个人保安线，防止感应电伤人。 （4）正确使用安全带，防止高空坠落伤人。 （5）防止高空落物伤人。 （6）使用梯子时，对地夹角以 60° 为宜。 （7）剥导线绝缘层时，防止电工刀伤人，应以 45° 方向切入绝缘层，以免伤及线芯	（1）现场安全监护、指挥人员是否到位，通信及指挥信号是否畅通准确。 （2）现场特殊工种/特殊作业人员与审批文件是否一致。 （3）高处作业人员安全防护用品配置是否齐全，佩戴是否正确、安全防护措施是否到位。 （4）作业区域两端是否按要求挂设工作接地线。 （5）遇大风、雷雨等恶劣天气应停止作业。 （6）采集数码照片（按国网基建安质〔2016〕56 号文要求）

续表

作业顺序	质量控制重点	安全控制重点	监理作业重点
电能表箱安装阶段	（1）检查电能表箱外观，应完整，无破损，铭牌字迹清晰，无脱落可能。 （2）检查箱内配线型号，接线正确，箱体密封良好，防水、防潮、防尘措施可靠，应有便于抄表和用电检查的观察窗。 （3）分散的单户住宅电能表箱宜设置在客户门外或院墙门外左右侧，宜选择在庇荫处，尽量避开屋顶雨水集中排水口和阳光直射处。 （4）集中住宅客户电能表箱宜设置在电气间、竖井、楼道墙体或户外地面。 （5）安装后箱体与采暖管、煤气管道距离不小于 300mm，与给、排水管道距离不小于 200mm；与门、窗框边或洞口边缘距离不小于 400mm。 （6）最高观察窗中心线及门锁距地面高度不超过 1.8m。 （7）独立式单表位计量箱、单排排列箱组式计量箱下沿距地面高度不小于 1.4m。 （8）多表位计量箱下沿距地面高度不小于 0.8m，当用于地下建筑物时（如车库、人防工程等），则应不小于 1.0m。 （9）电能表箱进、出线采用绝缘护管沿墙敷设。 （10）接户线与表箱内进线总断路器连接时，采用与导线截面积、连接螺栓相匹配的压接端头	（1）落实保证安全的组织措施和技术措施，防止触电伤人。 （2）登杆过程中防止滑落伤人。 （3）高空作业时使用个人保安线，防止感应电伤人。 （4）正确使用安全带，防止高空坠落伤人。 （5）防止高空坠物伤人。 （6）使用梯子时，对地夹角以 60°为宜。 剥削导线绝缘时，防止电工刀伤人，应以 45°方向切入绝缘，以免伤及线芯	（1）对配电箱安装接线进行巡视检查。重点检查：箱体的安装高度、安装方式、开孔及接地应符合设计文件要求，各回路标识应准确、清晰。 （2）现场安全文明施工措施落实情况。 （3）采集数码照片（按国网基建安质〔2016〕56 号文要求）

续表

作业顺序	质量控制重点	安全控制重点	监理作业重点
电能表、采集器安装阶段	（1）安装电能表前，按照装拆工作单，核对户号、户名及电能表规格、资产编号、起止度数、时钟等内容，并检查外观是否完好，封印是否齐全。 （2）电能表应牢固、垂直安装，挂表螺栓和定位螺栓均应拧紧，三点固定，中心线向各方向的倾斜不大于1°。 （3）导线和电能表连接时，剥去绝缘部分，不得损伤导体，其长度宜适中。 （4）对TN–C–S系统，表箱处零线重复接地。对TT系统，表箱处不允许重复接地。 （5）平行排列的电能表端钮盒盖下沿应齐平。 （6）对电能表箱内检查，电气连接点应牢固可靠，进出线孔洞封堵严密，确保表箱内整洁，无遗留物及安装现场整洁。 （7）采集器I型或集中器II型三个安装固定点按采集器挂鼻伸出状态下定位、限位，螺纹连接时应采用螺母连接型式，保证安装后的采集器或集中器端正、与箱门观察窗对应。安装尺寸参见Q/GDW 1375.3《电力用户用电信息采集系统型式规范　第3部分》中相应采集器、Q/GDW 1375.2《电力用户用电信息采集系统型式规范　第2部分》中相应集中器结构尺寸	（1）落实保证安全的组织措施和技术措施，防止触电伤人。 （2）登杆过程中防止滑落伤人。 （3）高空作业时使用个人保安线，防止感应电伤人。 （4）正确使用安全带，防止高空坠落伤人。 （5）防止高空坠物伤人。 （6）使用梯子时，对地夹角以60°为宜。 剥削导线绝缘时，防止电工刀伤人，应以45°方向切入绝缘，以免伤及线芯	（1）检查电能表、采集器的安装高度、安装方式、开孔及接地应符合设计文件要求，各回路标识应准确、清晰。 （2）现场安全文明施工措施落实情况。 （3）采集数码照片（按国网基建安质〔2016〕56号文要求）

续表

作业顺序	质量控制重点	安全控制重点	监理作业重点
标识 安装阶段	（1）标识应字迹清晰工整且不易褪色。 （2）标识应贴在适当位置易于观察。同一单元中设备标签与设备的相对位置应一致，并粘贴平整、美观。 （3）安装表箱号。 （4）粘贴户名、户号标签。 （5）安装产权分界牌	（1）落实保证安全的组织措施和技术措施，防止触电伤人。 （2）登杆过程中防止滑落伤人。 （3）高空作业时使用个人保安线，防止感应电伤人。 （4）正确使用安全带，防止高空坠落伤人。 （5）防止高空落物伤人。 （6）使用梯子时，对地夹角以60°为宜	（1）标识牌应符合标准，且清晰、准确。 （2）现场安全文明施工措施落实情况。 （3）采集数码照片（按国网基建安质〔2016〕56号文要求）
接户线 电源侧 安装阶段	（1）用尺子量出横担安装位置并做标记，距其上层横担的距离不小于300mm。 （2）安装横担、曲线拉板及绝缘子，螺栓由下向上穿。 （3）紧线时，先紧中间相，后紧两边相，在绑扎位置做标记，并缠绕绝缘带。 （4）紧线完成后各相导线弧垂应一致。 （5）接户线应先接零线，后接火线。 （6）量取线夹的安装位置并做标记，距导线支持点的距离不应小于150mm。 （7）剥削绝缘层，不得伤及导电部分，用0号砂纸清除氧化层，将连接处导线及线夹涂抹导电膏。 （8）将接户线在低压线路导线上缠绕一周形成滴水弯，用线夹固定。线夹应水平安装，接户线端头指向电源侧。 （9）线夹紧固后安装绝缘护罩，使滴水孔向下，并用绝缘自粘带进行端头密封，以防进水。 （10）做引线保证净空距离不小于150mm	（1）先停低压，后停高压；先停分路开关，后停总开关；先停中间相，后停两边相。 （2）停电时，操作人员戴绝缘手套，系安全带。 （3）对验电器自检、用工频高压发生器检查验电器。 （4）登杆过程应全程使用安全带，验电、挂接地线时应设专人监护。 （5）登杆至导线距离不小于0.7m时，系上后备保护绳。 （6）戴绝缘手套，对验电器再次自检。 （7）逐相对导线进行验电，先验近侧，后验远侧。 （8）装设接地线时，应装设牢固，先接接地端，后接导线端；先挂近侧，后挂远侧。 （9）将接地极打入地下深度不得小于0.6m。 （10）工作地段各端和工作地段可能反送电的各分支都应接地	（1）现场安全监护、指挥人员是否到位，通信及指挥信号是否畅通准确。 （2）现场特殊工种/特殊作业人员与审批文件是否一致。 （3）高处作业人员安全防护用品配置是否齐全，佩戴是否正确、安全防护措施是否到位。 （4）作业区域两端是否按要求挂设工作接地线。 （5）遇大风、雷雨等恶劣天气应停止作业。 （6）采集数码照片（按国网基建安质〔2016〕56号文要求）

续表

作业顺序	质量控制重点	安全控制重点	监理作业重点
低压电气带电工作	（1）低压电气工作时，拆开的引线、断开的线头应采取绝缘包裹等遮蔽措施。 （2）低压电气带电工作，应采取绝缘隔离措施防止相间短路和单相接地。 （3）低压电气带电工作时，作业范围内电气回路的剩余电流动作保护装置应投入运行	（1）低压电气带电工作应戴手套、护目镜，并保持对地绝缘。 （2）低压配电网中的开断设备应易于操作，并有明显的开断指示。 （3）低压电气工作前，应用低压验电器或测电笔检验检修设备、金属外壳和相邻设备是否有电。 （4）低压电气工作，应采取措施防止误入相邻间隔、误碰相邻带电部分。 （5）低压电气带电工作使用的工具应有绝缘柄，其外裸露的导电部位应采取绝缘包裹措施；禁止使用锉刀、金属尺和带有金属物的毛刷、毛掸等工具。 （6）所有未接地或未采取绝缘遮蔽、断开点加锁挂牌等可靠措施隔绝电源的低压线路和设备都应视为带电。未经验明确无电压，禁止触碰导体的裸露部分	（1）收集相关资料； （2）采集数码照片（按国网基建安质〔2016〕56号文要求）； （3）旁站监理； （4）审核作业票B票内容是否正确无误
竣工验收	（1）在验收时，应进行下列检查： 1）设备外观应完整无缺损伤； 2）设备安装是否满足施工验收规范； 3）接地应可靠。 （2）在验收时，应移交下列资料和文件： 1）施工图纸及设计变更说明文件； 2）制造厂产品说明书、合格证件及使用说明书等产品技术文件； 3）移交备品、备件		（1）审查材料出厂证件和试验资料是否齐全、合格；主要技术资料和施工记录是否齐全、合格；隐蔽工程验收记录是否齐全；工程质量验收是否齐全，工程质量事故及主要质量问题记录是否齐全。 （2）施工三级自检报告，工程质量验收记录是否齐全。 （3）参与工程中间验收。 （4）审查工程初检申请表，组织监理初检，重点检查施工质量、工艺是否满足国家、行业标准及有关规程规范、合同、设计文件等要求

箱式变压器、环网柜、分支箱安装

作业顺序	质量控制重点	安全控制重点	监理作业重点
施工准备阶段	（1）施工单位按照设计要求准备施工设备及材料。 （2）组织施工人员进行技术交底	（1）根据施工现场的特点准备安全防护设备及用品。 （2）组织施工人员进行安全学习	（1）审查施工项目部管理人员资格。 （2）审查施工项目部报审的项目管理实施规划。 （3）参加业主项目部组织的设计交底及施工图会检。 （4）检查施工的技术交底情况。 （5）审查施工项目部报审的施工方案。 （6）工程若有分包，审查施工分包申请表、分包计划报审表及相关资料。 （7）检查“一票一案”编制准备执行情况。 （8）审查施工单位工程开工资料报审表及相关资料
柜体就位找正阶段	（1）按照设计规定，对照设计图纸检查，柜体就位的位置必须在设备基础中心，通过拉线的方式检查。 （2）检查柜内设备有无破损及缺陷	（1）施工现场设安全防护栏，禁止非工作人员入内。 （2）严禁在起吊的重物和起重机吊臂下行走或停留。 （3）起吊绳强度足够并有裕度。高空作业时必须系好安全带。 （4）正确戴好安全帽	对设备的就位找正进行巡视检查。重点检查安装位置及方向与设计文件一致

续表

<table>
<tr><th>作业顺序</th><th>质量控制重点</th><th>安全控制重点</th><th>监理作业重点</th></tr>
<tr><td>柜体固定阶段</td><td>按照设计要求对柜体进行固定，把柜体底座焊接在基础槽钢上，基础槽钢必须是镀锌槽钢，焊接部分必须刷防腐漆</td><td rowspan="2">施工现场设安全护栏，施工单位要有安全监护人员在场，确保现场临时用电及焊接工作安全可靠进行</td><td rowspan="2">重点检查固定应牢固；接地应良好，设备可开启门应用软铜导线可靠接地。户外安装的应密封良好，防水、防潮、防尘</td></tr>
<tr><td>柜体接地阶段</td><td>柜体底架与基础槽钢连接牢固、导通良好。且柜体底架与主接地网上引线可靠连接。装有电器可开启屏门的接地，用软铜导线可靠连接</td></tr>
<tr><td>开关柜机械部件、电气部件安装阶段</td><td>（1）柜面平整、齐全。设备附件清点齐全。
（2）门销开闭灵活。柜内照明装置齐全。
（3）设备型号及规格按照设计图纸检查。
（4）设备外观完好，活动接地装置的连接导通良好，通断顺序正确。
（5）电气连锁触点接触紧密、可靠。
（6）动、静触头接触间隙按照制造厂家规定检查</td><td>（1）柜面平整、齐全。
（2）柜内照明装置齐全。
（3）设备外观完好。
（4）接触紧密、可靠</td><td>（1）检查现场安全文明施工情况。
（2）采集数码照片（按国网基建安质〔2016〕56 号文要求）</td></tr>
<tr><td>二次回路及接线安装阶段</td><td>（1）导线检查：导线外观绝缘层完好，无中间接头。导线连接牢固、可靠。导线端部标志清晰正确，且不易脱色。盘内配线绝缘耐压不小于 500V。
（2）盘内配线截面积要求：电流回路≥ $2.5mm^2$，信号、电压回路≥ $1.5mm^2$。</td><td>（1）导线连接牢固、可靠。
（2）导线芯线端部弯圈要顺时针方向，无损伤，且大小合适。
（3）可靠接地</td><td>（1）检查电缆在支架的引入部位、设备的引入口尽量避免交叉和麻花状现象的发生。
（2）检查电缆牌制作应符合标准，且清晰、准确。
（3）芯线应垂直或水平有规律的配置，不得任意的歪斜交叉连接。</td></tr>
</table>

续表

作业顺序	质量控制重点	安全控制重点	监理作业重点
二次回路及接线安装阶段	（3）控制电缆接线：控制电缆按照设计规定，对照大图进行检查。每个端子并接芯线数≤2 根，备用芯预留长度至最远端子处。导线芯线端部弯圈要顺时针方向，无损伤，且大小合适。 （4）二次回路连接件必须是铜质制品。二次回路接地要使用专用螺栓。屏蔽电缆的屏蔽层按设计规定可靠接地		（4）检查现场安全文明施工措施落实情况。 （5）采集数码照片（按国网基建安质〔2016〕56 号文要求）
竣工验收阶段	（1）在验收时，应进行下列检查： 1）设备外观应完整无缺损伤； 2）设备安装是否满足施工验收规范； 3）接地应可靠。 （2）在验收时，应移交下列资料和文件： 1）施工图纸及设计变更说明文件； 2）制造厂产品说明书、合格证件及使用说明书等产品技术文件； 3）移交备品、备件		（1）审查材料出厂证件和试验资料是否齐全、合格；主要技术资料和施工记录是否齐全、合格；隐蔽工程验收记录是否齐全；工程质量验收是否齐全，工程质量事故及主要质量问题记录是否齐全。 （2）施工三级自检报告，工程质量验收记录是否齐全。 （3）审查工程初检申请表，组织监理初检，重点检查施工质量、工艺是否满足国家、行业标准及有关规程规范、合同、设计文件等要求。 （4）参与工程中间验收

柱上开关（断路器、隔离开关）安装

作业顺序	质量控制重点	安全控制重点	监理作业重点
施工准备阶段	（1）按照设计要求准备施工设备及材料。 （2）组织施工人员进行技术交底	（1）根据施工现场的特点准备安全防护设备及用品。 （2）组织施工人员进行安全学习	（1）审查施工项目部管理人员资格。 （2）审查施工项目部报审的项目管理实施规划。 （3）参加业主项目部组织的设计交底及施工图会检。 （4）检查施工的技术交底情况。 （5）审查施工项目部报审的施工方案。 （6）工程若有分包，审查施工分包申请表、分包计划报审表及相关资料。 （7）检查“一票一案”编制准备执行情况。 （8）审查施工单位工程开工资料报审表及相关资料
支架安装阶段	（1）设备支架外形尺寸符合要求，封顶板及铁件无变形、扭曲，水平偏差符合技术要求。 （2）检查支架柱轴线，行、列的定位轴允许偏差为 5mm，支架顶部标高允许偏差为 5mm，同相根开允许偏差为 10mm	施工现场设安全防护栏，禁止非工作人员入内，上杆人员要正确佩戴安全防护用品，吊车下方严禁站人。现场人员正确戴好安全帽	重点检查：支架底部与基础面之间尺寸、支架上下螺母与垫片放置应符合标准；支架外观无机械损伤，防腐层完整；两点接地应分别与主接地网不同干线连接等

作业顺序	质量控制重点	安全控制重点	监理作业重点
本体安装阶段	（1）外观检查：通过观察检查设备部件是否齐全，有无损伤。灭弧室外观清洁、干燥、无裂纹、无损伤。绝缘隔板齐全、完好。弹簧机构合闸位置保持可靠。 （2）检查试验报告：绝缘部件无变形，且绝缘良好。 （3）操动检查：分合闸线圈铁芯动作可靠、无卡阻。弹簧机构合闸储能后，蜗扣可靠。分合闸闭锁装置动作灵活、复位准确、迅速，扣合可靠。 （4）观察及用万能表检查：熔断器导通良好，接触可靠。二次插件接触可靠。 （5）用力矩扳手检查：螺栓连接紧固均匀	安装安全防护栏，禁止非工作人员入内。施工人员戴工作手套	重点检查：同组隔离开关应在同一直线上，偏差≤5mm。导电连接部件的接触面，清洁后应涂以复合电力脂连接。操动机构安装牢固，固定支架工艺美观，机构轴线与底座轴线重合，偏差≤1mm。合闸三相同期值应符合产品的技术规定。设备底座及机构箱接地牢固，导通良好。接地开关垂直连杆应黑色标识，全站标高应一致
导电部分安装阶段	（1）观察检查：触头外观洁净光滑，镀银层完好。触头弹簧外观齐全、无损伤，可挠铜片无断裂、锈蚀、固定可靠。 （2）对照厂规定检查：对触头行程、触头压缩行程、三相同期按制造厂规定检查	禁止身体直接触碰所有带电设备外壳及触头	（1）检查现场安全文明施工情况。 （2）采集数码照片（按国网基建安质〔2016〕56号文要求）
辅助部分安装阶段	（1）辅助开关切换触电外观接触良好，无烧损。动作准确、可靠。 （2）手动合闸灵活、轻便。 （3）断路器与操作机构联动正确，可靠。 （4）分合闸位置指示器动作可靠，指示正确。 （5）断路器外壳接地牢固，导通良好。 （6）断路器相色标志正确	禁止身体直接触碰所有带电设备的带电部分	（1）检查现场安全文明施工情况。 （2）采集数码照片（按国网基建安质〔2016〕56号文要求）

续表

作业顺序	质量控制重点	安全控制重点	监理作业重点
竣工验收阶段	（1）在验收时，应进行下列检查： 1）设备外观应完整无缺损伤； 2）设备安装是否满足施工验收规范； 3）接地应可靠。 （2）在验收时，应移交下列资料和文件： 1）施工图纸及设计变更说明文件； 2）制造厂产品说明书、合格证件及使用说明书等产品技术文件； 3）备品、备件		（1）审查材料出厂证件和试验资料是否齐全、合格；主要技术资料和施工记录是否齐全、合格；隐蔽工程验收记录是否齐全；工程质量验收是否齐全。 （2）工程质量事故及主要质量问题记录是否齐全。即施工三级自检报告，工程质量验收记录是否齐全。审查工程初检申请表。 （3）组织监理初检，重点检查施工质量、工艺是否满足国家、行业标准及有关规程规范、合同、设计文件等要求

10kV 配电室、开关站工程

作业顺序	质量控制重点	安全控制重点	监理作业重点
施工准备	（1）电力设施建筑物的混凝土结构抗震等级，应符合相关规定。 （2）土建大小应为开关站、配电室预留出操作空间与检修通道	（1）进入现场应正确佩戴安全帽，现场作业人员还应穿全面长袖工作服、绝缘鞋。 （2）作业现场的生产条件和安全设施等应符合有关标准、规范的要求，作业人员的劳动防护用品应合格、齐备。 （3）土建施工现场应装设围栏，围栏旁边向行人悬挂或设置“禁止跨越”标识牌，标识牌尺寸 300mm×240mm	（1）审查施工项目部管理人员资格。 （2）审查施工项目部报审的项目管理实施规划。 （3）参加业主项目部组织的设计交底及施工图会检。 （4）检查施工的技术交底情况。 （5）审查施工项目部报审的施工方案。 （6）工程若有分包，审查施工分包申请表、分包计划报审表及相关资料。 （7）检查“一票一案”编制准备执行情况。 （8）审查施工单位工程开工资料报审表及相关资料
土建主体施工	（1）开关站、配电室建筑主体位置、规划符合设计要求。开关站、配电室坐落位置应符合安全运行要求。 （2）开关站、配电室地面平整，墙体、顶面无开裂、无渗漏。 （3）为降低接触电势和跨步电压，视地势条件，土建站外延应按标准采取散水措施，散水材料可采取沥青混凝土或中碎石混凝土，厚度不小于 150mm。	（1）开关站、配电室应满足“四防一通”的要求，即防风雪、防汛、防火、防小动物、通风良好，并应装设门禁措施。 （2）开关站、配电室屋顶应采取完善的防水措施，防水层采用高性能防水材料双层铺设。 （3）电缆进入地下应设置过渡井、过渡沟或采取有效的防水措施，并设置完善的排水系统。	（1）进行质量巡视检查，重点检查各类材料证明文件是否合格。 （2）现场施工作业工序、工艺是否符合设计文件和规范规定。 （3）现场是否落实了施工方案中的安全技术措施；机械作业人员是否持证上岗，是否正确使用了安全防护用品。

续表

作业顺序	质量控制重点	安全控制重点	监理作业重点
土建主体施工	（4）开关站、配电室室内标高不得低于所处地理位置居民楼一楼的室内标高，室内外地坪高差应大于 0.3m。在户外配电室的基础应高出路面 0.2m，基础应采用整体浇筑，内外做防水处理。开关站、配电室位于负一层时，设备基础应抬高 1m 以上。地下开关站应设有不小于 500mm 隔水墙。 （5）地上站屋顶宜为坡顶，排水坡度不应小于 1/50，防水级别为 2 级，墙体无渗漏，防水试验合格。并有组织排水，屋面不宜设置女儿墙。屋面边缘应设置 30cm 的翻边或封檐板。 （6）墙面、屋顶粉刷完毕，屋顶无漏水；门窗及玻璃安装完好；当开关站、配电室设置在负 1 层时，应设置除湿机。安装自动化通信装置的开关站、配电室，主控室宜配置符合暖通要求的空调	（4）雨水管、雨水斗宜采用 PVC–U 材质或其他高性能材料，雨水口采用簸箕口或安装防堵罩。设计为无屋檐的开关站、配电室应加装防雨罩。 （5）电缆敷设施工完后，电缆进入电缆沟、竖井、建筑物以及穿入管道处出入口应保证封闭，管口进行密封并做防水处理。 （6）通风应完全满足设备的散热要求，同时应安装事故排风装置。通风机噪音不大于 45 分贝。停运时，其朝外面的百叶窗可自动关闭。 （7）通风设施等通道应采取防止雨、雪及小动物进入室内的措施，风机的吸入口，应加装保护网或其他安全装置，保护网孔为 5mm×5mm	（4）施工现场临时用电是否符合相关规定。 （5）采集数码照片（按国网基建安质〔2016〕56 号文要求）
防雷、接地装置的安装	（1）主接地网敷设，垂直接地体采用∠50×50×5mm 的镀锌角钢制成，其下端部切割为 45°～60°，并对切面进行防腐处理。安装后在上端敲击部位防腐处理。 （2）垂直接地体未埋入接地沟之前焊接一段水平接地体，水平接地体宜预制成弧形或直角形，并采用 50×5mm 镀锌扁钢制成。	（1）主接地网的连接方式应符合设计要求，一般采用焊接，焊接应牢固、无虚焊。 （2）电焊设备使用前应进行检查，确认无异常后方可使用。点焊设备时，点焊操作人员必须有相应配备合格的灭火器。焊机接地线不得通过设备作为接地连接线，其焊把应注意位置，并对焊把做绝缘处理，放置碰触设备原件产生电弧而损坏设备。	（1）防雷接地材料的规格、型号是否符合设计文件要求；与主网是否有效连接，引下线敷设、避雷网安装及断接卡的安装高度是否符合设计文件要求。 （2）镀锌层表面应完好，垂直接地体埋深和间距应符合设计文件要求，接地网焊接和搭接长度应符合标准要求。

续表

作业顺序	质量控制重点	安全控制重点	监理作业重点
防雷、接地装置的安装	（3）主接地网的连接方式应符合设计要求，一般采用焊接，焊接应牢固、无虚焊。钢接地体的搭接应使用搭接焊：搭接长度为扁钢宽的2倍，且至少3个棱边焊接；在“十”字搭接处，应采取弥补搭接面不足的措施。焊接后在反腐层损坏的焊痕外100mm内再做防腐处理。 （4）建筑物内的接地网应采用暗敷方式，根据设计要求留有接地端子。 （5）防雷的引下线宜采用扁钢，截面不应小于48mm^2，厚度不应小于4mm；若采用圆钢时，直径不小于8mm。引下线宜沿建筑物外墙明敷设，并应与主接地网连接。 （6）接地引下线应热镀锌防腐处理，焊接处应涂防腐漆。 （7）接地沟开挖，按照设计图纸和主接地网敷设位置进行放线、开挖接地沟，接地体埋设深度应符合设计规定，当设计无规定时，不应小于0.6m。 （8）接地体距地面1.5m范围内应涂黄绿漆，间隔宽度一致，顺序一致。其顺序为：从左至右先黄后绿，从里至外为先黄后绿。 （9）现场测试接地电阻，主体接地网工频电阻值不大于4Ω，不可使用化学降阻剂降低接地电阻，并将接地电阻结果详细记录与接地电阻测试报告中	（3）接地引下线距离开关站、配电室内变压器的距离不应小于5m。 （4）接地引下线应涂以不同的标识，便于区分主接地网和避雷网。 （5）隐蔽工程验收合格后方可进行回填工作，回填土内不得夹有石块和建筑垃圾。 （6）回填土应分层夯实	（3）特殊作业人员与审批文件是否一致。 （4）操作人员是否正确使用了安全防护用品。 （5）机械电缆接线电缆是否正确，电缆有无破损。 （6）现场安全文明施工情况。 （7）采集数码照片（按国网基建安质〔2016〕56号文要求）

续表

作业顺序	质量控制重点	安全控制重点	监理作业重点
室内基础沟施工	（1）室内基础沟采用整体浇筑方法施工，浇筑宜采用商品混凝土。 （2）制安模板时应托架牢固、模板平直、支撑合理、稳固及拆卸方便。模内应固定好预埋件。 （3）铺设盖板时，应调整构件位置，使其缝宽均匀。 （4）按照设计图纸进行现场施工，基础沟或工作井内通道净宽，不宜小于有关规范及标准要求	（1）圈梁浇筑时，首先绑扎钢筋，然后浇筑混凝土、并使用插入式振捣器振捣。 （2）混凝土的养护时间不少于 7 天	（1）检查钢筋的加工形状、绑扎质量是否符合设计文件和标准要求。 （2）混凝土的浇筑过程中振捣是否密实，表面是否平整；浇筑完毕后的养护作业是否符合标准要求。 （3）模板拆除时间是否适当，拆除时混凝土强度是否符合标准要求。 （4）操作人员的安全防护用品是否配置和正确使用。 （5）安全文明施工管理是否到位。 （6）采集数码照片（按国网基建安质〔2016〕56 号文要求）
电缆支架安装	（1）将型钢点焊在基础预埋铁上，用水准仪找平、校正。点焊处需用垫片的地方，垫片最多不超过 3 片。 （2）将接地扁钢引入并与基础型钢两端焊牢。 （3）基础型钢与接地母线连接，将接地扁钢引入并与基础型钢两端焊牢。焊缝长度为接地扁钢宽度的 2 倍，三面施焊。 （4）电缆支架应牢固电缆沟沟壁上。电缆支架安装前应进行放样定位。 （5）电缆支架应安装牢固，横平竖直。下料误差应在 5mm 范围内，切口应无卷边、毛刺；各支架的同层横担应在同一水平面上，其高低偏差不应大于 5mm；电缆支架横梁末端 50mm 处应斜向上倾角 10°。	（1）在发现施焊过程中，应经常检查，发现误差及时改正。焊接后清理、打磨，并补刷防锈漆。 （2）预埋铁件应无断开点，应与主接地网有不少于 3 个独立的接地点。 （3）金属电缆支架全长按设计要求进行接地焊接，应保证接地良好。所有支架焊接牢靠，焊口应饱满，无虚焊现象，焊接处防腐符合要求	（1）检查扁钢、角钢或电缆支架等的规格、型号应符合设计要求，质量证明文件应齐全有效。 （2）电缆之间尺寸应符合设计要求。 （3）电缆支架应安装牢固，横平竖直；金属支架全长均应有良好接地。 （4）现场安全文明施工措施落实情况。 （5）采集数码照片（按国网基建安质〔2016〕56 号文要求）

续表

作业顺序	质量控制重点	安全控制重点	监理作业重点
电缆支架安装	（6）基础型钢的不直度不大于1mm/m，全长不大于5mm；水平度不大于1mm/m，全长不大于5mm；位置误差及不平行度全长不大于5mm。 （7）开关站、配电室电缆出入口应预埋电缆管，电缆支架，基础型钢等铁件，均应按设计要求进行安装。 （8）预埋铁件应用镀锌层完好的扁钢进行接地，焊接应牢固可靠，无虚焊，搭接长度、截面应符合规定。多台配电设备应共用预埋型钢。 （9）电缆支架规格、尺寸、跨距、各层间距离及距顶板、沟底最小净距离应遵循设计和规范要求。 （10）每段基础型钢的两端必须有明显的接地。 基础型钢顶部宜高出抹平地面10mm		
室内照明安装	（1）在室内及主要通道处，应设置供电时间不小于7h的事故照明灯。 （2）开关站、配电室动力照明总开关应设置双电源切换装置。 （3）建筑照明系统通电连续试运行时间为24h，所用照明灯具均应开启，每2h记录运行状态，连续试运行时间内无故障	（1）照明灯具不应设置在配电装置的正上方。 （2）电气照明应采用高效节能光源，安装牢固，亮度满足设计及使用要求。 （3）墙壁上应安装插座，满足运行中测试需要	（1）检查电缆、电缆管、灯具、配电箱等的规格型号应符合设计要求；质量证明文件应齐全有效。 （2）配电箱、灯具的安装高度、安装方式、开孔及接地应符合设计文件要求，各回路标识应准确、清晰。 （3）现场安全文明施工措施落实情况。 （4）采集数码照片（按国网基建安质〔2016〕56号文要求）

续表

作业顺序	质量控制重点	安全控制重点	监理作业重点
门窗安装	（1）应有两个以上的出入口，设备进出的大门为双开门，高应大于 2.5m，宽应大于 2.3m。 （2）门窗应向外开启，相邻房间门的开启方向应由高压向低压开启。 （3）门窗应可靠接地，且接地点不少于 2 点。 （4）门窗应具备防尘功能，玻璃门、窗应使用双层中空玻璃。 （5）门窗安装位置、外观、防渗漏性能、力学性能、环保降噪性能应符合设计要求。 （6）墙面、屋顶粉刷完毕，屋顶无漏水，门窗及玻璃安装完好	高压配电室宜设不能开启的自然采光高窗；低压配电室应设能开启的自然采光窗并配纱窗，窗户下沿距室外地面高度不宜小于 1.8m，窗户外侧应装有防盗栅栏	（1）在各层门窗洞口处是否按设计文件要求尺寸弹出水平和垂直控制线；是否对偏位门窗、洞口进行了处理；门窗框是否居中安装等。 （2）门窗每边的固定点及其间距是否符合标准要求。 （3）门窗的型号、规格、质量是否符合要求。 （4）现场是否落实了施工方案中的安全技术措施；电动工具操作人员是否正确使用了安全防护用品；电动工具电缆接线是否正确，电缆有无破损。 （5）采集数码照片（按国网基建安质〔2016〕56 号文要求）
盘、柜安装	（1）现场核对高低压开关柜出厂试验与检验报告、合格证、说明书、设计图纸等。 （2）基础型钢安装后，其顶部宜高出抹平地面 10mm；手车式成套柜按产品技术要求执行。基础型钢应有明显的可靠接地。 （3）基础型钢的安装允许偏差应符合表 5–1 的规定。 （4）盘、柜单独或成列安装时，其垂直度、水平偏差以及盘、柜面偏差和盘、柜间接缝的允许偏差应符合表 5–2 的规定。	（1）高低压开关柜拆箱时注意及时将包装箱钉子、棱角清理干净，防止伤人；二次搬运、安装时应设专职监护人，统一指挥、行动一致，防止设备倾倒。 （2）检验高低压开关柜外观完好，漆面完整无划痕、脱落。 （3）检验框架无变形，装在盘、柜上的电器元件无损坏。 （4）平行排列的柜体安装应以联络母线桥两侧柜体为准，保证两面柜就位正确，其左右偏差＜2mm，其他柜体依次就位。	（1）型钢的规格、型号应符合设计要求；质量证明文件应齐全有效。 （2）检查设备的数量、外观质量、内部附件、备品备件、专用工具、出厂技术文件、质量证明文件等。 （3）检查屏柜位置与设计文件是否一致，屏柜型钢及端子箱底座与主接地网连接应可靠。 （4）检查现场安全文明施工措施落实情况。 （5）采集数码照片（按国网基建安质〔2016〕56 号文要求）

续表

作业顺序	质量控制重点	安全控制重点	监理作业重点
盘、柜安装	（5）盘、柜、台、箱的接地应牢固良好。装有电器的可开启的门，应以裸铜软线与接地的金属构架可靠地连接。 （6）检查防止电气误操作的“五防”装置齐全，并动作灵活可靠。 （7）盘、柜上的小母线应采用直径不小于6mm的铜棒或铜管，小母线两侧应有标明其代号或名称的绝缘标志牌，字迹应清晰、工整，且不易脱色。 （8）可开启柜门用不小于4mm^{2}黄绿相间的多股软铜导线可靠接地。 （9）主母线连接孔应为长条孔，以调整间隙与应力。柜内母线平置时，贯穿螺栓应由下往上穿，螺母应在上方；其余情况下，螺母应置于维护侧，连接螺栓长度宜露出螺母2～3扣。 （10）开关柜双排面对面布置，柜后维护通道的最小宽度为800mm。 （11）抽出式开关柜柜前操作通道最小宽度为：双车长度加900mm。 （12）柜侧通道宽度不小于800mm。 （13）盘间偏差：相邻两盘边小于1mm，成列盘面小于5mm；盘间接缝小于2mm	（5）将柜体与基础型钢固定牢固，并不施焊。 （6）相邻开关柜以每列第一面柜为齐，使用厂家专配并柜螺栓连接，调整好柜间缝隙后紧固底部连接螺栓和相邻柜间连接螺栓。 （7）柜体安装应符合以下要求：垂直度小于1.5mm/m。 （8）主母线搭接部位安装绝缘护罩，柜内主母线及引下线需采用阻燃的母线绝缘套管包封。 （9）手车式开关的操作装置齐全、符合相应逻辑关系，操作装置动作灵活可靠。 （10）手车推拉灵活轻便，无卡阻、碰撞现象。 （11）安全隔离板开启灵活，随手车的进出而相应动作。 （12）柜内控制电缆应固定牢固，不应妨碍手车的进出	

续表

作业顺序	质量控制重点	安全控制重点	监理作业重点
二次回路接线	（1）导线与电气元件间采用螺栓连接、插接、焊接或压接等，均应牢固可靠。盘、柜内的导线不应有接头，导线芯线应无损伤。 （2）电缆芯线和所配导线的端部均应标明其回路编号，编号应正确，字迹清晰且不易脱色。 （3）配线应整齐、清晰、美观，导线绝缘应良好，无损伤。 （4）每个接线端子的每侧接线宜为1根，不得超过2根。对于插接式端子，不同截面的两根导线不得接在同一端子上；对于螺栓连接端子，当接两根导线时，中间应加平垫片。 （5）引入盘、柜的电缆应排列整齐，编号清晰，避免交叉，并应固定牢固，不得使所接的端子排受到机械应力。 （6）盘、柜内的电缆芯线，应按垂直或水平有规律地配置，不得任意歪斜交叉连接。备用芯长度应留有适当余量。 （7）强、弱电回路不应使用同一根电缆，并应分别成束分开排列。 （8）二次连接应将电缆分层逐根穿入二次设备，在进入二次设备时应在最底部的支架上进行绑扎；二次接线可靠，绝缘良好，接触可靠。	（1）工作人员在现场工作过程中，凡遇到异常情况（如直流系统接地等）或断路器（开关）跳闸时，不论与本工作是否有关，都应立即停止工作，保持现状，待查明原因，确认与本工作无关时方可继续工作；若异常情况或断路器（开关）跳闸是本工作所引起，应保留现场并立即通知运维人员。 （2）继电保护装置、配电自动化装置、安全自动装置和仪表、自动化监控系统的二次回路变动时，应及时更改图纸，并按经审批后的图纸进行，工作前应隔离无用的接线，防止误拆或产生寄生回路。 （3）二次设备箱体应可靠接地且接地电阻应满足要求。 （4）电流互感器和电压互感器工作。 （5）电流互感器和电压互感器的二次绕组应有一点且仅有一点永久性的、可靠的保护接地。工作中，禁止将回路的永久接地点断开。	（1）检查电缆在支架的引入部位、设备的引入口尽量避免交叉和麻花状现象的发生。 （2）检查电缆牌制作应符合标准，且清晰、准确。 （3）芯线应垂直或水平有规律的配置，不得任意的歪斜交叉连接。 （4）检查现场安全文明施工措施落实情况。 （5）采集数码照片（按国网基建安质〔2016〕56号文要求）

作业顺序	质量控制重点	安全控制重点	监理作业重点
二次回路接线	（9）二次回路接线按图纸施工，接线应准确，导线与电气元件间连接可靠，标志齐全清晰，绝缘符合要求。 （10）强电控制回路铜芯控制电缆和绝缘导线的线芯最小截面不应小于 1.5mm^2；弱电控制回路铜芯控制电缆和绝缘导线的线芯最小截面不应小于 0.5mm^2。 （11）控制电缆宜选用多芯电缆，并应留有适当的备用芯。不同截面的电缆，电缆芯数应符合规定。 （12）同一根电缆的线芯不宜接至屏两侧的端子排；端子排的一个端子宜只接一根导线，导线最大截面积不应超过 6mm^2。 （13）二次屏柜每排首盘定位后进行画线、打眼、套扣，再将首盘固定、找正，其他盘以此为准，依次安装。排列盘垂直偏差小于 1.5mm/m，水平偏差相邻两盘顶部小于 2mm，成列盘顶部小于 5mm，盘间偏差相邻两盘边小于 1mm，成列盘面小于 5mm，盘间接缝小于 2mm。 （14）直流屏小母线接头应水平错位，压接点应除去氧化层并涂以电力复合脂，小母线两端挂牌，标明用途，字迹清晰、工整并牢固	（6）在带电的电流互感器二次回路上工作，应采取措施防止电流互感器二次侧开路。短路电流互感器二次绕组，应使用短路片或短路线，禁止用导线缠绕。 （7）二次回路线应标示清晰、横平竖直、整齐美观、捆扎一致。 （8）多排排列的盘，每排首盘侧面应在一条直线上，误差小于 5mm；直流屏内蓄电池的安装应按设计要求采取防振措施	

续表

作业顺序	质量控制重点	安全控制重点	监理作业重点
电缆进出线	（1）电缆从基础下进入开关柜时应有足够的弯曲半径，能够垂直进入。电缆终端的搭接和固定在必要时加装过渡排，搭接时相位应正确。 （2）电缆端子压接时，使用双孔接线端子，端子平面方向应与母线套管平面平行，搭接后不得使端子和电缆受力。 （3）电缆各相线芯应垂直对称，终端固定处应加装符合要求的衬垫。 （4）铠装层与屏蔽均采用两端接地的方式。 （5）电缆穿过零序电流互感器时，接地点设在互感器远离接线端子侧。 （6）柜内接地与接地网可靠连接，采用50mm×5mm扁钢接地，每段柜接地引下线不少于两点。 （7）进入负荷开关柜的三芯电缆用电缆卡箍固定在高压套管的正下方，至少有两处固定点，避免产生应力	（1）电缆从基础下进入开关柜时应有足够的弯曲半径，能够垂直进入。 （2）开关柜底部铺设厚度为10mm的防火板，在孔隙口及电缆周围采用有机堵料进行密实封堵，电缆周围的有机堵料厚度不小于20mm。有机堵料封堵应严密牢固，无漏光、漏风裂缝现象，表面光洁平整。 （3）高压负荷开关柜安装按设计图纸尺寸定位，按序排布摆放；核对负荷开关柜在室内安装位置，然后将柜体与基础型钢固定牢固。 （4）电缆终端和进出开关站、配电室处应装设标识牌，标识牌规格为80mm×150mm；采用塑料扎带、捆绳等非导磁金属材料固定。 （5）电缆与高压套管通过螺栓型电缆终端连接，按照厂家说明的规定扭矩，紧固螺栓	（1）电缆敷设的顺序号、起点、终点、路径，电缆的型号规格、长度等应符合设计要求。 （2）不应使电缆在支架上及地面摩擦拖拉；电缆上不得有机械损伤；电缆的最小弯曲半径等应符合标准。 （3）检查现场安全文明施工措施落实情况。 （4）采集数码照片（按国网基建安质〔2016〕56号文要求）
桥架安装	（1）10kV母线桥架安装，用于母线筒固定用的支吊架安装位置、高度应准确；其标高、水平、沿走向垂直、支架对角线误差不大于5mm。母线筒悬挂吊装吊杆直径按产品技术文件要求选择，螺母应能调节。 （2）进线母线筒安装尺寸与实际测量尺寸应相符，确保柜体与母线筒、母线筒与墙体接触严密。	（1）联络柜母线桥、跨桥母线桥安装，确保竖筒安装垂直，其垂直误差不大于1.5mm/m；母线筒固定距离不得大于2.5m；母线筒水平安装高度应符合设计要求，无特殊要求时，距地不小于2.2m，母线应可靠固定在支架上。	（1）检查桥架等的规格、型号应符合设计要求，质量证明文件应齐全有效。 （2）桥架之间尺寸应符合设计要求。 （3）桥架应安装牢固，横平竖直；金属支架全长均应有良好接地。 （4）现场安全文明施工措施落实情况。 （5）采集数码照片（按国网基建安质〔2016〕56号文要求）

续表

作业顺序	质量控制重点	安全控制重点	监理作业重点
桥架安装	（3）横筒长度应与两竖筒实际距离相符，测量两竖筒间距应与联络桥一致，母线筒安装后应平直，水平偏差应不大于 1‰。母线筒的端头装封闭罩，各段母线筒外壳的连接应可拆卸，外壳间有跨桥接地，母线筒两端应可靠接地。 （4）母线紧固螺栓应配套供应标准件，用力矩扳手紧固。 （5）母线系统悬挂吊装，吊杆直径应与母线槽重量相适应，螺母应能调节	（2）0.4kV 封闭母线系统应按设计和产品技术文件规定进行组装，组装前应对每段进行绝缘电阻的测试，测量结果应符合设计要求。 （3）0.4kV 封闭母线系统沿墙水平安装，安装距地高度不应小于 2.2m，母线应可靠固定在支架上。 （4）母线系统的端头应装封闭罩，并可靠接地	
变压器安装	（1）现场核对变压器出厂试验与检验报告、合格证、说明书、设计图纸等；变压器应符合设计要求，附件、备件应齐全。 （2）变压器就位，对应高低压侧方向，同时应注意其方位和距墙尺寸应与图纸相符，允许误差为±25mm，图纸无标注时，纵向按轨道定位，横向距墙不得小于 800mm，距门不得小于 1000mm。 （3）安装温控装置：干式变压器的电阻温度计，一次元件应预埋在变压器内，二次仪表按照设计要求安装在变压器的预留板或防护罩上，导线应符合仪表要求，并加以适当的附加电阻校验调试后方可使用。 （4）干式变压器软管不得有压扁或死弯，弯曲半径不得小于 50mm，剩余部分应盘圈并固定在温度计附近	（1）本体及附件外观检查无损伤及变形，油漆完好；如有包装破损，应做相关试验。 （2）带有防护罩的干式变压器，防护罩与变压器的距离应符合标准的规定。 （3）变压器的固定应牢固，宜采取适当的抗震、降噪措施	（1）检查设备的数量、外观质量、内部附件、备品备件、专用工具、出厂技术文件、质量证明文件等。 （2）现场安全文明施工落实情况。 （3）采集数码照片（按国网基建安质〔2016〕56 号文要求）

续表

作业顺序	质量控制重点	安全控制重点	监理作业重点
工程竣工验收	（1）开关柜前应敷设绝缘橡胶垫。 （2）开关站、配电室室内应设置报警装置，发生盗窃、火灾、SF_6含量超标等异常情况时应自动报警。 （3）开关站、配电室的耐火等级不应低于二级。室内装有火灾报警装置，应能进行现场声光报警并上传报警信号。手提式灭火器安装在开关站、配电室入口处显眼位置，地面用黄色油漆做定点定位，在灭火器、灭火器箱上方悬挂“灭火器标识”。 （4）室内设备内间隔悬挂标识牌，标识牌标准：120mm×50mm。 （5）在验收时，应进行下列检查： 1）设备外观应完整无缺损伤。 2）设备安装是否满足施工验收规范。 3）接地应可靠。 （6）在验收时，应移交下列资料和文件： 1）施工图纸及设计变更说明文件。 2）制造厂产品说明书、合格证件及使用说明书等产品技术文件。 3）移交备品、备件	（1）开关站、配电室出入口应加装防小动物挡板，采用塑料板或金属板，高度不低于400mm。 （2）在开关站、配电室出入口的适当位置悬挂“未经许可不得入内”标识牌，标识牌底边距地面1.5m。 （3）开关站、配电室应配备系统接线图和安全工器具柜，存放备品备件、安全工具以及运行维护物品等。 （4）开关站、配电室与建筑物外电缆沟的预留洞口，应采取安装防火隔板等必要的防火隔离措施	（1）审查材料出厂证件和试验资料是否齐全、合格；主要技术资料和施工记录是否齐全、合格；隐蔽工程验收记录是否齐全；工程质量验收是否齐全，工程质量事故及主要质量问题记录是否齐全。 （2）施工三级自检报告，工程质量验收记录是否齐全。 （3）审查工程初检申请表，组织监理初检，重点检查施工质量、工艺是否满足国家、行业标准及有关规程规范、合同、设计文件等要求。 （4）参与工程中间验收

表 5–1　　基础型钢安装的允许偏差

项　目	允　许　偏　差	
	mm/m	mm/全长
不直度	<1	<5
水平度	<1	<5
位置误差及不平行度	—	<5

注　环形布置按设计要求。

表 5–2　　盘、柜安装的允许偏差

项　　目		允许偏差（mm）
垂直度（每米）		<1.5
水平偏差	相邻两盘顶部	<2
	成列盘顶部	<5
盘间偏差	相邻两盘边	<1
	成列盘面	<5
盘间接缝		<2

10kV 架空线路工程

施工顺序	质量控制重点	安全控制重点	监理作业重点
施工准备阶段	（1）核对设备的型号和数量，附件、备件齐全，外观无损伤变形。 （2）核对断路器、避雷器、隔离开关、跌落式熔断器实验报告。 （3）穿全面长袖工作服；穿绝缘鞋；戴安全帽。 （4）穿工作服不准挽起袖筒、裤筒，所有扣眼均有纽扣正确系扣。 （5）安全帽：外观完好，帽壳内组件齐全完好，帽箍与头颅大小相符，下颏带贴紧皮肤。 （6）绝缘手套：有检验合格证且在检验有效期内；外观检查无破损、粘连；充气检查无漏气。 （7）脚扣：有检验合格证且在检验有效期内；外观完好，无变形、锈蚀、裂纹现象，脚扣带、胶垫完好无破损。 （8）安全带：有检验合格证且在检验有效期内；外观完好；后备保护绳、围杆带、腰带、系带无破损、断股，金属部件无损伤、裂纹、锈蚀现象，自锁器完好，开闭顺畅无卡涩。 （9）围栏：完好无损伤，数量满足使用要求。	（1）施工现场应装设围栏，并放置安全警示标识。 （2）安全工器具、施工工器具、施工材料、施工设备应分开放置，物品叠放应稳固牢靠。 （3）绝缘子表面清洁无破损。 （4）验电器：有检验合格证且在检验有效期内；电压等级与待验线路设备电压等级一致；按下自检按钮，验电器能够正确指示；用高压工频信号发生器检验，验电器能够正确指示；验电器外观无破损、洁净无污垢。 （5）接地线：有检验合格证且在检验有效期内；电压等级与待验线路设备电压等级一致（10kV 成套接地线有三根短路线、三根绝缘棒、一根汇总接地线；0.4kV 成套接地线有四根短路线、四根绝缘棒、一根汇总接地线）；接地线采用有透明护套的编织软铜线构成，铜线无断股、护套无损伤；其铜线截面积不得小于 $25mm^2$（25、35、50、70、95、$120mm^2$）；其线夹完好无损伤、弹性良好、引流编制铜线完好、固定牢固；线夹与接地	（1）审查施工项目部管理人员资格。 （2）审查施工项目部报审的项目管理实施规划。 （3）参加业主项目部组织的设计交底及施工图会检。 （4）检查施工的技术交底情况。 （5）审查施工项目部报审的施工方案。 （6）工程若有分包，审查施工分包申请表、分包计划报审表及相关资料。 （7）检查“一票一案”编制准备执行情况。 （8）审查施工单位工程开工资料报审表及相关资料

续表

施工顺序	质量控制重点	安全控制重点	监理作业重点
施工准备阶段	（10）标识牌：齐全、正确、完好。 （11）个人工具：完好无损伤，齐全。 （12）其他施工工器具：（传递绳、吊车、钢丝绳、工具U形环、经纬仪、钢尺、花杆、塔尺、水平尺、铁锹、夯、指挥旗帜、钢钎或钢管）。 （13）预应力混凝土电杆应无纵、横向裂缝。 （14）金属附件及螺栓表面不应有裂纹、砂眼、镀层剥落及锈蚀等现象	线连接牢固；汇总接地线长度满足接地要求；接地线与接地极采用螺栓牢固连接，不得缠绕连接；接地极直径不小于ϕ16mm的圆钢、打入地下深度大于0.6m	
坑洞开挖	（1）挖坑前，应与有关地下管道、电缆等设施的主管单位取得联系，明确地下设施的确切位置，做好防护措施。 （2）挖坑时，应及时清除坑口附近浮土、石块，路面铺设材料和泥土应分别堆置，在堆置物堆起的斜坡上不得放置工具、材料等器物。 （3）塔脚检查，在不影响铁塔稳定的情况下，可以在对角线的两个塔脚同时挖坑。 （4）杆塔基础附近开挖时，应随时检查杆塔稳定性。若开挖影响杆塔的稳定性时，应在开挖的反方向加装临时拉线，开挖基坑未回填时禁止拆除临时拉线	（1）在超过1.5m深的基坑内作业时，向坑外抛掷土石应防止土石回落坑内，并做好防止土层塌方的临边防护措施。 （2）在土质松软处挖坑，应有防止塌方措施，如加挡板、撑木等。不得站在挡板、撑木上传递土石或放置传土工具。禁止由下部掏挖土层。 （3）在下水道、煤气管线、潮湿地、垃圾堆或有腐质物等附近挖坑时，应设监护人。在挖深超过2m的坑内工作时，应采取安全措施，如戴防毒面具、向坑中送风和持续检测等。监护人应密切注意挖坑人员，防止煤气、硫化氢等有毒气体中毒及沼气等可燃气体爆炸。 （4）在居民区及交通道路附近开挖的基坑，应设坑盖或可靠遮栏，加挂警告标示牌，夜间挂红灯	（1）检查基坑开挖及支护方式与施工方案是否一致，施工人员安全用具是否配备齐全、安全防护措施和安全监护人员是否到位。 （2）组织建设管理单位、勘察、设计单位相关人员对基坑、基槽等隐蔽工程进行验收。 （3）采集数码照片（按国网基建安质〔2016〕56号文要求）。 （4）检查“一票一案”

续表

施工顺序	质量控制重点	安全控制重点	监理作业重点
杆塔施工	（1）居民区和交通道路附近立、撤杆，应设警戒范围或警告标志，并派人看守。 （2）顶杆及叉杆只能用于竖立 8m 以下的拔梢杆，不得用铁锹、木桩等代用；立杆前，应开好“马道”；作业人员应均匀分布在电杆两侧。 （3）立杆及修整杆坑，应采用拉绳、叉杆等控制杆身倾斜、滚动。 （4）利用已有杆塔立、撤杆，应检查杆塔根部及拉线和杆塔的强度，必要时应增设临时拉线或采取其他补强措施。 （5）使用吊车立、撤杆塔，钢丝绳套应挂在电杆的适当位置以防止电杆突然倾倒。撤杆时，应先检查有无卡盘或障碍物并试拔。 （6）使用倒落式抱杆立、撤杆，主牵引绳、尾绳、杆塔中心及抱杆顶应在一条直线上，抱杆下端部应固定牢固，抱杆顶部应设临时拉线，并由有经验的人员均匀调节控制。抱杆应受力均匀，两侧缆风绳应拉好，不得左右倾斜。 （7）使用固定式抱杆立、撤杆，抱杆基础应平整坚实，缆风绳应分布合理、受力均匀。 （8）整体立、撤杆塔前，应全面检查各受力、联结部位情况，全部满足要求方可起吊。 （9）在带电线路、设备附近立、撤杆塔，杆塔、拉线、临时拉线、起重设备、起重绳索应与带电线路、设备保持规定的安全距离，且应有防止立、撤杆过程中拉线跳动和杆塔倾斜接近带电导线的措施。 （10）已经立起的杆塔，回填夯实后方可撤去拉绳及叉杆	（1）立、撤杆应设专人统一指挥。开工前，应交待施工方法、指挥信号和安全措施。 （2）立、撤杆塔时，禁止基坑内有人。除指挥人及指定人员外，其他人员应在杆塔高度的 1.2 倍距离以外。 （3）使用临时拉线的安全要求： 1）不得利用树木或外露岩石作受力桩。 2）一个锚桩上的临时拉线不得超过两根。 3）临时拉线不得固定在有可能移动或其他不可靠的物体上。 4）临时拉线绑扎工作应由有经验的人员担任。 5）临时拉线应在永久拉线全部安装完毕承力后方可拆除。 6）杆塔施工过程需要采用临时拉线过夜时，应对临时拉线采取加固和防盗措施。 （4）杆塔检修（施工）应注意以下安全事项： 1）不得随意拆除未采取补强措施的受力构件。 2）调整杆塔倾斜、弯曲、拉线受力不均时，应根据需要设置临时拉线及其调节范围，并应有专人统一指挥。 3）杆塔上有人时，禁止调整或拆除拉线	（1）现场安全监护、指挥人员是否到位，通信及指挥信号是否畅通准确。 （2）现场特殊工种/特殊作业人员与审批文件是否一致；高处作业人员安全防护用品配置是否齐全，佩戴是否正确、安全防护措施是否到位。 （3）检查进场的材料是否符合设计、规范要求。 （4）遇大风、雷雨等恶劣天气应停止作业。 （5）采集数码照片（按国网基建安质〔2016〕56 号文要求）

续表

施工顺序	质量控制重点	安全控制重点	监理作业重点
横担安装	（1）横担安装应平正，横担端部上下歪斜不大于 20mm，左右扭斜不大于 20mm；双杆横担与电杆连接处的高差不大于连接距离的 5/1000，左右扭斜不大于横担长度的 1/100。 （2）瓷横担绝缘子直立安装时，顶端顺线路歪斜不大于 10mm；水平安装时，顶端宜向上翘起 5°～15°，顶端顺线路歪斜不大于 20mm。 （3）当安装于转角杆时，顶端竖直安装的瓷横担支架应安装在转角的内角侧（瓷横担应装在支架的外角侧）。 （4）直线杆横担应装于受电侧，90°转角杆及终端杆应装在拉线侧，转角杆应装在合力位置方向。 （5）横线路方向，应两侧由内向外，中间由左向右（按线路方向）或按统一方向穿入。 （6）垂直地面方向者应由下向上。 （7）单层双横担水平布置，横担距杆顶 900mm，横担与线路转角平分线方向垂直（即与线路内侧角的平分线重合）。直线双顶抱箍下侧抱箍中心距离杆顶 250mm。 （8）单层双横担水平布置，横担中心水平面距离杆顶 900mm。横担与线路转角平分线方向垂直（即与线路内侧角的平分线重合）。导线采用瓷拉棒绝缘子固定，跳线用柱式瓷绝缘子固定	（1）镀锌表面应连续、完整、光洁，不应有过酸洗、起皮、漏镀现象；锌层均匀，无漏锌、锌渣、锌刺，应无锌层剥落、锈蚀现象；并应无裂纹、缩孔、气孔、渣眼、砂眼、结疤、凸瘤、毛刺、飞边、砂眼、气泡等缺陷。 （2）螺栓的防卸、防松装置及防卸螺栓安装高度应符合设计要求。 （3）螺栓应与构件平面垂直，螺栓头与构件间的接触处不应有空隙。 （4）螺母拧紧后，螺杆露出螺母的长度，对单螺母，不应小于两个丝扣；对双螺母，应最少与螺母相平。 （5）螺杆应加垫者，每端不宜超过两个垫圈，长孔应加平垫圈，每端不宜超过两个，使用的垫圈尺寸应与构件孔径相匹配。 （6）电杆横担安装处的单螺母应加弹簧垫圈及平垫圈。 （7）不得在螺栓上缠绕铁线代替垫圈	（1）现场安全监护、指挥人员是否到位，通信及指挥信号是否畅通准确。 （2）现场特殊工种/特殊作业人员与审批文件是否一致。 （3）高处作业人员安全防护用品配置是否齐全，佩戴是否正确、安全防护措施是否到位。 （4）作业区域两端是否按要求挂设工作接地线。 （5）相邻杆塔不得同时在同相位安装附件，作业点垂直下方不得有人。 （6）遇大风、雷雨等恶劣天气应停止作业。 （7）采集数码照片（按国网基建安质〔2016〕56 号文要求）

续表

施工顺序	质量控制重点	安全控制重点	监理作业重点
拉线安装	（1）拉线棒及拉线盘安装要求：利用U形环将拉线棒安装在拉线盘上。 （2）使用吊车将拉线盘放于拉线坑内，将拉线棒置于滑坡内，校正拉线盘方向，使拉线盘表面与拉线棒垂直。 （3）拉线棒露出地面长度应控制在500mm～700mm。 （4）防腐处理，防护部位：自地下500mm至地上200mm处；防护措施：涂沥青，缠麻袋片两层，再刷防腐油。 （5）线夹舌板与拉线接触应紧密，受力后无滑动现象，线夹的凸肚应在尾线侧，安装时不应损伤线股。 （6）UT型线夹螺栓需留不少于1/2螺杆丝扣长作日后调整拉线用。调整后，UT线夹的双螺母应并紧。 （7）拉线抱箍一般装设在相对应的横担下方，距横担中心线100mm处。 （8）收紧拉线后，UT线夹螺杆丝扣应有1/2以上长度可供调紧。UT型线夹的双螺母应拧紧并牢靠。外露螺栓长度一般为20～50mm。 （9）埋设拉线盘的拉线坑应有滑坡（马道），回填土应有防沉土台。 （10）拉线坑的深度可按受力大小及设计要求决定。 （11）采用坠线的，不应小于拉线柱长的1/6。 （12）采用无坠线的，应按其受力情况确定。 （13）拉线盘放置时应注意正反方向	（1）回填土并夯实，应有防沉土台，培土高度应超出地面300mm。 （2）拉线与电杆的夹角不宜小于45°，当受地形限制时，不应小于30°。 （3）终端杆的拉线及耐张杆承力拉线应与线路方向对正，分角拉线应与线路分角线方向对正，防风拉线应与线路方向垂直。 （4）拉线穿过公路时，对路面中心的距离不应小于6m，且对路面的最小距离不应小于4.5m。 （5）制作拉线时不能破坏楔形线夹及钢绞线的镀锌层，拉线弯曲部分不应有明显松股。 （6）尾线留取长度应为300～500mm。 （7）拉线上段端头弯回后应用钢线卡子紧固。 （8）拉线安装完毕后，宜安装拉线反光警示标识。顶部距地面的垂直距离不得小于2m	（1）收集相关资料。 （2）采集数码照片（按国网基建安质〔2016〕56号文要求）。 （3）现场负责人是否在场，专职安全人员是否在场。 （4）现场是否有安全监护人员

续表

施工顺序	质量控制重点	安全控制重点	监理作业重点
杆塔上作业	（1）登杆塔前，应做好以下工作： 1）核对线路名称和杆号。 2）检查杆根、基础和拉线是否牢固。 3）检查杆塔上是否有影响攀登的附属物。 4）遇有冲刷、起土、上拔或导地线、拉线松动的杆塔，应先培土加固、打好临时拉线或支好架杆。 5）检查登高工具、设施（如脚扣、升降板、安全带、梯子和脚钉、爬梯、防坠装置等）是否完整牢靠。 6）攀登有覆冰、积雪、积霜、雨水的杆塔时，应采取防滑措施。 7）攀登过程中应检查横向裂纹和金具锈蚀情况。 （2）杆塔作业应禁止以下行为： 1）攀登杆基未完全牢固或未做好临时拉线的新立杆塔。 2）携带器材登杆或在杆塔上移位。 3）利用绳索、拉线上下杆塔或顺杆下滑。 4）在杆塔上使用梯子或临时工作平台，应将两端与固定物可靠连接，一般应由一人在其上作业。 5）雷电时，禁止线路杆塔上作业	（1）作业人员攀登杆塔、杆塔上移位及杆塔上作业时，手扶的构件应牢固，不得失去安全保护，并有防止安全带从杆顶脱出或被锋利物损坏的措施。 （2）在杆塔上作业时，宜使用有后备保护绳或速差自锁器的双控背带式安全带，安全带和保护绳应分挂在杆塔不同部位的牢固构件上。 （3）上横担前，应检查横担腐蚀情况、联结是否牢固，检查时安全带（绳）应系在主杆或牢固的构件上。 （4）在人员密集或有人员通过的地段进行杆塔上作业时，作业点下方应按坠落半径设围栏或其他保护措施。 （5）杆塔上下无法避免垂直交叉作业时，应做好防落物伤人的措施，作业时要相互照应，密切配合。 （6）杆塔上作业时不得从事与工作无关的活动	（1）现场安全监护、指挥人员是否到位，通信及指挥信号是否畅通准确。 （2）现场特殊工种/特殊作业人员与审批文件是否一致。 （3）高处作业人员安全防护用品配置是否齐全，佩戴是否正确、安全防护措施是否到位。 （4）作业区域两端是否按要求挂设工作接地线。 （5）相邻杆塔不得同时在同相位安装附件，作业点垂直下方不得有人。 （6）遇大风、雷雨等恶劣天气应停止作业。 （7）采集数码照片（按国网基建安质〔2016〕56号文要求）

续表

施工顺序	质量控制重点	安全控制重点	监理作业重点
放线、紧线与撤线	（1）交叉跨越各种线路、铁路、公路、河流等地方放线、撤线，应先取得有关主管部门同意，做好跨越架搭设、封航、封路、在路口设专人持信号旗看守等安全措施。 （2）工作前应检查确认放线、紧线与撤线工具及设备符合要求。 （3）放线、紧线前，应检查确认导线无障碍物挂住，导线与牵引绳的连接应可靠，线盘架应稳固可靠、转动灵活、制动可靠。 （4）紧线、撤线前，应检查拉线、桩锚及杆塔。必要时，应加固桩锚或增设临时拉线。拆除杆上导线前，应检查杆根，做好防止倒杆措施，在挖坑前应先绑好拉绳。 （5）放线、紧线与撤线时，作业人员不应站在或跨在已受力的牵引绳、导线的内角侧，展放的导线圈内以及牵引绳或架空线的垂直下方。 （6）禁止采用突然剪断导线的做法松线。 （7）采用以旧线带新线的方式施工，应检查确认旧导线完好牢固；若放线通道中有带电线路和带电设备，应与之保持安全距离，无法保证安全距离时应采取搭设跨越架等措施或停电。牵引过程中应安排专人跟踪新旧导线连接点，发现问题立即通知停止牵引	（1）放线、紧线与撤线工作均应有专人指挥、统一信号，并做到通信畅通、加强监护。 （2）放线、紧线时，遇接线管或接线头过滑轮、横担、树枝、房屋等处有卡、挂现象，应松线后处理。处理时操作人员应站在卡线处外侧，采用工具、大绳等撬、拉导线。禁止用手直接拉、推导线。 （3）牵引钢绳与导线连接的接头通过滑车时，牵引速度不宜超过20m/min。 （4）牵引时应在首、末、中间派人观察，发现异常情况后及时用对讲机联系。 （5）紧线：对于导线三角形排列，宜先紧两边相，后紧中间相。结合架线时气象条件和档距，导线的弧垂值应符合典型设计导线应力弧垂要求。 （6）放、撤导线应有人监护，注意与高压导线的安全距离，并采取措施防止与低压带电线路接触。 （7）在交通道口采取无跨越架施工时，应采取措施防止车辆挂碰施工线路	（1）现场安全文明施工情况。 （2）牵引绳展放方式与施工方案是否一致；牵引绳连接是否可靠；防跑线措施是否到位。 （3）紧线施工方法及紧线次序与施工方案是否一致；各种接续管位置是否符合规范。 （4）弧垂观测档设置是否符合规范和设计文件弧垂观测时所取温度与实际温度是否一致。 （5）采集数码照片（按国网基建安质〔2016〕56号文要求）

施工顺序	质量控制重点	安全控制重点	监理作业重点
柱上设备安装	（1）避雷器相间距离：1～10kV时，不小于350mm。避雷器的带电部分与相邻导线或金属架的距离不应小于350mm。 （2）避雷器引线采用绝缘线时，引上线截面铜线不小于16mm²，铝线不小于25mm²。避雷器引下线截面铜线不小于25mm²，铝线不小于35mm²。 （3）避雷器的引线与导线连接要牢固，紧密接头长度不应小于100mm。 （4）接地装置安装：在电杆一侧挖深600mm、宽400mm的沟槽。 （5）将接地体置于沟槽内并打入地下，垂直接地体的间距不宜小于其长度的2倍。 （6）距地面1.5m范围内喷涂黄绿漆标识，喷涂黄绿漆的间隔应保持宽度一致，顺序一致。 （7）在线路上每隔300m装设1组带间隙的氧化锌避雷器。 （8）单相隔离开关横担采用典型设计中的采用HD–20–01型横担。静触头安装在电源侧，动触头安装在负荷侧。引线连接使用铜镀锡接线端子，引线连接应紧密。引线相间距离不小于300mm，对地（钢构架）距离不小于200mm。 （9）户外型真空柱上断路器安装在专用支架上应固定可靠。专用支架水平倾斜不大于托架长度的1/100。 （10）户外型真空柱上断路器安装在专用支架上应固定可靠。专用支架水平倾斜不大于托架长度的1/100	（1）避雷器应垂直安装在支架上应排列整齐、高低一致，固定可靠，螺栓应紧固。 （2）避雷器引下线应可靠接地。其上、下引线不应过紧或过松，与电气部分连接，不应使避雷器产生外加应力。 （3）接地装置地下部分的连接方式一般采用焊接，焊接后在反腐层损坏焊痕外100mm内再做防腐处理。 （4）外露接地扁钢应敷设至避雷器横担处。利用螺栓、接线端子将接地扁钢和避雷器接地引下线连接起来。 （5）及时进行回填工作，回填土内不得夹有石块和建筑垃圾，外取的土壤不得有较强的腐蚀性。回填土应分层夯实。 （6）在线路上每三基左右电杆加装一组防雷绝缘子，多雷区应逐基加装防雷绝缘子。 （7）隔离开关安装完毕后，应进行3次拉合试验，操动机构应灵活，动、静触头结合紧密、牢靠。 （8）操动机构应灵活，分合动作正确可靠，指示清晰。真空断路器外壳应可靠接地，接地电阻值不大于10Ω。 （9）电控制箱安装在适当高度，便于操作，与构件连接应可靠，螺栓应拧紧	（1）现场安全监护、指挥人员是否到位，通信及指挥信号是否畅通准确。 （2）现场特殊工种/特殊作业人员与审批文件是否一致。 （3）高处作业人员安全防护用品配置是否齐全，佩戴是否正确、安全防护措施是否到位。 （4）作业区域两端是否按要求挂设工作接地线。 （5）相邻杆塔不得同时在同相位安装附件，作业点垂直下方不得有人。 （6）遇大风、雷雨等恶劣天气应停止作业。 （7）采集数码照片（按国网基建安质〔2016〕56号文要求）

续表

施工顺序	质量控制重点	安全控制重点	监理作业重点
竣工验收	（1）杆号牌的基本形式一般为矩形，长320mm，宽260mm，白底，红色黑体字。杆号牌悬挂高度距地面不小于2.5m。 （2）建设单位主管部门应及时组织工程管理单位、施工建设单位和运行维护单位及相关技术人员进行工程验收	（1）10kV 架空线路相序牌采用黄、绿、红三色表示A、B、C相。相序牌应安装在横担下方。 （2）在公路沿线的杆塔容易被车辆碰撞时，应粘贴警示板或喷涂反光涂料。警示标识黑黄相间，高1200mm，黑3行黄3行、宽200mm	（1）审查材料出厂证件和试验资料是否齐全、合格；主要技术资料和施工记录是否齐全、合格；隐蔽工程验收记录是否齐全；工程质量验收是否齐全，工程质量事故及主要质量问题记录是否齐全。 （2）施工三级自检报告，工程质量验收记录是否齐全。 （3）参与工程中间验收。 （4）审查工程初检申请表，组织监理初检，重点检查施工质量、工艺是否满足国家、行业标准及有关规程规范、合同、设计文件等要求

10kV电缆敷设工程

作业顺序	质量控制重点	安全控制重点	监理作业重点
施工准备阶段	（1）电缆沟、电缆隧道、排管、交叉跨越管道及直埋电缆沟深度、宽度、弯曲半径等符合设计和规程要求。电缆通道畅通，排水良好。金属的防腐完整。隧道内照明、通风符合设计要求。 （2）电缆型号、电压、规格应符合设计要求。 （3）电缆外观无损伤，当对电缆的外观和密封状态有怀疑时，应进行潮湿判断，直埋电缆应试验并合格，外护套有导电层的电缆，应进行外护套绝缘电阻试验并合格。 （4）电缆敷设前应测量现场温度，应确保施工时的环境温度不小于0℃，当温度低于0℃时，应采取预热措施。 （5）在室外制作电缆终端与接头时起空气相对湿度宜为70%及以下，当湿度大时，可提高环境温度或加热电缆。制作塑料绝缘电力终端与接头时，应防止尘埃、杂物落入绝缘内，严禁在雾或雨中施工。 （6）电力不能与自来水管、燃气管、热力管等线路混沟敷设	（1）开启工井井盖、电缆沟盖板及电缆隧道人孔盖时应使用专用工具，同时注意所立位置，以免滑脱后伤人。工井作业时，禁止只打开一只井盖（单眼井除外）。开启井盖后，井口应设置井圈，设专人监护，作业人员全部撤离后，应立即将井盖盖好，以免行人摔跌或不慎跌入井内。 （2）电缆隧道应有充足的照明，并有防水、防火、通风措施。进入电缆井、电缆隧道前，应先通风排除浊气，并用仪器检测，合格后方可进入。 （3）在潮湿的工井内使用电气设备时，操作人员应穿绝缘靴。 （4）工井、电缆沟作业前，施工区域应设置标准路栏，夜间施工应使用警示灯。无盖板的电缆沟、沟槽、孔洞，以及放置在人行道或车道上的电缆盘，应设遮栏和相应的交通安全标志，夜间设警示灯。 （5）作业前应详细核对电缆标志牌的名称与作业票所填写的相符，并按照作业票所注明的线路名称，对其两端设备状态进行检查，安全措施可靠后，方可作业。 （6）涉及运行电缆的改扩建工程，停电作业应填用电力电缆第一种工作票，不停电作业应填用电力电缆第二种工作票	（1）审查施工项目部管理人员资格。 （2）审查施工项目部报审的项目管理实施规划。 （3）参加业主项目部组织的设计交底及施工图会检。 （4）检查施工的技术交底情况。 （5）审查施工项目部报审的施工方案。 （6）工程若有分包，审查施工分包申请表、分包计划报审表及相关资料。 （7）检查“一票一案”编制准备执行情况。 （8）审查施工单位工程开工资料报审表及相关资料

续表

作业顺序	质量控制重点	安全控制重点	监理作业重点
10kV 电缆敷设	（1）机械牵引时，牵引端应采用专用的拉线网套或牵引头，牵引强度不得大于规范要求，应在牵引端设置防捻器，中间应使用电缆放线滑车。 （2）电缆在任何敷设方式及其全部路径条件的上下左右改变部位，最小弯曲半径均应满足设计或规范要求。 （3）电缆敷设后，电缆头应悬空放置，将端头立即做好防潮密封，以免水分侵入电缆内部，并应及时制作电缆终端和接头。同时应及时清除杂物，盖好盖板，还要将盖板缝隙密封，施工完后电缆进入电缆沟、隧道、竖井、建筑物、盘（柜）以及穿入管道处出入口应保证封闭，管口进行密封并做防水处理。 （4）交联聚乙烯绝缘电力电缆敷设时应满足最小弯曲半径，无铠装的单芯为直径的 20 倍，三芯为直径的 15 倍；有铠装的单芯为直径的 15 倍，三芯为直径的 12 倍。电缆在沟内敷设应有适量裕度。 （5）机械敷设时应满足电缆允许牵引强度，铜芯电缆允许牵引强度牵引头部时为 $70N/mm^2$，铝芯电缆为 $40N/mm^2$；钢丝网套牵引铅护套电缆时为 $10N/mm^2$，铝护套电缆为 $40N/mm^2$，塑料护套为 $7N/mm^2$。	（1）应根据电缆盘的规格、材质、结构等情况选择合适的吊装方式，并在吊装施工时做好相关的安全措施。 （2）在搬运及滚动电缆盘时，应确保电缆盘结构牢固，滚动时方向正确。使用符合安全要求的工器具进行电缆盘转角度移动。 （3）架空电缆、竖井作业现场应设置围栏，对外悬挂安全标志。工具材料上下传递所用绳索应牢靠，吊物下方不得有人逗留。使用三脚架时，钢丝绳不得磨蹭其他井下设施。 （4）施工单位应派专人指挥电缆敷设施工，落实现场安全措施，确保现场通信联络畅通，确保作业人员人身安全。 （5）电缆盘、绞磨、电缆转弯处应按规定搭建牢固的放线架并放置稳妥，并设专人监护。电缆盘钢轴的强度和长度应与电缆盘重量和宽度相匹配，敷设电缆的机具应检查并调试正常。 （6）用绞磨敷设电缆时，所有敷设设备应固定牢固。作业人员应遵守有关操作规程，并站在安全位置，发生故障应停电处理。 （7）用滑轮敷设电缆时，作业人员应站在滑轮前进方向，不得在滑轮滚动时用手搬动滑轮。	（1）电缆应从盘的上端引出。 （2）不应使电缆在支架上及地面摩擦拖拉。 （3）电缆上不得有机械损伤。 （4）电缆的最小弯曲半径等应符合标准。 （5）采集现场数码照片（按国网基建安质〔2016〕56 号文要求）

续表

作业顺序	质量控制重点	安全控制重点	监理作业重点
10kV 电缆敷设	（6）电缆敷设时，电缆应从盘的上端引出，不应使电缆在支架上及地面摩擦拖拉。电缆进入电缆管路前，可在其表面涂上与其护层不起化学作用的润滑物，减小牵引时的摩擦阻力。电缆盘就位后，安装放线架需稳固，确保钢轴平衡，电缆盘距地高度在 50～100mm 为宜，并有可靠的制动措施。 （7）在转角或受力的地方应增加滑轮组（“L”状的转弯滑轮），设置间距要小，控制电缆弯曲半径和侧压力，电缆不得有铠装压扁、电缆绞拧、护层折裂等机械损伤，需要时可以适当增加输送机。 （8）电缆敷设时，转角处需安排专人观察，负荷适当，统一信号、统一指挥。在电缆盘两侧须有协助推盘及负责刹盘滚动的人员。拉引电缆的速度要均匀，机械敷设电缆的速度不宜超过 15m/min，在较复杂路径上敷设时，其速度应适当放慢。 （9）电缆进出建筑物、电缆井及电缆终端头、电缆中间接头、拐弯处、工井内电缆进出管口处应挂标志牌。沿支架桥架敷设电缆在其首端、末端、分支处应挂标志牌，电缆沟敷设应沿线每距离 20m 挂标志牌。电缆标牌上应注明电缆编号、规格、型号、电压等级及起止位置等信息。 （10）标牌规格和内容应统一，且能防腐	（8）电缆展放敷设过程中，转弯处应设专人监护。转弯和进洞口前，应放慢牵引速度，调整电缆的展放形态，当发生异常情况时，应立即停止牵引，经处理后方可继续作业。电缆通过孔洞或楼板时，两侧应设监护人，入口处应采取措施防止电缆被卡，不得伸手，防止被带入孔中。 （9）电缆敷设时，应在电缆盘处配有可靠的制动装置，应防止电缆敷设速度过快及电缆盘倾斜、偏移。 （10）人工展放电缆、穿孔或穿导管时，作业人员手握电缆的位置应与孔口保持适当距离。 （11）用机械牵引电缆时，牵引绳的安全系数不得小于 3。作业人员不得站在牵引钢丝绳内角侧。 （12）电缆穿入带电的盘柜前，电缆端头应做绝缘包扎处理，电缆穿入时盘上应有专人接引，严防电缆触及带电部位及运行设备。 （13）使用桥架敷设电缆前，桥架应经验收合格。 （14）电缆施工完成后应将穿越过的孔洞进行封堵	

续表

作业顺序	质量控制重点	安全控制重点	监理作业重点
低压电缆敷设	（1）电缆敷设时应注意电缆弯曲半径符合电力电缆线路运行规程的要求，电缆在沟内敷设应有适量裕度。 （2）电缆敷设时应排列整齐，不宜交叉，加以固定，并及时装设标志牌。 （3）户外电缆就位时穿入管中电缆的数量应符合设计要求。 （4）电缆敷设后应进行绝缘摇测。1kV 以下电缆，用 1kV 绝缘电阻表摇测线间及对地的绝缘电阻，电缆摇测完毕后，应将芯线分别对地放电。 （5）电缆在终端头与接头附近宜留有备用长度。 （6）并列明敷的电缆，其接头位置宜相互错开；电缆明敷时的接头，应用托板托置固定。 （7）电缆在室内埋地敷设时应穿管，管内径不应小于电缆外径的 1.5 倍。 （8）电缆水平悬挂在钢索上时，电力电缆固定点间的间距不超过 0.75m；控制电缆固定点间的间距不超过 0.6m。 （9）相同电压的电缆并列明敷时，电缆间的净距不应小于 35mm，但在线槽内敷设时除外。	（1）应根据电缆盘的规格、材质、结构等情况选择合适的吊装方式，并在吊装施工时做好相关的安全措施。 （2）在搬运及滚动电缆盘时，应确保电缆盘结构牢固，滚动时方向正确。使用符合安全要求的工器具进行电缆盘转角度移动。 （3）架空电缆、竖井作业现场应设置围栏，对外悬挂安全标志。工具材料上下传递所用绳索应牢靠，吊物下方不得有人逗留。使用三脚架时，钢丝绳不得磨蹭其他井下设施。 （4）施工单位应派专人指挥电缆敷设施工，落实现场安全措施，确保现场通信联络畅通，确保作业人员人身安全。 （5）电缆盘、绞磨、电缆转弯处应按规定搭建牢固的放线架并放置稳妥，并设专人监护。电缆盘钢轴的强度和长度应与电缆盘重量和宽度相匹配，敷设电缆的机具应检查并调试正常。 （6）用绞磨敷设电缆时，所有敷设设备应固定牢固。作业人员应遵守有关操作规程，并站在安全位置，发生故障应停电处理。 （7）用滑轮敷设电缆时，作业人员应站在滑轮前进方向，不得在滑轮滚动时用手搬动滑轮。	（1）电缆应从盘的上端引出。 （2）不应使电缆在支架上及地面摩擦拖拉。 （3）电缆上不得有机械损伤。 （4）电缆的最小弯曲半径等应符合标准。 （5）采集现场数码照片（按国网基建安质〔2016〕56 号文要求）

续表

作业顺序	质量控制重点	安全控制重点	监理作业重点
低压电缆敷设	（10）1kV 以下电力及控制电缆与 1kV 及以上电力电缆一般分开敷设。当并列明敷时，其净距不应小于 150mm。 （11）电缆沟内适当位置放置直线滑轮，在转角或受力的地方应搭支架增加滑轮组，控制电缆弯曲半径和侧压力，并有专人监视，电缆不得有电缆绞拧、护层折裂等机械损伤。 （12）电缆敷设完后，在电缆沟支条排列时按设计要求排列，金属支架应加塑料衬垫。如设计没有要求时应遵循电缆从下向上，从内到外的顺序排列原则。 （13）电缆直埋敷设回填土前，应清理积水，进行一次隐蔽工程检验，合格后，应及时回填土，并进行分层夯实。电缆回填土后，作好电缆记录，并应在电缆拐弯、接头、交叉、进出建筑物等处明显位置，按要求设置电缆标志牌或标志桩。 （14）敷设完毕后，应及时清除杂物，盖好盖板。必要时，还要将盖板缝隙密封。在施工完的隧道、电缆沟、竖井、管口进行密封	（8）电缆展放敷设过程中，转弯处应设专人监护。转弯和进洞口前，应放慢牵引速度，调整电缆的展放形态，当发生异常情况时，应立即停止牵引，经处理后方可继续作业。电缆通过孔洞或楼板时，两侧应设监护人，入口处应采取措施防止电缆被卡，不得伸手，防止被带入孔中。 （9）电缆敷设时，应在电缆盘处配有可靠的制动装置，应防止电缆敷设速度过快及电缆盘倾斜、偏移。 （10）人工展放电缆、穿孔或穿导管时，作业人员手握电缆的位置应与孔口保持适当距离。 （11）用机械牵引电缆时，牵引绳的安全系数不得小于 3。作业人员不得站在牵引钢丝绳内角侧。 （12）电缆穿入带电的盘柜前，电缆端头应做绝缘包扎处理，电缆穿入时盘上应有专人接引，严防电缆触及带电部位及运行设备。 （13）使用桥架敷设电缆前，桥架应经验收合格。 （14）电缆施工完成后应将穿越过的孔洞进行封堵	

续表

作业顺序	质量控制重点	安全控制重点	监理作业重点
10kV 电缆中间头制作	（1）剥除外护套，应分两次进行，以避免电缆铠装层铠装松散。先将电缆末端外护套保留 100mm，然后按规定尺寸剥除外护套。外护套断口以下 100mm 部分用砂纸打毛并清洗干净，在电缆线芯分叉处将线芯校直、定位。 （2）根据制作说明书尺寸，剥除铜屏蔽层和外半导电层。外半导电层剥除后，绝缘表面必须用细砂纸打磨，去除嵌入在绝缘表面的半导电颗粒。 （3）热缩应力控制管应以微弱火焰均匀环绕加热，使其收缩。 （4）压接连接管，压接磨具应与连接管外径尺寸一致，压接后去除连接管表面棱角和毛刺，清洁绝缘与连接管。 （5）在连接管上绕包半导电带，两端与内半导电屏蔽层应紧密搭接。 （6）冷缩中间接头安装区域涂抹一层薄硅脂，将中间接头管移至中心部位，其一端应与记号平，抽出撑条时应沿逆时针方向进行，速度缓慢均匀。 （7）固定铜屏蔽网应与电缆铜屏蔽层可靠搭接。 （8）冷缩中间接头的绕包防水带，应覆盖接头两端的电缆内护套，搭接电缆外护套不少于 150mm。	（1）进行充油电缆接头安装时，应做好充油电缆接头附件及油压力箱的存放作业，并配备必要的消防器材。 （2）在电缆终端施工区域下方应设置围栏或采取其他保护措施，禁止无关人员在作业地点下方通行或逗留。 （3）进行电缆终端瓷质绝缘子吊装时，应采取可靠的绑扎方式，防止瓷质绝缘子倾斜，并在吊装过程中做好相关的安全措施。 （4）制作环氧树脂电缆头和调配环氧树脂作业过程中，应采取有效的防毒和防火措施。 （5）开断电缆前，应与电缆走向图图纸核对相符，并使用专用仪器（如感应法）确切证实电缆无电后，用接地的带绝缘柄的铁钎钉入电缆芯后，方可作业。扶绝缘柄的人员应戴绝缘手套并站在绝缘垫上，并采取防灼伤措施（如戴防护面具等）。 （6）工井内进行电缆中间接头安装时，应将压力容器摆放在井口位置，禁止放置在工井内。隧道内进行电缆中间接头安装时，压力容器应远离明火作业区域，并采取相关安全措施。 （7）对施工区域内临近的运行电缆和接头，应采取妥善的安全防护措施加以保护，避免影响正常的施工作业。	（1）核查专职质检员是否到岗；制作过程与施工方案是否一致。 （2）电缆外护套剖开过程中不得损伤内层屏蔽和绝缘层；钢带和铜带屏蔽层分开接地；分支护套、延长护管及电缆终端等在热缩（或冷缩）后应与电缆接触紧密接触，不能有褶皱和破损现象；剥除压接接线鼻子处的绝缘层时，不得损伤芯线；电缆制作时应避开潮湿的天气。 （3）现场安全文明施工措施落实情况。 （4）采集数码照片（按国网基建安质〔2016〕56 号文要求）

续表

作业顺序	质量控制重点	安全控制重点	监理作业重点
10kV 电缆中间头制作	（9）热缩中间接头待电缆冷却后方可移动电缆，冷缩中间接头放置 30min 后方可进行电缆接头搬移工作。 （10）热缩时禁止使用吹风机替代喷灯。 （11）剥除内护套时，在剥除内护套处用刀子横向切一环形痕，深度不超过内护套厚度的一半。 （12）根据说明书依次套入管材，顺序不得颠倒，所有管材端口应用塑料薄膜封口。 （13）冷缩和预制中间接头，剥切外半导电层时，不得伤及主绝缘。外半导电层端口切削成约 4mm 的小斜坡并打磨光洁，与绝缘圆滑过渡。 （14）热缩中间接头，剥切外半导电层时，将应力疏散胶拉薄拉窄，缠绕在半导电层与绝缘层的交接处，把斜坡填平，后再压半导电层和绝缘层各 5～10mm。 （15）清洁绝缘时，应由线芯绝缘端部向半导电应力控制管方向进行。 （16）内绝缘管及屏蔽管两端绕包密封防水胶带，应拉伸 200%，绕包应圆整紧密，两边搭接外半导电层和内外绝缘管及屏蔽管不得少于 30mm。 （17）加热管材时应从中间向两端均匀、缓慢环绕进行，把管内气体全部排除。行加热。 （18）铜屏蔽网焊接每处不少于两个焊点，焊点面积不少于 10mm²。	（8）使用携带型火炉或喷灯时，火焰与带电部分的安全距离：电压在 10kV 及以下者，应大于 1.5m，不得在带电导线、带电设备、变压器、油断路器附近以及在电缆夹层、隧道、沟洞内对火炉或喷灯加油、点火。在电缆沟盖板上或旁边进行动火工作时需采取必要的防火措施	

作业顺序	质量控制重点	安全控制重点	监理作业重点
10kV 电缆中间头制作	（19）冷缩中间接头绕包防水胶带前，应先将两侧搭接的内护套进行拉毛，之后将绕包防水胶带拉伸至原来宽度 3/4，半重叠绕包，与内护套搭接长度不小于 10cm，完成后，双手用力挤压所包胶带使其紧密贴附。 （20）在旧电缆中间接头解体或电缆开断前，应与电缆走向图纸核对相符，并使用专用仪器（如感应法）确认证实电缆无电后，用接地的带绝缘柄的铁钉钉入电缆芯后方可工作。电缆中间头制作完毕应对该回电缆进行相序确认和交流耐压试验		
低压电缆头中间头制作	（1）严格按照电缆附件的制作要求制作电缆中间接头。 （2）剥除外护套时，应分两次进行，以避免电缆铠装松散。 （3）剥除铠装时，按规定尺寸在铠装上绑扎铜线，绑线的缠绕方向应与铠装的缠绕方向一致，使铠装越绑越紧不致松散。绑线用 ϕ2.0mm 的铜线，每道 3～4 匝。 （4）压接后，连接管表面的棱角和毛刺必须用锉刀和砂纸打磨光洁，并将金属粉末清洗干净。 （5）连接两端铠装时，编织带应焊在两层铠装上，焊接时，铠装焊区应用锉刀和砂纸砂光打毛，并先镀上一层锡，将铜编织带两端分别接在铠装镀锡层上，同时用铜绑线扎	（1）进行充油电缆接头安装时，应做好充油电缆接头附件及油压力箱的存放作业，并配备必要的消防器材。 （2）在电缆终端施工区域下方应设置围栏或采取其他保护措施，禁止无关人员在作业地点下方通行或逗留。 （3）进行电缆终端瓷质绝缘子吊装时，应采取可靠的绑扎方式，防止瓷质绝缘子倾斜，并在吊装过程中做好相关的安全措施。 （4）制作环氧树脂电缆头和调配环氧树脂作业过程中，应采取有效的防毒和防火措施。 （5）开断电缆前，应与电缆走向图图纸核对相符，并使用专用仪器（如感应法）确切证实电缆无电后，用接地的带绝缘柄的铁钎钉入电缆芯后，方可作业。扶绝缘柄的人员	（1）核查专职质检员是否到岗；制作过程与施工方案是否一致。 （2）电缆外护套剖开过程中不得损伤内层屏蔽和绝缘层；钢带和铜带屏蔽层分开接地；分支护套、延长护管及电缆终端等在热缩（或冷缩）后应与电缆接触紧密接触，不能有褶皱和破损现象；剥除压接接线鼻子处的绝缘层时，不得损伤芯线；电缆制作时应避开潮湿的天气。 （3）现场安全文明施工措施落实情况。 （4）采集数码照片（按国网基建安质〔2016〕56 号文要求）

续表

作业顺序	质量控制重点	安全控制重点	监理作业重点
低压电缆头中间头制作	紧并焊牢。 （6）热缩外护套时，接头部位及两端电缆必须调整平直。外护套管定位前，必须将接头两端电缆外护套清洁干净并绕包一层密封胶。热缩时，由两端向中间均匀、缓慢、环绕加热，使其收缩到位。 （7）热缩中间接头明火作业时，工作现场应配备灭火器，并及时清理杂物。 （8）使用移动电气设备时必须装设漏电保护器。 （9）搬运电缆附件时，人员应相互配合，轻搬轻放，不得抛接。 （10）用刀或其他切割工具时，正确控制切割方向。 （11）施工时，电缆沟边上方禁止堆放工具及杂物，以免掉落伤人	应戴绝缘手套并站在绝缘垫上，并采取防灼伤措施（如戴防护面具等）。 （6）工井内进行电缆中间接头安装时，应将压力容器摆放在井口位置，禁止放置在工井内。隧道内进行电缆中间接头安装时，压力容器应远离明火作业区域，并采取相关安全措施。 （7）对施工区域内临近的运行电缆和接头，应采取妥善的安全防护措施加以保护，避免影响正常的施工作业。 （8）使用携带型火炉或喷灯时，火焰与带电部分的安全距离：电压在10kV及以下者，应大于1.5m，不得在带电导线、带电设备、变压器、油断路器附近以及在电缆夹层、隧道、沟洞内对火炉或喷灯加油、点火。在电缆沟盖板上或旁边进行动火工作时需采取必要的防火措施	
电缆试验	（1）电缆安装后，应做外护套直流耐压试验，检查护套在施工中是否受损，66kV及以上单芯电缆的外护套直流耐压试验应包括单端接地或交叉互联系统。	（1）电缆耐压试验前，应先对被试电缆充分放电。加压端应采取措施防止人员误入试验场所；另一端应设置遮栏（围栏）并悬挂警告标示牌。若另一端是上杆的或是开断电缆处，应派人看守。 （2）电缆试验需拆除接地线时，应在征得工作许可人的许可后（根据调控人员指令装设的接地线，应征得调控人员的许可）方可进行。工作完毕后应立即恢复。	（1）旁站监理，检查作业票及工作票是否齐全。 （2）施工人员进入施工现场应正确配戴安全帽，正确使用安全防护用具。 （3）专职安全员是否到岗，试验现场的安全措施与施工方案是否一致。 （4）采集数码照片（按国网基建安质〔2016〕56号文要求）

续表

作业顺序	质量控制重点	安全控制重点	监理作业重点
电缆试验	（2）安装后的外护套直流耐压试验，应按有关试验标准执行，在电缆金属护套、金属屏蔽层或金属屏蔽线与地之间施加直流电太，挤出外护套每 1mm 厚度施加 4kV 直流电压，最大不超过 10kV，时间 1min，以不击穿为合格	（3）电缆试验过程中需更换试验引线时，作业人员应先戴好绝缘手套对被试电缆充分放电。 （4）电缆耐压试验分相进行时，另两相电缆应可靠接地。 （5）电缆试验结束，应对被试电缆充分放电，并在被试电缆上加装临时接地线，待电缆终端引出线接通后方可拆除。 （6）电缆故障声测定点时，禁止直接用手触摸电缆外皮或冒烟小洞	
电缆线路防火阻燃施工	（1）防止电缆火灾延燃的措施应包括封、堵、涂、隔、包、水喷雾、悬挂式干粉等措施。 （2）涂料、堵料应符合 GB 23864《防火封堵材料》的有关规定，且取得型式检验认可证书，耐火极限不低于设计要求。防火涂料在涂刷时要注意稀释液的防火。 （3）凡穿越墙壁、楼板和电缆沟道而进入控制室、电缆夹层、控制柜及仪表盘、保护盘等处的电缆孔、洞、竖井和进入油区的电缆入口处必须用防火堵料严密封堵。 （4）在已完成电缆防火措施的电缆孔洞等处新敷设或拆除电缆，必须及时重新做好相应的防火封堵措施。	（1）电缆隧道应有充足的照明，并有防水、防火、通风措施。进入电缆井、电缆隧道前，应先通风排除浊气，并用仪器检测，合格后方可进入。 （2）在潮湿的下井内使用电气设备时，操作人员应穿绝缘靴。 （3）下井、电缆沟作业前，施工区域应设置标准路栏，夜间施工应使用警示灯。无盖板的电缆沟、沟槽、孔洞，以及放置在人行道或车道上的电缆盘，应设遮栏和相应的交通安全标志，夜间设警示灯。	（1）进线孔洞口应采用防火包进行封堵，端子箱底部以 10mm 防火隔板进行封隔，电缆周围用有机堵料填实。 （2）封堵应严密可靠。 （3）现场安全文明施工情况。 （4）采集数码照片（按国网基建安质〔2016〕56 号文要求）

续表

作业顺序	质量控制重点	安全控制重点	监理作业重点
电缆线路防火阻燃施工	（5）在多个电缆头并排安装的场合中，应在电缆头之间加隔板或填充阻燃材料。 （6）电力电缆中间接头盒的两侧及其邻近区域，应增加防火包带等阻燃措施。 （7）电缆隧道的下列部位宜设置防火分隔，采用防火墙上设置防火门的形式： 1）电缆进出隧道的出入口及隧道分支处。 2）电缆隧道位于电厂、变电站内时，间隔不大于 100m 处。 3）电缆隧道位于电厂、变电站外时，间隔不大于 200m 处。 4）长距离电缆隧道通风区段处，且间隔不大于 500m。5 电缆交叉、密集部位，间隔不大于 60m。 （8）防火墙耐火极限不宜低于 3.0h，防火门应采用甲级防火门（耐火极限不宜低于 1.2h）且防火门的设置应符合 GB 50016《建筑设计防火规范》的有关规定。 （9）电缆隧道内电缆的阻燃防护和防止延燃措施应符合 GB 50217《电力工程电缆设计规程》的有关规定	（4）作业前应详细核对电缆标志牌的名称与作业票所填写的是否相符，并按照作业票所注明的线路名称，对其两端设备状态进行检查，安全措施可靠后，方可作业。 （5）涉及运行电缆的改扩建工程，停电作业应填用电力电缆第一种工作票，不停电作业应填用电力电缆第二种工作票	

续表

作业顺序	质量控制重点	安全控制重点	监理作业重点
竣工验收	（1）在验收时，应进行下列检查： 1）设备外观应完整无缺损伤。 2）设备安装是否满足施工验收规范。 3）接地应可靠。 （2）在验收时，应移交下列资料和文件： 1）施工图纸及设计变更说明文件。 2）制造厂产品说明书、合格证件及使用说明书等产品技术文件。 3）移交备品、备件		（1）审查材料出厂证件和试验资料是否齐全、合格；主要技术资料和施工记录是否齐全、合格；隐蔽工程验收记录是否齐全；工程质量验收是否齐全，工程质量事故及主要质量问题记录是否齐全。 （2）施工三级自检报告，工程质量验收记录是否齐全。 （3）参与工程中间验收。 （4）审查工程初检申请表，组织监理初检，重点检查施工质量、工艺是否满足国家、行业标准及有关规程规范、合同、设计文件等要求

电力电缆排管（混凝土不包封）工程

作业顺序	质量控制重点	安全控制重点	监理作业重点
施工准备阶段	（1）编写施工作业指导书，检查人、机、料配备情况。 （2）先查清图纸，再开挖足够数量的样洞（沟），摸清地下管线分布情况，以确定电缆敷设位置，确保不损伤运行电缆和其他地下管线设施。 （3）施工机械、工器具、材料，经试运行、检查性能完好，接地牢靠，满足使用要求	（1）掘路施工应做好防止交通事故的安全措施。施工区域应用标准路栏等进行分隔，并有明显标记，夜间施工人员应佩戴反光标志，施工地点应加挂警示灯。 （2）现场技术负责人和专职安全员应向所有参加施工作业人员进行安全技术交底，指明作业过程中的危险点及防范措施，接受交底人必须在交底记录和安全作业票上签字。 （3）加工区材料、半成品等应按品种、规格分别堆放整齐并设置材料标识牌。场区运输通道应平整通畅，松软通道应铺垫板	（1）审查施工单位质、安保证体系，人员到岗到位并持有效证件上岗。 （2）现场安全文明施工措施落实情况，并采集数码照片。 （3）检查施工单位派驻现场的主要管理人员是否与开工报审资料一致。如有变更必须经业主同意。 （4）检查开工资料是否齐全，是否符合相应规程规范要求。 （5）审查施工单位提交的施工组织设计，重点审查排管穿越道路、专业管道交叉、地基处理、土方、材料的堆放、机械作业以及地下或周围公用设施的保护措施等技术措施，以及材料设备采购与检验、土建施工、器材制作与安装、现场验收等关键工作的管理措施
基坑开挖	（1）排管的中心线及走向符合设计要求、排管基坑底部施工面宽度为排管横断面设计宽度并两边各加 500mm。	（1）当机械开挖与人工开挖配合操作时，人员不得进入挖图机械作业半径内，必须进入时，待机械作业停止后，人员方可进坑底清理，边坡找平等作业。	（1）基坑开挖四周要有围护，夜间要有红色照明警示灯。电线必须用橡胶电缆，注意用电安全。在土方开挖过程中必须按规定进行围护的安全检查，做好相关记录。

续表

作业顺序	质量控制重点	安全控制重点	监理作业重点
基坑开挖	（2）基坑开挖采用机械开挖人工修槽的方法，机械挖土应严格控制标高，防止超挖或扰动地基，槽底设计标高以上 200～300mm 应用人工修整；超深开挖部分应采取换填级配良好的砂砾石或铺石灌浆等适当的处理措施，保证地基承载力及稳定性	（2）基坑周围严禁超堆荷载。软土基坑必须分层平衡开挖，层高不得超过 1m。 （3）深基坑四周应设防护栏杆，人员上下要有专用爬梯。 （4）发生异常情况时，应停止挖土，立即清查原因和采取措施，方能继续挖土。 （5）用挖土机施工时，挖土机登封工作范围内不得有人进行其他工作，多台机械开挖，间距要大于 10m。 （6）基坑开挖至底标高后，坑底应及时封闭并进行基础工程的施工	（2）土方开挖前，首先了解场地的实际标高，周围的建筑物及地下电缆，管线等准确位置及标高，应独处并检查承包单位在施工前应对周边埋设的管材设施深度及与基坑距离、位置等进一步调查抢出，避免施工对周边管线设施产生不利影响。 （3）对坑及四周的场地进行平整，并确保平整后的场地标高不高于设计标高。 （4）采集现场数码照片（按国网基建安质〔2016〕56 号文要求）
垫层施工	（1）垫层材料宜采用混凝土；若采用其他材料，应根据工程实际情况合理选取并满足强度及工艺的相关要求。 （2）应确保垫层下的地基稳定且应夯实、平整。 （3）若有地下水应采取适当的处理措施，在垫层混凝土浇筑时应保证无水施工。 （4）垫层混凝土强度等级不低于 C10、密实、上表面平整		（1）根据设计图纸检查垫层所使用物料材质、厚度等是否符合设计图纸要求。 （2）基坑底部夯实，垫层表面要平整。 （3）采集现场数码照片（按国网基建安质〔2016〕56 号文要求）

续表

作业顺序	质量控制重点	安全控制重点	监理作业重点
排管敷设（混凝土不包封）	（1）管材接头应错开布置、每间隔4～6m沿管材方向浇筑500mm混凝土或采取其他方式对管材进行固定。 （2）垫块应根据施工图预制、上衬管搁置圆弧的半径误差范围为-5～0mm、垫块与管材接头之间的距离不小于300mm。 （3）管材必须分层铺设，管材的水平及竖向间距满足管材铺设、混凝土振捣等相关要求；管道孔位之间的允许偏差同排孔间距≤5mm；排距≤20mm。 （4）管材铺设完毕后，应采用适当的管道疏通器对管道进行检查	（1）检查管材、内径、壁厚、品牌是否符合设计方的要求，同时检查管材表面是否有龟裂纹、承插口有无破损、插口内皮圈是否有松动，脱落等现象，插口内应有内倒角。 （2）检查管材料敷设时，管材下面置放的垫块是否符合设计要求。 （3）检查管材敷设时的水平宽度，管间距离应符合设计要求，平行检查敷设的平直度	（1）电缆保护管切断口（管口）应光滑，无毛刺和尖锐棱角；弯曲部分应无裂缝及显著的凹瘪；电缆管的弯曲半径应不小于所穿入电缆的最小允许弯曲半径。 （2）金属电缆管应采用套管焊接方式；采用套接时套管两端应采取密封措施。 （3）电缆管位置、数量及埋地敷设时的深度应符合设计要求。每根电缆管的一般弯头不应超过3个，直角弯不应超过2个；电缆管内光滑，无积水、杂物；金属电缆管接地牢固，导通良好。 （4）采集数码照片（按国网基建安质〔2016〕56号文要求）。 （5）校对该排管工程电气设计图所示的方位、走向是否与施工图走向相符，以确保工程走向的正确可靠性
回填	（1）应采用自然土、黄沙或其他满足要求的回填料，回填料中不应含有建筑垃圾或其他对混凝土有破坏或腐蚀作用的物质。 （2）回填前在排管本体上部铺设防止外力损坏的警示带；回填时应分层夯实并回填至地面修复高度，夯实系数满足设计要求；对管群两侧的回填严格按照均匀、同步进行的原则回填	（1）土方回填前应清除基底的垃圾、树根及杂物。抽除基坑内积水、淤泥。 （2）土方回填应分层进行，每层填土厚度为300～400mm，找平夯实，夯实后不得出现翻浆或弹簧土现象。 （3）碎石土类用作回填料时，其最大颗粒直径不得超过该层铺填厚度的1/4，大于的石块应剔除	（1）对填方土料应按照设计要求验收后方可回填。 （2）回填土时应检查坑内是否清理干净，不允许有任何杂物。 （3）管道下部应按要求填夯回填土。如果漏夯或夯不实会造成管道下方空虚，造成管道折断而渗漏。 回填土应分层回填，每层至少夯击三遍，要求一夯压半夯。严禁土虚过厚，夯实不够

续表

作业顺序	质量控制重点	安全控制重点	监理作业重点
竣工验收	（1）在验收时，应进行下列检查： 1）设备外观应完整无缺损伤 2）设备安装是否满足施工验收规范 3）接地应可靠。 （2）在验收时，应移交下列资料和文件： 1）施工图纸及设计变更说明文件。 2）制造厂产品说明书、合格证件及使用说明书等产品技术文件。 3）移交备品、备件		（1）审查材料出厂证件和试验资料是否齐全、合格；主要技术资料和施工记录是否齐全、合格；隐蔽工程验收记录是否齐全；工程质量验收是否齐全，工程质量事故及主要质量问题记录是否齐全。 （2）施工三级自检报告，工程质量验收记录是否齐全。 （3）审查工程初检申请表，组织监理初检，重点检查施工质量、工艺是否满足国家、行业标准及有关规程规范、合同、设计文件等要求。 （4）参与工程中间验收

电力电缆排管（混凝土包封）工程

作业顺序	质量控制重点	安全控制重点	监理重点
施工准备阶段	（1）编写施工作业指导书，检查人、机、料配备情况。 （2）先查清图纸，再开挖足够数量的样洞（沟），摸清地下管线分布情况，以确定电缆敷设位置，确保不损伤运行电缆和其他地下管线设施。 （3）施工机械、工器具、材料，经试运行、检查性能完好，接地牢靠，满足使用要求	（1）掘路施工应做好防止交通事故的安全措施。施工区域应用标准路栏等进行分隔，并有明显标记，夜间施工人员应佩戴反光标志，施工地点应加挂警示灯。 （2）现场技术负责人和专职安全员应向所有参加施工作业人员进行安全技术交底，指明作业过程中的危险点及防范措施，接受交底人必须在交底记录和安全作业票上签字。 （3）加工区材料、半成品等应按品种、规格分别堆放整齐并设置材料标识牌。场区运输通道应平整通畅，松软通道应铺垫板	（1）审查施工单位质、安保证体系，人员到岗到位并持有效证件上岗。 （2）现场安全文明施工措施落实情况，并采集数码照片。 （3）检查施工单位派驻现场的主要管理人员是否与开工报审资料一致。如有变更必须经业主同意。 （4）检查开工资料是否齐全，是否符合相应规程规范要求。 （5）审查施工单位提交的施工组织设计，重点审查排管穿越道路、专业管道交叉、地基处理、土方、材料的堆放、机械作业以及地下或周围公用设施的保护措施等技术措施，以及材料设备采购与检验、土建施工、器材制作与安装、现场验收等关键工作的管理措施
基坑开挖	（1）排管的中心线及走向符合设计要求、排管基坑底部施工面宽度为排管横断面设计宽度并两边各加 500mm。	（1）当机械开挖与人工开挖配合操作时，人员不得进入挖图机械作业半径内，必须进入时，待机械作业停止后，人员方可进坑底清理，边坡找平等作业。 （2）基坑周围严禁超堆荷载。软土基坑必须分层平衡开挖，层高不得超过 1m。	（1）基坑开挖四周要有围护，夜间要有红色照明警示灯。电线必须用橡胶电缆，注意用电安全。在土方开挖过程中必须按规定进行围护的安全检查，做好相关记录。

作业顺序	质量控制重点	安全控制重点	监理重点
基坑开挖	（2）基坑开挖采用机械开挖人工修槽的方法，机械挖土应严格控制标高，防止超挖或扰动地基，槽底设计标高以上 200～300mm 应用人工修整；超深开挖部分应采取换填级配良好的砂砾石或铺石灌浆等适当的处理措施，保证地基承载力及稳定性	（3）深基坑四周应设防护栏杆，人员上下要有专用爬梯。 （4）发生异常情况时，应停止挖土，立即清查原因和采取措施，方能继续挖土。 （5）用挖土机施工时，挖土机登封工作范围内不得有人进行其他工作，多台机械开挖，间距要大于 10m。 （6）基坑开挖至底标高后，坑底应及时封闭并进行基础工程的施工	（2）土方开挖前，首先了解场地的实际标高，周围的建筑物及地下电缆，管线等准确位置及标高，应独处并检查承包单位在施工前应对周边埋设的管材设施深度及与基坑距离、位置等进一步调查抢出，避免施工对周边管线设施产生不利影响。 （3）对坑及四周的场地进行平整，并确保平整后的场地标高不高于设计标高。 （4）采集现场数码照片（按国网基建安质〔2016〕56 号文要求）
垫层施工	（1）垫层材料宜采用混凝土；若采用其他材料，应根据工程实际情况合理选取并满足强度及工艺的相关要求。 （2）应确保垫层下的地基稳定且应夯实、平整。 （3）若有地下水应采取适当的处理措施，在垫层混凝土浇筑时应保证无水施工。 （4）垫层混凝土强度等级不低于 C10、密实、上表面平整		（1）根据设计图纸检查垫层所使用物料材质、厚度等是否符合设计图纸要求。 （2）基坑底部夯实，垫层表面要平整。 （3）采集现场数码照片（按国网基建安质〔2016〕56 号文要求）
排管敷设	（1）管材接头应错开布置、每间隔 4～6m 沿管材方向浇筑 500mm 混凝土或采取其他方式对管材进行固定。 （2）垫块应根据施工图预制、上衬管搁置圆弧的半径误差范围为−5～0mm、垫块与管材接头之间的距离不小于 300mm。	（1）检查管材、内径、壁厚、品牌是否符合设计方的要求，同时检查管材表面是否有龟裂纹、承插口有无破损、插口内皮圈是否有松动，脱落等现象，插口内应有内倒角。 （2）检查管材料敷设时，管材下面置放的垫块是否符合设计要求。	（1）电缆保护管切断口（管口）应光滑，无毛刺和尖锐棱角；弯曲部分应无裂缝及显著的凹瘪；电缆管的弯曲半径应不小于所穿入电缆的最小允许弯曲半径。 （2）金属电缆管应采用套管焊接方式；采用套接时套管两端应采取密封措施。 （3）电缆管位置、数量及埋地敷设时的深度应符合设计要求。每根电缆管的一般弯头不应超过 3 个，直角弯不应超过 2 个；电缆

续表

作业顺序	质量控制重点	安全控制重点	监理重点
排管敷设	（3）管材必须分层铺设，管材的水平及竖向间距满足管材铺设、混凝土振捣等相关要求；管道孔位之间的允许偏差同排孔间距≤5mm；排距≤20mm。 （4）管材铺设完毕后，应采用适当的管道疏通器对管道进行检查	（3）检查管材敷设时的水平宽度，管间距离应符合设计要求，平行检查敷设的平直度	管内光滑，无积水、杂物；金属电缆管接地牢固，导通良好。采集数码照片。 （4）校对该排管工程电气设计图所示的方位、走向是否与施工图走向相符，以确保工程走向的正确可靠性。 （5）采集数码照片（按国网基建安质〔2016〕56号文要求）
排管支模及钢筋绑扎	（1）模板平整、清洁、不破损、不变形、尺寸合适；钢筋强度等级应满足设计要求。 （2）确保模板的水平度和垂直度；模板拼接、支撑应严密、可靠，确保振捣中不走模、不漏浆；模板安装符合允许误差要求（截面内部尺寸±10mm；表面平整度≤8mm；相邻板高低差≤2mm；相邻板缝隙≤3mm）。 （3）钢筋绑扎均匀、可靠；绑扎铁丝不露出混凝土本体；用于单芯电缆敷设的排管钢筋应避免形成闭合环路；受力钢筋的连接、绑扎等工艺符合规范要求	（1）支模过程中，如需中途停歇，应将支撑、搭头、柱头板等钉牢。拆模间歇时，应将已活动的模板、牵杠、支撑等运走或妥善堆放，防止因踏空、扶空而坠落。 （2）模板上有预留洞者，应在安装后将洞口盖好，混凝土板上的顶留洞，应在模板拆除后即将洞口盖好。 （3）拆除模板一般用长撬棒，人不许站在正在拆除的模板上，在模板时，要注意整块模板掉下，更要注意，防止模板突然全部掉落伤人。 （4）装拆模板时，作业人员要站立在安全地点进行操作，防止上下在同一垂直面工作；操作人员要主动避让吊物，增强自我保护和相互保护的安全意识。 （5）拆模必须一次性拆清，不得留下无撑模板。拆下的模板要及时清理，堆放整齐	（1）根据设计图纸检查钢筋的钢号、规格、直径，根数，间距是否正确特别要检查布筋的位置。 （2）检查钢筋表面是否有油渍、油漆、污垢和颗粒状铁锈。 （3）审核钢材的合格证、准用证、复试报告等质保资料是否符合要求。见证取样、送检，检测合格后方可使用。 （4）检查钢筋垂直允许偏差、水平、间距、排距的偏差。 （5）检查钢筋混凝土保护层厚度是否符合设计要求及相应规范。保护层垫块应尺寸统一。 （6）模板表面应清洁干净，均匀涂刷脱模剂，严禁使用废机油做脱模剂，模板成型后内部应无木块，纸及任何杂物。 （7）模板拆模时混凝土强度应符合设计要求，当设计无要求时应达到规范要求，方可拆模。并保证拆模时不损伤混凝土表面及棱角。 （8）采集数码照片（按国网基建安质〔2016〕56号文要求）

续表

作业顺序	质量控制重点	安全控制重点	监理重点
混凝土浇筑及养护	（1）混凝土的强度等级不应低于 C25，宜采用商品混凝土；严寒或寒冷地区，混凝土应满足相关抗冻要求。 （2）根据施工缝的设置要求，进行两次浇筑；捣固时间应控制在 25～40s，应使混凝土表面呈现浮浆和不再沉落；混凝土浇筑后应平整表面并采取适当的养护措施，保证本体混凝土强度正常增长。 （3）混凝土结构的抗渗等级应不小于 S6。 （4）电缆沟盖板搁置位置的保护支口措施采取适当，电缆沟支口的允许标高偏差≤5mm	（1）浇灌混凝土用脚手架，工前应检查，不符合脚手架规程要求，可拒绝使用。施工中应设专人对脚手架和模板、支撑进行检查维护，发现问题，及时处理。 （2）浇灌混凝土用的溜槽、串筒要连接安装牢固，防止堕落伤人。 （3）使用振动机前应检查电源电压，输电必须安装漏电开关，保护电源线路是否良好，电源线不得有接头，机械运转是否正常，振动机移动时，不能硬拉电线，更不能在钢筋和其他锐利物上拖拉，防止割破拉断电线而造成触电伤亡事故，振捣手要穿胶靴戴胶手套。 （4）混凝土搅拌机使用前要检查试运转情况，确信安全可靠再操作。混凝土搅拌机开动时、不准将工具人身伸向卷筒，也不准再向卷筒内投料。停产、换班或定期维护时，切记切断电源，锁住闸刀箱挂牢吊钩	（1）混凝土的原材料、型号应符合设计要求和工程施工质量验收规范的规定。 （2）浇捣排管混凝土时应用 220V 手提式（直径为ϕ22m）振动器对混凝土进行分层浇捣。 （3）检查现场安全文明施工情况。 （4）采集数码照片（按国网基建安质〔2016〕56 号文要求）
回填	（1）应采用自然土、黄沙或其他满足要求的回填料，回填料中不应含有建筑垃圾或其他对混凝土有破坏或腐蚀作用的物质。 （2）回填前在排管本体上部铺设防止外力损坏的警示带；回填时应分层夯实并回填至地面修复高度，夯实系数满足设计要求；对管群两侧的回填严格按照均匀、同步进行的原则回填	（1）土方回填前应清除基底的垃圾、树根及杂物。抽除基坑内积水、淤泥。 （2）土方回填应分层进行，每层填土厚度为 300～400mm，找平夯实，夯实后不得出现翻浆或弹簧土现象。 （3）碎石土类用作回填料时，其最大颗粒直径不得超过该层铺填厚度的 1/4，大于的石块应剔除	（1）对填方土料应按照设计要求验收后方可回填。 （2）回填土时应检查坑内是否清理干净，不允许有任何杂物。 （3）管道下部应按要求填夯回填土。如果漏夯或夯不实会造成管道下方空虚，造成管道折断而渗漏。 （4）回填土应分层回填，每层至少夯击三遍，要求一夯压半夯。严禁土虚过厚，夯实不够。 （5）采集数码照片（按国网基建安质〔2016〕56 号文要求）

续表

作业顺序	质量控制重点	安全控制重点	监理重点
竣工验收	（1）在验收时，应进行下列检查： 1）设备外观应完整无缺损伤。 2）设备安装是否满足施工验收规范。 3）接地应可靠。 （2）在验收时，应移交下列资料和文件： 1）施工图纸及设计变更说明文件。 2）制造厂产品说明书、合格证件及使用说明书等产品技术文件。 3）移交备品、备件		（1）审查材料出厂证件和试验资料是否齐全、合格；主要技术资料和施工记录是否齐全、合格；隐蔽工程验收记录是否齐全；工程质量验收是否齐全，工程质量事故及主要质量问题记录是否齐全。 （2）施工三级自检报告，工程质量验收记录是否齐全。 （3）审查工程初检申请表，组织监理初检，重点检查施工质量、工艺是否满足国家、行业标准及有关规程规范、合同、设计文件等要求。 （4）参与工程中间验收

电缆沟槽工程

作业顺序	质量控制重点	安全控制重点	监理重点
施工准备阶段	（1）编写施工作业指导书，检查人、机、料配备情况。 （2）先查清图纸，再开挖足够数量的样洞（沟），摸清地下管线分布情况，以确定电缆敷设位置，确保不损伤运行电缆和其他地下管线设施。 （3）施工机械、工器具、材料，经试运行、检查性能完好，接地牢靠，满足使用要求	（1）掘路施工应做好防止交通事故的安全措施。施工区域应用标准路栏等进行分隔，并有明显标记，夜间施工人员应佩戴反光标志，施工地点应加挂警示灯。 （2）现场技术负责人和专职安全员应向所有参加施工作业人员进行安全技术交底，指明作业过程中的危险点及防范措施，接受交底人必须在交底记录和安全作业票上签字。 （3）加工区材料、半成品等应按品种、规格分别堆放整齐并设置材料标识牌。场区运输通道应平整通畅，松软通道应铺垫板	（1）审查施工单位质、安保证体系，人员到岗到位并持有效证件上岗。 （2）现场安全文明施工措施落实情况，并采集数码照片。 （3）检查施工单位派驻现场的主要管理人员是否与开工报审资料一致。如有变更必须经业主同意。 （4）检查开工资料是否齐全，是否符合相应规程规范要求。 （5）审查施工单位提交的施工组织设计，重点审查排管穿越道路、专业管道交叉、地基处理、土方、材料的堆放、机械作业以及地下或周围公用设施的保护措施等技术措施，以及材料设备采购与检验、土建施工、器材制作与安装、现场验收等关键工作的管理措施
电缆沟基坑开挖	（1）电缆沟的中心线及走向符合设计要求、基坑底部施工面尺寸为电缆沟横断面设计长度（宽度）并两边各加500mm。	（1）在开挖邻近地下管线的电缆沟时，应取得业主提供的有关地下管线等的资料，按设计要求制定开挖方案并报监理和业主确认。	（1）基坑开挖四周要有围护，夜间要有红色照明警示灯。电线必须用橡胶电缆，注意用电安全。在土方开挖过程中必须按规定进行围护的安全检查，做好相关记录。

续表

作业顺序	质量控制重点	安全控制重点	监理重点
电缆沟基坑开挖	（2）基坑开挖采用机械开挖人工修槽的方法，机械挖土应严格控制标高，防止超挖或扰动地基，槽底设计标高以上 200～300mm 应用人工修整；超深开挖部分应采取换填级配良好的砂砾石或铺石灌浆等适当的处理措施，保证地基承载力及稳定性。 （3）沟槽边沿 1.5m 范围内严禁堆放土、设备或材料等，1.5m 以外的堆载高度不应大于 1m；开挖过程中应做好沟槽内的排水工作，局部较深处可以考虑采取井点降水	（2）施工人员进场必须佩戴安全帽。 （3）沟槽边沿 1.5m 范围内严禁堆放土、设备或材料等，1.5m 以外的堆载高度不应大于 1m。 （4）做好基坑降水工作，以防止坑壁受水浸泡造成塌方	（2）土方开挖前，首先了解场地的实际标高，周围的建筑物及地下电缆，管线等准确位置及标高，应独处并检查承包单位在施工前应对周边埋设的管材设施深度及与基坑距离、位置等进一步调查抢出，避免施工对周边管线设施产生不利影响。 （3）对坑及四周的场地进行平整，并确保平整后的场地标高不高（于）设计标高。 （4）采集现场数码照片（按国网基建安质〔2016〕56 号文要求）
垫层施工	（1）垫层材料宜采用混凝土；若采用其他材料，应根据工程实际情况合理选取并满足强度及工艺的相关要求。 （2）应确保垫层下的地基稳定且应夯实、平整；若有地下水应采取适当的处理措施，在垫层混凝土浇筑时应保证无水施工。 （3）垫层混凝土强度等级不低于 C10、密实、上表面平整		（1）根据设计图纸检查垫层所使用物料材质、厚度等是否符合设计图纸要求。 （2）基坑底部夯实，垫层表面要平整。 （3）采集现场数码照片（按国网基建安质〔2016〕56 号文要求）
砖砌电缆沟砌筑与抹面、压顶	（1）砖应采用环保材料、抗压强度等级不低于 MU10。 （2）采用 MU7.5 的水泥砂浆进行抹面、抹面厚度控制在 20～30mm。	（1）砌筑操作前必须检查操作环境符合安全要求情况，道路畅通情况，机具完好牢固情况，安全设施和防护用品齐全，经检查符合要求后方可施工。 （2）砌基础时，应检查和经常注意基槽（坑）土质的变化情况。堆放砖石材料应离开坑边 1m 以上。	（1）检查现场安全文明施工情况。 （2）采集数码照片（按国网基建安质〔2016〕56 号文要求）

续表

<table>
<tr><th>作业顺序</th><th>质量控制重点</th><th>安全控制重点</th><th>监理重点</th></tr>
<tr><td>砖砌电缆沟砌筑与抹面、压顶</td><td>（3）混凝土的强度等级不低于 C25、宜采用商品混凝土；捣固时间应控制在 25～40s，浇筑后应平整表面并采取适当的养护措施；严寒或寒冷地区混凝土满足相关抗冻要求</td><td>（3）不准站在墙顶上做画线、刮缝及清扫墙面或检查大角垂直等工作。
（4）砍砖时应面向墙体，避免碎砖飞出伤人。
（5）不准在墙顶或架子上整修石材，以免振动墙体影响质量或石片掉下伤人</td><td></td></tr>
<tr><td>混凝土电缆沟支模及钢筋绑扎</td><td>（1）模板平整、清洁、不破损、不变形、尺寸合适；钢筋强度等级应满足设计要求。
（2）确保模板的水平度和垂直度；模板拼接、支撑应严密、可靠，确保振捣中不走模、不漏浆；模板安装符合允许误差要求（截面内部尺寸± 10mm；表面平整度≤8mm；相邻板高低差≤2mm；相邻板缝隙≤3mm）。
（3）钢筋绑扎均匀、可靠；绑扎铁丝不露出混凝土本体；用于单芯电缆敷设的排管钢筋应避免形成闭合环路；受力钢筋的连接、绑扎等工艺符合规范要求。
（4）预埋件材质符合要求、应进行可靠固定、安装偏差符合要求（中心线位移≤10mm；埋入深度偏差≤5mm；垂直度偏差≤5mm）</td><td rowspan="2">（1）支模过程中，如需中途停歇，应将支撑、搭头、柱头板等钉牢。拆模间歇时，应将已活动的模板、牵杠、支撑等运走或妥善堆放，防止因踏空、扶空而坠落。
（2）模板上有预留洞者，应在安装后将洞口盖好，混凝土板上的顶留洞，应在模板拆除后即将洞口盖好。
（3）拆除模板一般用长撬棒，人不许站在正在拆除的模板上，拆模板时，要注意整块模板掉下，更要注意，防止模板突然全部掉落伤人。
（4）装拆模板时，作业人员要站立在安全地点进行操作，防止上下在同一垂直面工作；操作人员要主动避让吊物，增强自我保护和相互保护的安全意识。
（5）拆模必须一次性拆清，不得留下无撑模板。拆下的模板要及时清理，堆放整齐。
（6）搭设行车道板时，两头需搁置平稳，并用钉子固定，在平道板下面每隔 1.5m，需加横楞顶支撑。</td><td rowspan="2">（1）根据设计图纸检查钢筋的钢号、规格、直径，根数，间距是否正确特别要检查布筋的位置。
（2）检查钢筋表面是否有油渍、油漆、污垢和颗粒状铁锈。
（3）审核钢材的合格证、准用证、复试报告等质保资料是否符合要求。见证取样、送检，检测合格后方可使用。
（4）检查钢筋垂直允许偏差、水平、间距、排距的偏差。
（5）检查钢筋混凝土保护层厚度是否符合设计要求及相应规范。保护层垫块应尺寸统一。
（6）模板表面应清洁干净，均匀涂刷脱模剂，严禁使用废机油做脱模剂，模板成型后内部应无木块，纸及任何杂物。
（7）模板拆模时混凝土强度应符合设计要求，当设计无要求时应达到规范要求，方可拆模。并保证拆模时不损伤混凝土表面及棱角。</td></tr>
<tr><td>电缆沟混凝土浇筑及养护</td><td>（1）混凝土的强度等级不应低于 C25，宜采用商品混凝土；严寒或寒冷地区，混凝土应满足相关抗冻要求。</td></tr>
</table>

续表

作业顺序	质量控制重点	安全控制重点	监理重点
电缆沟混凝土浇筑及养护	（2）根据施工缝的设置要求，进行两次浇筑；捣固时间应控制在25～40s，应使混凝土表面呈现浮浆和不再沉落；混凝土浇筑后应平整表面并采取适当的养护措施，保证本体混凝土强度正常增长。 （3）混凝土结构的抗渗等级应不小于S6。 （4）电缆沟盖板搁置位置的保护支口措施采取适当，电缆沟支口的允许标高偏差≤5mm	（7）车道板单车行走不小于1.4m宽，双车来回不小于2.8m宽，在运料时，前后应保持一定车距，不准奔跑，抢道或超车。到终点卸料时，双手应扶牢车柄倒料，严禁双手脱把，以防翻车伤人。 （8）浇灌混凝土用脚手架，工前应检查，不符合脚手架规程要求，可拒绝使用。施工中应设专人对脚手架和模板.支撑进行检查维护，发现问题，及时处理。 （9）浇灌混凝土用的溜槽、串筒要连接安装牢固，防止堕落伤人。 （10）使用振动机前应检查电源电压，输电必须安装漏电开关，保护电源线路是否良好，电源线不得有接头，机械运转是否正常，振动机移动时，不能硬拉电线，更不能在钢筋和其他锐利物上拖拉，防止割破拉断电线而造成触电伤亡事故，振捣手要穿胶靴戴胶手套。 （11）混凝土搅拌机使用前要检查试运转情况，确信安全可靠再操作。混凝土搅拌机开动时、不准将工具人身伸向卷筒，也不准再向卷筒内投料。停产、换班或定期维护时，切记切断电源，锁住闸刀箱挂牢吊钩	（8）混凝土的原材料应符合设计要求和工程施工质量验收规范的规定。 （9）浇捣排管混凝土时应用220V手提式（直径为ϕ22m）振动器对混凝土进行分层浇捣。应保证混凝土的密实，浇捣工井混凝土时应用380V（直径为ϕ35m）插入式振动器对混凝土进行顺时针方向循环振捣。振捣时间应控制在每次20～45s之间。混凝土表面呈现浮浆和不再沉落为准，同时应掌握快插慢提边振边提的原则。 （10）接地棒应打入外侧，棒上端应保证在M3埋件位置500mm。并用扁钢（–40×6mm）焊接在M3埋件上，扁钢与钢管焊接处其长度为钢管直径的6倍（且至少3个棱边焊接）焊接长度应符合接地装置施工及验收规范要求
伸缩缝、施工缝设置及防水处理	（1）伸缩缝及竖向施工缝应根据电缆沟的长度、结构形式等情况进行设置；若条件许可，宜合并设置。 （2）在底板平面上方不小于300mm处应设置水平施工缝。 （3）在伸缩缝、施工缝处应采取适当的防水措施；浇筑伸缩缝用混凝土级别应高于原结构混凝土等级		
电缆沟盖板制作	（1）盖板为钢筋混凝土预制件，尺寸应严格配合电缆沟尺寸，表面应平整，四周宜设置预埋的护口件。 （2）一定数量的盖板上应设置伸缩拉环，盖板间的缝隙应在5mm左右		

续表

作业顺序	质量控制重点	安全控制重点	监理重点
支架安装	（1）电缆支架的层间垂直距离满足要求，同层支架敷设多根电缆时，应充分考虑更换或增设任意电缆的可能。 （2）采用型钢制作的支架应无毛刺，并采取防腐处理，并与接地线良好连接；采用复合材料的支架，应满足强度、安装及电缆敷设等相关要求。 （3）电缆支架应排列整齐，横平竖直		
竣工验收	（1）在验收时，应进行下列检查： 1）设备外观应完整无缺损伤。 2）设备安装是否满足施工验收规范。 3）接地应可靠。 （2）在验收时，应移交下列资料和文件： 1）施工图纸及设计变更说明文件。 2）制造厂产品说明书、合格证件及使用说明书等产品技术文件。 3）移交备品、备件		（1）审查材料出厂证件和试验资料是否齐全、合格；主要技术资料和施工记录是否齐全、合格；隐蔽工程验收记录是否齐全；工程质量验收是否齐全，工程质量事故及主要质量问题记录是否齐全。 （2）施工三级自检报告，工程质量验收记录是否齐全。 （3）审查工程初检申请表，组织监理初检，重点检查施工质量、工艺是否满足国家、行业标准及有关规程规范、合同、设计文件等要求。 （4）参与工程中间验收

电缆井工程

作业顺序	质量控制重点	安全控制重点	监理重点
施工准备阶段	（1）编写施工作业指导书，检查人、机、料配备情况。 （2）先查清图纸，再开挖足够数量的样洞（沟），摸清地下管线分布情况，以确定电缆敷设位置，确保不损伤运行电缆和其他地下管线设施。 （3）施工机械、工器具、材料，经试运行、检查性能完好，接地牢靠，满足使用要求	（1）掘路施工应做好防止交通事故的安全措施。施工区域应用标准路栏等进行分隔，并有明显标记，夜间施工人员应佩戴反光标志，施工地点应加挂警示灯。 （2）现场技术负责人和专职安全员应向所有参加施工作业人员进行安全技术交底，指明作业过程中的危险点及防范措施，接受交底人必须在交底记录和安全作业票上签字。 （3）加工区材料、半成品等应按品种、规格分别堆放整齐并设置材料标识牌。场区运输通道应平整通畅，松软通道应铺垫板	（1）审查施工单位质、安保证体系，人员到岗到位并持有效证件上岗。 （2）现场安全文明施工措施落实情况，并采集数码照片。 （3）检查施工单位派驻现场的主要管理人员是否与开工报审资料一致。如有变更必须经业主同意。 （4）检查开工资料是否齐全，是否符合相应规程规范要求。 （5）审查施工单位提交的施工组织设计，重点审查排管穿越道路、专业管道交叉、地基处理、土方、材料的堆放、机械作业以及地下或周围公用设施的保护措施等技术措施，以及材料设备采购与检验、土建施工、器材制作与安装、现场验收等关键工作的管理措施
基坑开挖	（1）电缆井的中心线及走向符合设计要求。 （2）基坑开挖采用机械开挖人工修槽的方法，机械挖土应严格控制标高，防止超挖或扰动地基，槽底设计标高以上200～300mm	（1）当机械开挖与人工开挖配合操作时，人员不得进入挖图机械作业半径内，必须进入时，待机械作业停止后，人员方可进坑底清理，边坡找平等作业。 （2）基坑周围严禁超堆荷载。软土基坑必须分层平衡开挖，层高不得超过1m。	（1）基坑开挖四周要有围护，夜间要有红色照明警示灯。电线必须用橡胶电缆，注意用电安全。在土方开挖过程中必须按规定进行围护的安全检查，做好相关记录。

续表

作业顺序	质量控制重点	安全控制重点	监理重点
基坑开挖	应用人工修整；超深开挖部分应采取换填级配良好的砂砾石或铺石灌浆等适当的处理措施，保证地基承载力及稳定性	（3）深基坑四周应设防护栏杆，人员上下要有专用爬梯。 （4）发生异常情况时，应停止挖土，立即清查原因和采取措施，方能继续挖土。 （5）用挖土机施工时，挖土机登封工作范围内不得有人进行其他工作，多台机械开挖，间距要大于 10m。 （6）基坑开挖至底标高后，坑底应及时封闭并进行基础工程的施工	（2）土方开挖前，首先了解场地的实际标高，周围的建筑物及地下电缆，管线等准确位置及标高，应独处并检查承包单位在施工前应对周边埋设的管材设施深度及与基坑距离、位置等进一步调查抢出，避免施工对周边管线设施产生不利影响。 （3）对坑及四周的场地进行平整，并确保平整后的场地标高不高于设计标高。 （4）采集现场数码照片（按国网基建安质〔2016〕56 号文要求）
电缆井垫层施工	（1）垫层材料宜采用混凝土；若采用其他材料，应根据工程实际情况合理选取并满足强度及工艺的相关要求。 （2）应确保垫层下的地基稳定且应夯实、平整；若有地下水应采取适当的处理措施，在垫层混凝土浇筑时应保证无水施工。 （3）垫层混凝土强度等级不低于 C10、密实、上表面平整		（1）根据设计图纸检查垫层所使用物料材质、厚度等是否符合设计图纸要求。 （2）基坑底部夯实，垫层表面要平整。 （3）采集现场数码照片（按国网基建安质〔2016〕56 号文要求）
电缆井支模及钢筋绑扎	（1）模板平整、清洁、不破损、不变形、尺寸合适；钢筋强度等级应满足设计要求。 （2）确保模板的水平度和垂直度；模板拼接、支撑应严密、可靠，确保振捣中不走模、不漏浆；模板安装符合允许误差要求（截面内部尺寸−5～4mm；表面平整度≤5mm；相邻板高低差≤2mm；相邻板缝隙≤3mm）。	（1）支模过程中，如需中途停歇，应将支撑、搭头、柱头板等钉牢。拆模间歇时，应将已活动的模板、牵杠、支撑等运走或妥善堆放，防止因踏空、扶空而坠落。 （2）模板上有预留洞者，应在安装后将洞口盖好，混凝土板上的顶留洞，应在模板拆除后即将洞口盖好。	（1）校对该工程电气设计图所示的方位、走向是否与施工图走向相符，以确保工程走向的正确可靠性。 （2）根据设计图纸检查钢筋的钢号、规格、直径，根数，间距是否正确特别要检查布筋的位置。 （3）检查钢筋表面是否有油渍、油漆、污垢和颗粒状铁锈。

续表

<table>
<tr><th>作业顺序</th><th>质量控制重点</th><th>安全控制重点</th><th>监理重点</th></tr>
<tr><td>电缆井支模及钢筋绑扎</td><td>（3）钢筋绑扎均匀、可靠；绑扎铁丝不露出混凝土本体；用于单芯电缆敷设的排管钢筋应避免形成闭合环路；受力钢筋的连接、绑扎等工艺符合规范要求。
（4）排水沟及集水坑与侧壁保持足够距离，不影响基坑施工；地坪施工做好结构防水；排水横管预埋在结构层内，立管靠侧墙布置，不影响电缆敷设</td><td rowspan="2">（3）拆除模板一般用长撬棒，人不许站在正在拆除的模板上，在模板时，要注意整块模板掉下，更要注意，防止模板突然全部掉落伤人。
（4）装拆模板时，作业人员要站立在安全地点进行操作，防止上下在同一垂直面工作；操作人员要主动避让吊物，增强自我保护和相互保护的安全意识。
（5）拆模必须一次性拆清，不得留下无撑模板。拆下的模板要及时清理，堆放整齐。
（6）搭设行车道板时，两头需搁置平稳，并用钉子固定，在平道板下面每隔 1.5m，需加横楞顶支撑。
（7）车道板单车行走不小于 1.4m 宽，双车来回不小于 2.8m 宽，在运料时，前后应保持一定车距，不准奔跑，抢道或超车。到终点卸料时，双手应扶牢车柄倒料，严禁双手脱把，以防翻车伤人。
（8）浇灌混凝土用脚手架，工前应检查，不符合脚手架规程要求，可拒绝使用。施工中应设专人对脚手架和模板、支撑进行检查维护，发现问题，及时处理。
（9）浇灌混凝土用的溜槽、串筒要连接安装牢固，防止堕落伤人</td><td rowspan="2">（4）审核钢材的合格证、准用证、复试报告等质保资料是否符合要求。见证取样、送检，检测合格后方可使用。
（5）检查钢筋垂直允许偏差、水平、间距、排距的偏差。
（6）检查钢筋混凝土保护层厚度是否符合设计要求及相应规范。保护层垫块应尺寸统一。
（7）模板表面应清洁干净，均匀涂刷脱模剂，严禁使用废机油做脱模剂，模板成型后内部应无木块，纸及任何杂物。
（8）模板拆模时混凝土强度应符合设计要求，当设计无要求时应达到规范要求，方可拆模。并保证拆模时不损伤混凝土表面及棱角。
（9）混凝土的原材料应符合设计要求和工程施工质量验收规范的规定。
（10）浇捣工井混凝土时应用 380V（直径为ϕ35m）插入式振动器对混凝土进行顺时针方向循环振捣。振捣时间应控制在每次 20～45s 之间。混凝土表面呈现浮浆和不再沉落为准，同时应掌握快插慢提边振边提的原则。
（11）接地棒应打入井外侧，棒上端应保证在 M3 埋件位置 500mm。并用扁钢（–40×6mm）焊接在 M3 埋件上，扁钢与钢管焊接处其长度为钢管直径的 6 倍（且至少 3 个棱边焊接）焊接长度应符合接地装置施工及验收规范要求。</td></tr>
<tr><td>电缆井混凝土浇筑与养护</td><td>（1）混凝土的强度等级不应低于 C25，宜采用商品混凝土；严寒或寒冷地区，混凝土应满足相关抗冻要求。
（2）捣固时间应控制在 25～40s，应使混凝土表面呈现浮浆和不再沉落；混凝土浇筑后应平整表面并采取适当的养护措施，保证本体混凝土强度正常增长。
（3）混凝土结构的抗渗等级应不小于 S6</td></tr>
</table>

续表

作业顺序	质量控制重点	安全控制重点	监理重点
电缆井盖安装	（1）井盖满足强度、防水、防震、防跳、耐老化、耐磨、耐极端气温等使用要求；井盖使用寿命不小于 30 年。 （2）井盖安装满足密封性、防水性要求；井座外框与工井顶板预留出入孔的外圈边线重叠；井盖与路面保持平整；采用的铁制构件防腐处理满足要求。 （3）满足防盗要求	（10）使用振动机前应检查电源电压，输电必须安装漏电开关，保护电源线路是否良好，电源线不得有接头，机械运转是否正常，振动机移动时，不能硬拉电线，更不能在钢筋和其他锐利物上拖拉，防止割破拉断电线而造成触电伤亡事故，振捣手要穿胶靴戴胶手套。 （11）混凝土搅拌机使用前要检查试运转情况，确信安全可靠再操作。混凝土搅拌机开动时、不准将工具人身伸向卷筒，也不准再向卷筒内投料。停产、换班或定期维护时，切记切断电源，锁住闸刀箱挂牢吊钩	（12）工井内预埋件与接地扁钢应形成四周环网，同时顶板吊架的接地应满足接地要求。接地扁钢应用搭接焊、焊缝长度应为其宽度的 2 倍（且至少三个棱边焊接）。焊缝厚度不小于 5mm，安装完毕后应进行接地电阻摇测。 （13）接地扁钢焊接进应检查焊接质量，不应有咬边、夹砂、气孔，虚焊等缺陷，焊接完成后应作防腐处理，涂刷红丹漆二度、黑漆一度，在 M3 扁钢旁涂刷 100mm 黄绿相间的斑马线条
竣工验收	（1）在验收时，应进行下列检查： 1）设备外观应完整无缺损伤。 2）设备安装是否满足施工验收规范。 3）接地应可靠。 （2）在验收时，应移交下列资料和文件： 1）施工图纸及设计变更说明文件。 2）制造厂产品说明书、合格证件及使用说明书等产品技术文件。 3）移交备品、备件		（1）审查材料出厂证件和试验资料是否齐全、合格；主要技术资料和施工记录是否齐全、合格；隐蔽工程验收记录是否齐全；工程质量验收是否齐全，工程质量事故及主要质量问题记录是否齐全。 （2）施工三级自检报告，工程质量验收记录是否齐全。 （3）审查工程初检申请表，组织监理初检，重点检查施工质量、工艺是否满足国家、行业标准及有关规程规范、合同、设计文件等要求。 （4）参与工程中间验收

电力电缆交流耐压试验作业

作业顺序	质量控制重点	安全控制重点	监理作业重点
试验准备工作	（1）根据试验性质、设备参数，电缆长度，编写试验方案。 （2）了解现场试验条件，落实试验所需配合工作。 （3）了解被试设备出厂和历史试验数据，确认设备状态。 （4）准备试验用仪器仪表，所用仪器仪表良好，有校验要求的仪表应在校验周期内	（1）进入试验现场，试验人员必须正确佩戴安全帽，穿绝缘鞋，操作人员站在绝缘垫上。 （2）开始试验前，负责人应对全体试验人员详细说明试验中的安全注意事项。根据带电设备的电压等级，试验人员应注意保持与带电体的安全距离不应小于安规中规定的距离。 （3）试验区应装设专用遮栏或围栏，应向外悬挂“止步，高压危险！”的标示牌，并有专人监护，严禁非试验人员进入试验场地。 （4）试验过程应派专人监护，升压时进行呼唱，试验人员在试验过程中注意力应高度集中，防止异常情况的发生。当出现异常情况时，应立即停止试验，查明原因后，方可继续试验。 （5）工作中如需使用登高工具时，应做好防止设备损坏和人员高空摔跌的安全措施。 （6）试验器具的接地端和金属外壳应可靠接地，试验仪器与设备的接线应牢固可靠。	（1）检查试验设备检测合格证是否在有效期内。 （2）检查试验作业人员是否持证上岗。 （3）检查试验作业指导书或方案

续表

作业顺序	质量控制重点	安全控制重点	监理作业重点
试验准备工作		（7）高压试验应在天气良好的情况下进行，遇雷雨大风等天气应停止试验，禁止在雨天和湿度大于 80%时进行试验，保持设备绝缘清洁 （8）进行试验接。线前，以及试验结束后，对被试电缆进行充分放电，加压试验期间，非被试电缆短路接地 试验结束后，恢复被试设备原来状态，进行检查和清理现场	
试验设备进场、吊装就位	（1）选用合适等级的吊车进行吊装。 （2）试验设备应尽可能靠近被试电力电缆	（1）严禁在起吊的重物和起重机吊臂下行走或停留。 （2）起吊绳强度足够并有裕度。高空作业时必须系好安全带。 （3）正确戴好安全帽	（1）对试验进行安全旁站。主要内容：专职安全员是否到岗，试验现场的安全技术措施试验方案是否一致。采集数码照片并填写旁站记录表。 （2）对试验进行巡视检查。重点检查：是否按 GB 50150—2006《电气装置安装工程　电气设备交接试验标准》完成了交接试验，试验项目是否齐全、结论是否合格。 （3）审查调试报告报审表
试验接线	（1）被试电力电缆若装有护层过电压保护器时，须将护层过电压保护器短接接地； （2）对电缆主绝缘测量绝缘电阻或做耐压试验时，应分别在每一相上进行，其他两相导体、电缆两端的金属屏蔽或金属护套和铠装层接地	高压引线应尽可能短，绝缘距离足够，试验接线准确无误且连接可靠	（1）对试验进行安全旁站。主要内容：专职安全员是否到岗，试验现场的安全技术措施试验方案是否一致。采集数码照片并填写旁站记录表。 （2）对试验进行巡视检查。重点检查：是否按 GB 50150—2006《电气装置安装工程　电气设备交接试验标准》完成了交接试验，试验项目是否齐全、结论是否合格。 （3）审查调试报告报审表

续表

<table>
<tr><th>作业顺序</th><th>质量控制重点</th><th>安全控制重点</th><th>监理作业重点</th></tr>
<tr><td>试验设备空升检查</td><td>试验设备控制和保护回路工作正常，在试验电压下绝缘正常</td><td rowspan="3">（1）测量后应对被试相进行充分放电。
（2）测量并记录环境温度和湿度</td><td rowspan="3">（1）对试验进行安全旁站。主要内容：专职安全员是否到岗，试验现场的安全技术措施试验方案是否一致。采集数码照片并填写旁站记录表。
（2）对试验进行巡视检查。重点检查：是否按GB 50150—2006《电气装置安装工程　电气设备交接试验标准》完成了交接试验，试验项目是否齐全、结论是否合格。
（3）审查调试报告报审表</td></tr>
<tr><td>加压前主绝缘电阻测量</td><td>（1）采用2500或5000V电压等级绝缘电阻表测量。
（2）满足相应标准要求</td></tr>
<tr><td>电抗器调整</td><td>在试验电压下的工作电流不超出试验设备和电源的容量限制。试验电压频率在30～300Hz范围，推荐使用45～65Hz谐振耐压试验频率</td></tr>
<tr><td>加压</td><td>试验电压根据《电力电缆交接和预防性试验补充规定》选取</td><td>（1）加压过程应有专人监护，全体试验人员应精力集中，随时准备异常情况发生
（2）一旦出现放电和击穿现象，应听从试验负责人的指挥，将电压降至零，切除试验电源，情况分析清楚后方可重新进行试验即可</td><td>（1）对试验进行安全旁站。主要内容：专职安全员是否到岗，试验现场的安全技术措施试验方案是否一致。采集数码照片并填写旁站记录表。
（2）对试验进行巡视检查。重点检查：是否按GB 50150—2006《电气装置安装工程　电气设备交接试验标准》完成了交接试验，试验项目是否齐全、结论是否合格。
（3）审查调试报告报审表</td></tr>
</table>

续表

作业顺序	质量控制重点	安全控制重点	监理作业重点
加压后绝缘电阻测量	（1）采用2500V或5000V电压等级绝缘电阻表测量。 （2）绝缘电阻值在加压前后应无明显变化	测量后应对被试相进行充分放电	（1）对试验进行安全旁站。主要内容：专职安全员是否到岗，试验现场的安全技术措施试验方案是否一致。采集数码照片并填写旁站记录表。 （2）对试验进行巡视检查。重点检查：是否按GB 50150—2006《电气装置安装工程 电气设备交接试验标准》完成了交接试验，试验项目是否齐全、结论是否合格。 （3）审查调试报告报审表
试验拆线	拆除所有试验接线，恢复设备状态	仔细检查所有试验接线是否拆除	审查调试报告报审表

电力电缆顶管工程

作业顺序	质量控制重点	安全控制重点	监理作业重点
施工准备阶段	（1）首先对拟穿越地段进行踏勘，查明该地段建筑基础、地下障碍物及地下公用管线的种类、位置、埋深、走向以及管材、尺寸。再利用管线探测仪进一步确定地下各种管线的走向及深度。最后根据相关部门的管位交底进行复核。 （2）查明拟穿越地段的土层结构、分布特征和工程地质性质。 （3）场地平整、确定钻机位置、入土点、出土点以及造斜段长度等。 （4）通过勘测结果进行导向孔轨迹设计，定出最合适的轨迹。 （5）所有施工机械设备登记、检查进入施工现场。 （6）接通水和电，准备好泥浆泵、清水泵。 （7）配制泥浆，根据土质配制相应浓度的泥浆	（1）严格执行有关安全生产制度和安全技术操作规程。认真进行安全技术教育和安全技术交底，及时排除不安全因素，确保安全施工。 （2）新进工人必须经安全教育和培训就上岗作业，特种作业人员必须由专门安全培训，持特种作业操作证上岗等。 （3）做好安全防护，在施工区域设置围挡，严禁施工以外人员进入施工区域。 （4）所使用物料放置指定安全区域，摆放整齐、规整，不得混放。 （5）做好临时用电的安全措施	（1）审查施工项目部管理人员资格。 （2）审查施工项目部报审的项目管理实施规划。 （3）参加业主项目部组织的设计交底及施工图会检。 （4）检查施工的技术交底情况。 （5）审查施工项目部报审的施工方案。 （6）工程若有分包，审查施工分包申请表、分包计划报审表及相关资料。 （7）检查“一票一案”编制准备执行情况。 （8）审查施工单位工程开工资料报审表及相关资料
现场勘察	（1）原有地下管线及设施的直径和埋深，原有电缆线路的走向等情况，并在地面作好标记。 （2）工程地质和水文地质条件，沿管线地质土层变化频繁，顶管施工未了解地质土层的变化情况	（1）顶管施工的地层一般会通过淤泥层，腐烂动、植物体会在地下形成有毒有害气体聚集体，如果在顶管施工时没有对有毒有害气体进行检测，也没有采取通风等措施，则施工人员在这样的作业环境下极易发生中毒事故，危害施工人员的健康和生命。	

续表

作业顺序	质量控制重点	安全控制重点	监理作业重点
现场勘察		（2）顶管在建（构）筑物基础下或附近施工时，没有明确施工路线上所遇到的基础类型，对于部分基础在顶进前未采取托换、加固等措施，而在顶进过程中又没有控制好顶力和顶进方向，则容易造成周边建（构）筑物开裂或倒塌	
导向钻进	（1）通过设计、物探等手段查明管道拟穿越地段的土层结构和分布特征、工程地质性质及地震设防烈度、建筑基础、地下障碍物及各类管线的平面位置和走向、类型名称、埋设深度、材料和尺寸等；与各类地下管道、地下构筑物、道路、铁路、通信、树木等之间保证一定的净距。 （2）入土段和出土段钻孔应是直线，且这两段直线钻孔的长度不小于 10m；导向孔轨迹的弯曲半径满足电缆敷设需要。 （3）穿越地下土层的最小覆盖深度大于最终回扩直径的 6；每孔拖管最多 9 孔。 （4）定向钻进拖拉施工中的护孔泥浆应根据地质条件合理使用，黏度应能维护孔壁的稳定，并将钻屑携带到地表。 （5）钻机应安装在管道中心线延伸的起始位置。 （6）调整机架方位应符合设计的钻孔轴线。	（1）施工方法的选择，施工设备的选用，人员的配备及人员的素质水平等，将会影响到施工安全。 （2）设计方案的可靠性、科学性、针对性与否也会影响到施工过程的安全。 （3）施工过程中严禁酒后作业。 （4）施工临时用电要做好绝缘保护工作，电器设备要安全接地。 （5）钻机及其他机械必须在施工前进行检查保养。 （6）导向孔完成后，卸下起始杆和导向钻头，换回扩钻头进行回扩	（1）审查施工方案，重点审查定向钻孔轨迹线设计，审查穿越公路安全的保证措施，审查应急预案。 （2）审查现场开工条件及安全防护措施。 （3）采集现场数码照片（按国网基建安质〔2016〕56 号文要求）

作业顺序	质量控制重点	安全控制重点	监理作业重点
导向钻进	（7）按钻机倾角指示装置调整机架，应符合轨迹设计规定的入土角，施工前应用探测仪复查或采用测量计算的方法复核。 （8）钻机安装后，起钻前应用锚杆锚固，满足钻机回拉力支撑要求。 （9）钻杆的机械性能主要是强度和扭矩，其规格、型号应符合扩孔扭矩和回拉力的要求；钻杆的螺纹应洁净，旋扣前应涂上丝扣油；弯曲和有损伤的钻杆不得使用；钻杆内不得混进土体和杂物以免堵塞钻杆和钻具的喷嘴。 （10）钻机开动后，必须先进行试运转，时间不少于 15min，确定各部分运转正常后方可钻进；首根钻杆入土钻进时，应采用轻压慢转的方法，稳定入土点位置，符合设计入土倾角后方可开始。造斜段曲线钻进时，应按地层条件及时调定推进力，防止钻杆发生过度弯曲		
预扩孔	（1）在导向孔施工完成后，进行扩孔施工。扩孔的直径一般为所要敷设管道的外包络直径的 1.2 倍。当扩孔的直径较大时，需要用不同直径的扩孔钻头从小到大逐级将导向孔扩大至设计终孔直径。	（1）回扩过程中始终保持工作坑内泥浆液面高度高于钻孔标高，回扩须分次回扩，最后一次回扩合理采用相应钻头。 （2）如回拖力和回扩扭矩较大，则需多回扩一次，以利孔壁成型和稳定。	（1）收集相关资料。 （2）检查现场安全文明施工措施落实情况。 （3）采集数码照片（按国网基建安质〔2016〕56 号文要求）

续表

作业顺序	质量控制重点	安全控制重点	监理作业重点
预扩孔	（2）在扩孔的同时要不断向孔内注入化学泥浆，以便排出扩孔时所切削下来的泥土、钻屑，防止孔壁坍塌以及减小回拖阻力. （3）施工时要连续进行，保证钻孔中的泥浆黏度适中处于一种黏滞状态，使泥浆没有时间沉淀，保证孔壁稳定性。在预孔时扩孔速度不能太快，扩孔时间应大于 3 分钟/根，并均速扩孔不得忽快忽慢，使孔内泥浆均匀分布，严禁回扩器向扩孔方向反推以减少泥浆的不均匀分布。 （4）在预扩孔及回拖拉管过程中，孔内将会涌出大量的泥浆，为了观察孔内土质变化及保护施工环境，工作井内的泥浆必须及时抽出运走，施工过程中两侧工作井旁必须配备一台挖掘机及泥浆泵，进行泥浆清理，以保证回拖拉管工序连续进行。 （5）施工前必须利用物探手段结合开样槽方式对地下原有管线进行详查，对地下原有管线准确定位，并采取相应的保护措施，以确保地下原有管线的安全。 （6）连接的顺序为：管道万向节短节扩孔器钻杆	（3）扩孔的回拉力、转速、钻进液流量等技术参数应认真记录，密切关注其变化。 （4）定向钻进及扩孔应按地层条件配制泥浆，泥浆性能指标的调整应符合要求。护孔泥浆应在专用的搅拌器中配制，并具有足够的供应量，从钻孔中返回的泥浆应及时外运，满足工程文明施工和环保要求处理。 （5）护孔泥浆压力应视不同扩孔阶段分别选用泥浆压力和流量	

续表

作业顺序	质量控制重点	安全控制重点	监理作业重点
回拉铺管	（1）为了回拖管道的顺利，出钻处地形平坦，在布管的同事，对管道即将布放的地面进行净化处理，清理砖块等硬物，防止回拖时对管道造成破坏。 （2）在现场条件允许的情况下，管道发送尽量采用挖发送沟。 （3）管道进洞时，时管道形成一定弯曲弧度，弧度大小要与出钻角度保持一致，来减少管线的回拖力和降低管道弯曲强度。 （4）现场条件允许的情况下所拖管道必须一次性热熔完成，不允许二次热熔，为保证管线在最短时间内回拖完毕，管道安装必须在托管前 8h 完成。 （5）热熔完成后，管两端必须封口，保证管内清洁。 （6）回拖管材前应检查管道连接的热熔焊接质量，待焊接自然冷却后，检查合格方能进行托管。 （7）由于拖拉管特殊的施工工艺，在随后的回扩操作可能改变钻孔的位置，为了减少偏离，不同地层要采用不同的回扩器	（1）回拖管材施工中，机操手应密切注意钻机回拖力，扭矩变化，采取措施尽可能的减少管材与地面的摩擦阻力。 （2）回拉管道前应检查管道连接的焊接质量、防腐质量，检查合格方能进行回拉管道。 （3）管道拖拉就位后，砌筑检查井。管道与检查井墙接头处应安放遇水膨胀橡胶止水圈等止水材料。检查井外侧回填时，先回填中粗砂至管顶以上 0.5m，分层浇水密实	（1）收集相关资料。 （2）检查现场安全文明施工措施落实情况。 （3）采集数码照片（按国网基建安质〔2016〕56 号文要求）

续表

作业顺序	质量控制重点	安全控制重点	监理作业重点
竣工验收	（1）在验收时，应进行下列检查： 1）设备外观应完整无缺损伤。 2）设备安装是否满足施工验收规范。 3）接地应可靠。 （2）在验收时，应移交下列资料和文件： 1）施工图纸及设计变更说明文件。 2）制造厂产品说明书、合格证件及使用说明书等产品技术文件。 3）移交备品、备件		（1）审查材料出厂证件和试验资料是否齐全、合格；主要技术资料和施工记录是否齐全、合格；隐蔽工程验收记录是否齐全；工程质量验收是否齐全，工程质量事故及主要质量问题记录是否齐全。 （2）施工三级自检报告，工程质量验收记录是否齐全。 （3）审查工程初检申请表，组织监理初检，重点检查施工质量、工艺是否满足国家、行业标准及有关规程规范、合同、设计文件等要求。 （4）参与工程中间验收

35kV 及以下真空断路器交接验收电气试验作业

作业顺序	质量控制重点	安全控制重点	监理作业重点
试验准备工作	（1）根据试验性质、设备参数，确定试验项目。 （2）了解现场试验条件，落实试验所需配合工作。 （3）了解被试设备出厂和历史试验数据，分析设备状况。 （4）准备试验用仪器仪表，所用仪器仪表良好，有校验要求的仪表应在校验周期内	（1）进入试验现场，试验人员必须正确佩戴安全帽，穿绝缘鞋，操作人员站在绝缘垫上。 （2）开始试验前，负责人应对全体试验人员详细说明试验中的安全注意事项。根据带电设备的电压等级，试验人员应注意保持与带电体的安全距离不应小于《安规》中规定的距离。 （3）试验区应装设专用遮栏或围栏，应向外悬挂“止步，高压危险！”的标示牌，并有专人监护，严禁非试验人员进入试验场地。 （4）试验过程应派专人监护，升压时进行呼唱，试验人员在试验过程中注意力应高度集中，防止异常情况的发生。当出现异常情况时，应立即停止试验，查明原因后，方可继续试验。 （5）工作中如需使用登高工具时，应做好防止设备损坏和人员高空摔跌的安全措施。 （6）试验器具的接地端和金属外壳应可靠接地，试验仪器与设备的接线应牢固可靠。 （7）高压试验应在天气良好的情况下进行，遇雷雨大风等天气应停止试验，禁止在雨天和湿度大于 80%时进行试验，保持设备绝缘清洁。 （8）试验前须将断路器的二次控制回路的直流电源拉掉。 试验结束后，恢复被试设备原来状态，进行检查和清理现场	（1）检查试验设备检测合格证是否在有效期内。 （2）检查试验作业人员是否持证上岗。 （3）检查试验作业指导书。 （4）检查试验单位修试资质是否合格

续表

作业顺序	质量控制重点	安全控制重点	监理作业重点
测量绝缘拉杆的绝缘电阻	在常温下 3～15kV 不应低于 1200MΩ	测量后应充分放电	（1）对试验进行安全旁站。主要内容：专职安全员是否到岗，试验现场的安全技术措施试验方案是否一致。采集数码照片并填写旁站记录表。 （2）对试验进行巡视检查。重点检查：是否按 GB 50150—2006《电气装置安装工程　电气设备交接试验标准》完成了交接试验，试验项目是否齐全、结论是否合格。 （3）审查调试报告报审表
分、合闸线圈的直流电阻和绝缘电阻	（1）绝缘电阻不低于 10MΩ。 （2）直流电阻应符合制造厂规定		
导电回路电阻	（1）应在断路器的额定操作电压、气压或液压下进行合闸。 （2）导电回路电阻应测量多次后取其平均值。 （3）导电回路电阻值应符合产品技术条件的规定	接线时应做好防止高空坠落措施和注意保持与带电设备距离	
分、合闸电磁铁的最低动作电压	（1）在额定操动电压的 85%～110%内应能可靠合闸。 （2）在额定操动电压的 30%～65%内应能可靠分闸。 （3）进口设备按制造厂规定若供求双方另有协定，应按协定要求	采用外接直流电源时，应防止串入站内运行直流系统	
测量分、合闸时间以及各断口间的同期性	（1）核对分、合闸线圈铭牌标注的额定动作电压。 （2）采用变电所内运行的直流系统前应了解二次回路。 （3）应在断路器的额定操作电压、气压或液压下进行测量分、合闸时间	试验人员应注意保持与带电体的安全距离不应小于安规中规定的距离	

续表

<table>
<tr><th>作业顺序</th><th>质量控制重点</th><th>安全控制重点</th><th>监理作业重点</th></tr>
<tr><td>测量短路器合闸时的弹跳时间</td><td>断路器合闸过程中触头接触后的弹跳时间，不应大于 2ms</td><td rowspan="2"></td><td rowspan="2"></td></tr>
<tr><td>交流耐压试验</td><td>（1）合闸状态下，1min 工频耐压有效值（kV）
<table><tr><th>额定电压（kV）</th><th>耐压值（kV）</th></tr><tr><td>7.2</td><td>21</td></tr><tr><td>12</td><td>27</td></tr><tr><td>40.5</td><td>72</td></tr></table>
（2）分闸状态下真空灭弧室断口间的试验电压应按产品技术条件的规定，试验中不应发生贯穿性放电。
（3）交流耐压试验时加至试验标准电压后的持续时间，无特殊说明时，应为 1min</td></tr>
</table>

35kV 变压器交接验收电气试验作业

作业顺序	质量控制重点	安全控制重点	监理作业重点
试验准备工作	（1）根据试验性质、设备参数和结构，确定试验项目，编写交接验收电气试验方案。 （2）了解现场试验条件，落实试验所需配合工作。 （3）了解被试设备出厂和历史试验数据，分析设备状况。 （4）准备试验用仪器仪表，所用仪器仪表良好，有校验要求的仪表应在校验周期内	（1）进入试验现场，试验人员必须正确佩戴安全帽，穿绝缘鞋，试验操作人员应站在绝缘垫上操作。 （2）高压试验区应装设专用遮栏或围栏，向外悬挂“止步，高压危险！”的标示牌，并有专人监护，严禁非试验人员进入试验场地。 （3）开始试验前，负责人应对全体试验人员详细说明试验中的安全注意事项。根据带电设备的电压等级，试验人员应注意保持与带电体的安全距离不应小于《安规》中规定的距离。 （4）试验过程应派专人监护，升压时进行呼唱，试验人员在试验过程中注意力应高度集中，防止异常情况的发生。当出现异常情况时，应立即停止试验，查明原因后，方可继续试验。 （5）工作中如需使用登高工具时，应做好防止设备件损坏和人员高空摔跌的安全措施。 （6）试验器具的接地端和金属外壳应可靠接地，试验仪器与设备的接线应牢固可靠。	（1）检查试验设备检测合格证是否在有效期内。 （2）检查试验作业人员是否持证上岗。 （3）检查试验作业指导书。 （4）检查试验单位修试资质是否合格

<table>
<tr><th>作业顺序</th><th>质量控制重点</th><th>安全控制重点</th><th>监理作业重点</th></tr>
<tr><td>试验准备工作</td><td></td><td>（7）试验应在天气良好的情况下进行，遇雷雨大风等天气应停止试验，禁止在雨天和湿度大于 80%时进行试验，保持设备绝缘表面清洁。
（8）拆除被试变压器各侧绕组与系统高压的一切引线，试验前，将被试变压器各侧绕组短路接地，充分放电。放电时应采用专用绝缘工具，不得用手触碰放电导线。
（9）改接试验接线前，将被试变压器试验侧绕组短路接地，充分放电。放电时应采用专用绝缘工具，不得用手触碰放电导线。
（10）任一绕组测试完毕，应进行充分放电后，才能更改接线。
试验结束后，恢复被试设备原来状态，进行检查和清理现场</td><td></td></tr>
<tr><td>绕组连同套管的绝缘电阻、吸收比</td><td>（1）绝缘电阻值不应低于同温度下产品出厂试验值的 70%。
（2）吸收比（10℃～30℃范围）不低于 1.3</td><td rowspan="2">试验人员应注意保持与带电体的安全距离不应小于安规中规定的距离</td><td rowspan="2">（1）对试验进行安全旁站。主要内容：专职安全员是否到岗，试验现场的安全技术措施试验方案是否一致。采集数码照片并填写旁站记录表。
（2）对试验进行巡视检查。重点检查：是否按 GB 50150—2006《电气装置安装工程 电气设备交接试验标准》完成了交接试验，试验项目是否齐全、结论是否合格。
（3）审查调试报告报审表</td></tr>
<tr><td>绕组连同套管的直流泄漏</td><td>（1）试验电压一般如下：<table><tr><td>绕组额定电压（kV）</td><td>10</td><td>20～35</td></tr><tr><td>直流试验电压（kV）</td><td>10</td><td>20</td></tr></table>（2）换算至 20℃，泄漏电流值不应大于 50μA</td></tr>
</table>

续表

作业顺序	质量控制重点	安全控制重点	监理作业重点
绕组连同套管的介质损耗	（1）tanδ 值不应大于产品出厂值的 130%。 （2）试验电压 10kV	（1）应排除干扰以保证测量结果的可靠性。 （2）试验中高压测试线电压为 10kV，应注意其对地绝缘	
直流电阻	（1）三相绕组电阻同温下相互间的差别不应大于三相平均值的 2%，无中性点引出的绕组，线间差别不应大于三相平均值的 1%。 （2）与出厂相同部位测得值同温比较，其变化不应大于 2%	（1）任一绕组测试完毕，应进行充分放电。 （2）必须准确记录变压器顶层油温	
铁芯的绝缘电阻	与以前测试结果相比无显著差别	（1）试验完毕后必须对铁芯进行充分放电。 （2）将铁芯的外引出接地及时恢复原有状态，并接地可靠	
夹件的绝缘电阻			
绕组的电压比与校核变压器接线组别	（1）各相应接头的电压比与铭牌值相比，不应有显著差别，且符合规律。 （2）额定分接电压比允许偏差为。±0.5%，其他分接的电压比应在变压器阻抗电压值（%）的 1/10 以内，但不得超过±1%。 （3）校核变压器极性必须与变压器铭牌和顶盖上的端子标志相一致	（1）高低压线不能接反，否则将产生高压，危及人身及仪器安全。 （2）测试前应正确输入被测变压器的接线组别	
绕组低电压短路阻抗	与出厂试验值相比，无明显变化	（1）选择或设置的所有参数必须与实际情况一一对应。 （2）用于短接的导线或导体应采用低阻抗的导线，并尽可能短	

续表

作业顺序	质量控制重点	安全控制重点	监理作业重点
有载分接开关试验	（1）过渡电阻值符合制造厂规定。 （2）过渡电阻值与铭牌值比较偏差不大于±10%。 （3）每对触头的接触电阻不大于500μΩ。 正反方向的切换程序与时间均应符合制造厂要求	（1）应保持测试夹与被测绕组接触良好。 （2）对于长时间未切换的有载开关，测试前应多次切合，磨除触头表面氧化层及触头间杂质	
交流耐压	试验电压为出厂值的85%	（1）交流耐压试验必须在被试变压器在全部安装结束注油后静止24h才可进行。 （2）各项非破坏性试验全部结束，并综合分析试验结果全部合格后，方可进行交流耐压试验。 （3）耐压试验后各绕组绝缘电阻与耐压试验前应无明显差别（换算至同一温度下）	

隔离开关电气试验作业

作业顺序	质量控制重点	安全控制重点	监理作业重点
试验准备工作	（1）根据试验性质、设备参数，确定试验项目。 （2）了解现场试验条件，落实试验所需配合工作。 （3）了解被试设备出厂和历史试验数据，分析设备状况。 （4）准备试验用仪器仪表，所用仪器仪表良好，有校验要求的仪表应在校验周期内	（1）进入试验现场，试验人员必须正确佩戴安全帽，穿绝缘鞋，操作人员站在绝缘垫上。 （2）开始试验前，负责人应对全体试验人员详细说明试验中的安全注意事项。根据带电设备的电压等级，试验人员应注意保持与带电体的安全距离不应小于安规中规定的距离。 （3）试验区应装设专用遮栏或围栏，应向外悬挂“止步，高压危险！”的标示牌，并有专人监护，严禁非试验人员进入试验场地。 （4）试验过程应派专人监护，升压时进行呼唱，试验人员在试验过程中注意力应高度集中，防止异常情况的发生。当出现异常情况时，应立即停止试验，查明原因后，方可继续试验。 （5）工作中如需使用登高工具时，应做好防止设备损坏和人员高空摔跌的安全措施。 （6）试验器具的接地端和金属外壳应可靠接地，试验仪器与设备的接线应牢固可靠 （7）高压试验应在天气良好的情况下进行，遇雷雨大风等天气应停止试验，禁止在雨天和湿度大于 80%时进行试验，保持设备绝缘清洁。	（1）检查试验设备检测合格证是否在有效期内。 （2）检查试验作业人员是否持证上岗。 （3）检查试验作业指导书。 （4）检查试验单位修试资质是否合格

续表

作业顺序	质量控制重点	安全控制重点	监理作业重点
试验准备工作		（8）在试验中，应停下与此隔离开关相连设备（如电流互感器、断路器等）的工作，并提醒相关工作人员。 （9）试验结束后，恢复被试设备原来状态，进行检查和清理现场	
有机绝缘支持绝缘子及提升杆的绝缘电阻	交接验收时，电压等级 3～15kV，不应低于 1200MΩ，20～35kV，不应低于 3000MΩ	绝缘电阻测量前后应充分放电	（1）对试验进行安全旁站。主要内容：专职安全员是否到岗，试验现场的安全技术措施试验方案是否一致。采集数码照片并填写旁站记录表。 （2）对试验进行巡视检查。重点检查：是否按 GB 50150—2006《电气装置安装工程 电气设备交接试验标准》完成了交接试验，试验项目是否齐全、结论是否合格。 （3）审查调试报告报审表
测量主回路电阻	（1）交接验收时，应符合制造厂产品技术规定。 （2）大修后，不应大于出厂值的 1.5 倍。 （3）运行中，一般不做本项目	接线时应做好防止高空坠落措施和注意保持与带电设备距离	
测量辅助回路和控制回路绝缘电阻	绝缘电阻不小于 2MΩ	绝缘电阻测量前后应充分放电	
辅助回路和控制回路工频耐压试验	交接验收和大修后进行，试验电压 2kV	加压前后必须大声呼唱标准术语，操作人和监护人应监视加压的数值。操作人员必须站在绝缘垫上。交流耐压前后应测量绝缘电阻，且绝缘电阻值不应有明显变化	
交流耐压试验	（1）交接验收和大修后，35kV 及以下必须进行，35kV 以上可在有条件下进行。		

续表

<table>
<tr><th>作业顺序</th><th>质量控制重点</th><th>安全控制重点</th><th>监理作业重点</th></tr>
<tr><td>交流耐压试验</td><td>（2）交流耐压试验电压（kV）：
<table><tr><td>电压等级</td><td>纯瓷绝缘</td><td>固体有机绝缘</td></tr><tr><td>6</td><td>32</td><td>26</td></tr><tr><td>10</td><td>42</td><td>38</td></tr><tr><td>35</td><td>100</td><td>90</td></tr><tr><td>110</td><td>625</td><td>240</td></tr><tr><td>220</td><td>490</td><td>440</td></tr></table></td><td rowspan="3"></td><td rowspan="3"></td></tr>
<tr><td>操作机构线圈的最低动作电压</td><td>（1）交接验收和大修后进行。
（2）最低动作电压一般在操作电源额定电压的 30%～80%</td></tr>
<tr><td>操作机构动作检查</td><td>（1）交接验收和大修后进行。
（2）电动操作正常。
（3）手动操作灵活，无卡涩。
（4）闭锁装置准确可靠</td></tr>
</table>

附录A 供配电网工程主要危险点监理预控要点

序号	主要危险点	可能造成的危害	监理预控要点	备 注
1	无开工报告或未经审批，不具备开工条件，强行开工	施工失控，施工安全、质量无保障	施工暂停，办理开工报审手续，监理审核开工条件，签审开工报告	通用
2	措施未自审，未向监理报审施工，施工安全员不到场，未作安全交底施工。现场无安全技术措施施工	安全失控，可能造成事故	施工暂停，要求施工单位编写施工安全技术措施，经单位自审，报监理审核，现场落实后重新开工	通用
3	进入施工现场，施工人员未经安全培训，不按要求着装，不戴安全帽，不系安全带，随处吸烟等习惯性违章行为	造成人员伤亡，引起火灾事故	要求施工单位进行安全培训，制止习惯性违章行为	通用
4	安全工器具未定期检查、予试、验电器、绝缘器具、接地线、登高工具等不合格	造成人员触电、伤亡	监理认真审核安全工器具检查，预试报表，并抽检部分工器具，证物相符	通用
5	施工现场无合格的安全围栏，无警示牌，无慰民告示	外人进入施工区造成误伤	此项要求在施工“安措”中应列入，监理现场发现后，要求立即整改	通用
6	施工现场临时用电不合格。供电系统、配电盘、开关、刀闸、引线等不符合要求，无总触电保安器，无专人管理	人员触电误送电	按JGJ46—2005及建设单位要求整改	通用
7	施工用设备无接地，接地不可靠，（接地钎长度不够、麻固连接引出线不合格）移动式电气设备未用线芯接地	漏电后触电伤人	按GB 50169—2006及建设单位要求整改	混凝土搅拌机、电焊机、切割机、振捣棒、打夯机、手电钻
8	双电源用户施工未采取安全措施	触电伤人	审核施工“安措”时应列入有关安全措施，施工时，要注意巡检该措施的落实	用户处施工

续表

序号	主要危险点	可能造成的危害	监理预控要点	备　注
9	在带电设备区施工，无办理工作票，无安全警戒线，无人监护。在带电线路下或邻近作业，无防弹跳触电措施，无防感应电措施	触电伤人，造成大面积停电事故	施工"安措"中应明确执行"安规"中有关规定，"安措"审核时应注意列入防感应电措施，防弹线措施	配电所、变电站施工、带电线路附近施工
10	开挖基础对地下设施情况不明，施工中无预防措施，盲目开挖，电缆挖破，煤气管挖断等	触电伤人 毒气伤人 造成火灾	施工图会审时应提出，要求设计交底，有关预防措施应列入"安措"中予以实施	主要为城区电缆沟设备基础开挖
11	基础开挖未按要求放坡，上口周边未按要求清理出走道。电缆沟开挖，过路开挖管道埋设等，无安全围栏、无警示牌，夜间无警示灯	塌方伤人 车辆、人员伤害	在审核"安措"时应注意列入有关要求，巡检时注意现场落实	线路铁塔基础，电缆沟开挖
12	在爬梯上施工，无专人监护，梯子底无防滑措施，人字梯无拉绳	跌落伤人	在审核"安措"时应注意列入有关要求，巡检时注意现场落实	低压线施工 墙上作业
13	氧气焊现场、使用喷灯现场、有易燃物，氧气、乙炔气瓶未按要求分开存放	爆炸伤人 引起火灾	在审核"安措"时应注意列入有关要求，巡检时检查现场落实	现场铁构架施工，电缆头制作
14	大型机械吊装，吊装机械无审验合格证，吊装人员无证操作，吊装现场"安措"不落实，如支脚无垫木，吊装现场无安全围栏，吊装臂下人员走动等	人员伤害 摔坏设备	监理认真审核施工机械，器具校验、审验报审表、检验合格证。物、证相符。认真审核特殊工种人员上岗证报审表，检验合格证，人证相符。施工中检查落实情况	吊装配电变压器、箱式变压器、电缆盘、环网柜、铁塔、混凝土杆等
15	高处作业，不打安全带、上下抛掷物品，出线无二防	高空坠落 人员砸伤 损坏物品	在审核"安措"时要求列入有关措施，现场巡检时注意落实整改	线路杆上作业，杆上设备安装
16	导线展放时，线盘支架不稳，无可靠制动措施，信号不通，无统一指挥，无跨越架或跨越架搭设不牢，宽度、强度、高度不够	伤人 拉断导线	在审核"安措"时要求列入有关措施，现场巡检时注意落实整改	线路导线展放

续表

序号	主要危险点	可能造成的危害	监理预控要点	备　　注
17	电缆展放时，电缆支架不稳，无可靠制动措施，无统一指挥，电缆内侧站人，电缆隧道无照明，电缆送入保护管时，手与管口无一定距离	伤人 损坏电缆 伤手	在审核“安措”时，要求列入有关措施，现场巡检时，注意落实整改	电缆展放
18	电缆试验时，现场无安全措施，试验后，线芯未及时放电	触电伤人	在审核“安措”时，要求列入有关措施，现场巡检时，注意落实整改	电缆试验
19	线路开断前，未打临时拉线（转角杆未打内角拉线）杆塔拆除时无临时措施	倒杆伤人	在审核“安措”时，要求列入有关措施，现场巡检时，注意落实整改	改造线路 拆除杆塔
20	车辆运输人员混装，违犯交通规则，开快车、车帮上坐人	人员伤亡 车辆事故	在审核“安措”时，要求列入有关措施，现场巡检时，注意落实整改	车辆运输

附录B　质量通病及控制措施

工程项目	通病内容	原因分析	后果及危害	控制措施
土方工程	基坑挖掘放坡不够	施工人员图省事、偷工，对基坑塌方认识不足	基坑塌方、伤人，成品几何尺寸不够	（1）加强施工管理； （2）加强监理巡检
	拉线坑拉线棒出土角度不对造成拉线棒梗脖子	施工人员图省事，未按工艺标准施工	线路运行年久，拉线棒自然入土归位，造成拉线松弛，杆塔向受力侧倾斜	（1）加强施工管理； （2）加强监理巡检； （3）按工艺标准施工
	基坑底部尺寸不够，向四侧掏挖	基坑开口尺寸不够	塌方、伤人	按要求根据土质留有坡度，保证基坑坑口尺寸
	基础超挖	标高控制不好	基础深度超标，破坏地耐力	事先确定标高基准点
	基坑回填土下沉	（1）回填土未夯实； （2）回填土防沉层不够	（1）基础外露； （2）电杆倾斜	（1）每回填300mm夯实一次； （2）根据坑深留有足够防沉层
混凝土工程	混凝土强度达不到设计要求	（1）沙石、钢筋、水泥未取样复试，质量不合格。 （2）未做配合比设计，凭经验搅拌。 （3）搅拌时原材料配合比控制不好	运行年久，混凝土基础开裂，杆塔倾倒	（1）贯彻现场监理见证取样制度； （2）做好混凝土搅拌开盘校验
	混凝土基础表面有蜂窝、麻面、气泡、掉角	（1）拆模过早； （2）振捣不好	影响感观效果	（1）按标准养生期养护； （2）由专业水泥工振捣

续表

工程项目	通病内容	原因分析	后果及危害	控制措施
混凝土工程	混凝土表面龟裂	（1）养生不好； （2）水灰比配合不好	影响混凝土强度	（1）现场进行混凝土坍落度检验； （2）按标准养生期养护
	混凝土二次浇注	（1）浇注中间因故停工； （2）对配电工程质量认识不足	（1）施工缝处理不好，易渗水，钢筋锈蚀； （2）影响基础整体强度	无特殊情况、无可靠措施，不允许二次浇灌
	混凝土露钢筋	钢筋保护层不够，混凝土浇筑前未进行钢筋及模板安装检验	钢筋锈蚀，基础涨裂	对钢筋安装、模板安装工序进行检验
	基础歪扭、横不平竖不直、不归方	（1）模板支护不合格； （2）模板支护不牢，涨模	影响感观效果	对钢筋安装、模板安装工序应进行检验
	基础下沉	（1）地耐力不够； （2）基础垫层不合格，底板厚度不够，淤泥未清除	基础倾斜	（1）设计应进行地质勘探； （2）按设计图纸施工，保证施工质量
	电缆隧道、检查井内严重积水	（1）施工工艺不合格； （2）防水工程质量不好； （3）施工缝防水处理不好； （4）预留电缆孔洞封堵不好	（1）电缆浸泡水中； （2）影响运行维护	（1）按工艺标准施工； （2）防水处理有专业人员施工； （3）按要求材料对电缆孔洞进行封堵
杆塔工程	直线水泥杆倾斜	（1）埋深不够； （2）土质松软，无卡盘	电杆倾倒	（1）立杆前进行验坑； （2）安装卡盘； （3）按要求夯实回填土
	承力杆塔向内角（受力侧）倾斜	（1）水泥杆拉线松弛； （2）安装时杆塔预偏不够	（1）超标； （2）弛度不平衡； （3）立瓶倾斜	按要求留够预偏

续表

工程项目	通病内容	原因分析	后果及危害	控制措施
杆塔工程	双水泥杆两杆高矮不一	（1）两杆基础没有超平； （2）地耐力不够，基础下沉； （3）没有安装底盘； （4）底盘规格小	（1）电杆倾斜； （2）横担不平	（1）双杆基础应超平； （2）设计应进行地耐力计算，确定底盘规格
	双杆迈步	杆塔分坑，横向轴线不垂直线路中心线	影响感观效果	保证分坑质量
	直线杆塔偏移中心线超标	（1）桩位未进行复测； （2）基坑挖偏，横向无调整余度； （3）路径复测未用经纬仪	（1）电杆倾斜； （2）立瓶倾斜； （3）影响感观效果	事先使用经纬仪对路径杆塔进行复测定位
	塔材、横担、支板、抱箍、爬梯、金具、螺栓等铁件锈蚀	（1）镀锌件除锈不好； （2）电镀，镀锌层薄	运行年久，锈水污染杆塔部件	（1）加强进场检验； （2）采用热镀锌
	双拉线、V 型拉线使用一个拉线棒	设计无规定，施工人员偷工减料	（1）杆塔受力不均； （2）影响 UT 线夹安装	一条拉线使用一个拉线棒
	15m 以上水泥杆焊接钢圈未做防腐处理	工程遗留尾巴	运行年久，锈水污染杆身	加强竣工管理，工程有遗留项目不予竣工、结算
	杆塔、变台长形螺栓孔未垫螺栓垫	未按工艺标准施工	影响部件紧固力	返工加垫
	螺栓平帽，外露丝扣不符合要求	螺栓代用，未按标准安装	（1）影响部件紧固力； （2）螺栓帽脱落、部件脱落； （3）影响感观效果	（1）事先准备好施工部位螺栓； （2）返工，更换螺栓
	螺栓以小代大	连接铁件螺栓孔错位	影响部件紧固力	查明原因，重新扩孔，更换螺栓

续表

工程项目	通病内容	原因分析	后果及危害	控制措施
杆塔工程	水泥杆以长代短，砸杆根	（1）野蛮作业； （2）计划不周，临时代用	影响电杆强度	（1）采用标准杆型； （2）特殊杆型以长代短，应使用专用工具切割水泥杆
	横担安装歪扭不平，多回线横担侧视不在一条垂直线上	（1）作业人员责任心差； （2）未按工艺标准施工	影响感观	（1）加强责任心，按工艺标准施工； （2）及时调整横担，使其一致
	拉线 UT 线夹丝扣外露太长	拉线制作工艺不合格	拉线失去调节能力	按工艺标准施工
	使用ϕ190 梢径水泥杆做承力杆	（1）设计无说明； （2）缺少杆源，擅自代用	（1）杆塔挠度增大、超标； （2）杆塔折断倾倒	承力杆应使用ϕ230mm 梢径水泥杆
	有爬梯杆塔爬梯底部距地面近	（1）设计无说明； （2）对此项规定不了解	儿童攀登造成感电、摔跌	爬梯与地面距离必须达到 2m 以上，防止儿童攀登
	拉线与地面夹角小	地形限制	（1）电杆向受力侧倾斜； （2）电杆增大下压力	（1）采用弓形拉线； （2）采用钢管杆； （3）收紧拉线，增加水泥杆预偏
	多条拉线松紧不一	拉线制作工艺不合格	电杆、拉线受力不均	调整拉线，使多条拉线均匀受力
	拉线松	（1）导线线径小，张力小； （2）拉线未叼紧； （3）拉线棒马道未挖到位	运行年久电杆向受力侧倾斜	（1）按导线张力设计拉线； （2）保证拉线安装工艺； （3）调整拉线张力
	拉线棒外露过长	（1）拉线盘埋深不够； （2）拉线棒非标准	拉线盘拽出，电杆倾倒	拉线坑事前检验
	拉线绝缘子水平位置在导线上方	拉线上把尺寸短	风大时导线易碰触拉线，拉线带电，将造成人身触电	拉线上把长度满足要求，使拉线绝缘子处于导线下方

续表

工程项目	通病内容	原因分析	后果及危害	控制措施
杆塔工程	居民区拉线未设置红白警示管	（1）设计无说明； （2）对此项规定不了解	车辆、行人碰撞拉线	按要求设置醒目的拉线警示管
	水平拉线之水平柱向受力侧倾斜	水平柱未留预偏（戗头）	水平柱受力不好，杆塔向受力侧倾斜	组立水平柱时，必须将水平柱向受力的反方向倾斜
	改造工程未更换拉线盘、拉线棒	（1）偷工减料； （2）地方狭小、施工不了	（1）拉线盘、拉线棒承载力不够； （2）影响感观	（1）施工单位应加强责任心； （2）返工重新安装
	拉线楔形线夹、UT 线夹凸肚朝下	未按工艺施工	影响感观	（1）施工单位应加强责任心； （2）返工重新安装
	拉线棒环焊接短头朝上	未按工艺施工，安装拉线盘时就装反	影响感观	（1）施工单位应加强责任心； （2）返工重新安装
	改造线路施工完后，旧杆未拆除	工程遗留尾巴	影响感观、环境安全	加强竣工管理，工程有遗留项目不予竣工、结算
架线工程	导线弛度松、不平衡	（1）未按设计要求安装； （2）凭经验施工	（1）混线短路； （2）影响交叉跨越距离	（1）按设计给定值施工； （2）重新调整弛度
	绝缘导线与立瓶固定用铝绑线绑扎	设计无说明	（1）损伤绝缘线； （2）造成环流	按设计规定，使用专用线绑扎
	绝缘线引线连接直接削皮缠绕	（1）未按工艺标准施工； （2）施工人员缺乏责任心	（1）失去绝缘作用； （2）易氧化	不允许缠绕，应采用专用的线夹连接，并进行绝缘封闭
	绝缘线直线接头直接削皮编接	（1）未按工艺标准施工； （2）施工人员缺乏责任心	（1）失去绝缘作用； （2）易氧化； （3）抗拉强度不够	不允许编接，应采用专用的接续管连接，并采用绝缘热缩管进行绝缘封闭

工程项目	通病内容	原因分析	后果及危害	控制措施
架线工程	直线角度杆立瓶使用普通型细杆立瓶	（1）设计无说明； （2）随手代用	立瓶杆弯曲	（1）设计说明应加以明确； （2）采用加强型粗杆立瓶
	立瓶无弹簧垫	（1）杆上作业掉落丢失； （2）责任心不强	螺栓帽脱落，立瓶倾倒、导线单相接地	（1）加强责任心教育； （2）加强验收检查
	交叉跨越距离、邻近建筑物净空距离不够	（1）设计错误。跨越点未实地测量，跨越点两侧杆塔选择错误； （2）导线弛度过大	（1）跨铁路、道路来往车辆剐碰； （2）碰触电力线造成两线路混线、烧伤、断线、停电等事故； （3）碰触低压线，高压进户，烧坏家用电器、造成人身感电等事故； （4）碰触通信线，造成通信中断等事故； （5）跨越、邻近建筑物，造成人员感电等事故	（1）加强设计管理，交叉跨越点应有路径断面图； （2）加强验收检验，不合格必须进行整改
	铝线或钢芯铝线直线接头编接	（1）未按工艺标准施工； （2）施工人员缺乏责任心	（1）铝氧化、强度降低、断线； （2）影响感观	采用标准接续管、按工艺标准施工
	大截面导线引线缠绕连接	（1）未按工艺标准施工； （2）施工人员缺乏责任心	影响感观和维护	采用双并沟线夹或端子板、按工艺标准施工
	杆塔空气间隙不够	（1）连接引线走向不对； （2）引线过长缺少立瓶支撑	对地放电	发现问题、查明原因，研究解决办法
	居民区杆塔未接地	（1）设计说明无要求； （2）施工人员漏装	漏泄电流造成人员感电	按设计要求安装接地线

续表

工程项目	通病内容	原因分析	后果及危害	控制措施
架线工程	导线损伤处理不符合标准	（1）未按工艺标准处理线伤； （2）施工人员缺乏责任心	断线	根据导线损伤程度，按工艺规范要求标准处理线伤
低压台区工程	变压器台台架、支架、二次横担安装歪斜、不平	（1）未按工艺标准施工； （2）施工人员缺乏责任心	（1）影响感观； （2）设备歪斜	（1）按工艺标准施工； （2）施工人员加强责任心
	变台高压绝缘引下线松弛、松紧不一	工艺水平差	（1）影响感观； （2）造成混线、短路	（1）按工艺标准施工； （2）施工人员加强责任心
	变台绝缘母线松弛、弛度不平衡	工艺水平差	影响感观	（1）按工艺标准施工； （2）施工人员加强责任心
	变压器与母线连接引线连接点未进行绝缘处理	（1）未按工艺标准施工； （2）施工人员缺乏责任心	外来金属物（线），造成接地、短路	用绝缘防水胶布做封闭处理
	变压器、开关等设备引线未使用端子板压接，直接与设备端子连接	（1）未按工艺标准施工； （2）施工人员缺乏责任心	（1）接触不良； （2）易氧化烧断引线	采用专用端子板压接
	铜铝线直接缠绕连接	（1）未按工艺标准施工； （2）施工人员缺乏责任心	（1）接触不良； （2）易氧化烧断引线	不同金属导线不能直接连接
	变压器、跌落式开关等设备与铝引线连接时，采用铝端子板压接	（1）未按工艺标准施工； （2）施工人员缺乏责任心	铜铝氧化烧坏导电杆、烧断引线	采用专用铜铝过度端子板压接
	计量箱、考核表箱体锈蚀	钢板除锈不好，缺少底漆防腐处理工序	（1）表箱锈蚀、起泡； （2）影响感观； （3）腐蚀箱内器件	（1）采用不锈钢表箱； （2）加强表箱进场检验

续表

工程项目	通病内容	原因分析	后果及危害	控制措施
低压台区工程	变压器底座没有按要求使用螺栓固定，用铁线绑扎	施工工艺不符合标准	变压器串位、脱落	按标准用螺栓固定
箱式变电站及开闭所	设备铭牌与订货合同不符	厂家“以次充好”	影响工程质量	加强设备进场检验
	开关容量与变压器容量不配套	厂家“以小代大”	开关过负荷烧损，影响安全运行	加强设备进场检验
	变压器渗漏	产品质量问题	变压器烧损	加强设备进场检验
	无检修照明	漏装	影响运行检修	加强设备进场检验
	无通风设施	漏装	箱内高温	加强设备进场检验
	高低压铝排未进行绝缘封闭	厂家偷工减料	间隙不够，易造成接地或相间短路	加强设备进场检验
	高压电缆头采用热缩头	厂家未按订货合同加工	影响电缆头质量	加强设备进场检验 加强监理巡视检查、验收检验
	闲置电缆孔洞未封堵	施工漏项	易进小动物	加强监理巡视检查、验收检验
	外壳或顶瓦破损	吊装不慎	（1）影响外观； （2）易锈蚀、漏雨	加强监理巡视检查、验收检验
	外壳或底座锈蚀	产品质量问题	影响感官	加强监理巡视检查、验收检验
	高压绝缘引线贴外壳铁皮，缺绝缘支持件	产品质量问题	运行年久，绝缘皮破损造成接地	加强设备进场检验
	基础顶部露出地面标高不够	标高控制不好，未设置高程基点	雨水灌入基础	控制标高为+400mm

续表

工程项目	通病内容	原因分析	后果及危害	控制措施
箱式变电站及开闭所	进入基础电缆沟通道盖板有缝隙	（1）通道长度控制不好； （2）盖板未定尺加工	（1）易进小动物； （2）雨水灌入； （3）垃圾进入	（1）按标准盖板控制通道长度； （2）按通道长度定尺加工盖板
	混凝土基础表面不平、缺棱掉角	成品保护不好	影响感观	使用高标号砂浆罩面
	基础通气孔无铁网遮罩或网孔过大	未按要求施工	（1）易进小动物； （2）垃圾进入	使用标准钢网，并做好防腐处理
	箱体底座一点接地	未按设计及工艺标准施工	接地不好	加强监理巡视检查、验收检验，按要求进行两点接地
	接地极焊接处未做防腐处理	未按设计及工艺标准施工	接地极（带）锈蚀	按设计及工艺标准施工
	箱体或箱内设施、回路标志牌不全，或与实际不符	未按要求设置	（1）影响运行维护； （2）易误操作	标识不全不验收
地下变电站及开闭所	电缆沟支架锈蚀	（1）角钢除锈不好，缺刷防锈底漆工序； （2）未按设计要求施工	运行年久，锈蚀严重脱皮	（1）采用镀锌角钢； （2）加强监理巡视检查、验收检验
	电缆沟麻纹钢盖板锈蚀	（1）底漆除锈不好； （2）未涂防锈底漆，少工序	（1）运行年久，锈蚀严重脱皮； （2）影响感官	按设计要求及工艺标准施工
	室内无排风设施	房屋开发商施工	影响室内通风，潮气大影响设备安全运行	加强监理检查、验收
	室内照明不好	房屋开发商施工	影响运行维护检修	加强监理检查、验收

续表

工程项目	通病内容	原因分析	后果及危害	控制措施
地下变电站及开闭所	盘柜安装歪扭不直	安装工艺不好	影响感观	（1）施工项目提高施工工艺水平； （2）加强自检，不合格不报检
	盘柜、电缆标志牌不全，或与实际不符	未按要求设置	（1）影响运行维护； （2）易误操作	标识不全不验收
	接地极、角钢焊接处未做防腐处理	未按设计及工艺标准施工	接地极（带）、角钢锈蚀	按设计及工艺标准施工
	设备铭牌与订货合同不符	厂家以次充好	影响工程质量	加强设备进场检验
	开关容量与变压器容量不配套	厂家以小代大	开关过负荷烧损，影响安全运行	加强设备进场检验
	变压器渗漏	产品质量问题	变压器烧损	加强设备进场检验
	盘柜内高低压铝排未进行绝缘封闭	厂家偷工减料	间隙不够，易造成接地或相间短路	加强设备进场检验
	高压电缆头采用热缩头	厂家未按订货合同加工	影响电缆头质量	加强设备进场检验 加强监理巡视检查、验收
	闲置电缆孔洞未封堵	施工漏项	易进小动物	加强监理巡视检查、验收
围栏及地砖	围栏尺寸与设计不符	未按设计及工艺标准施工	儿童跳入感电	（1）按设计及工艺标准施工； （2）加强监理巡视检查、验收
	围栏安装摇摆不稳	围栏立柱基础未浇灌细石混凝土	易倾倒、损坏	（1）按设计及工艺标准施工； （2）加强监理巡视检查、验收
	围栏歪扭，不成直线、高低不平	施工工艺差	影响感观	（1）按设计及工艺标准施工； （2）加强监理巡视检查、验收

续表

工程项目	通病内容	原因分析	后果及危害	控制措施
围栏及地砖	地面地砖铺设不平，缝隙大、长草	（1）施工工艺差； （2）砖下未铺水泥砂浆	影响感观	（1）按设计及工艺标准施工； （2）加强监理巡视检查、验收
	地面下陷	回填土未夯实	影响感观	（1）加强监理巡视检查、验收； （2）运行后发现，质保期内整改处理
电缆敷设工程	电缆井内电缆管端口不齐	排管施工时控制不好	影响感观	（1）排管时按尺寸控制； （2）使用角磨机割平
	闲置排管管孔未封盖	作业人员责任心差	（1）电缆孔进异物； （2）管孔堵塞影响施工	（1）排管施工后，管孔应封盖； （2）电缆敷设后，闲置管孔应封盖
	电缆沟、隧道内电缆支架锈蚀	防腐处理不好	支架锈蚀剥皮，影响感观	（1）支架采用热镀锌； （2）焊接处做好防腐处理
	上杆电缆固定卡子未装垫皮	缺少工序	卡伤电缆绝缘层	按规定安装垫皮
	电缆保护管未做防腐处理	保护管未镀锌	保护管锈蚀，影响感观	按规定采用镀锌钢管，或环氧树脂绝缘管
	电缆钢保护管两端未有喇叭口	施工工艺不符合标准	磨伤电缆	加工钢电缆管时应加工喇叭口
	电缆允许弯曲半径小于规定	施工工艺不符合标准	损伤电缆	交联聚乙烯电缆最小允许弯曲半径： 无铠装单芯 20*D*、多芯 15*D*； 有铠装单芯 15*D*、多芯 12*D*
	上杆电缆固定卡箍间距离不等，歪扭不直	施工工艺不符合标准	（1）固定卡箍受力不均，电缆脱落、损伤电缆； （2）影响感观	（1）卡箍间垂直距离不大于 2.0m，且不得弯曲、存套； （2）固定电缆头支架符合要求

续表

工程项目	通病内容	原因分析	后果及危害	控制措施
电缆敷设工程	电缆保护管及电缆孔洞未封堵	施工工艺不符合标准	（1）管内进水、进杂物； （2）管内进入小动物	按要求进行密封
	直埋电缆敷设深度不够	未进行验槽	电缆外力破坏	（1）埋设深度不小于 0.7m，农田不小于 1m； （2）敷设前进行验槽
	直埋电缆上下未铺垫沙层，回填土有石块及硬质杂物	偷工减料	损伤电缆	电缆上下各铺垫 100mm 沙层
	直埋电缆保护盖板不标准	使用大小不一非标准混凝土板代用	市政施工难以识别，造成机械损伤、外力破坏	按图纸或规范要求铺盖有标识的标准盖板
	电缆人孔盖板无识别标识或采用其他井盖	代用	运行单位识别困难	安装有专用“电业”识别标志的标准井圈和井盖
	直埋电缆地上无识别标桩或标志	工程遗留尾巴	（1）影响电缆运行维护； （2）易造成外力破坏	（1）工程未完不予结算； （2）遗留问题跟踪检验
	应装电缆标识牌位置未装标识牌或装临时标识	工程遗留尾巴	影响电缆运行维护	（1）工程未完不予结算； （2）遗留问题跟踪检验
	电缆沟、电缆隧道、检查井内有积水	（1）防水处理质量不好； （2）排水措施不实用	（1）电缆浸泡、降低绝缘； （2）影响运行维护	（1）保证防水层施工质量； （2）采取可靠排水措施
	电缆接头、端头制作人员无资质	无专业人员	（1）施工工艺不符合标准； （2）电缆接头、端头烧损	（1）聘任有资质人员操作； （2）加强培训，取得资质

续表

工程项目	通病内容	原因分析	后果及危害	控制措施
接地工程	居民区杆塔未接地	设计无明确说明	杆塔漏泄电流造成人员感电	设计说明应加以明确
	杆塔接地线规格小	未按设计及有关规程规定施工	漏泄电流、静电入地不畅，造成人身感电	使用镀锌钢绞线不小于 $25mm^2$ 使用镀锌元钢不小于 $\phi 10mm$
	杆上设备外壳未直接接地	未按工艺标准施工，通过设备固定支架螺栓接地	接地不好，设备漏泄外壳带电，造成人身感电	外壳使用专用接地线与杆塔接地线相连接，连接线规格不小于 $16mm^2$ 铜线
	杆上电气设备、变压器台裸接地线未安装绝缘保护管	设计无明确说明	接地不好，人员触碰漏泄电流造成人身感电	接地线地上 1.8～2.0m 部位应安装绝缘保护管
	杆塔上接地线安装零乱，不规范	施工工艺不好	（1）影响感观； （2）接点接触不好	（1）应贴杆身垂直安装固定好； （2）横向沿角铁、槽钢槽内安装固定好； （3）与设备接地螺栓连接使用端子版，不宜做线鼻子或缠绕连接
	杆塔引下接地线与接地极缠绕连接	不符合施工工艺	（1）接触不好； （2）不能拆卸，影响接地电阻复测	（1）采用铁并沟线夹连接； （2）焊接铁板，螺栓连接
	低压配电线路在三相末端、三相动力用户及居民楼进户点，未将零线重复接地，	不符合有关规程规定	零线断线烧损家用电器	低压配电线路在三相末端、三相动力用户及居民楼进户点，应将零线重复接地，接地电阻不大于 10Ω
	杆塔上设备接地裸线，地上 2m 部分无绝缘保护管	设计无说明	人员触碰，漏泄电流伤人	裸接地引线，地上 2m 部分应套绝缘保护管

附录C　安全通病及控制措施

工程项目	通病内容	原因分析	后果及危害	控制措施
安全管理	安全保证体系不健全，未履行工程投标承诺	（1）承建单位领导不重视； （2）缺少相应资质安全管理人员	安全保证体系不能正常运行	（1）督促施工项目部健全安全保证体系； （2）认真审查管理人员资质
	开工前不进行安全技术交底	施工管理不到位	（1）施工人员不了解施工内容、安全技术措施； （2）易发生安全、质量事故	开工前应进行安全技术交底
	无施工方案、措施施工	施工管理不到位，严重违反规程	施工安全无保证，滋生安全质量事故	监理巡检时，应检查有无施工方案、措施
	施工方案内容、措施不全	（1）编写人员素质差，应付检查； （2）相关人员审查不严	（1）可操作性差，不能指导施工； （2）给施工安全留下隐患	业主、监理项目部应加强对施工方案、措施的审批
	安全用具、安全设施未按期检验	施工管理不到位	安全用具、安全设施不能保证安全	定期对安全用具、安全设施进行检验
	重要作业施工现场相关管理人员不到位	（1）相关管理人员脱岗； （2）施工管理不到位	施工现场失去安全监控，安全保证体系不能正常运行	施工项目部必须有人在现场，实施安全、质量管理责任。相关管理人员因故不能到现场，施工项目部应指派专人代替，并向其交代任务
	工作票、作业票填写不规范、错误	填写工作票、作业票人员素质低	不能保证作业安全，易发生事故	加强对工作票、作业票填写培训，监理人员应进场检查工作票、作业票填写和执行情况

续表

工程项目	通病内容	原因分析	后果及危害	控制措施
安全管理	长期不进行安全活动，对上级安全文件不学习、不贯彻落实	施工管理不到位	施工人员不了解上级文件精神，不熟悉相关规程、标准、规范。易发生安全、质量事故	（1）施工项目部安全员按要求组织施工人员进行安全活动； （2）监理人员督促检查施工项目部安全活动情况，并做好记录
	集中作业现场不设安全围栏，危险部位不设警示标志	施工管理不到位	人身伤害	按要求设置围栏和安全警示标志
	安全设施、安全用具、劳动保护未按要求配置	施工单位领导不重视	安全隐患	施工项目部按要求配置
	施工机械无操作规程	施工管理不到位	安全隐患	所用施工机械都要制定操作规程
习惯性违章	进入现场不戴安全帽	安全意识薄弱，严重违章	人身伤害	（1）进入现场必须戴安全帽； （2）按规定进行处罚
	高空作业不系安全带	安全意识薄弱，严重违章	高空坠落	（1）高空作业必须系安全带； （2）按规定进行处罚
	临近带电设备、危险点作业，未设专人监护	严重违章	临近带电设备、危险点作业，未设专人监护	临近带电设备、危险点作业，必须设专人监护
	作业人员着装不整	安全意识薄弱	人身伤害	（1）按规定着装； （2）按规定进行处罚
	不按经批准的施工方案、措施施工	我行我素，严重违章	造成安全、质量事故	（1）一经发现，责令停工整改； （2）加大对工作负责人处罚力度
	器材运输，客货混装	违反交通规则	交通事故时，造成人身伤害	加强遵守交通规则教育